教育中国·规划精品系列

普通高等教育“十一五”国家级规划教材

教育部国家级一流本科课程建设成果教材

ENGINEERING
THERMODYNAMICS

工程热力学

第4版

毕明树　王　维　徐琴琴　孟相宇　编

化学工业出版社

·北　京·

内容简介

本书主要内容包括热力学基本概念、热力学基本定律、工质的热力性质、工质的热力过程、节能热力学分析基础、热力循环、溶液热力学与相平衡基础、热化学与化学平衡等，书后附有必要的图表以备查用。全书以热力学基本定律为主线，以工质的热力性质和热力过程为基础，引入当今热力工程领域的科技新成果，讨论热能与其他形式能相互转换的规律及合理用能的分析方法，强化对学生分析和解决工程实际问题能力的培养，激发学生的科技创新兴趣。

本书是过程装备与控制工程和安全工程专业的核心课教材，也可作为安全科学与工程其他专业，机械工程及自动化、热能与动力工程、航空航天以及核能等专业的专业基础课教材，还可供相关技术人员作参考资料。

图书在版编目（CIP）数据

工程热力学 / 毕明树等编. —4版. —北京：化学工业出版社，2024.7

ISBN 978-7-122-45306-8

Ⅰ. ①工… Ⅱ. ①毕… Ⅲ. ①工程热力学-高等学校-教材 Ⅳ. ①TK123

中国国家版本馆CIP数据核字（2024）第062266号

责任编辑：丁文璇　　文字编辑：段曰超　师明远
责任校对：宋　玮　　装帧设计：张　辉

出版发行：化学工业出版社
（北京市东城区青年湖南街13号　邮政编码100011）
印　　装：大厂聚鑫印刷有限责任公司
880mm×1230mm　1/16　印张18¾　字数535千字
2024年7月北京第4版第1次印刷

购书咨询：010-64518888　　售后服务：010-64518899
网　　址：http://www.cip.com.cn
凡购买本书，如有缺损质量问题，本社销售中心负责调换。

定　　价：58.00元

前言

“工程热力学”是工科学生学习和掌握热力学原理及其应用的入门课程，是现代工程技术人才必备的技术基础之一。本教材是在第三版的基础上修订而成。原版教材是普通高等教育“十一五”国家级规划教材，荣获中国石油和化学工业优秀出版物一等奖。大连理工大学“工程热力学”课程是首批国家级线上一流本科课程。本教材亦为一流本科课程建设成果教材。本次修订，使用二维码将纸质教材和数字教学资源一体化，提供更多的学习资源，便于学生自学，便于教师展开翻转课堂等活动。

本教材共分 9 个部分。在绪论中介绍了热力学学科的发展简史，热力学在化工装备领域的地位和作用，以及工程热力学课程的任务、研究和学习方法。第 1 章介绍了热力系统、热力状态（包括状态参数、状态方程及平衡状态等）、热力过程（包括准静态过程和可逆过程等）的基本概念。第 2 章介绍了热力学第一定律（包括能量传递形式、功的计算方法，封闭系统、敞开系统和敞开稳定流动系统的能量方程）和第二定律（包括卡诺循环及卡诺定理、熵的基本概念和孤立系统熵增原理）。第 3 章从纯物质的 $p-V-T$ 关系出发介绍了理想气体和真实气体状态方程以及内能、焓和熵等热力性质的计算方法；介绍了水蒸气、湿空气的一般概念及各种图表的应用；增加了均相纯流体和混合物的热力学性质与计算方法。第 4 章介绍了工质的热力过程，包括理想气体、蒸汽和湿空气的基本热力过程与工程实际中常见的工质在绝热节流装置、压气机、膨胀机、锅炉、汽轮机中的热力过程，第 3 版中的第 5 章并入本章。第 5 章介绍了㶲的概念与分析方法、㶲损失的计算方法，讨论了焓分析方法和㶲分析方法的区别与联系及其适用性。第 6 章介绍了热力循环，包括蒸汽动力循环、气体制冷循环、蒸气压缩制冷循环、吸收式制冷循环、喷射制冷循环、热泵循环和气体液化循环。第 7 章介绍了溶液热力学和相平衡基础，包括化学位与偏摩尔性质、逸度和逸度系数、理想溶液和标准态、活度与活度系数及常用的活度系数方程、相平衡的判据及热力学处理方法、二组分体系气－液平衡相图、气－液相平衡的求解类型和方法。第 8 章介绍了热化学与化学平衡，包括化学反应过程中内能、焓、功和热的概念，化学反应的热效应，燃烧焓和生成焓及其计算方法，化学反应的方向和限度，化学平衡常数及其影响因素。

本教材由大连理工大学毕明树、王维、徐琴琴和孟相宇修订。其中，毕明树负责绪论、第 1 章和第 6 章，王维负责第 3 章和第 7 章，徐琴琴负责第 2 章和第 8 章，孟相宇负责第 4 章和第 5 章。修订过程中吸纳了使用过本教材的部分教师和学生的意见和建议，在此表示衷心感谢。借此机会，也向本教材第一、二、三版编者青岛科技大学马连湘教授、大连理工大学王淑兰教授、福州大学王良恩教授、辽宁工业大学冯殿义教授、辽宁工业大学戴晓春副教授，以及第一版主审人大连理工大学蔡天锡教授、审定人沈阳化工学院吴剑华教授致以诚挚的敬意。

限于编者的教学经验和学术水平，书中难免有不妥之处，真诚地希望读者批评和指正。

编者

2024 年 1 月

目录

7 溶液热力学与流体相平衡基础 193

8 热化学与化学平衡 233

附 录 258

参考文献 289

绪 论

0.1 本课程的性质

什么是热力学

本课程是过程装备与控制工程和安全工程专业核心课程之一，也是工科学生学习和掌握节能技术的热力学原理及分析方法的入门课程。本课程的任务是使学生掌握热力学基本定律和基本理论，熟悉工质的基本性质和实际热工装置的基本原理，学会对工程实际问题进行抽象、简化和以能量方程、熵方程、㶲方程为基础的分析方法，为进一步开发和应用节能技术奠定基础。

过程装备与控制工程专业的任务就是结合过程改造旧的或开发新的高效、节能的过程装备。在这个过程中，本课程在以下几方面起到极为重要的作用。

① 在物性数据关联方面，如状态方程、相平衡、焓值计算中发挥着极为重要的作用，因为装备的改造和开发需要一个以此为依据建立的数据库。

② 在节能分析方面发挥着越来越重要的作用。过去的所谓节能只是以热力学第一定律为基础，消灭“跑冒滴漏”实现低水平的节能。新的节能分析方法和热经济学分析方法能通过改善装备流程或结构实现高水平的节能，这是改造旧装备和开发新装备的直接依据。

0.2 热能及其利用

人类在生产或日常生活中，需要各种形式的能量。自然界中以自然形态存在的可利用的能源称为一次能源，如风能、水力能、太阳能、地热能、燃料化学能、核能等。这些能量，有些可以以机械能的形式直接被利用，有些需经过加工转化后才能利用。由一次能源加工转化后的能源称为二次能源。各种能源及其转换和利用情况大致如图0-1所示。

由图0-1可见，热能是由一次能源转换成的最主要形式，而后再转换成其他形式的能量而被利用。据统计，经热能这个环节而被利用的能量在世界上占85%以上。

热能的利用通常有以下两种基本形式：其一是热能的直接利用，即直接利用热能加热物体，诸如蒸煮、烘干、采暖、冶炼等；其二是热能的动力利用，即通过各种热能动力装置将热能转化成机械能或电能而被利用，从而为工农业生产、交通运输、人类日常生活等提供动力，这是现代工农业及科技文化的

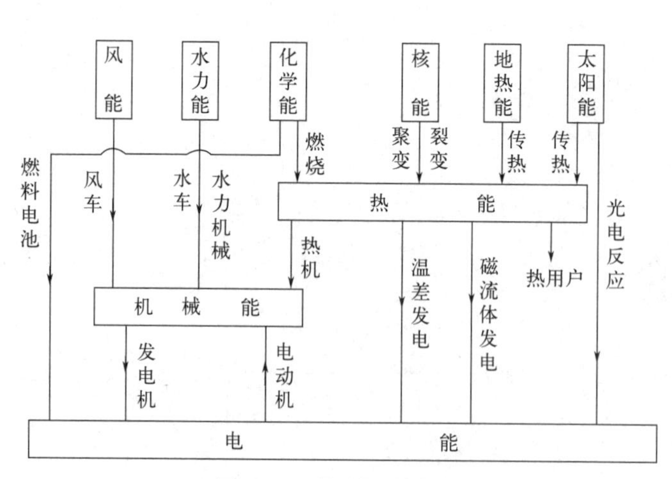

图 0-1 能量利用情况

基础。然而，热能的利用率却较低，早期的蒸汽机的热效率只有1%～2%，当代各种动力装置及热电厂的热效率也只有40%左右。因此，深入分析、研究并掌握热能与其他形式能的高效转换对人类社会的发展具有十分重要的意义。

0.3 工程热力学的研究对象及主要内容

热力学发展简史

热力学基本定律和应用

自从19世纪中叶确立了热力学第一、第二定律以来，热力学已逐步发展成为严密的、系统性较强的学科，它主要研究热能和其他形式能间的相互转换以及能量与物质特性之间的关系。如合成氨，净化后的合成气体经压缩机压缩后引入合成塔；加温预热后，在催化剂的作用下，氮气与氢气发生化学反应生成氨，并放出热量，出塔的氨气经冷凝后送入储罐。在这个过程中，首先是压缩机输出机械功，并把它转化为气体的压力能（气体压力升高）；然后对合成反应放出的热量进行回收利用，实现化学能向热能的转变；氨的液化过程则又是把机械能转化为低温热能的过程。

在这些能量转化过程中有以下几点值得注意。

① 能量间的转换服从热力学基本定律。热力学第一和第二定律是热力学的理论基础。其中第一定律从数量上描述了热能与机械能间相互转换的关系；第二定律从质量上描述了热能与机械能的差别以及能量转换的方向、条件与限度。

② 这些转换过程都是借助特定的工质（工作介质）实现的，不同的工质具有不同的性质，能量转换条件及结果也有差异，因此必须研究工质的热力性质。

③ 能量间的转换是通过各种设备（压缩机、合成塔等）实现的，能量装置的设计过程首先要进行装置的能量衡算，因此对典型过程及循环进行热力分析与计算是工程热力学的重要内容。

④ 过程装备内常常伴有化学反应和相变化，因此，溶液热力学与相平衡基础、化学热力学与化学平衡基础也是本门课程的重要内容。

⑤ 对以上过程的用能分析。传统的能量分析方法是以热力学第一定律为基础建立起来的，存在很多不足之处。近年来兴起的㶲分析方法是以热力学第一和第二定律为基础，依据能质蜕变原理建立起来的，概念直观，方法简便，分析结果对用能实践具有指导意义。所以㶲分析基础是本门课程的新兴内容。

0.4 热力学的研究方法

热力学基本方法

原则上，热力学有两种不同的研究方法，即宏观研究方法和微观研究方法。

经典热力学采用宏观研究方法，把组成物质的大量粒子作为一个整体，用宏观物理量描述物质的状态及物质间的相互作用。热力学基本定律就是通过对大量宏观现象的直接观察与实验总结出来的普遍适用的规律。热力学的一切结论也是从热力学的基本定律出发，通过严密的逻辑推理而得到的，因而这些结论也具有高度的普遍性和可靠性。这些结论为工业实践提出了努力方向。

当然，在处理实际问题时，必须采用抽象、概括、简化及理想化等方法，抽出问题的共性及主要矛盾，而略去细节及次要矛盾。例如将高温气体视为理想气体，将高温烟气及大气环境视为恒温热源，既可使计算大为简化又可保证工程上必要的准确性；在分析各种循环时，把实际上都是不可逆的过程理想化为可逆过程，突出问题的本质，而后再按实际中的不可逆程度予以校正，同时也提出了实际过程中需改进的关键及目标。究竟哪些分析与计算可采用简化与抽象，简化到什么程度，需依所涉及问题的具体情况而定。

热力学的宏观研究方法，由于不涉及物质的微观结构和微粒的运动规律，所以建立起来的热力学理论不能解释现象的本质及其发生的内部原因。另外，宏观热力学给出的结果都是必要条件，而非充分条件。例如，由氢和氮合成氨时，按宏观热力学，在低温下有最大的平衡产量。但在低温下，反应速率极慢，工业中无法实现，而必须在较小平衡产量的高温下进行。当然，这个热力学结果为人们寻求使反应在低温下进行的催化剂指出了方向。宏观热力学中的可逆过程功也只是给出了一个功的极限值，不能给出做功的速率。

热力学的微观研究方法，认为大量粒子群的运动服从统计法则和或概率法则。这种方法的热力学称为统计热力学或分子热力学。它从物质的微观结构出发，从根本上观察和分析问题，预测和解释热现象的本质及其内在原因。这种方法已受到越来越多的重视，也取得了显著效果，如用它推导流体p-V-T关系及液相活度系数等。

热力学的微观研究方法对物质结构必须采用一些假设模型，这些假设的模型只是物质实际结构的近似描写，因此其很多结论与实际还相差较大。这是统计热力学的局限性。

目前，在化工装备及过程领域，实际应用的仍是经典热力学。因此，本书主要介绍经典热力学，仅在个别场合辅以必要的统计解释。

了解了热力学的研究方法，也就相应地确定了本课程的学习方法。学习经典热力学应注意以下几方面。

① 本课程的主线是研究热能与机械能之间相互转换的规律、方法以及提高转化效率和热能利用经济性的途径，各基本概念、理论、方法都是为这条主线服务的。学习时必须时刻抓住这条主线。

② 注意掌握运用基本概念和基本理论分析处理实际问题的基本方法，学会“抽象”和“简化”实际问题的方法。

③ 提高工程意识。处理工程实际问题的方法是多种多样的，其答案也只有更好，没有最佳。学习本课程，在基本概念扎实的基础上，要开动脑筋，从不同角度出发去处理各个具体问题。

④ 注意弄清各参量的物理意义，不要被眼花缭乱的公式所吓倒。依靠套用数学公式的方法来处理热力学问题是难免出错的。

1　基本概念

学习意义

本章主要讨论热力系统、热力状态及状态参数、热力过程等基本概念。这些概念在本课程中，几乎随处都会用到，因此，对它们必须有一个正确的理解。

学习目标

① 掌握热力系统的基本概念与分类；②掌握热力状态的基本概念和状态参数的特性；③熟悉压力、温度和比体积的基本概念；④掌握准静态过程和可逆过程的基本概念；⑤熟悉热力循环。

1.1　热力系统

分析任何现象时，首先要明确研究对象，分析热现象时也不例外。通常，人为地由一个或几个几何面围成一定的空间，把该空间内的物质作为研究对象，然后研究它与其他物体的相互作用。这种作为研究对象的某指定范围内的物质称为热力系统，简称系统或体系。系统之外的物质称为外界。系统与外界之间的分界面称为边界或控制面。边界可以是具体存在的，也可以是假想的；可以是固定的，也可以是运动着的或尺寸和形状都变化的。例如：在讨论气缸里的气体时，如果假定边界位于气缸的外部，则系统就包括气缸以及气缸里的气体；如果假定边界为气缸的内壁，则系统只由气体本身组成。又如以酒精灯加热一杯水，若取水作为系统，则作为界面的杯面是真实的、固定的，而水与空气的边界是移动的；若取部分水作为系统，则水与水的边界就是假想的。随着研究者所关心的问题不同，系统的选取可不同，系统所包含的内容也可不同，以方便解决问题为原则。系统选取的方法对研究问题的结果并无影响，只是解决问题时的繁杂程度不同。

系统与外界通过边界交换能量或质量。按系统与外界之间是否存在质量交换，系统可分为封闭系统和敞开系统，如图1-1所示。封闭系统（简称闭系）是指与外界仅有能量交换而无质量交换的热力系统。因系统内质量不变，所以，有时也把闭系称为控制质量系统。敞开系统（简称开系）是指与外界既有能

量交换又有质量交换的热力系统。通常，敞开系统是一个相对固定的空间，故敞开系统有时也称为控制容积系统。应该指出，封闭系统与敞开系统可以相互转化。如图1-2所示，取气缸内的气体为系统，则系统可以吸热，可以推动活塞做功，但只要关闭进、出口阀，即没有气体进入或流出系统，该系统就是闭系。而如果打开进、出口阀，取1—1截面与2—2截面之间的气体作为系统，则气体不断地从1—1截面流入系统，推动活塞做功后，又不断地从2—2截面流出系统，即系统与外界有质量交换，也有能量交换，故该系统是敞开系统。

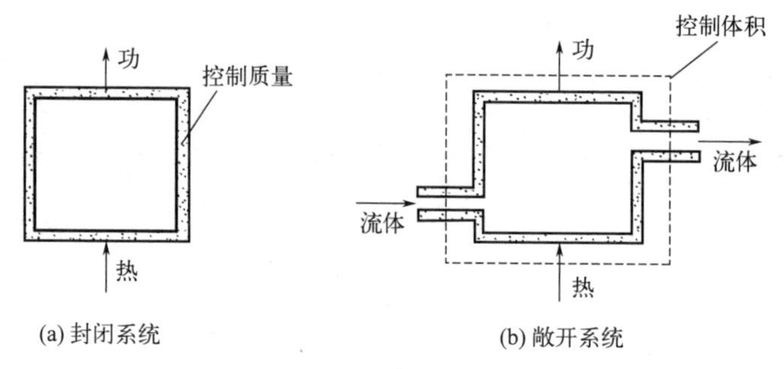

图1-1 封闭系统与敞开系统

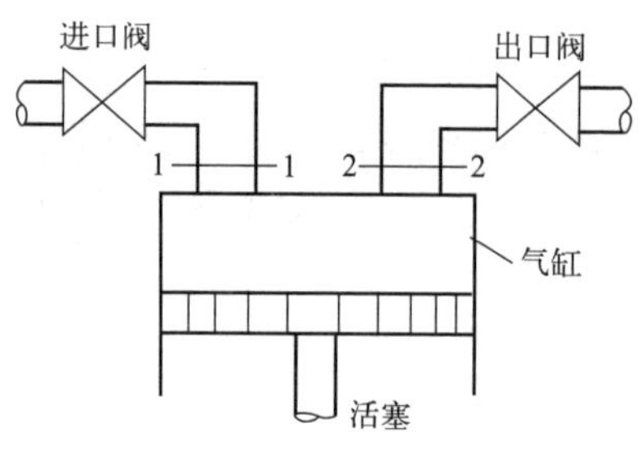

图1-2 闭系与开系的相互转化

按系统与外界进行能量交换的情况，可分为简单热力系统、绝热系统和孤立系统。简单热力系统是指与外界只交换热量和一种形式的功的热力系统。例如，气缸内气体吸热且只做膨胀功，则气缸内气体即为简单热力系统。绝热系统是指与外界没有热量交换的热力系统。孤立系统是指系统与外界既无能量交换也无质量交换的热力系统。可见，孤立系统一定是封闭系统，也一定是绝热系统；但反之则不成立。

值得指出，严格的绝热系统和孤立系统是不存在的。然而，如果某些实际热力系统与外界的传热量，与以其他形式交换的能量相比，可以忽略不计，则该系统可视为绝热系统。同样，若系统与外界在各方面的作用都很微弱，则可视为孤立系统。通常，把非孤立系统与相关的外界合在一起取为孤立系统。这样的系统是从实际中概括出来的抽象概念，从而使某些研究得到简化。

按系统内工质状况可有以下几种系统：如果热力系统内的工质由单一组分的物质组成，则该系统称为单组分系统；如果热力系统内的工质由多种不同组分的物质组成，则该系统称为多组分系统；如果热力系统内部各部分化学成分和物理性质都均匀一致，则该系统称为均匀系统；如果热力系统由单相物质所组成，则该系统称为单相系统；如果热力系统由两个以上的相所组成，则该系统称为多相系统。可见，均匀系统一定是单相系统，反之则不然。

例题

1.2 热力状态

热力状态

1.2.1 状态及状态参数

热力系统在某一瞬间所呈现的宏观物理状况称为热力状态。用以描述系统所处状态的宏观物理量称为状态参数。状态参数分为基本状态参数和导出状态参数。基本状态参数是指可以直接测量的状态参数，如压力、温度和比体积。导出状态参数是指由基本状态参数间接算得的状态参数，如内能、焓、熵等。

① 压力　是指沿垂直方向上作用在单位面积上的力。对于容器内的气态工质来说，压力是大量气体分子作不规则运动时对器壁单位面积撞击作用力的宏观统计结果。压力的方向总是垂直于容器内壁的。

在中国法定计量单位中，力的单位是牛顿（N），面积的单位是平方米（m^2），故压力的单位是N/m^2，称为帕斯卡，简称帕（Pa）。历史上几种常用压力单位间的换算关系参见附表1。

作为描述工质所处状态的状态参数，压力是指工质的真实压力，称为绝对压力，以符号p表示。但压力通常由压力计（压力表或压差计）测量，如图1-3所示。

压力计的指示值为工质绝对压力与压力计所处环境绝对压力之差。一般情况下，压力计处于大气环境中，受到大气压力p_b的作用，此时压力计的示值即为工质绝对压力与大气压力之差。当工质绝对压力大于大气压力时，压力计的示值称为表压力，以符号p_g表示，可见

$$p=p_g+p_b \tag{1-1}$$

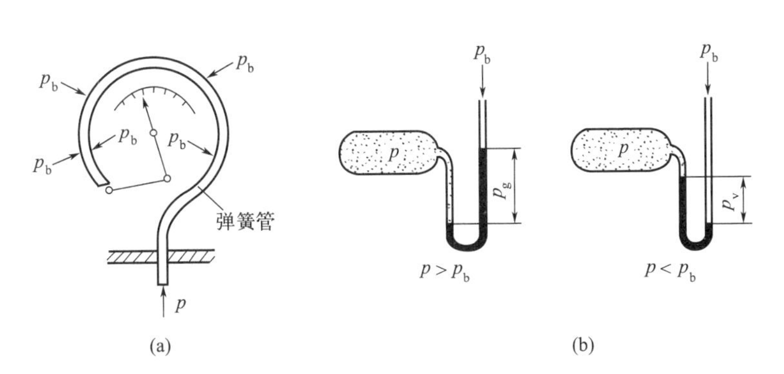

图1-3　介质的压力

当工质绝对压力小于大气压力时，压力计的示值称为真空度，以p_v表示。可见

$$p = p_b - p_v \tag{1-2}$$

以压差计测量压力时，通常可读出液柱高度h，此时

$$p_g(或p_v) = \rho_l gh \tag{1-3}$$

式中　ρ_l——所用液体密度，kg/m^3；

g——重力加速度，$9.81m/s^2$；

h——液柱高度，m。

以绝对压力等于零为基线，绝对压力、表压力、真空度和大气压力之间的关系如图1-4所示。

大气压力p_b是地面上空气柱的重量所造成的，它随着各地的纬度、高度和气候条件而有所变化，可用气压计测定。因此，即使工质的绝对压力不变，表压力和真空度仍有可能变化。当工质压力远远大于大气压力时，可将大气压力p_b视为常数，常取为0.1MPa。

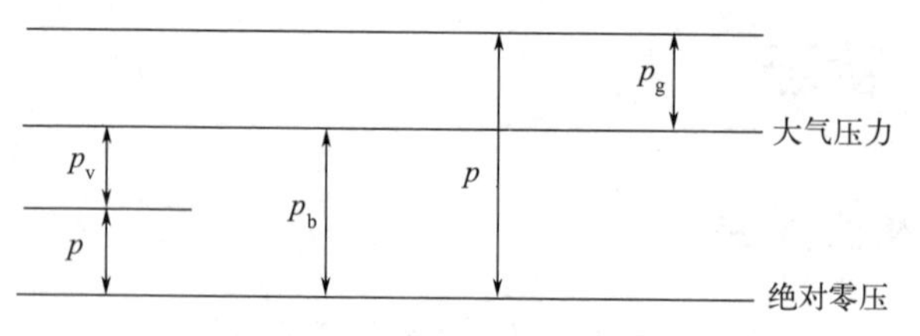

图1-4 不同压力之间的关系

【例1-1】 用斜管压力计测量管中气体压力（见图1-5），斜管中的水柱长度L=200mm，气压计读数为0.1MPa，α=30°，求管中D点的气体压力及真空度。

解 由于气体密度ρ_g远小于水的密度ρ_w，故压差计管中气柱的压力可以忽略不计，即忽略D点与E点间的压差。故

$$p_D = p_E = p_b - \rho_w g h_w = p_b - \rho_w g L \sin\alpha = 0.1\times10^6 - 1000\times9.81\times 200\times10^{-3}\sin30^\circ = 99019(\text{Pa})$$

管道内的真空度为$p_v = p_b - p_D = 981(\text{Pa})$

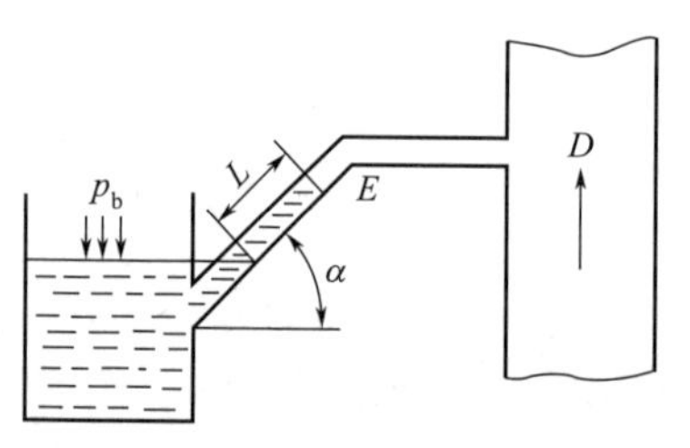

图1-5 例1-1图

② 温度 是标志物体冷热程度的参数，人们可以根据直觉感知物体的冷热，较热的物体被说成温度高，较冷的物体被说成温度低。若将两个冷热程度不同的物体相互接触，它们之间就会发生热量交换。在不受外界影响的条件下，经过一定时间后，它们将达到相同的冷热程度而不再进行热量交换。这时称它们达到了热平衡，也称它们温度相同。经验表明，如果A、B两系统可分别与C系统处于热平衡，则只要不改变它们各自的状态，令A与B相互接触，可以发现它们的状态仍维持恒定不变，即A与B也处于热平衡。这个结论称为热力学第零定律。

根据这个定律，要比较两个物体的温度，就不需让它们相互接触，而只要用第三个物体分别与它们接触就行了。这个第三个物体就是温度计。将温度计与各被测物体接触，达到热平衡时，即可由温度计读出被测物体的温度。温度计的示值是利用它所采用的测温物质的某种物理特性来表示的。当温度改变时，物质的某些物理性质，如体积、压力、电阻、电势等会随之变化。只要这些物理性质随温度改变且发生显著的单调变化，就可用来标志温度的高低，相应地就可设计各种温度计，如水银温度计、酒精温度计、气体温度计、电阻温度计、热电偶等。

为了进行温度测量，需要有温度的数值表示法，即建立温度的标尺，这个标尺就称为温标。建立任何一种温标都需要选用测温物质及其某一物理性

质，并规定温标的基准点及分度方法。摄氏温标规定，标准大气压下纯水的冰点温度为0℃，沸点温度为100℃，两定点间的温度，按温度与测温物质的某物理量(如液柱体积、金属电阻等)的线性函数确定。这样，采用不同的测温物质，或者采用同种测温物质的不同物理量进行测温时，除基准点相同外，其他点的温度值均有微小差异。因而需寻求一种与测温物质无关的温标，这就是建立在热力学第二定律基础上的热力学温标。用这种温标确定的温度称为热力学温度或绝对温度，符号为T，单位为开尔文，简写为"开"，代号为"K"。热力学温标选取水的三相点的温度为273.16K，也就是定义1K的温度间隔等于水的三相点热力学温度的1/273.16。与热力学温标并用的还有热力学摄氏温标，以符号t表示，单位为摄氏度，符号为℃。热力学摄氏温度定义为$t=T-273.15$，即规定热力学温度的273.15K为摄氏温度的零点。这两种温标的温度间隔完全相同($\Delta t=\Delta T$)。这样，冰的三相点为0.01℃，标准大气压下水的冰点也非常接近0℃，沸点也非常接近100℃。

在国外，还常用华氏温标（符号为t，单位为华氏度，代号为℉）和朗肯温标（符号为T，单位为朗肯度，代号为°R)。这四种温度间的换算关系如下。

$$\left.\begin{aligned}T(\text{K})&=t(℃)+273.15\\T(°\text{R})&=t(℉)+459.67\\t(℉)&=1.8t(℃)+32\\T(°\text{R})&=1.8T(\text{K})\\\Delta T(\text{K})&=\Delta t(℃)\\\Delta T(°\text{R})&=\Delta t(℉)\\\Delta T(°\text{R})&=1.8\Delta t(℃)\end{aligned}\right\}\tag{1-4}$$

③ 比体积。单位质量物质所占的体积称为比体积。比体积以符号v表示。对均匀系统来说，其比体积为

$$v=V/m\tag{1-5}$$

式中 v——比体积，m^3/kg；

V——系统所占有的容积，m^3；

m——系统的质量，kg。

比体积的倒数称为密度，以符号ρ表示，单位为kg/m^3。

状态参数的特性

1.2.2 状态参数的特性

1.2.2.1 数学特性

状态参数是状态的单值函数。状态一定，状态参数也随之确定；若状态发生变化，则至少有一种状态参数发生变化。换句话说，状态参数的变化只取决于给定的初始状态和终了状态，而与变化过程中所经历的一切中间状态或途径无关。因此，确定状态参数的函数为点函数，具有积分特性（图1-6）和微分特性。

（1）积分特性 当系统由初态1变化到终态2时，任一状态参数f的变化量等于终态与初态下该状态参数的差值，而与从初态过渡到终态所经历的过程无关，即

$$\Delta f=\int_1^2 \mathrm{d}f=f_2-f_1\tag{1-6}$$

当系统经历一系列变化而又回复到初态时，其状参数的变化量为零，即

$$\oint \mathrm{d}f=0\tag{1-7}$$

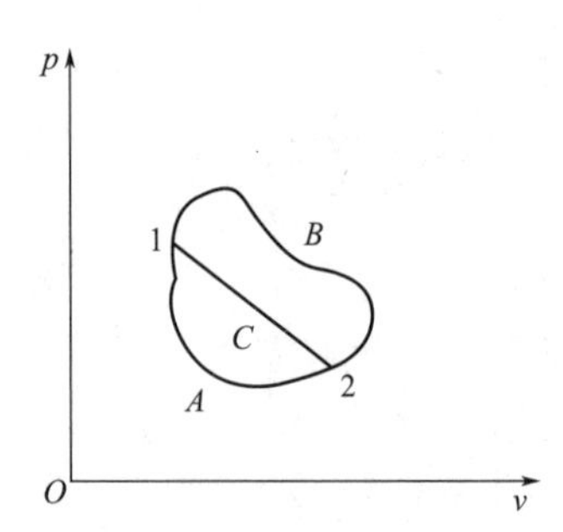

图1-6 状态参数的积分特性

例如，系统内气体由状态1经历两个不同的途径A和B变化到状态2（如图1-6所示），则其压力的变化量相等，即

$$\int_{1A2} \mathrm{d}p = \int_{1B2} \mathrm{d}p = p_2 - p_1$$

若再经路径 C 回复到状态1，则压力的变化量为零

$$\oint_{1A2C1} \mathrm{d}p = \oint_{1B2C1} \mathrm{d}p = 0$$

（2）微分特性　由于状态参数是点函数，所以它的微分为全微分。设状态参数f是另外两个变量x和y的函数，则

$$\mathrm{d}f = \left(\frac{\partial f}{\partial x}\right)_y \mathrm{d}x + \left(\frac{\partial f}{\partial y}\right)_x \mathrm{d}y \tag{1-8}$$

$$\frac{\partial^2 f}{\partial x \partial y} = \frac{\partial^2 f}{\partial y \partial x} \tag{1-9}$$

以上数学特性是某物理量为状态参数的充要条件，即状态参数一定具有以上数学特性，而具有以上数学特性的物理量也一定是状态参数。

1.2.2.2 强度参数与广度参数

（1）强度参数　在给定状态下，与系统内所含物质数量无关的参数称为强度参数，如压力、温度、比体积等。强度参数不具有加和性。例如，1kg气体的压力为2MPa，则相同状态下2kg同种气体的压力仍是2MPa，而不是4MPa。把一个均匀系统划分成若干个子系统，各子系统的同名强度参数值相同，且与整个系统的同名强度参数相同。但非均匀系统内各处的同名参数值却不一定相同。例如，对一个处于气液平衡的系统来说，各处温度值相同，但气相比体积值就与液相比体积值不同。

（2）广度参数　在给定状态下，与系统内所含物质数量有关的参数称为广度参数，如容积、能量、质量等。这类参数具有加和性，即整个系统的广度参数等于各子系统同名广度参数之和。无论系统均匀与否，广度参数具有确定的值。

应当指出，单位质量的广度参数（称为比参数）具有强度参数的性质，如比体积、比焓、比熵等。通常，广度参数以大写字母表示，而由它们转化而来的比参数以相应的小写字母表示。习惯上常把比体积以外的其他比参数的“比”字省略。

单位物质的量（mol）的广度参数称为摩尔参数，如摩尔容积、摩尔焓等，这些参数当然也具有强度参数的性质。

1.2.3 平衡状态

系统可能以各种不同的宏观状态存在，但并不是系统的任何状态都可以用确定的状态参数来描述。例如，当系统内各处的压力不一致时，就无法用统一的压力来描述系统的状态。只有当系统处于平衡状态时才能用状态参数描述系统所处的状态。平衡状态是指在没有外界影响的条件下，系统的宏观状态不随时间而改变。

平衡状态与状态方程

要使系统达到平衡，则必须满足以下条件。

（1）热平衡 如果系统内各部分的温度不一致，则在温差的推动下，热量自发地从高温处传向低温处，其状态也会随时间而改变，直至各部分间温差消失、传热停止。这时称系统处于热平衡。可见，是否存在温差是判别系统是否处于热平衡的条件。

（2）力平衡 如果系统内各部分间存在压力差或力差，则各部分之间必发生相对位移，其状态即随时间而变，直至力差消失为止。这时系统处于力平衡状态。可见，力差（压力差）是判别系统是否处于力平衡的条件。

（3）相平衡 对多相系统，只有当各相之间的物质交换在宏观上停止时，系统处于相平衡。各相间化学位相等是宏观相平衡的充要条件。

（4）化学平衡 对存在化学反应的系统而言，只有当化学反应宏观上停止，即反应物与生成物的组分不再随时间而变化时，系统处于化学平衡。反应物与生成物化学位相等是实现化学平衡的充要条件。

此外，若系统受到外界影响，如系统与外界因存在温差而传热、因存在力差而交换功等，都会破坏系统原来的平衡状态。两者相互作用的结果，必然导致系统与外界共同达到一个新的平衡状态。此时，系统与外界间也处于相互平衡中。总之，只有当系统内部以及系统与外界之间都不存在不平衡势差时，系统才处于平衡状态。

值得注意，这里所说的平衡是指宏观动态平衡，因为组成系统的粒子仍在不停地运动，只是其运动的平均宏观效果不随时间而变。

需要指出的是，平衡与均匀是两个不同的概念，平衡是相对时间而言的，均匀是相对空间而言的。平衡不一定均匀，如由处于平衡状态的水和水蒸气组成的系统就不是均匀系统。反之，均匀系统则一定处于平衡状态。

实际上，不存在绝对的平衡状态，但在许多情况下，这种不平衡引起的偏差可以忽略不计，从而把它们作为平衡状态来处理，使得对问题的分析与计算大为简化。

1.2.4 状态方程与状态参数坐标图

1.2.4.1 系统状态的自由度

热力系统的状态可以用状态参数来描述，每个状态参数分别从不同的角度描述系统某一方面的特性。然而，要确切地描述热力系统的状态，却不必知道所有的状态参数，而只需将系统的自由度限制住就可以了，即描述系统状态所需的独立变量的数目应等于系统的自由度。

假设系统内有α个组分，则其独立变量数为 $\alpha-1$；若系统内又有β个相，则系统内的独立变量数变为$\beta(\alpha-1)$个；再考虑平衡时应满足热平衡和力平衡两个条件，则系统总自由度为$\beta(\alpha-1)+2$个。因化学平衡时满足的条件是，每种组分在各相中的化学位相等，即$\mu_i^{(1)}=\mu_i^{(2)}=\cdots=\mu_i^{(\beta)}(i=1,2,\cdots,\alpha)$，这是$\alpha(\beta-1)$个约束。故总自由度为$\beta(\alpha-1)+2-\alpha(\beta-1)=\alpha-\beta+2$个，即描述平衡态所需的独立状态参数的数目为

$$\Phi=\alpha-\beta+2$$

1.2.4.2 状态方程

对任意系统所处的状态来说，只有Φ个独立状态参数作为自变量，其他参数均可视为因变量。将任一

因变量表示为自变量的函数关系式就称为状态方程。

对单组分单相系统，$\Phi=2$，即只需2个独立状态参数就可确定系统的状态。由于压力p、温度T、比体积v是基本状态参数，故经常被选作自变量。这样，气体状态方程可表示为

$$f(p, v, T)=0 \quad 或 \quad p=p(v, T)$$

对单组分理想气体，$pv=RT$就是最简单的一个状态方程。

1.2.4.3　状态参数坐标图

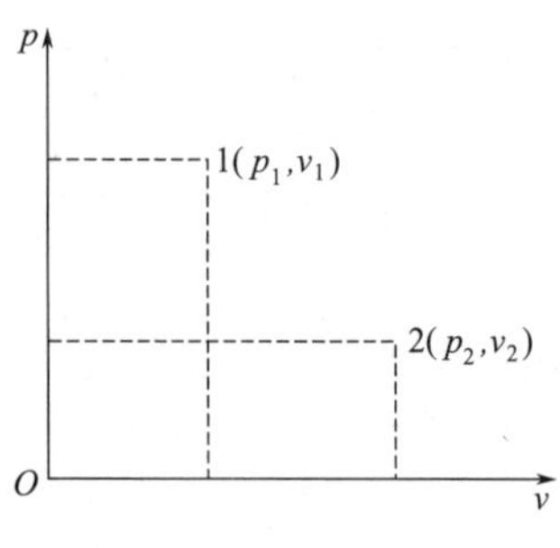

图1-7　p-v状态参数坐标图

对于只有两个独立状态参数的系统，可以很清晰地在平面坐标图中表示系统所处的状态。p-v图就是最常用的坐标图之一，如图1-7所示。坐标图中的任意一点都代表系统的一个状态，两者是一一对应的关系。

如果系统处于不平衡状态，由于无确定的状态参数值，也就无法在坐标图上表示。

1.3　热力过程

当原来处于平衡状态的系统与外界之间存在某种不平衡势差（如温差、压力差等）时，系统将与外界交换能量或质量，系统原有的平衡就会被破坏，系统的状态就会发生变化，并最终达到一个新的平衡状态。这种系统从一个状态变化到另一个状态的历程称为热力过程，简称过程。严格地说，实际热力过程是经历了一系列非平衡状态而从状态1变化到状态2的，因为要使过程进行，就必须有不平衡势差存在。然而，为了便于分析与计算，需建立某些理想化的物理模型，这就是本节要介绍的准静态过程和可逆过程。

1.3.1　准静态过程

如图1-8所示的装置，设气缸壁和活塞由理想绝热材料制成，气缸中盛有压力为p_1的气体，并与活塞上的砂粒的重力压强p_{ex1}相平衡。选取气体为系统，其初始状态为$1(p_1, v_1)$。若突然取走一些砂子，使重力压强$p_{ex2} \ll p_1$，则气体会突然膨胀并推动活塞上行，气体压力、温度也不断变化。靠近活塞的那部分气体将先膨胀，压力、温度会低于靠近气缸底部的那部分气体，故系统呈现不平衡性。经过一段时间后，系统将重新达到平衡状态2，压力为p_2，并与外力相平衡，即$p_2=p_{ex2}$。可见，系统经历的过程中，除状态1和状态2是平衡态之外，其余各点都是不平衡态。这样的过程称为不平衡过程。在p-v图上以虚线表示，曲线1b2上除1、2两点外均无实际意义，不能把它视为过程曲线。外界压力每次改变得越大，这种不平衡性就越明显。系统自原平衡

状态破坏后，自发地过渡到一个新的平衡状态所需的时间称为弛豫时间。

上例中，若每次只取走一个砂粒，即外界压力每次只改变一个小量，待系统恢复平衡后，再取走一个砂粒，依次类推，直至系统达到状态2。这样，从状态1变化到状态2的过程中经历了许多个平衡状态。若砂粒足够小，外界压力每次只改变一个无穷小量，且取走前后两个砂粒的时间间隔大于弛豫时间，则可以认为气体内部压力、温度始终均匀，且气体压力始终与外界压力相平衡，即系统经历连续平衡态从状态1变化到状态2。这样的过程称为准静态过程或准平衡过程。准静态过程在p-v图上以实线1a2表示，它是过程曲线。

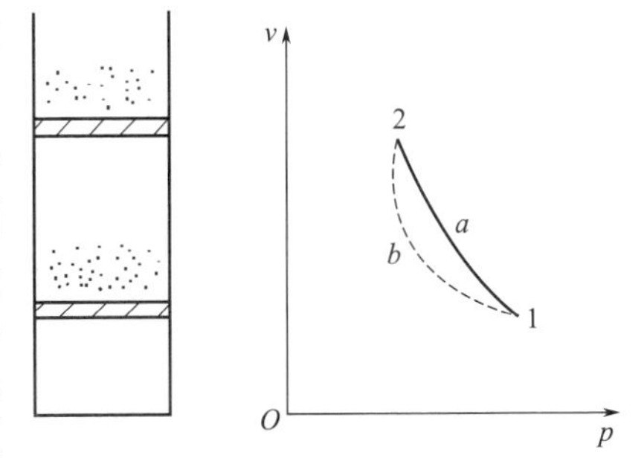

图1-8 热力过程分析图

1

当然，在准静态过程中，还需要热平衡。如图1-9所示的装置，气缸内盛有压力为p的气体并已处于平衡态。假设气缸侧壁和活塞由理想绝热材料制成，气体只是通过气缸端壁与热源交换热量。取气缸内气体为系统。如果将温度远远高于气体温度的热源与气缸端部接触，则靠近气缸端部的气体首先被加热，温度首先升高，这同样引起系统内部的不平衡。它也需要一个弛豫时间以达到新的平衡。如果热源与气体间温差为无限小量，则传热就无限缓慢，传热速率小于气体恢复平衡的速率，则气体的变化过程即为准静态过程。

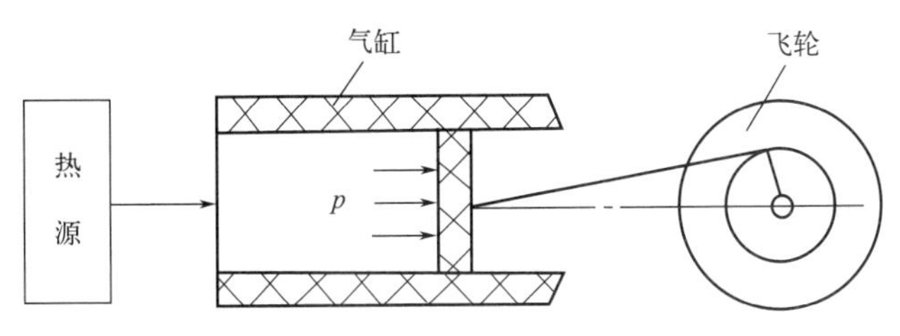

图1-9 热力过程分析

如果过程中还有相变或化学反应，则还要求相应的化学位差为无限小。

准静态过程要求一切不平衡势差为无限小，因而是一个无限缓慢的过程。而实际过程都是在有限速度下进行的，严格地说都是不平衡过程。但如果系统状态变化时所经历的时间比其弛豫时间长，也就是说系统状态的变化速度小于系统恢复平衡态的速度，则可视为准静态过程。例如，活塞式机械中，活塞的移动速度约为10m/s，而空气压力波的传播速度为当地声速，通常约为340m/s，因此，这样的过程可视为准静态过程。

只有准静态过程才能用确定的状态参数的变化来描述，才能在坐标图中用连续实曲线来表示，才能用热力学方法来分析。

1.3.2 可逆过程

对图1-8所示的例子，设气缸壁与活塞间无摩擦，气体经一准静态过程由状态1膨胀到状态2。此时，若把膨胀过程中从活塞上取走的砂子再一粒一粒地加在活塞上，实现一个使气体压缩的准静态过程，则砂子加完后，活塞也刚好回复到膨胀前的位置，即气体膨胀后经原来路径逆向返回原状态时，外界也同时回复了原来状态，没有留下任何痕迹。这种过程称为可逆过程。可逆过程的一般性定义为：当系统完成某一过程后，如果令过程沿相同的路径逆行而能使过程中所涉及的一切（系统和外界）都回复到原来状态，而不留下任何痕迹，则这一过程称为可逆过程。

若上述准静态过程中有摩擦，则由于摩擦力做功而造成能量损耗，因此，把气体膨胀过程中取走的砂子一粒一粒地全部放回到活塞上后，活塞回复不到膨胀前的位置，而要高一定距离，气体也回复不到原来状态。可见，这种过程是不可逆过程。对图1-8所示例子，若有摩擦，正行时，外界得到的功变小；而逆行时，要使系统复原所需的功却变大。因此外界复原时，系统无法复原。

不平衡过程也一定是不可逆过程。如图1-9所示的装置，气体自热源吸热、膨胀并对外做功，这部分功则以动能的形式存储在飞轮中。若为无摩擦的准静态过程，则可利用飞轮的动能推动活塞逆行，使系统与外界均回复原状。因压缩工质消耗的功与气体膨胀时产生的功相等，压缩过程排出的热量也与膨胀过程吸收的热量相等。但若膨胀过程为不平衡过程，则气体压力大于外界压力，因此气体所做的功大于外界得到的功，即飞轮获得的动能小于膨胀功，因而在逆行时，想利用飞轮动能使气体回复到原来状态是不可能的。此外，吸热时，若热源温度远高于气体温度，则逆行时，温度较低的工质也无法把热量传给高温的热源，即热源也无法回复原状。

总之，实现可逆过程的充分条件是：

① 过程是准静态过程，即过程所涉及的有相互作用的各物体之间的不平衡势差为无限小；

② 过程中不存在耗散效应，即不存在由于摩擦、非弹性变形、电流流经电阻等使功不可逆地转变为热的现象。

可见，准静态过程与可逆过程的共同之处在于，它们都是无限缓慢的，由连续的、无限接近平衡的状态所组成的过程，都可在坐标图上用连续实线描绘；它们的区别在于准静态过程着眼于平衡，耗散效应对它无影响，而可逆过程不但强调平衡，而且强调能量传递效果。可逆过程中不存在任何能量损耗，因而它是衡量实际过程效率高低的一个标准，也是实际过程的理想极限。

例题

凡是导致过程不可逆的因素（耗散效应、不平衡势差）统称为不可逆因素。系统内部无不可逆因素的过程称为内部可逆过程；系统外部无不可逆因素的过程称为外部可逆过程；只有系统和外界均无不可逆因素时，才是可逆过程。

1.3.3 热力循环

热能和机械能之间的转换，通常是通过工质在相应的设备中进行循环来实现的。工质从某一状态出发，经历一系列过程之后又回复到初始状态，这些过程的综合称为热力循环，简称循环。

如果循环中的每个过程都是可逆的，则这个循环称为可逆循环。在坐标图上，可逆循环用闭合实线表示，如图1-10所示。循环方向通常以箭头表示。若为顺时针方向，则称为正循环，它是将热变为功的循环；若为逆时针方向，则称为逆循环，它是消耗功而把热量由低温热源送至高温热源的循环。

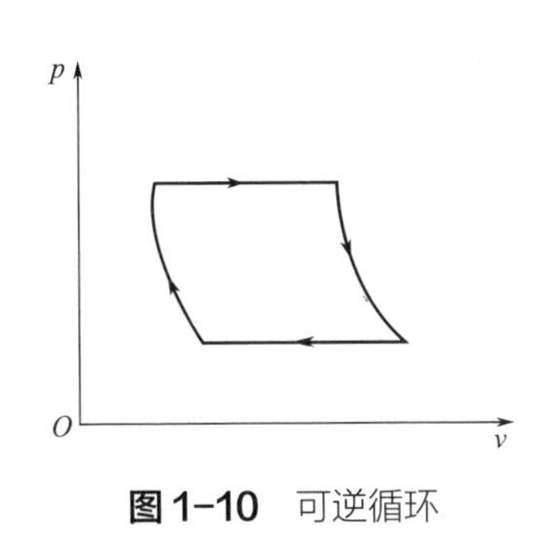

图 1-10 可逆循环

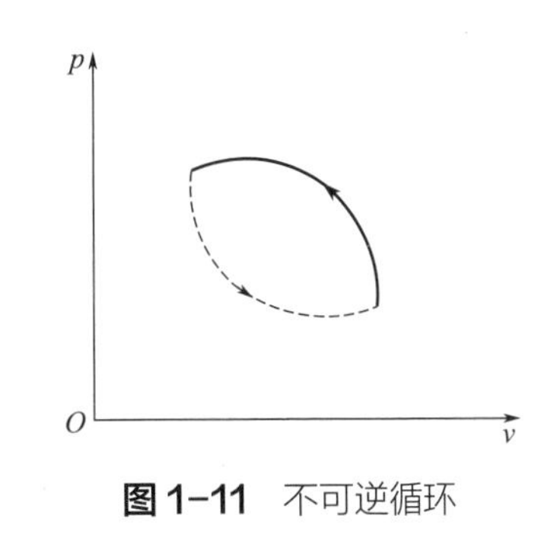

图 1-11 不可逆循环

含有不可逆过程的循环称为不可逆循环。不可逆循环中的可逆过程在坐标图上仍以实线表示，而不可逆过程则以虚线表示，如图 1-11 所示。这条虚线不代表实际热力过程线，只有虚线的两个端点才有实际意义。

小结

① 热力系统是作为研究对象的某指定范围内的物质，系统之外的物质称为外界，系统与外界的交界面是边界或控制面，边界可以是真实的，也可以是假想的，可以是固定的，也可以是运动的。系统与外界通过边界交换能量和质量。

② 按系统与外界间是否存在质量交换，系统可分为封闭系统和敞开系统。

按系统与外界的能量交换方式，系统可分为简单热力系统、绝热系统和孤立系统。

按系统内工质的组分，系统可分为单组分系统和多组分系统。

按系统内工质的相，系统可分为单相系统和多相系统。

③ 热力系统在某一瞬间所呈现的宏观物理状况称为系统的状态，用以描述系统所处状态的宏观物理量称为状态参数，可以直接测量的状态参数称为基本状态参数，由基本状态参数间接算得的状态参数称为导出状态参数。

④ 绝对压力 p 是指介质的真实压力，由处于大气环境下的压力计测得的介质压力称为表压力 p_g 或真空度 p_v，它们之间的关系为

$$p = p_g + p_b$$

$$p = p_b - p_v$$

⑤ 热力学第零定律：如果两个物体中的每一个都与第三个物体处于热平衡，则它们彼此一定处于热平衡，它们的温度相同。常用的温标有绝对温标、摄氏温标、朗肯温标和华氏温标，它们的关系是

$$T(\mathrm{K}) = t(℃) + 273.15$$

$$T(^\circ\mathrm{R}) = t(^\circ\mathrm{F}) + 459.67$$

$$t(^\circ\mathrm{F}) = 1.8t(℃) + 32$$

$$T(^\circ\mathrm{R}) = 1.8T(\mathrm{K})$$

⑥ 状态参数的积分特性：$\Delta f = \int_1^2 \mathrm{d}f = f_2 - f_1$

$$\oint \mathrm{d}f = 0$$

状态参数的微分特性：$\mathrm{d}f = \left(\frac{\partial f}{\partial x}\right)_y \mathrm{d}x + \left(\frac{\partial f}{\partial y}\right)_x \mathrm{d}y$

$$\frac{\partial^2 f}{\partial x \partial y} = \frac{\partial^2 f}{\partial y \partial x}$$

⑦ 强度参数是与系统内所含物质数量无关的参数，如压力、温度等，广度参数是与系统所含物质数量有关的参数，广度参数具有加和性。

⑧ 平衡状态是指在没有外界影响的条件下，系统的宏观状态不随时间而改变。系统处于平衡状态的充要条件是：同时满足热平衡、力平衡、相平衡和化学平衡。

⑨ 系统状态的自由度为$\Phi = \alpha - \beta + 2$。

⑩ 系统经历连续平衡状态由状态1变化到状态2的过程称为准静态过程。准静态过程中，各种不平衡势为无限小。

⑪ 如果一个过程是准静态过程，而且过程中不存在耗散效应，则这个过程就是可逆过程。

⑫ 正向循环消耗热量而对外做功，逆向循环消耗功而把热量由低温热源送至高温热源。

思考题

1. 开系与闭系的区别是什么？对某个问题来说，开系与闭系能否相互转化？系统的选择对问题的分析有无影响？
2. 孤立系统与绝热系统有何区别？
3. 何为平衡态？系统处于平衡态的本质是什么？
4. 状态参数有哪些特性？
5. 准静态过程的基本特征是什么？
6. 什么是可逆过程？实现可逆过程的基本条件是什么？可逆过程与准静态过程的区别与联系是什么？
7. 哪些过程可以用状态参数坐标图表示？
8. 什么是热力循环？正循环与逆循环有什么不同？
9. 绝对压力与表压力和真空度的关系是什么？
10. 状态方程中需要几个独立的状态参数？
11. 历史上出现过几种温标？它们之间的关系如何？
12. 容器内气体压力不变，测该容器压力的压力表的读数是否会变化？
13. 平衡系统与均匀系统是否是一回事？
14. 经过不可逆过程之后，系统能否回复到原来状态？

习题

1. 水银的密度为13.6g/cm^3，水的密度为1g/cm^3，试分别确定与1MPa相当的液柱高度。

2. 如果气压计读数为78kPa，试计算：①表压为255kPa的绝对压力；②真空度为19kPa的绝对压力；③绝对压力为350mmHg的表压力。
3. 分别将0℃、25℃、36.5℃、100℃换算成热力学温度、华氏温度和朗肯温度。
4. 某烟囱高40m，地面气压计读数为735mmHg，大气密度为1.2kg/m^3，烟气密度为0.8kg/m^3，求烟道底部的真空度。
5. 判断下列系统是敞开系统还是封闭系统：①蓄电池；②家用电冰箱；③燃料电池；④燃烧炉。
6. 一容积为1.22m^3的容器内装有6.48kg的氮气和7.78kg的氧气，试求该气体混合物的密度和比体积。

2 热力学基本定律

学习意义

热力学第一定律和热力学第二定律是热力学中的两条基本定律，也是热力学的理论基础。热力学第一定律阐明了热能与其他形式能之间相互转换中的数量关系，热力学第二定律则阐明了热能与其他形式能间相互转换的条件、方向和限度。只有同时满足这两个定律的热力过程才能实现。

学习目标

① 掌握热力学第一定律的实质；②熟悉能量传递的三种形式及体积功的计算方法；③掌握封闭系统的能量方程及稳定流动能量方程；④了解敞开系统能量方程的一般形式；⑤辨明体积功、技术功和轴功之间的区别和联系；⑥掌握热力学第二定律的实质；⑦掌握卡诺循环和卡诺定理；⑧辨明熵、熵流、熵产的基本概念，掌握克劳修斯不等式和孤立系统熵增原理，并能应用它们判断过程（循环）进行的方向、条件及限度。

2.1 热力学第一定律的实质

人类在长期的生产实践过程中，总结出热力学第一定律，即能量守恒与转换定律。它指出：自然界中一切物质都具有能量，能量既不可能被创造，也不可能被消灭，而只能从一种形式转换成另一种形式或者从一个（一些）物体传递到另一个（一些）物体，在转换和传递的过程中能量的总和始终保持不变。

在远古时期，人类摩擦取火实现了机械能向热能的转换，18 世纪蒸汽机的发明实现了热能向机械能的转换。然而，当时人们并未认识到热的本质，甚至有人认为热是一种没有重量的流体，即所谓“热素”。直到19世纪中叶，焦耳（Joule）完成了测定热功当量的实验，为热和其他运动的相互转换提供了有力证据，使得能量守恒与转换定律的确立有了坚实的实验基础。分子运动学说的发展，肯定了热是物质分子及原子等微粒杂乱运动的能量，是运动的一种形式。粒子的运动也称为热运动。这样，热能与机械能的相互转换就是物质由一种运动形式转换为另一种运动形式。这又为热力学第一定律提供了理论基础。

焦耳

热力学第一定律

热力学第一定律的实质就是能量守恒与转换定律在含有热现象的过程中的具体应用。它的文字表述有多种形式，例如：

① 热能可以与其他形式的能相互转换，转换过程中，能的总量保持不变；

② 在孤立系统中，能的形式可以转换，但能量总值不变；

③ 第一类永动机是不可能制成的。

对任一热力系统，热力学第一定律可表示为：

$$进入系统的能量 - 离开系统的能量 = 系统储存能量的增量$$

该式是能量方程的基本表达式，任何系统任何过程均可据此建立相应的能量方程。

2.2 能量的传递形式

进入或离开系统的能量主要有三种形式，即做功、传热以及随物质进入或离开系统而带入或带出的其本身所具有的储存能。前两种形式取决于系统与外界的相互作用，即与过程有关，第三种形式则取决于物质进、出系统的状态。

2.2.1 功的热力学定义

在力学中，把物体所受的力 F 和物体在力方向上的位移 X 的乘积定义为力对物体所做的功。

在热力学中，由于系统与外界间的相互作用形式是多种多样的，有时难以找出一个与功有关的力和位移，因而需给出一个具有普遍意义的功的概念：在热力过程中，系统与外界相互作用而传递的能量，若其全部效果可表现为使外界物体改变宏观运动状态，则这种传递的能量称为功。例如，气缸内气体膨胀推动活塞移动，则气体对外做功；电池工作时，带动电机旋转，则电池对外做功。

热力学中，系统对外做功取为正值，外界对系统做功取为负值。在法定计量单位中，功的单位是焦耳，符号 J。

气体膨胀时对外所做的功称为膨胀功，气体受到压缩时外界对气体所做的功称为压缩功，两者统称为体积功或容积功。

2.2.2 可逆过程的功

功与系统的状态变化过程有关，下面举例讨论可逆过程中所做的功。

设气缸内有 $m$kg 气体，并取为系统，气缸、活塞等为外界，如图2-1所示。设气体完成一个可逆过程，由状态1膨胀到状态2，其变化过程可由连续曲线1—2表示。气体压力为 p，活塞面积为 A，由于过程可逆（不平衡势差无限小

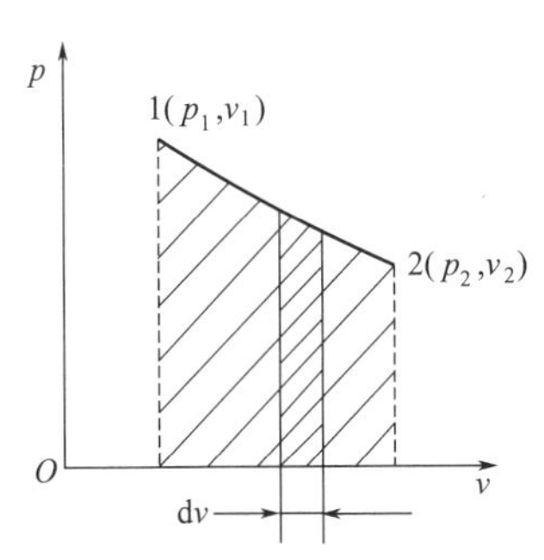

图2-1 体积功的计算

且没有耗散），在任一时刻，气体作用在活塞上的力F=pA应与外界作用在活塞上的反力R相平衡，且摩擦力为零，即F=R，f=0。按照功的力学定义，当工质推动活塞移动一微小距离dx时，系统反抗外力所做的功为

$$\delta W = R\mathrm{d}x = F\mathrm{d}x = pA\mathrm{d}x = p\mathrm{d}V$$

气体从状态1膨胀到状态2的整个过程所完成的容积功为

$$W = \int_1^2 \delta W = \int_1^2 p\mathrm{d}V \tag{2-1}$$

对气缸内每千克气体而言

$$w = \frac{W}{m} = \int_1^2 p\mathrm{d}v \tag{2-2}$$

式（2-1）或式（2-2）是任意可逆过程容积功的表达式。只要知道初、终状态和过程函数$p=f(v)$，就可计算出容积功。气体膨胀时dv为正，所得容积功为正，即为膨胀功，与之相反，气体被压缩时dv为负，所得容积功为负，即为压缩功。在p-v图上，容积功表现为过程曲线与横轴之间的面积。因此，p-v图也称为示功图。若状态1到状态2的路径不同，则过程曲线与横轴之间的面积不同，由此也可以看出功是过程量，其大小与路径有关。

由于功的大小除与过程的初、终状态有关外，还与描述过程的函数$p=f(v)$有关，故功是一个过程量。在数学上，微元过程功以δw表示，而不用dw表示。积分$\int_1^2 \delta w = w \neq w_2 - w_1$，即$\delta w$是一个无限小功量，而不是功的无限小增量。

需要注意的是，在热力学中，人为规定做功要以环境的得失来考虑，即气缸、气体和活塞作为整体向外输出的功才有意义，因此只有克服外力才算做功，必须使用外力进行计算。在可逆过程中，由于$F=R$，$f=0$，故可以用气体的内压来计算。若上述过程中活塞与气缸间有摩擦且为准静态过程，此时，$F=R+f$（f为摩擦力），气体反抗外力所做的功不能用式（2-1）或式（2-2）计算，功的计算公式是

$$W = \int_1^2 R\mathrm{d}x \tag{2-3}$$

若活塞与气缸之间有摩擦，且为不平衡过程，则系统内部参数不均匀，也没有确定的$p=f(v)$关系，故不能用式（2-1）或式（2-2）计算，也只能用式（2-3）计算。

【例2-1】 如图2-2所示，气缸内存有一定量气体。初始状态下，p_1=0.6MPa，V_1=1000cm³；活塞面积A=100cm²；大气压力p_b=0.1MPa。若不计活塞重量及摩擦阻力，拔掉销钉后，气体按下列两种过程膨胀至V_2=3000cm³，求气体所做的功。①按$pV^{1.4}$=常数规律可逆膨胀。②初始状态下，弹簧与活塞接触但不受力。弹簧刚度为150N/cm。

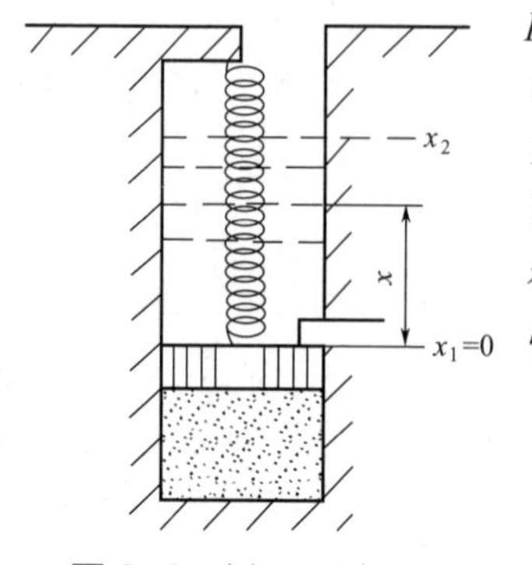

图2-2 例2-1过程图

解 取气缸内气体为系统。

① 可逆过程功按式（2-1）计算

$$W_1 = \int_1^2 p\mathrm{d}V = \int_1^2 \frac{p_1V_1^{1.4}}{V^{1.4}}\mathrm{d}V = p_1V_1^{1.4}\int_{0.001}^{0.003}\frac{\mathrm{d}V}{V^{1.4}}$$

$$=0.6\times10^{6}\times10^{-3\times1.4}\times\frac{1}{-0.4}\times\left(\frac{1}{0.003^{0.4}}-\frac{1}{0.001^{0.4}}\right)=1000(\mathrm{J})$$

② 气体在有限压差下突然膨胀，为不平衡过程，过程功按式（2-3）计算。

取活塞初始位置$x_1=0$，则终了位置为 $x_2=\frac{V_2-V_1}{A}=\frac{3000-1000}{100}=20(\mathrm{cm})$

当活塞移到任一位置x时，弹簧力为 $F=kx=150\times10^{2}x\ \ (\mathrm{N})$

总外力为 $R=p_{\mathrm{b}}A+F=0.1\times10^{6}\times100\times10^{-4}+15000x=10^{3}+1.5\times10^{4}x$

外力R做功为 $W=-\int_1^2 R\mathrm{d}x=-\int_0^{0.2}(1000+15000x)\mathrm{d}x$

$$=-\left[1000\times(0.2-0)+15000\times\frac{1}{2}\times(0.2^2-0^2)\right]=-500(\mathrm{J})$$

外力R做功为负，说明气体对外做功500J。

2.2.3 热量和热量的传递

系统与外界之间仅仅由于温度不同而传递的能量称为热量，用大写字母Q表示。热量和功都是能量传递的形式，都是与过程有关的量，而不是系统具有的能量。因此，不能说某系统含有多少热量。微元过程传递的热量也只能用δQ而不能用$\mathrm{d}Q$表示。积分$\int_1^2\delta Q=Q\neq Q_2-Q_1$。

热力学中规定，系统吸热，热量为正；系统放热，热量为负。热量的单位是焦耳，符号J。

单位质量的工质与外界交换的热量，用小写字母q表示，单位为J/kg。

功是两物体间通过宏观运动发生相互作用而传递的能量，而热量则是两物体间通过微观分子运动发生相互作用而传递的能量。从微观上看，物体内部的分子、原子等微粒不停地作热运动。根据气体分子运动学说，这种由于热运动而具有的内动能是温度的函数，也可以说，气体温度代表了气体分子的平均动能。当两种温度不同的物体相互接触时，分子之间相互碰撞，动能大者向动能小者传递动能，结果使两种物体的平均动能趋于相同，它们的温度也就相同。

热和功具有类比性。可逆过程容积功的推动力是无限小的压力差，可逆过程热量的推动力则是无限小的温度差，且压力和温度都是强度状态参数；容积功的微元变量是广度状态参数V，那么，热量的微元变量也应是一广度状态参数，这个参数就是熵，用大写字母S表示。因此，可逆过程中系统与外界交换的热量有如下表达式

$$\delta Q=T\mathrm{d}S \tag{2-4}$$

$$Q=\int_1^2 T\mathrm{d}S \tag{2-5}$$

$$q=\int_1^2 T\mathrm{d}s \tag{2-6}$$

$s=\frac{S}{m}$，是单位质量工质的熵。

可逆过程在T-s坐标图上也以实线表示，如图2-3所示，过程曲线与横轴间的面积代表热量，所以，T-s图也称为示热图。

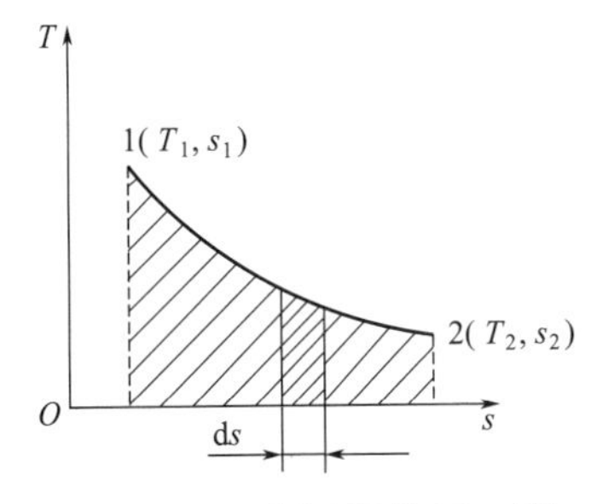

图2-3 可逆过程的T-s图

2.3 系统储存能

物质本身具有的能量称为储存能。储存能分为外部储存能和内部储存能（内能）两类。与系统整体宏观运动有关的能量称为外部储存能，它分为动能和位能两种。系统在空间相对某参考坐标系宏观运动所具有的能量称为宏观动能，简称动能。若系统质量为m、速度为c，则系统动能为

$$E_{\mathrm{k}}=\frac{1}{2}mc^2 \tag{2-7}$$

系统在外力场作用下，处于某参考坐标系中的一定位置所具有的能量称为位能。若系统质量为m、系统重心在参考坐标系中的高度为z，则它的位能为

$$E_{\mathrm{p}}=mgz \tag{2-8}$$

式中，g为重力加速度。

宏观上运动或者静止的物体，其内部的分子、原子等微粒都在不停地作热运动，从而使系统内部也具有储存能。储存于系统内部的能量称为内能，也称热力学能，它与物质的分子结构及微观运动形式有关，包括物理内能、化学内能和核能。系统只发生物理变化时，只有物理内能发生变化；系统发生化学变化时才涉及化学内能的变化；在本课程的研究领域不涉及核能的变化。物理内能包括内动能和内位能两项。内动能包括分子移动动能、转动动能和分子内粒子振动动能，它是温度的函数，温度越高，内动能越大。由于分子间有相互作用力存在，因此分子具有位能，这就是内位能，它与分子间的平均距离有关，即与工质的比体积有关。这样，从分子运动论的观点看，内能是温度和比体积的函数，即内能是状态参数。这个结论也可由热力学第一定律得证。

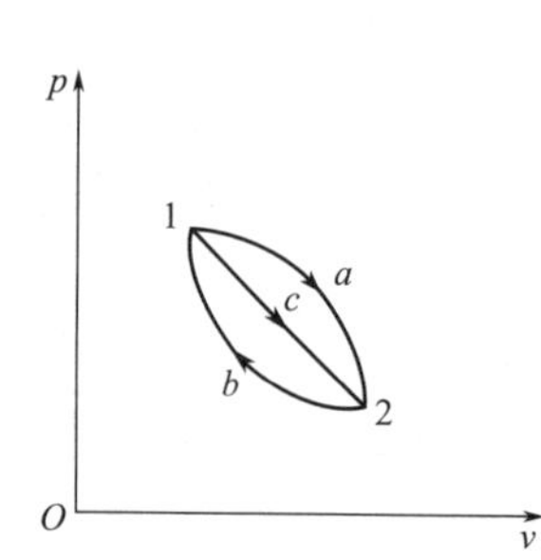

图2-4 内能的分析

如图2-4所示，若工质完成$1a2b1$这个循环，即工质恢复到原来状态，故系统储存能量的变化为零，所以，进入系统的能量（吸热量）等于离开系统的能量（对外做功），即

$$\oint\delta Q=\oint\delta W$$

$$\oint(\delta Q-\delta W)=0$$

令

$$\mathrm{d}U=\delta Q-\delta W$$

则

$$\oint\mathrm{d}U=0 \tag{2-9}$$

现假设工质完成另一个循环$1c2b1$，则依式（2-9）有

$$\int_{1a2}\mathrm{d}U+\int_{2b1}\mathrm{d}U=0$$

$$\int_{1c2}\mathrm{d}U+\int_{2b1}\mathrm{d}U=0$$

两式相减得

$$\int_{1a2}\mathrm{d}U=\int_{1c2}\mathrm{d}U \tag{2-10}$$

式（2-9）说明经过一个循环后，参数U的变化量为零；式（2-10）说明工质从状态1变化到状态2，无论经过什么路径，参数U的变化量相等。这两点结论证明了参数U是状态参数。对于某种气体，自由度为2，其热力状态可由两个独立的状态参数决定，所以其内能可以是任意两个状态参数的函数，如：$u=f(T,v)$，或$u=f(T,P)$，$u=f(p,v)$。

由于dU是系统储存能的变化量，而当系统完成一个循环时，外部储存能（动能和位能）的变化量为零，所以参数U只能是内能。值得注意的是，内能为绝对零值的基准点是不存在的，因此内能的绝对值无法测量。工程计算中，关心的是其相对变化量ΔU。

内能是广度参数，$U=mu$。内能的法定单位是焦耳(J)。

综上所述，系统的总能量为

$$E = E_k + E_p + U \tag{2-11}$$

$$e = e_k + e_p + u \tag{2-12}$$

能量传递的形式和系统存储能

2

2.4 封闭系统的能量方程

为了定量地分析系统在热力过程中的能量转换，需根据热力学第一定律，导出参与能量转换的各项能量之间的数量关系式，这种关系式称为能量方程。

分析各种工质的热力过程时，凡是工质不流动的过程，通常按封闭系统（闭口系统）处理较方便。

如图2-5所示，若取气缸内气体为系统，则是一个典型的封闭系统。设气体从状态1变化到状态2，变化过程中吸热Q，对外做功W。研究气体的变化过程，通常可以忽略位能的变化，对于气体不进行长距离流动的情况，动能变化也可忽略不计，故系统的能量中，只有内能发生变化ΔU。进入系统的能量为Q，离开系统的能量为W，系统储存能量的增量为ΔU，则根据热力学第一定律有

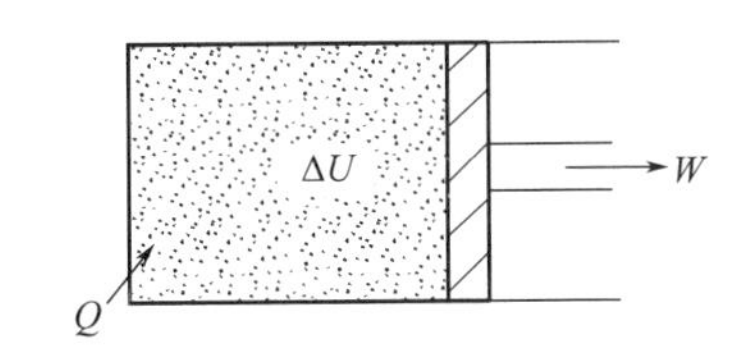

图2-5 封闭系统能量方程的推演

$$Q = \Delta U + W \tag{2-13}$$

对微元过程有

$$\delta Q = dU + \delta W \tag{2-14}$$

对单位质量工质有

$$q = \Delta u + w \tag{2-15}$$

$$\delta q = du + \delta w \tag{2-16}$$

式（2-13）～式（2-16）称为封闭系统的能量方程，它们由热力学第一定律直接导出，适用于任何工质和任何过程。

对于可逆过程，$\delta w = p dv$，$w = \int_1^2 p dv$，上述各式可做相应变动。

2.5 敞开系统的能量方程

工程上，很多热力设备，如压气机、汽轮机、锅炉、换热器等，工作时不断地有工质流入流出。分析这类设备中的热力过程时，一般按敞开系统处理。为了简化模型，将同一截面上各点的温度、压力近

似视为均匀，且取同一截面上各点的平均流速为该截面流速。

与封闭系统不同，敞开系统（开口系统）与外界有物质交换。建立敞开系统能量方程需要注意：第一，它与外界的能量交换除做功和传热外，还借助工质的流动，传递工质本身所具有的储存能；第二，分析敞开系统时，需要考虑质量平衡；第三，敞开系统与外界交换的功，除容积功外，还有推动工质出入系统的推动功。

2.5.1 推动功

如图2-6所示的装置，取1—1截面与2—2截面之间的气体为系统，则是一个典型的敞开系统。当工质要流入系统时，需要其上游工质的推动以克服系统内工质的反作用力，在此过程中，外界对系统做了推动功；同理，工质流出系统时，系统内工质必须对外界做推动功。推动功也称为流动功。

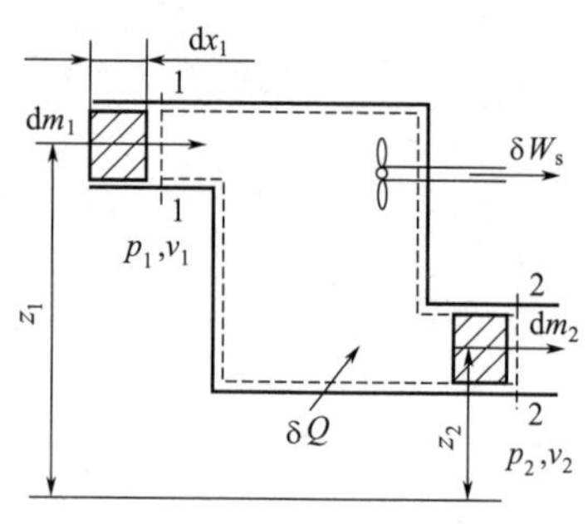

图2-6 开系能量方程的推演

设系统进口处，工质压力p_1，比体积v_1，管道截面积A_1。当质量为dm_1的工质在上游工质推力p_1A_1作用下移动dx_1而进入系统时，外界所做的推动功为

$$\delta W_{f1} = p_1 A_1 dx_1 = p_1 dV_1 = p_1 v_1 dm_1$$

若质量为1kg的工质流入系统，则推动功为

$$w_{f1} = p_1 v_1 \tag{2-17}$$

同理，1kg工质流出系统时，系统对外做推动功

$$w_{f2} = p_2 v_2 \tag{2-18}$$

1kg工质流入并流出系统时，流动净功为

$$w_f = p_2 v_2 - p_1 v_1 \tag{2-19}$$

可见，流动功是推动工质进行宏观位移所做的功。在流入流出传递推动功的过程中，工质没有热力状态的变化，因此也没有能量形态的变化，只是起到维持工质流动和输运其自身储存能的作用。

敞开系统
能量方程

2.5.2 敞开系统的能量方程

考虑如图2-6所示的敞开系统。在$d\tau$时间内，有dm_1的工质流入系统，则进入系统的能量为：

① 吸热δQ；

② 流入系统的工质带入它所具有的能量为 $dm_1 E_1 = dm_1\left(u_1 + \frac{c_1^2}{2} + gz_1\right)$；

③ 上游工质所做的推动功为$dm_1 p_1 v_1$。

在$d\tau$时间内，流出dm_2的工质，则离开系统的能量为：

① 系统输出轴功为δW_s；

② 流出工质带出它本身具有的能量为 $\mathrm{d}m_2E_2=\mathrm{d}m_2\left(u_2+\frac{c_2^2}{2}+gz_2\right)$；

③ 系统推动工质流出的推动功为$\mathrm{d}m_2p_2v_2$。

系统储存能量的增量为$\mathrm{d}E$。依热力学第一定律有

$$\left[\delta Q+\mathrm{d}m_1\left(u_1+\frac{c_1^2}{2}+gz_1\right)+\mathrm{d}m_1p_1v_1\right]-\left[\delta W_\mathrm{s}+\mathrm{d}m_2\left(u_2+\frac{c_2^2}{2}+gz_2\right)+\mathrm{d}m_2p_2v_2\right]=\mathrm{d}E$$

令$\dot{Q}=\frac{\delta Q}{\mathrm{d}\tau}$ 为系统的吸热速率；

$q_{m_1}=\frac{\mathrm{d}m_1}{\mathrm{d}\tau}$ 为进入系统的质量流量；

$q_{m_2}=\frac{\mathrm{d}m_2}{\mathrm{d}\tau}$ 为离开系统的质量流量；

$\dot{W}_\mathrm{s}=\frac{\delta W_\mathrm{s}}{\mathrm{d}\tau}$ 为系统输出的轴功率；

$\dot{E}=\frac{\mathrm{d}E}{\mathrm{d}\tau}$ 为系统储存能的增加速率。

则

$$\dot{Q}=q_{m_2}\left(u_2+p_2v_2+\frac{c_2^2}{2}+gz_2\right)-q_{m_1}\left(u_1+p_1v_1+\frac{c_1^2}{2}+gz_1\right)+\dot{W}_s+\dot{E} \tag{2-20}$$

令

$$h=u+pv$$

则

$$h_1=u_1+p_1v_1$$

$$h_2=u_2+p_2v_2$$

式（2-20）变化为

$$\dot{Q}=q_{m_2}\left(h_2+\frac{c_2^2}{2}+gz_2\right)-q_{m_1}\left(h_1+\frac{c_1^2}{2}+gz_1\right)+\dot{W}_\mathrm{s}+\dot{E} \tag{2-21}$$

式（2-20）和式（2-21）是敞开系统能量方程的普遍式，适用于任何工质的任何流动过程。

2.5.3 焓

热力分析与计算中，经常遇到U+pV的形式。由于U、p、V都是状态参数，故为了简化公式与计算，常把它们的组合定义为另一个状态参数——焓，以符号H表示，即

$$H=U+pV \tag{2-22}$$

1kg工质的焓称为比焓，以h表示，即

$$h=u+pv \tag{2-23}$$

焓的物理意义可以理解如下：当工质流进系统时，带进系统的与热力状态有关的能量有内能U和流动功pV，而焓正是这两种能量的总和。因此，焓可以理解为工质流动时与外界传递的与其热力状态有关的总能量。当工质不流动时，pV不再是流动功，但焓作为状态参数仍然存在。此时，它只能理解为三个状态参数的组合。热力装置中，工质大都是在流动的过程中实现能量传递与转换的，故在热力计算中，焓比内能应用更广泛，焓的数据表（图）也更多，与内能类似，工程计算中常用焓的变化量ΔH。

焓是状态参数，具有状态参数的一切特性，同内能一样，某种气体的焓也可表示为其他两个状态参

数的函数，如$h=f(T,v)$，或$h=f(T,p)$，$h=f(p,v)$。

2.6 稳定流动能量方程

2.6.1 稳定流动能量方程

所谓稳定流动是指在流动过程中，系统内任一点处，工质的热力参数和运动参数都不随时间而变的流动过程。要使流动达到稳定状态，需满足以下三个条件：

① 系统进、出口状态不随时间而变化；

② 系统内工质数量保持不变，这就要求系统进、出口质量流量相等，且不随时间而变，即$q_{m_1}=q_{m_2}=q_m$；

③ 系统内储存的能量不变，这就要求进入系统的能量与离开系统的能量相等，且不随时间而变化，即$\dot{E}=0$。

将这些条件代入式（2-21）得

$$\dot{Q}=q_m\left[\left(h_2+\frac{c_2^2}{2}+gz_2\right)-\left(h_1+\frac{c_1^2}{2}+gz_1\right)\right]+\dot{W}_s \tag{2-24}$$

$$q=\left(h_2-h_1\right)+\frac{1}{2}\left(c_2^2-c_1^2\right)+g\left(z_2-z_1\right)+w_s \tag{2-25}$$

或

$$q=\left(u_2-u_1\right)+\left(p_2v_2-p_1v_1\right)+\frac{1}{2}\left(c_2^2-c_1^2\right)+g\left(z_2-z_1\right)+w_s \tag{2-26}$$

对微元过程

$$\delta q=\mathrm{d}h+\frac{1}{2}\mathrm{d}c^2+g\mathrm{d}z+\delta w_s \tag{2-27}$$

式（2-24）～式（2-27）称为稳定流动能量方程。这些方程适用于任何工质稳定流动的任何过程。

一般说来，热力设备在正常工作时（工况不变），工质的流动过程均可以视为稳定流动过程，只有在启动、加速或者停车阶段等特殊工况下，才属于非稳定流动过程。连续工作的周期性动作的热力设备（如活塞式机械），如果单位时间的传热量及轴功的平均值分别保持不变，工质的平均流量也保持不变，则即使工质在设备内部的流动是不稳定的，仍可用稳定流动能量方程分析其能量转换关系。

2.6.2 稳定流动能量方程分析

在稳定流动过程中，系统本身的状况不随时间而变，可以视为一定质量的工质从入口状态变化到出口状态，将其假想为封闭系统。对比封闭系统能量方程式（2-15）和式（2-26），可得

$$w=\Delta(pv)+\frac{1}{2}\Delta c^2+g\Delta z+w_s \quad (2\text{-}28)$$

可视为每千克工质在流经热力设备过程中，吸热q，对外做轴功w_s和流动功$\Delta(pv)$，而其本身的能量由入口处的$\left(u_1+\frac{c_1^2}{2}+gz_1\right)$变化为出口处的$\left(u_2+\frac{c_2^2}{2}+gz_2\right)$。可见，如果把$w$理解为由热量转变来的机械能，对不流动过程，这部分机械能（其值为$q-\Delta u$）直接表现为对外做容积功；而对流动过程，这部分机械能（其值也是$q-\Delta u$），一部分消耗于维持工质进出系统所需的流动净功，一部分用于增加工质的宏观动能和重力位能，其余部分才是热力设备输出的轴功。

2.6.3　技术功

式（2-28）中的后三项是工程上可以直接利用的机械能，而$\Delta(pv)$的作用仅仅是维持工质流动，不能被直接利用。因此，流动过程中，可利用的机械能不等于工质膨胀功的全部，而是膨胀功与流动功之差，这部分能量就定义为技术功，以w_t（1kg工质）或W_t（非1kg工质）表示，即

$$w_t=w-\Delta(pv)=\frac{1}{2}\Delta c^2+g\Delta z+w_s \quad (2\text{-}29)$$

对微元过程

$$\delta w_t=\delta w-d(pv)=\frac{1}{2}dc^2+gdz+\delta w_s \quad (2\text{-}30)$$

该式反映了稳定流动过程中膨胀功、技术功和轴功之间的关系。若忽略动能和位能的变化，则技术功与轴功相等($w_t=w_s$)。

这样，稳定流动能量方程又可写为

$$q=\Delta h+w_t \quad (2\text{-}31)$$

对可逆过程，如图2-7中的过程1→2，依式（2-30），其技术功为

$$w_t=\int_1^2 pdv-\int_1^2 d(pv)=-\int_1^2 vdp \quad (2\text{-}32)$$

可见，技术功在p-v图上可用过程曲线与纵轴之间的面积（12ba1）表示。

$dp<0$时，$w_t>0$，系统对外界做功；

$dp>0$时，$w_t<0$，外界对系统做功；

$dp=0$时，$w_t=0$。

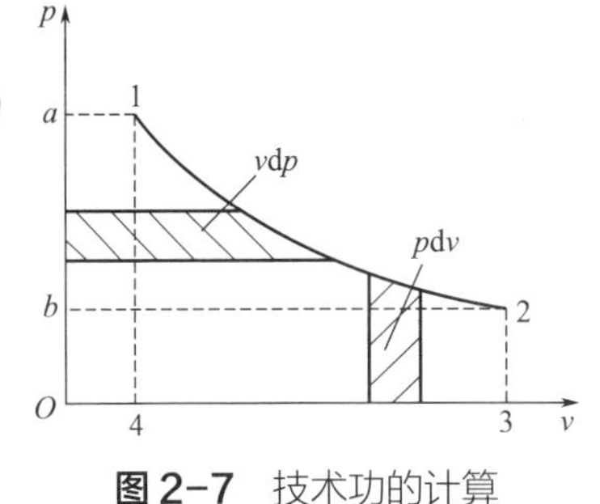

图2-7　技术功的计算

2.6.4　机械能守恒式

对可逆过程，式（2-30）可写为

$$vdp+\frac{1}{2}dc^2+gdz+w_s=0 \quad (2\text{-}33)$$

对有摩擦的准静态过程，再加一项摩擦损失功w_F，则有

$$vdp+\frac{1}{2}dc^2+gdz+w_s+w_F=0 \quad (2\text{-}34)$$

该式即为广义的机械能守恒式。

若流动过程中没有轴功w_s，则式（2-34）变化为

$$vdp+\frac{1}{2}dc^2+gdz+w_F=0 \quad (2\text{-}35)$$

该式为广义的伯努利方程。它反映了压力、流速、位能及摩阻之间的关系。

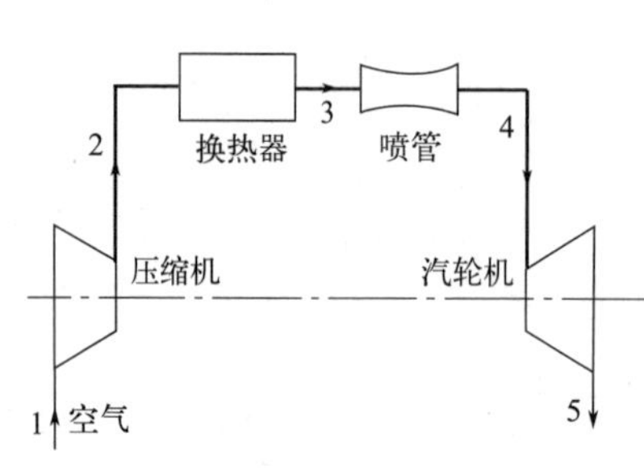

图2-8 例2-2动力装置图

【例2-2】 如图2-8所示的动力装置，压缩机入口空气焓 $h_1=280\text{kJ/kg}$，流速 $c_1=10\text{m/s}$，经压缩机绝热压缩后，出口空气焓 $h_2=560\text{kJ/kg}$，流速 $c_2=10\text{m/s}$，然后进入换热器吸热 $q_1=630\text{kJ/kg}$，再进入喷管绝热膨胀，出口焓 $h_4=750\text{kJ/kg}$，最后进入汽轮机绝热膨胀，出口焓 $h_5=150\text{kJ/kg}$，流速 $c_5=85\text{m/s}$。各过程中的位能变化忽略不计。若空气流量为100kg/s，试计算：①压缩机功率；②喷管出口流速 c_4；③汽轮机功率；④整套装置功率。

解 工质在整个装置内的流动为稳定流动，可应用稳定流动能量方程［式(2-25)或式(2-26)］进行求解。

① 压缩过程12。

依题意，$q=0$，$g\Delta z=0$，$\frac{1}{2}\left(c_2^2-c_1^2\right)=0$，故

$$w_{s1}=h_1-h_2=280-560=-280(\text{kJ/kg})$$

$$N_{s1}=q_m w_{s1}=100\times(-280)=-28000(\text{kW})$$ （负号表示压缩机对气体做功）

② 流经换热器和喷管的过程24。

$q=630\text{kJ/kg}$，$g\Delta z=0$，$w_s=0$，故$\frac{1}{2}\left(c_4^2-c_2^2\right)+\left(h_4-h_2\right)=q$

$$\begin{aligned}c_4&=\sqrt{2\left(q-h_4+h_2\right)+c_2^2}\\&=\sqrt{2\times\left(630\times10^3-750\times10^3+560\times10^3\right)+10^2}=938(\text{m/s})\end{aligned}$$

③ 流经汽轮机过程45。

$q=0$，$g\Delta z=0$，故

$$w_{s2}=h_4-h_5+\frac{1}{2}\left(c_4^2-c_5^2\right)=750-150+\frac{1}{2}\times\left(938^2-85^2\right)\times10^{-3}=1036(\text{kJ/kg})$$

$$N_{s2}=q_m w_{s2}=100\times1036=103600(\text{kW})$$

④ 解法一 $N_s=N_{s1}+N_{s2}=-28000+103600=75600(\text{kW})$

解法二 将整套装置取为系统

$$q=630\text{kJ/kg}\text{，}g\Delta z=0$$

故

$$q=h_5-h_1+\frac{1}{2}\left(c_5^2-c_1^2\right)+w_s$$

$$w_s=q-h_5+h_1+\frac{1}{2}\left(c_1^2-c_5^2\right)=630-150+280+\frac{1}{2}\times\left(10^2-85^2\right)\times10^{-3}=756(\text{kJ/kg})$$

$$N_s = q_m w_s = 100 \times 756 = 75600(\text{kW})$$

【例 2-3】 水泵将压力 p_1=10^{5}Pa，温度 t_1=20℃的水以 1.5L/s 的流量从水池中打到 40m 高处，出口压力 p_2=9×10^{5}Pa，水泵进水管径为 32mm，出水管径为 25mm。设水泵与管路是绝热的，且可忽略摩擦阻力，求水泵功率及焓变。水的比体积为 10^{-3}m^3/kg。

解 该流动过程可视为稳定流动过程，流动方程为

$$q = \Delta u + \Delta(pv) + \frac{1}{2}\Delta c^2 + g\Delta z + w_s$$

依题意，q=0。

水可视为不可压缩流体，即 v = 常数；故体积功 W = 0。

依热力学第一定律得，ΔU=0。

流动过程中质量守恒

$$q_m = \frac{Ac}{v} = \frac{A_1 c_1}{v} = \frac{A_2 c_2}{v} = \frac{q_V}{v} = \frac{1.5\times10^{-3}}{10^{-3}} = 1.5(\text{kg/s})$$

$$c_1 = \frac{1.5\times10^{-3}}{\frac{\pi}{4}\times0.032^2} = 1.87(\text{m/s})$$

$$c_2 = \frac{1.5\times10^{-3}}{\frac{\pi}{4}\times0.025^2} = 3.06(\text{m/s})$$

依式（2-26）得

$$w_s = (p_1 - p_2)v + \frac{1}{2}(c_1^2 - c_2^2) - g\Delta z = (1-9)\times10^5\times10^{-3} + \frac{1}{2}\times(1.87^2 - 3.06^2) - 9.8\times40 = -1195(\text{J/kg})$$

$$N_s = q_m w_s = 1.5\times(-1195) = -1792.5(\text{W})$$

$$\Delta h = \Delta u + \Delta(pv) = (p_2 - p_1)v = 800(\text{J/kg})$$

2.7 热力学第二定律的实质

热力学第一定律告诉我们，第一类永动机是不可能制成的，因为能量不可能凭空产生或消失。于是有人提出了第二类永动机的设想，即从海洋、大气乃至宇宙中吸取热能，并将这些热能作为驱动机器运行和功输出的源头。19 世纪 80 年代，有位发明家设计了一种零度发动机（zeromotor），用液态氨作工质，从环境中吸热，氨由液态变为气态，在 0℃时产生 4atm 的压力，推动活塞膨胀做功，接着冷却成液态，自动凝结于容器中，如此不停循环下去。这类永动机是满足热力学第一定律的，但是实践告诉人们，这些机器同样也是不可能制成的。也就是说，仅仅满足热力学第一定律的热力过程不一定能够实现。

热力学第一定律仅仅告诉我们能量之间的数量关系。不同温度的物体之间会传递热量，热量传递的方向是什么？热能可以转化为机械能，转化的条件和限度是什么？热力学第二定律将会给出答案。

热力学
第二定律

2.7.1 自发过程

人们在生活和实践中发现，很多自然过程都具有方向性。

（1）机械能转化成热能 如图2-9所示，密闭绝热的刚性容器内盛有气体，重物下降带动搅拌器旋转，重物所做的功转变成搅拌器的动能。由于搅拌器与气体间的摩擦，搅拌器的动能转变成热能，气体和搅拌器吸收热能温度升高。这种过程可以自动进行，称为自发过程。该过程中，机械能百分之百地转变成热能，符合热力学第一定律。然而，让气体和搅拌器温度降低，并使搅拌器反转带动重物上升的过程不能自发进行。这说明，机械能转变为热能的过程是自发的、不可逆的。

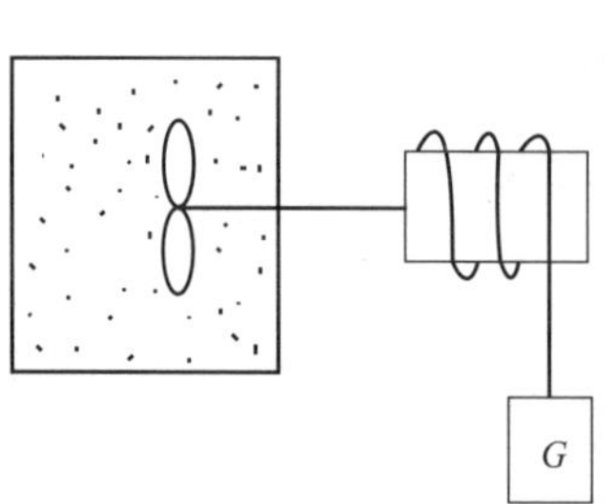

图2-9 自发过程示例

（2）温差传热 一杯开水放在室内空气中，水向空气放出热量，其自身温度降低，该过程可以自动进行，但冷却了的水却不能自发从空气中吸热而重新沸腾起来。这说明，热量由高温物体传向低温物体的过程是自发的、不可逆的。

（3）气体自由膨胀 高压气体向真空中的膨胀称为自由膨胀。经验表明，该过程可以自动进行，而其逆过程——气体的自动压缩却是不可能的。故气体自由膨胀过程也是自发的、不可逆的。

（4）混合过程 将一滴有颜色的水倒入清水中，两种液体很快就混为一体；将两种不同的气体放在一起，它们很快形成混合气体。然而，它们的逆过程——分离过程却是不能自动进行的。因此，混合过程是自发的、不可逆的。

（5）燃烧反应过程 燃料燃烧变成产物（如$CH_4+2O_2 = CO_2+2H_2O$）的过程在某种条件下可自动进行。而其相反过程——燃烧产物还原成燃料却不能自动完成。故燃烧反应过程是自发的、不可逆的过程。

总之，一切实际的热力过程都具有方向性，只能单独自动地朝一个方向进行，这类过程称为自发过程；而其逆方向的过程不能单独自动地进行，这类过程称为非自发过程。要使非自发过程得以实现，必须附加某些补充条件，付出一定的代价。

2.7.2 热力学第二定律的表述

热力学第二定律的文字表述有多种形式。

克劳修斯

开尔文

克劳修斯（Clausius）从热量传递方向性的角度，将热力学第二定律表述为：热量不可能自动地、无偿地从低温物体传至高温物体。

开尔文-普朗克（Kelvin-Plank）从热功转换的角度，将热力学第二定律表述为：不可能制成一种循环动作的热机，只从一个热源吸取热量，使之完全转变为有用功，而其他物体不发生任何变化。

历史上曾有人想制成一种只从单一热源吸热就能连续工作而使热完全转变为功的机器，即第二类永动机。第二类永动机并不违反热力学第一定律，但却违反热力学第二定律。因此，热力学第二定律又可表述为：第二类永动机是不可能制成的。

理解热力学第二定律应注重以下几点。

① 热力学第二定律强调“自动地、无偿地”，并不是说热量从低温物体传至高温物体的过程是不可能实现的，而是说使之实现要付出一定的代价。在制冷过程中，此代价就是消耗功，即以功变热这个自发过程作为代价和补充条件。

② 热功转化的表述中强调了“其他物体不发生任何变化”，其他物体包括热机内部以及外部环境。热变功过程是一个非自发过程，要使之实现，必须有一个补充条件。热机把从高温热源吸收的热量转变成功，代价是必须向低温热源放出一部分热量。也就是说，热机从高温热源吸收的热量只有一部分可以转变为功，热机的热效率一定小于1。

2

③ 不能把热力学第二定律理解为“功可以完全变为热，而热却不能完全变为功”。在理想气体的可逆定温膨胀过程中，可以把所吸收的热全部转变成功，但其补充条件为气体压力降低这个自发过程。

总之，热力学第二定律的实质是，自发过程是不可逆的；要使非自发过程得以实现，必须伴随一个适当的自发过程作为补充条件。这就是说，各种自发过程之间是有联系的，从一种自发过程的不可逆性可以推断另一种自发过程的不可逆性，即热力学第二定律的各种表述是等效的。以前两种表述为例证明如下。

如图2-10（a）所示，取热机A为系统，它自高温热源吸热Q_1，将其中一部分(Q_1-Q_2)转化为功W_0，并向低温热源放热Q_2。如果违反克劳修斯的说法，即热量Q_2可以自动地、无偿地从低温热源传至高温热源（如图中虚线所示），则其总效果为热机A从高温热源吸热Q_1-Q_2，并使之全部转变为功W_0，这也就否定了开尔文-普朗克的说法。

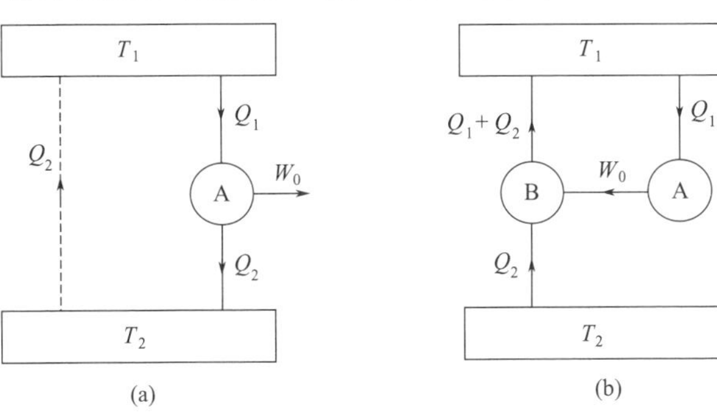

图2-10 热力学第二定律表述的等效性

如图2-10（b）所示，取热机A和制冷机B为系统，热机A带动制冷机B工作。如果违反开尔文-普朗克的说法，即热机A从高温热源吸热Q_1，并使之全部转变为功$W_0(=Q_1)$，则制冷机B把从低温热源的吸热量Q_2连同它所消耗的功W_0一起送入高温热源。其总效果为热量Q_2自动地、无偿地从低温热源传至了高温热源，因此也否定了克劳修斯的说法。

2.8 卡诺循环和卡诺定理

18世纪末至19世纪初，蒸汽机的热效率只有3%～5%，工程师们都在寻找提高效率的方法。卡诺用“理想”的思维方法，对蒸汽机进行简化和抽象，提出了最简单、但有重要理论意义的卡诺热机。1824年，卡诺公开发表《关于火的动力的研究》提到了卡诺热机和卡诺定理。1850年克劳修斯证明了卡诺理论的正确性，并在此基础上提出了热力学第二定律。热力学第二定律告诉人们，任何循环的热效率都小于1。那么，热力循环的热效率最高能达到多少？如何能提高循环的热效率？这可通过研究卡诺循环来解决。

卡诺

2.8.1 卡诺循环

卡诺（Carnot）循环是工作在两个温度分别为T_1和T_2的恒温热源之间，由两个定温可逆过程和两个绝热可逆（定熵）过程交替组成的循环，工质为理想气体时，其p-v图和T-S图如图2-11所示。

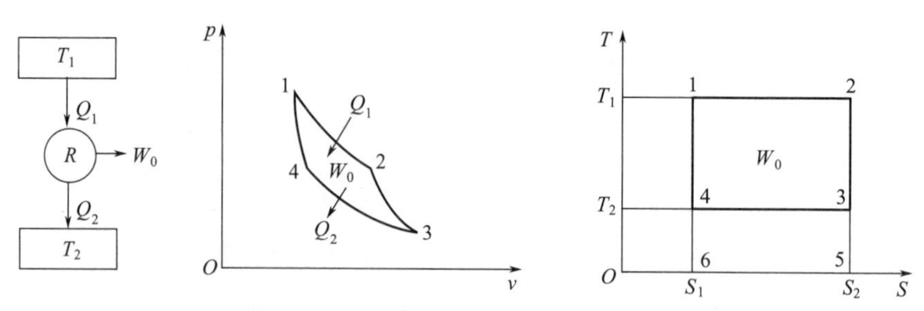

图 2-11　卡诺循环的 p-v 图和 T-S 图

过程12：工质在温度 T_1 下定温膨胀做功，从高温热源吸热 Q_1。

过程23：工质可逆绝热膨胀做功，温度由 T_1 降至 T_2。

过程34：工质在温度 T_2 下被定温压缩，得到压缩功，向低温热源放热 Q_2。

过程41：工质被绝热可逆压缩，得到压缩功，温度由 T_2 升到 T_1。

工质完成一个循环后，其状态回复原状，依热力学第一定律，工质对外做净功

$$W_0 = Q_1 - Q_2$$

卡诺循环的热效率为

$$\eta_c = \frac{W_0}{Q_1} = 1 - \frac{Q_2}{Q_1}$$

由 T-S 图可知，$Q_1=T_1(S_2-S_1)$，可用12561的面积表示；$Q_2=T_2(S_2-S_1)$，可用34653的面积表示。

故

$$\frac{Q_2}{Q_1} = \frac{T_2}{T_1} \tag{2-36}$$

$$\eta_c = 1 - \frac{T_2}{T_1} \tag{2-37}$$

若为逆向卡诺循环，则用于制冷时的制冷系数为

$$\varepsilon_c = \frac{Q_2}{W_0} = \frac{T_2}{T_1 - T_2} \tag{2-38}$$

用于供暖时的供暖系数为

$$\varepsilon_w = \frac{Q_1}{W_0} = \frac{T_1}{T_1 - T_2} \tag{2-39}$$

2.8.2　卡诺定理

定理一　在相同温度的高温热源和相同温度的低温热源之间工作的一切可逆循环，其热效率相等，且与循环工质的性质无关。

定理二　在相同温度的高温热源和相同温度的低温热源之间工作的一切不可逆循环，其热效率必小于相应可逆循环的热效率。

在卡诺循环热效率计算式的推导中，并未涉及工质性质，故 η_c 与工质性质无关。

在相同温度的高温热源和相同温度的低温热源之间工作的可逆循环，除卡诺循环外，还有其他的可逆循环，如极限回热循环（图2-12）。该循环的定温吸热和定温放热过程与卡诺循环相同，但卡诺循环的定熵膨胀在这里变为有放

热的膨胀过程，同样，压缩过程也有吸热，其吸热量恰好等于膨胀过程的放热量。可见，该循环中，高温热源失去的热量Q_1、低温热源得到的热量Q_2以及功量W_0均与相应的卡诺循环相同，故其热效率也与卡诺循环相同。

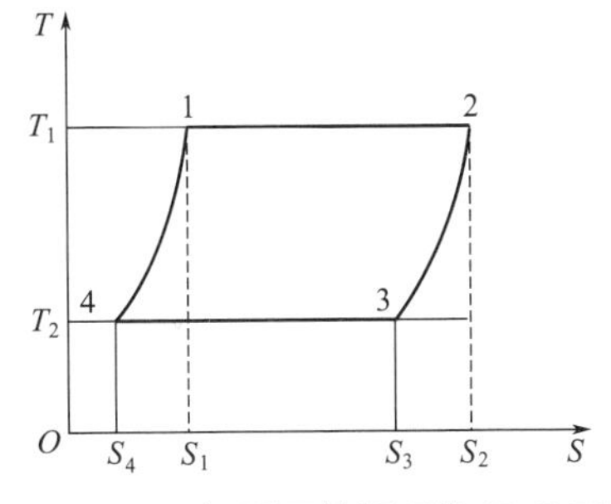

图 2-12 极限回热循环的 T-S 图

若在温度为T_1和T_2的两个恒温热源之间工作的可逆循环和不可逆循环的吸热量Q_1相同，则对于不可逆循环，由于有不可逆因素（如摩擦）必造成功量损失，即其循环净功$W_0' < W_0$，而$Q_2' > Q_2$，故其热效率$\eta' < \eta_c$。

根据卡诺定理，可得到以下几个重要结论。

① 卡诺循环的热效率只取决于高温热源和低温热源的温度，即工质吸热和放热时的温度。提高T_1或降低T_2均可提高其热效率。

② 因T_1不可能为无穷大，T_2也不可能为零，所以任何循环的热效率均小于1。

③ 当T_1=T_2时，循环热效率为零，即只从单一热源吸热的循环是不可能把热转变为功的，或者说第二类永动机是不可能制成的。

④ 要提高实际热机的热效率，必须尽最大可能减小其不可逆性。

2.9 多热源的可逆循环

如图2-13所示，$ABCD$为一个任意的可逆循环。在整个循环过程中，工质温度是变化的。为保证过程可逆，需有无穷多个高温热源和低温热源，以保证热源温度连续变化，任意时刻工质和热源间保持无温差传热。故该循环为一个多热源的可逆循环。温度最高的高温热源的温度为T_1，温度最低的低温热源的温度为T_2。在整个循环中，吸热量为Q_1'，放热量为Q_2'。在温度分别为T_1和T_2的两个恒温热源之间建立卡诺循环12341，其吸热量为Q_1，放热量为Q_2。可见，$Q_1 = Q_1' + 1AB1$面积$+2BC2$面积，$Q_2 = Q_2' - A4DA$面积$-D3CD$面积。多热源可逆循环的热效率为

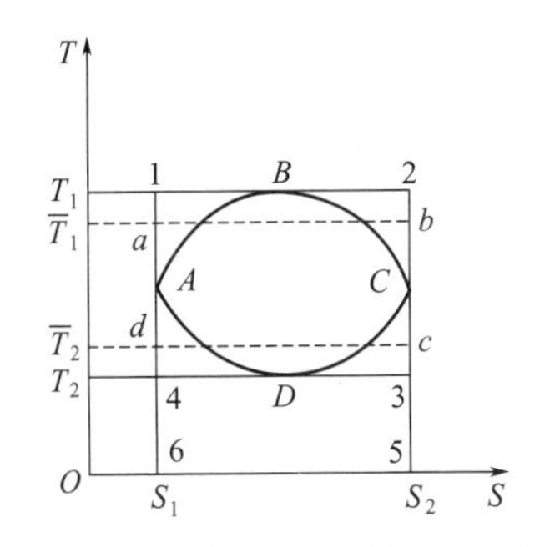

图 2-13 多热源循环的 T-S 图

$$\eta_t = 1 - \frac{Q_2'}{Q_1'} < 1 - \frac{Q_2}{Q_1} = \eta_c$$

即多热源可逆循环的热效率小于同一温度界限内卡诺循环的热效率。

上述结论也可通过引入平均吸热温度$\overline{T}_1$和平均放热温度$\overline{T}_2$而得到。在熵变$(S_2 - S_1)$不变的前提下，假想一个定温吸热过程ab，使其吸热量等于原循环的吸热量Q_1'，则这个假想过程ab的温度就是平均吸热温度$\overline{T}_1$，故

$$\overline{T}_1 = \frac{Q_1'}{S_2 - S_1} < T_1$$

同理，平均放热温度为

$$\overline{T}_2 = \frac{Q_2'}{S_2 - S_1} > T_2$$

引入平均吸热温度和平均放热温度后，原循环即转化为工作在温度分别为$\overline{T}_1$和$\overline{T}_2$两个热源之间的卡诺循环。这个概念，在分析具有非定温吸热或放热过程时，经常被用来比较热效率的高低。这样

$$\eta_t = 1 - \frac{Q_2'}{Q_1'} = 1 - \frac{\overline{T}_2}{\overline{T}_1} < \eta_c$$

【例 2-4】 某柴油发动机的功率为35kW，该机热力循环的最高热源温度为1800K，低温热源温度为300K，每千克柴油燃烧后放热42705kJ。试求柴油的最低消耗量。如果实际循环的热效率为相应卡诺循环的40%，则柴油耗量为多少？

解 ①发动机以卡诺循环工作时，柴油耗量最少。

$$\eta_c = \frac{N}{\dot{Q}} = 1 - \frac{T_2}{T_1} = 1 - \frac{300}{1800} = 0.83$$

$$\dot{Q} = 42705 q_m = \frac{N}{\eta_c} = \frac{35}{0.83} = 42.2(\text{kW})$$

$$q_m = \frac{42.2}{42705} \approx 10^{-3}(\text{kg/s}) = 3.6(\text{kg/h})$$

② 实际循环的柴油耗量。

$$\eta_t = 40\% \eta_c = 0.4 \times 0.83 = 0.332$$

$$q_m = \frac{3.6}{0.4} = 9(\text{kg/h})$$

【例 2-5】 冬季室外温度为−10℃，为保持室内温度为20℃，需向室内供热7200kJ/h。试计算：①若采用电热器供暖，则所需电功率为多少？②若采用逆向卡诺循环机供暖，则供暖机功率为多少？③若该供暖机由以正向卡诺循环工作的热机带动，其高温热源温度为500K，低温热源为大气，则供热率为多少？

解 ①取室内空气为系统，则电热器所做的功转变为供给系统的热量，然后散失到环境中去。由于室内空气状态不变，故$\Delta U=0$，系统向外散热$Q=-7200$kJ/h，依热力学第一定律有$Q=W$，故电热器消耗的功为

$$N_1 = -\dot{W} = -\dot{Q} = \frac{7200}{3600} = 2(\text{kW})$$

② 逆向卡诺循环高温热源温度为$T_1=20$℃ =293K，低温热源温度为大气温度$T_2=-10$℃ =263K，其供暖系数为

$$\varepsilon_w = \frac{\dot{Q}_1}{\dot{W}_2} = \frac{T_1}{T_1 - T_2} = \frac{293}{293 - 263} = 9.77$$

供暖机功率 $$N_2 = \dot{W}_2 = \frac{\dot{Q}_1}{\varepsilon_w} = \frac{2}{9.77} = 0.204(\text{kW})$$

③ 高温热源供热率 $$\eta_c = \frac{N_2}{\dot{Q}_1'} = 1 - \frac{T_2}{T_1'} = 1 - \frac{263}{500} = 0.474$$

$$\dot{Q}_1' = \frac{N_2}{\eta_c} = \frac{0.204}{0.474} = 0.43(\text{kW})$$

2.10 熵与克劳修斯不等式

2.10.1 熵的导出

对卡诺循环，按热量正负值规定，以代数值代入式（2-36），则有

$$\frac{Q_1}{T_1}+\frac{Q_2}{T_2}=0 \tag{2-40}$$

对任意的可逆循环$PQBNMAP$（图2-14），过循环线上任意两点P、Q分别作两条定熵线PM和QN，则只要P点与Q点间的距离取为无限小，两点间的温差即为无限小。这样，整个循环就由无限多个微元卡诺循环构成。对每个微循环有

$$\left(\frac{\delta Q_1}{T_1}\right)_i+\left(\frac{\delta Q_2}{T_2}\right)_i=0$$

对全部微循环求和得

$$\oint\frac{\delta Q}{T}=0 \tag{2-41}$$

图 2-14 熵的推演

式中，δQ为任一微元过程中系统从外界吸收的热量；T为热源的温度，也等于工质的温度。

在整个循环中，任取两点A、B，则

$$\oint\frac{\delta Q}{T}=\int_{APB}\frac{\delta Q}{T}+\int_{BMA}\frac{\delta Q}{T}=0$$

又因各过程均为可逆过程，故$\int_{BMA}\frac{\delta Q}{T}=-\int_{AMB}\frac{\delta Q}{T}$，代入上式有

$$\int_{APB}\frac{\delta Q}{T}=\int_{AMB}\frac{\delta Q}{T} \tag{2-42}$$

熵的基本概念

式（2-41）和式（2-42）表明，对可逆过程，$\frac{\delta Q}{T}$是状态参数。

依此，克劳修斯1865年定义了一个热力学状态参数，称为熵（entropy），以符号S表示。这样，对可逆过程有

$$\mathrm{d}S=\left(\frac{\delta Q}{T}\right)_{\text{可逆}} \tag{2-43}$$

$$S_2-S_1=\int_1^2\left(\frac{\delta Q}{T}\right)_{\text{可逆}} \tag{2-44}$$

熵的法定单位为J/K或kJ/K。熵是广度参数，对1kg工质而言

$$\mathrm{d}s=\left(\frac{\delta q}{T}\right)_{\text{可逆}} \tag{2-45}$$

可见，熵的变化反映了可逆过程中热量传递的方向和大小。系统可逆地从外界吸热，$\delta Q>0$，系统熵增加；系统可逆地向外界放热，$\delta Q<0$，系统熵减小；可逆绝热过程中，系统熵不变。熵是状态参数，因而只要系统始末状态一定，无论过程可逆与否，其熵差都有确定的值。

定义了熵这个状态参数，可逆过程中，热量的微元形式可以用$T\mathrm{d}S(T\mathrm{d}s)$来表示，则热力学第一定律

的微分表达式可以写成式（2-46）和式（2-47）。对1kg工质而言，其表达式为式（2-48）和式（2-49）。

$$\mathrm{d}U = T\mathrm{d}S - p\mathrm{d}V \tag{2-46}$$

$$\mathrm{d}H = T\mathrm{d}S + V\mathrm{d}p \tag{2-47}$$

$$\mathrm{d}h = T\mathrm{d}s + v\mathrm{d}p \tag{2-48}$$

$$\mathrm{d}u = T\mathrm{d}s - p\mathrm{d}v \tag{2-49}$$

2.10.2　克劳修斯不等式

如果一个循环的全部或一部分是不可逆过程，把这个循环，按上述类似的方法，划分为无限多个微循环，则全部或一部分微循环为不可逆循环。依卡诺定理，在相同的高温和低温热源之间工作的一切不可逆热机的热效率小于可逆热机的热效率，即不可逆微循环的热效率为

$$\eta_\mathrm{t} = 1 + \frac{\delta Q_2}{\delta Q_1} < \eta_\mathrm{c} = 1 - \frac{T_2}{T_1}$$

$$\frac{\delta Q_1}{T_1} + \frac{\delta Q_2}{T_2} < 0$$

对全部微循环求和得

$$\oint\left(\frac{\delta Q}{T}\right)_{\text{不可逆}} < 0 \tag{2-50}$$

考虑到式（2-41）有

$$\oint\left(\frac{\delta Q}{T}\right) \leqslant 0 \tag{2-51}$$

此式称为克劳修斯不等式，也是热力学第二定律的数学表达式之一。式中，δQ为微循环中系统从外界吸收的热量；T为吸热时热源的温度。式中，“=”适用于可逆过程，“<”适用于不可逆过程。式（2-51）可作为循环能否进行和是否可逆的判据。如果设计的某循环使$\oint\left(\frac{\delta Q}{T}\right) > 0$，则是不可能的循环。

【例2-6】 有一个循环装置，工作在800K和300K的热源之间。若与高温热源换热3000kJ，与外界交换功2400kJ，试判断该装置能否成为热机？能否成为制冷机？

解　①若要成为热机，则Q_1=3000kJ，W=2400kJ

$$Q_2 = W - Q_1 = 2400 - 3000 = -600(\mathrm{kJ})$$

$$\oint\frac{\delta Q}{T} = \frac{Q_1}{T_1} + \frac{Q_2}{T_2} = \frac{3000}{800} + \frac{-600}{300} = 1.75 > 0$$

故该循环装置不可能成为热机。要想使之成为热机，必须再少做功，多放热，使$\oint\frac{\delta Q}{T} \leqslant 0$。

② 若要成为制冷机，即为逆循环，从低温热源吸热，向高温热源放热，同时外界对系统做功。

$$Q_1 = -3000\text{kJ}, \quad W = -2400\text{kJ}$$

$$Q_2 = W - Q_1 = -2400 - (-3000) = 600(\text{kJ})$$

$$\oint \frac{\delta Q}{T} = \frac{Q_1}{T_1} + \frac{Q_2}{T_2} = -\frac{3000}{800} + \frac{600}{300} = -1.75 < 0，可行$$

2.10.3 不可逆过程的熵变

如图2-15所示，系统自状态1经不可逆过程1B2变化到状态2，又经可逆过程2A1回复到初态1，从而构成一个循环1B2A1。依克劳修斯不等式，对不可逆循环有

$$\oint \frac{\delta Q}{T} = \int_{1B2} \frac{\delta Q}{T} + \int_{2A1} \frac{\delta Q}{T} < 0 \tag{2-52}$$

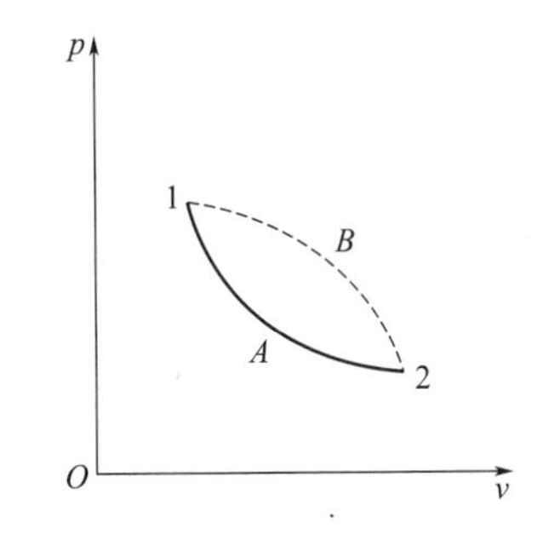

图 2-15 不可逆过程熵变的计算

因熵是状态参数，两状态间的熵变与过程无关，故系统在状态2与状态1间的熵变可按可逆过程1A2计算，即

$$\Delta S_{12} = S_2 - S_1 = \int_{1A2} \frac{\delta Q}{T} = -\int_{2A1} \frac{\delta Q}{T}$$

代入式（2-52）得

$$S_2 - S_1 > \int_{1B2} \frac{\delta Q}{T} \tag{2-53}$$

考虑式（2-44）有

$$S_2 - S_1 \geqslant \int_{1B2} \frac{\delta Q}{T} \tag{2-54}$$

式中，“=”适用于可逆过程，“>”适用于不可逆过程。它表明，两状态间的熵变等于可逆过程中系统吸热量与热源温度比值的积分，而大于不可逆过程中系统吸热量与热源温度比值的积分。

对微元过程有

$$\mathrm{d}S \geqslant \frac{\delta Q}{T} \tag{2-55}$$

对1kg工质而言

$$\mathrm{d}s \geqslant \frac{\delta q}{T} \tag{2-56}$$

式（2-54）～式（2-56）也是热力学第二定律的数学表达式。它们可作为热力过程能否进行或是否可逆的判据。

若为绝热过程，δq=0，故 $\mathrm{d}s \geqslant 0$

即在绝热可逆过程中，工质的熵不变，故可逆的绝热过程也称为定熵过程；而在绝热不可逆过程中，$\mathrm{d}s > 0$，工质的熵一定增大。增大的这部分是由不可逆因素引起的。

2.10.4 熵流和熵产

熵流和熵产

在不可逆过程中$\mathrm{d}S > \frac{\delta Q}{T}$，因而可写为

$$\mathrm{d}S = \frac{\delta Q}{T} + \mathrm{d}S_\mathrm{g}$$

令$\mathrm{d}S_\mathrm{f} = \frac{\delta Q}{T}$，称为熵流，表示系统与外界交换热量而引起的熵变，吸热时熵流为正，放热时熵流为负。式中，T为热源温度。

$dS_g=dS-dS_f$，称为熵产，表示由于热力过程中的不可逆因素（如摩擦、温差传热）引起的熵增加。可逆过程中，熵产$dS_g=0$；而不可逆过程中$dS_g>0$。熵产不能为负值。下面讨论一下系统内存在摩擦和温差传热时的熵产。

2.10.4.1 摩擦引起的熵产

若系统经历一微元不可逆过程，吸热δQ，对外做功δW，摩擦耗功δW_g；而与之相应的可逆过程，吸热δQ_R，做功δW_R，则

$$\delta Q=\delta W+dU$$

$$\delta Q_R=\delta W_R+dU$$

$$\delta W=\delta W_R-\delta W_g$$

联立以上三式得

$$\delta Q_R=\delta Q+\delta W_g$$

$$dS=\frac{\delta Q_R}{T}=\frac{\delta Q}{T}+\frac{\delta W_g}{T}$$

$$dS_g=dS-dS_f=dS-\frac{\delta Q}{T}=\frac{\delta W_g}{T} \tag{2-57}$$

这相当于摩擦耗功变成热，从而使系统的熵增加。熵产也可作为热力过程是否可能或是否可逆的判据，熵产等于零，热力过程是可逆的；熵产大于零，热力过程是不可逆的；熵产小于零，热力过程是不可能的。

2.10.4.2 温差传热引起的熵产

实际的传热过程必然有温差推动，热量由高温物体自发向低温物体传递。所有的自发过程都是不可逆的过程，因此温差传热是不可逆过程，熵产不为零。

对于有温差传热的情况，可视为热源温度T与工质温度T'不同，即工质与热源之间有传热温差。若认为工质与温度为T'的假想热源可逆传热，则可按可逆过程计算工质的熵变，为

$$dS=\frac{\delta Q}{T'}$$

而有温差传热时的熵流为

$$dS_f=\frac{\delta Q}{T}$$

所以

$$dS_g=dS-dS_f=\delta Q\left(\frac{1}{T'}-\frac{1}{T}\right) \tag{2-58}$$

2.10.5 熵方程

对一个敞开系统，在$d\tau$时间内，进入系统的工质质量为dm_1，它带入的熵为$dS_1=s_1dm_1$；流出系统的工质质量为dm_2，它带出系统的熵为$dS_2=s_2dm_2$；系统从外界吸热δQ，系统熵流为dS_f；由不可逆因素引起的熵产为dS_g；系统内储存

熵的增量为dS_v。这样可列出系统的熵平衡方程

$$dS_v = dS_f + dS_g + s_1 dm_1 - s_2 dm_2$$

或
$$dS_g = dS_v - dS_f - s_1 dm_1 + s_2 dm_2 \geqslant 0 \tag{2-59a}$$

有多股流体进、出系统时，
$$dS_g = dS_v - dS_f - \sum_{in} s_i dm_i + \sum_{out} s_i dm_i \geqslant 0 \tag{2-59b}$$

（1）对稳定流动系统 $dS_v=0$，$dm_1=dm_2$，则

单股流体
$$\Delta S_g = S_2 - S_1 - \Delta S_f \geqslant 0 \tag{2-60a}$$

多股流体
$$\Delta S_g = \sum_{out} m_i s_i - \sum_{in} m_i s_i - \Delta S_f \geqslant 0 \tag{2-60b}$$

（2）对绝热稳定流动系统 $dS_f=0$，故

单股流体
$$\Delta S_g = S_2 - S_1 \geqslant 0 \tag{2-61a}$$

多股流体
$$\Delta S_g = \sum_{out} m_i s_i - \sum_{in} m_i s_i \geqslant 0 \tag{2-61b}$$

（3）对封闭系统 $dm_1=dm_2=0$，$dS_v=dS$，故

$$\Delta S_g = \Delta S - \Delta S_f \geqslant 0 \tag{2-62}$$

（4）对封闭绝热系统 $\Delta S_f=0$，故

$$\Delta S_g = \Delta S \geqslant 0 \tag{2-63}$$

【例2-7】 某绝热刚性容器中盛有1kg空气，初温$T_1=300\text{K}$。现用一搅拌器扰动气体，搅拌停止后，气体达到终态$T_2=350\text{K}$。试问该过程是否可能？若可能是否为可逆过程？空气熵变计算式为$\Delta s = 0.716\ln\dfrac{T_2}{T_1} + 0.287\ln\dfrac{v_2}{v_1}$。

解 判断一个过程能否实现，就是看它能否同时满足热力学第一定律和第二定律。

根据封闭系统能量方程$Q=\Delta U+W$，$Q=0$，$W<0$，$\Delta U>0$，满足热力学第一定律。

可通过熵产判断是否满足热力学第二定律。

刚性容器容积不变，$v_1=v_2$，则

$$\Delta s = 0.716\ln\frac{350}{300} = 0.11[\text{kJ/(kg}\cdot\text{K)}]$$

绝热封闭系统，$\Delta s_g = \Delta s = 0.11\text{kJ/(kg}\cdot\text{K)}>0$。故该过程能够实现，且为不可逆过程。

【例2-8】 空气以2kg/s的质量流量进入某静设备，压力$p_1=0.4\text{MPa}$，温度$t_1=20℃$；流出时气流分为两股，第一股流量为0.8kg/s，压力$p_2'=0.1\text{MPa}$，温度$t_2'=50℃$；第二股流量为1.2kg/s，压力$p_2''=0.15\text{MPa}$，温度$t_2''=0℃$。假设该过程为绝热稳定流动过程，试判断过程能否实现。取空气$c_p=1\text{kJ/(kg}\cdot\text{K)}$，空气熵变计算式为$\Delta s = \ln\dfrac{T_2}{T_1} - 0.287\ln\dfrac{p_2}{p_1}[\text{kJ/(kg}\cdot\text{K)}]$，焓变计算式为$\Delta h = \Delta T(\text{kJ/kg})$，不计动能及位能变化。

解 静设备内无轴功，不计动能及位能变化，故$w_t=0$，依绝热稳定流动能量方程应有$\Delta H = Q = 0$，即只要判断ΔH是否为零就判断出该过程是否满足热力学第一定律。

$$\Delta H = q'_{m_2}h'_2 + q''_{m_2}h''_2 - q_{m_1}h_1 = q'_{m_2}(h'_2 - h_1) + q''_{m_2}(h''_2 - h_1) = 0.8\times(50-20) + 1.2\times(0-20) = 0$$

可见满足热力学第一定律，再判断是否满足热力学第二定律。

$$\Delta S_g = \Delta S = \sum_{out} m_i s_i - \sum_{in} m_i s_i = q'_{m_2}(s'_2 - s_1) + q''_{m_2}(s''_2 - s_1)$$

$$\Delta S_g = q'_{m_2}\left(\ln\frac{T'_2}{T_1} - 0.287\ln\frac{p'_2}{p_1}\right) + q''_{m_2}\left(\ln\frac{T''_2}{T_1} - 0.287\ln\frac{p''_2}{p_1}\right)$$

$$= 0.8\times\left(\ln\frac{273+50}{273+20} - 0.287\ln\frac{0.1}{0.4}\right) + 1.2\times\left(\ln\frac{273+0}{273+20} - 0.287\ln\frac{0.15}{0.4}\right)$$

$$= 0.65(\text{kJ/K}) > 0$$

可见，该过程可以进行，是一个不可逆过程。

2.11 孤立系统熵增原理

判断一个热力过程或者热力循环能否实现，需要看是否同时满足热力学第一定律和热力学第二定律。热力学第一定律的判据是各能量方程；热力学第二定律的判据有：任何循环的热效率小于1、克劳修斯积分小于零、熵产大于零等。然而，这些方法都只是在某些具体条件下较简便，在另一些情况下却较复杂。本节介绍一种较通用的简便判断方法——孤立系统熵增原理。先看一个例子。

【例2-9】 有人声称设计了一套热力设备，可将65℃热水的20%变成100℃的水，而其余的80%将热量传给15℃的大气，最终水温为15℃，试判断该设备是否可能。水的比热容为$c = 4.186\text{kJ/(kg·K)}$。$\Delta U = mc\Delta T$。$\Delta S = m\int c\frac{\mathrm{d}T}{T}$。

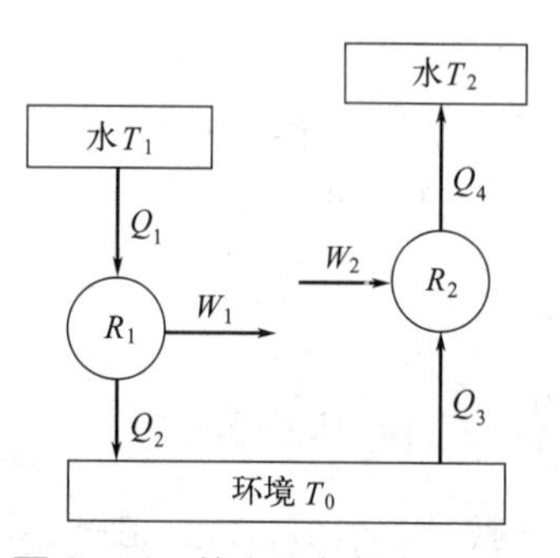

图2-16 热力设备的两个循环

针对该问题，如果利用前面介绍的方法进行判断，显然比较复杂，因为它没给出具体过程。为此，应首先设计两个循环，一个为对外做功的循环，另一个为外界供给功而使水加热的循环，其示意图如图2-16所示。

其中T_1的变化范围为65～15℃，T_2的范围为65～100℃。如果$W_1 \geqslant W_2$，则该设备可行，否则不可行。具体计算请读者自行完成。

一般情况下，在过程进行中，工质和与其相关的环境均会发生熵变化。如果能同时考虑这种变化，即把系统与环境合在一起，构成一个孤立系统，便可通过计算该孤立系统的熵变，清楚地看出过程进行的方向性和过程的不可逆性。

对于孤立系统，它与外界没有物质和能量交换，故其熵变为

$$\mathrm{d}S_{\text{iso}} = \mathrm{d}S_{\text{sys}} + \mathrm{d}S_{\text{sur}} = \mathrm{d}S_{\text{f}} + \mathrm{d}S_{\text{g}} = \mathrm{d}S_{\text{g}} \geqslant 0 \quad (2\text{-}64)$$

$$\Delta S_{\text{iso}} \geqslant 0 \quad (2\text{-}65)$$

式中，等号适用于可逆过程，大于号适用于不可逆过程。该式表明，孤立系统的熵变化只取决于系统内各过程的不可逆程度。式（2-64）和式（2-65）为孤立系统熵增原理的数学表达式，其文字表述为：孤立系统内所进行的一切实际过程（不可逆过程）都朝着使系统熵增加的方向进行；在极限情况下（可

逆过程），系统的熵维持不变；任何使系统熵减小的过程都是不可能的。

利用孤立系统熵增原理，可比较简便地求解。

取整个热力设备为系统，大气为环境，则热力设备与环境合起来构成一个孤立系统。若孤立系统的熵变$\Delta S_{iso} \geqslant 0$，则从热力学原理出发，该设备就是可能的，否则是不可能的。

$$\Delta S_{iso} = \Delta S_{sys} + \Delta S_{sur}$$

$$\Delta S_{sys} = \Delta S_1 + \Delta S_2$$

式中　ΔS_1——20%的水由65℃变化到100℃的熵变；

ΔS_2——80%的水由65℃变化到15℃的熵变。

设水的总质量为m，则

$$\Delta S_1 = 0.2m\int_{338}^{373} 4.186\frac{\mathrm{d}T}{T} = 0.0825m(\mathrm{kJ/K})$$

$$\Delta S_2 = 0.8m\int_{338}^{288} 4.186\frac{\mathrm{d}T}{T} = -0.5361m(\mathrm{kJ/K})$$

$$\Delta S_{sur} = \frac{Q}{T_0}$$

式中　Q——水传给环境的热量；

T_0——环境温度。

$$Q = 0.8m \times 4.186 \times (65-15) - 0.2m \times 4.186 \times (100-65) = 138.138m(\mathrm{kJ/K})$$

$$\Delta S_{sur} = \frac{Q}{T_0} = \frac{138.138m}{288} = 0.4796m(\mathrm{kJ/K})$$

$$\Delta S_{iso} = \Delta S_1 + \Delta S_2 + \Delta S_{sur} = 0.0825m - 0.536m + 0.4796m = 0.026m(\mathrm{kJ/K}) > 0$$

所以该设备可以实现。

根据熵增原理，可以判断热力过程进行的方向、条件和限度。在应用时应注意理解以下几点。

① 熵增原理是对整个孤立系统而言的，孤立系统内部的某个物体可与系统内其他物体相互作用，其熵可增、可减，也可维持不变。

② ΔS_{iso}是指孤立系统内各部分熵变的代数和。它可以用来判断过程进行的方向：若$\Delta S_{iso} > 0$，则孤立系统内的过程可自发进行；若$\Delta S_{iso} = 0$，理论上可实现可逆过程，但实际上难以实现；若$\Delta S_{iso} < 0$，则孤立系统内的过程不能自发进行。

③ 要想使$\Delta S_{iso} < 0$的过程得以实现，则必须寻找一个使熵增加的过程与原孤立系统伴随进行，且满足原孤立系统与该伴随过程所组成的新孤立系统熵变大于零。这为伴随过程（或称为补偿条件）提出了明确的要求，提出了过程进行的条件。

④ 随着孤立系统内各过程的进行，系统的熵不断增大，当其达到最大值时，系统处于平衡状态，过程终止。因而，熵增原理指出了热力过程进行的限度。

【例2-10】 试讨论使热由低温热源传至高温热源的过程能否实现。

解　取高温热源和低温热源为孤立系统，如图2-17（a）所示，其总熵变为两个热源熵变的代数和。设低温热源放热δQ，其熵变可按可逆过程计算，即

$$\mathrm{d}S_2 = -\frac{\delta Q}{T_2} \quad （负号表示系统放热）$$

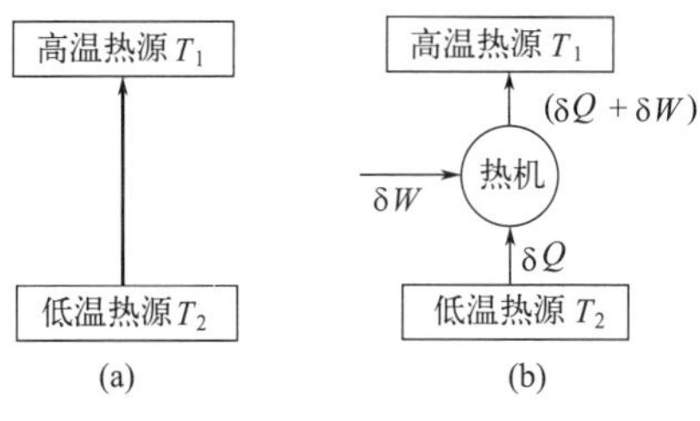

图2-17　例2-10过程图

高温热源吸热 δQ，其熵变为 $\mathrm{d}S_1=\dfrac{\delta Q}{T_1}$

孤立系统熵变为 $\mathrm{d}S_{\text{iso}}=\mathrm{d}S_1+\mathrm{d}S_2=\delta Q\left(\dfrac{1}{T_1}-\dfrac{1}{T_2}\right)<0$

根据熵增原理，该过程不能自发进行。

要使热量从低温热源传至高温热源，则需要补偿条件。现加一个制冷机，耗功 δW。取高温热源、低温热源和制冷机构成新的孤立系统，如图2-17（b）所示，则

$$\mathrm{d}S_{\text{iso}}=\mathrm{d}S_1+\mathrm{d}S_2+\mathrm{d}S_{\text{sur}}$$

低温热源放热 δQ，其熵变为 $\mathrm{d}S_2=-\dfrac{\delta Q}{T_2}$

高温热源吸热 $\delta Q+\delta W$，其熵变为 $\mathrm{d}S_1=\dfrac{\delta Q+\delta W}{T_1}$

由于制冷机中工质经历循环后，其熵变为零，即 $\mathrm{d}S_{\text{sur}}=0$

令 $\mathrm{d}S_{\text{iso}}=\delta Q\left(\dfrac{1}{T_1}-\dfrac{1}{T_2}\right)+\dfrac{\delta W}{T_1}\geqslant 0$，则过程可以实现，即 $\delta W\geqslant\delta Q\dfrac{T_1-T_2}{T_2}$

这就是说，制冷机提供的功必须满足上式才能使过程得以进行。

小结

例题

① 热力学第一定律的实质就是能量守恒与转换定律在热现象中的应用，即进入系统的能量减去离开系统的能量等于系统储存能量的增量，对封闭系统有

$$Q=\Delta U+W$$

对稳定流动系统有

$$Q=\Delta H+W_{\text{t}}=\Delta H+\frac{1}{2}m\Delta c^2+mg\Delta z+W_{\text{s}}$$

广义机械能守恒式

$$v\mathrm{d}p+\frac{1}{2}\mathrm{d}c^2+g\mathrm{d}z+w_{\text{s}}+w_{\text{F}}=0$$

② 焓是状态参数。

$$H=U+pV$$

③ 功和热量是过程量。系统对外界做的体积功为

$$W=\int p_{\text{ex}}\mathrm{d}V$$

可逆过程的体积功为

$$W=\int p\mathrm{d}V$$

与功类比，可逆过程的热量为

$$Q = \int T\mathrm{d}S$$

④ 热力学第二定律的实质是：自发过程是不可逆的，要使非自发过程得以实现，必须伴随一个适当的自发过程作为补偿条件。

⑤ 卡诺定理：在相同的高温热源和相同的低温热源之间工作的热机中，一切可逆热机的热效率都相等，一切不可逆热机的热效率小于可逆热机的热效率，且与工质性质无关。

⑥ 多热源可逆热机的热效率小于同一温度界限内卡诺循环的热效率。

⑦ 熵流：系统与外界交换的热量与热源温度的比值。

$$\mathrm{d}S_{\mathrm{f}} = \frac{\delta Q}{T}$$

⑧ 熵产：过程中不可逆因素引起的熵变，反映了过程的不可逆程度。

$$\mathrm{d}S_{\mathrm{g}} = \mathrm{d}S - \mathrm{d}S_{\mathrm{f}} \begin{cases} >0 & \text{不可逆过程} \\ =0 & \text{可逆过程} \\ <0 & \text{不可能的过程} \end{cases}$$

由摩擦引起的熵产为

$$\mathrm{d}S_{\mathrm{g}} = \delta W_{\mathrm{g}} / T$$

由温差传热引起的熵产为

$$\mathrm{d}S_{\mathrm{g}} = \delta Q\left(\frac{1}{T'} - \frac{1}{T}\right)$$

⑨ 克劳修斯不等式。

$$\oint \frac{\delta Q}{T} \begin{cases} <0 & \text{不可逆过程} \\ =0 & \text{可逆过程} \\ >0 & \text{不可能的过程} \end{cases}$$

⑩ 孤立系统熵增原理：孤立系统的熵只能增大（实际不可逆过程），或维持不变（可逆过程），不可能减小，要使孤立系统熵减小的过程得以实现，必须再增加适当的、使系统熵增加的过程。

$$\Delta S_{\mathrm{iso}} \begin{cases} >0 & \text{不可逆过程} \\ =0 & \text{可逆过程} \\ <0 & \text{不可能的过程} \end{cases}$$

ΔS_{iso}的计算方法有两种，一种是分别计算系统内各物体的熵变，再计算代数和；另一种是分别计算各不可逆因素引起的熵产，再求和。

总之，判断一个过程或循环是否可以进行，需要判断它能否同时满足热力学第一定律和热力学第二定律。前者判断是否满足能量方程，后者可用卡诺循环、克劳修斯不等式、熵产或孤立系统熵增原理进行判断。

思考题

1. 绝热刚性容器，中间用隔板分成A、B两部分，A中有高压空气，B中为高度真空。如果将隔板抽掉，容器中空气压力、温度、内能如何变化？
2. $\delta q = \mathrm{d}u + p\mathrm{d}v$与$\delta q = \mathrm{d}u + \delta w$有何不同？
3. 膨胀功、流动功、技术功、轴功有何区别与联系？
4. 焓的物理意义是什么？静止工质是否也有焓这个参数？

思考题6答案

5. 如何用状态参数坐标图表示功量和热量?
6. 下列说法是否正确?

(1)不可逆过程是无法恢复到初始状态的过程。

(2)机械能可完全转化为热能，而热能却不能完全转化为机械能。

(3)热机的热效率一定小于1。

(4)循环功越大，热效率越高。

(5)一切可逆热机的热效率都相等。

(6)系统温度升高的过程一定是吸热过程。

(7)系统经历不可逆过程后，熵一定增大。

(8)系统吸热，其熵一定增大;系统放热，其熵一定减小。

(9)熵产大于零的过程必为不可逆过程。

7. 正向循环中，降低冷源温度，可提高热效率。通常以江、河、湖、海或大气作低温热源，若用一台由该循环带动的制冷机造成一个温度比环境温度更低的冷源，是否可行?
8. 在绝热膨胀过程中，工质可对外做功，这是否违背热力学第一定律或热力学第二定律?
9. 循环热效率公式 $\eta=\dfrac{q_1-q_2}{q_1}$ 和 $\eta=\dfrac{T_1-T_2}{T_1}$ 是否完全相同?
10. 与大气温度相同的压缩空气可以膨胀做功，这是否违反热力学第二定律?

习题

1. 某闭系中8kg理想气体经历了4个可逆过程，如图2-18所示。1～2和3～4为绝热过程，变化规律为 $pv^{1.4}$=常数，2～3和4～1为定容过程。已知 p_1=5MPa，v_1 = 0.02m³/kg，p_2 = 2.5MPa，p_3 = 0.8MPa。试计算各过程的体积功及全过程的净功。
2. 对习题1，已知 u_1 = 250kJ/kg，u_3 = 146kJ/kg，试计算 u_2、u_4 和 Q_{23}、Q_{41}。
3. 如图2-19所示的气缸，其内充以空气。气缸截面积为100cm²，活塞及其上重物的总重为200kg。活塞初始位置距底面8cm。大气压力为0.1MPa，温度为25℃。气体与环境处于平衡状态。现把重物取走100kg，活塞将突然上升，最后重新达到平衡。若忽略活塞与气缸间的摩擦，气体与外界可充分换热，试求活塞上升的距离和气体与外界的换热量。

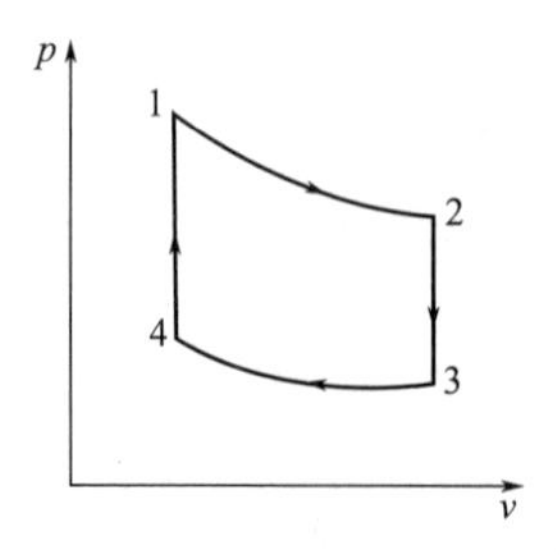

图2-18 习题1图

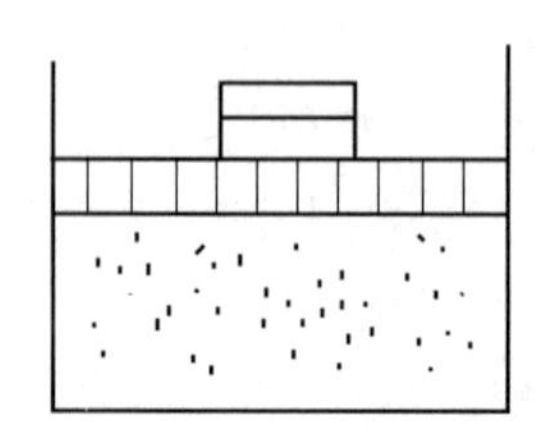

图2-19 习题3图

4. 以压气机压缩空气。压缩前空气的参数是$p_1=0.1\text{MPa}$，$v_1=0.85\text{m}^3/\text{kg}$；压缩后的参数是$p_2=1\text{MPa}$，$v_2=0.2\text{m}^3/\text{kg}$。若压缩过程中1kg空气的内能增加146kJ，同时向外放热40kJ，空气流量为15kg/min，忽略动能和势能，求气体的压缩功、技术功及该压气机的功率。
5. 绝热密闭的缸体中储有不可压缩的水1kg，挤压活塞使水的压力从0.2MPa提高到4MPa，试求：①外界对水所做的体积功；②水的内能变化；③水的焓变化。
6. 如图2-20所示，压缩机入口处空气焓$h_1=280\text{kJ/kg}$，流量25kg/s；经绝热压缩后，出口空气焓$h_2=560\text{kJ/kg}$，然后进入燃烧室吸热$q=660\text{kJ/kg}$。燃料入口焓$h_5=300\text{kJ/kg}$，燃烧每千克燃料放热43960kJ/kg。燃烧室出口混合气焓$h_3=1100\text{kJ/kg}$，之后进入燃气轮机绝热膨胀做功，出口气体流速$c_4=600\text{m/s}$，焓$h_4=450\text{kJ/kg}$，试计算：①压缩机功率；②燃料消耗量；③燃气轮机功率；④整套装置净功率（燃气轮机之前介质流速忽略不计）。

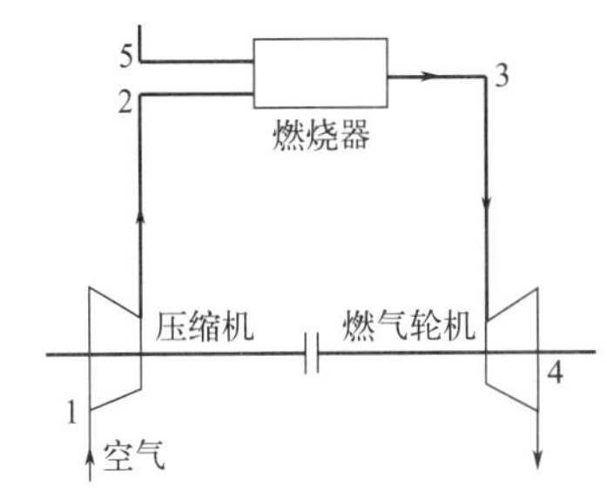

图2-20 习题6图

7. 若落差为100m的瀑布与环境无能量交换，则1kg瀑布落下接近底部时的流速为多少？若河水流速为3m/s，则1kg瀑布水进入河流时，其温度变化为多少？取水的比热容为4.186kJ/(kg·K)。
8. 某热机工作在$T_1=670\text{K}$和$T_2=300\text{K}$的两恒温热源之间，其热效率为相应卡诺循环热效率的80%。如果热机每分钟从高温热源吸热100kJ，试计算热机的热效率和功率。
9. 某冰箱的设计功率为100W，要使冷冻室内温度维持在−10℃，则冰箱最多要从冷冻室移走多少热量放入300K的环境中去？
10. 有人声称设计了一台热机，从540K的热源吸热1000kJ，同时向300K的热源放热，对外做功480kJ，试判断该热机真实否？
11. 某热机工作于1000K和400K的两恒温热源之间，若每循环中工质从高温热源吸热200kJ，试计算其最大循环功；如果工质吸热时与高温热源的温差为150K，在放热时与低温热源的温差为20K，则该热量中最多有多少可转变成功？如果循环过程中不仅存在温差传热，而且由于摩擦又使循环功减少40kJ，该热机热效率又为多少？上述三种循环中的熵产各为多少？
12. 有两个物体质量相同，均为m；比热容也相同，均为c_p。物体甲初温T_1，物体乙初温T_2。现在两物体之间安排一可逆热机工作，直至两物体温度相同为止。试证明：①两物体最终达到的温度为$T=\sqrt{T_1T_2}$；②可逆热机做的总功为$W=mc_p\left(T_1+T_2-2\sqrt{T_1T_2}\right)$。
13. 将100kg温度为20℃的水与200kg温度为80℃的水绝热混合，求混合过程中的熵变化。设水的比热容为4.186kJ/(kg·K)。
14. 由压缩空气管道向储气罐充气，如图2-21所示。管道内空气参数恒定不变，且储气罐壁是绝热的，试导出充气过程的能量方程。

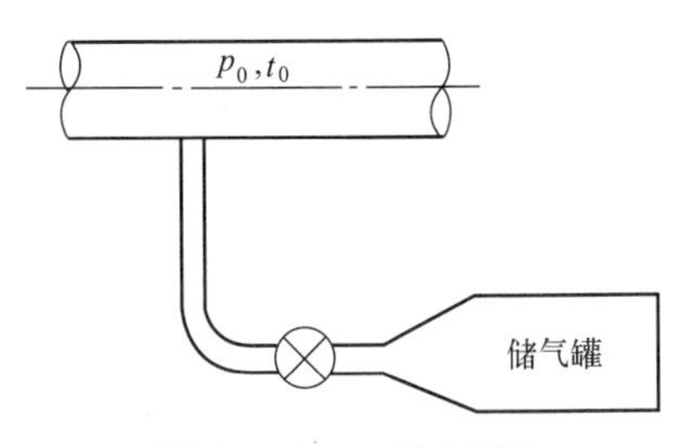

图2-21 习题14图

3 流体的热力性质

○○ —— ○○ ○ ○○ ————

学习意义

热力学基本定律给出了热能与其他形式能之间相互转换的规律，这种转换是借助工质的状态变化实现的。不同工质具有不同的性质，能量转换的条件和结果也不同。工质通常是流体，包括气体和液体两大类。实际生产中的大多数场合都涉及流体。对于分离过程，蒸馏、吸收和萃取等单元操作处理的都是流体；结晶和吸附部分涉及流体。对于反应过程，均相反应完全在流体中进行；非均相反应也涉及流体。因此，流体的热力性质研究是过程开发和设计的基础研究。

学习目标

① 了解纯物质的 p-V-T 三维相图，会用二维相图分析物质的相变过程；②掌握理想气体和真实气体的状态方程；③熟悉理想气体及其混合物热容的定义及其与内能、焓和熵之间的关系；④会用普遍化压缩因子和普遍化第二维里系数计算真实气体的状态参数；⑤理解流体的热力性质及其与内能、焓和熵之间的关系；⑥了解混合规则和真实气体的状态方程；⑦熟悉水蒸气和湿空气的热力性质和焓 - 湿图。

热能与机械能之间的相互转换是借助工质在热力设备中的状态变化实现的。例如，热能转变为机械能可以通过工质的膨胀做功来实现。在物质的气体、液体和固体三种常见的相态中，通常将气体和液体统称为流体。其中，只有气体具有显著的膨胀和可压缩能力，即其体积随温度和压力的变化而有较大的变化。因此，热力设备中的工质一般采用气态物质。这就需要了解和掌握流体热力性质方面的知识。

本章将要介绍的流体热力性质主要包括压力 p、体积 V、温度 T、熵 S、内能（热力学能）U、焓 H、亥姆霍兹自由能（Helmholt free energy，简称自由能）

A和吉布斯自由焓（Gibbs free enthalpy，简称自由焓）G等。例如，人们可以通过计算U和H的变化得到实际热力过程中所需要的热和功。在上述的8个基本热力性质中，p、V和T是可以直接测得的，其余的是不能直接测得的。因此，这需要将不能直接测得的热力性质表达成p、V和T的函数。

3.1 纯物质的p-V-T关系

纯物质的 p-V-T关系

根据相律，一个简单的可压缩纯物质的状态可由任意两个独立的强度性质确定。一旦这两个性质固定下来，所有其他性质也就随之确定。只要测量足够的纯物质p、V、T数据，都可以绘出其p-V-T关系图。图3-1为某一纯物质的三维p-V-T相图。

图中包含了3个单相区，即气相、液相和固相区；3个两相共存区，即液-气、固-液和固-气两相区。单相区与两相共存区的分界线称为饱和线；固相区与固-液两相区的分界线、固-液两相区与液相区的分界线称为熔化线；固相区和固-气两相区的分界线、固-气两相区与气相区的分界线称为升华线。液相区与液-气两相区的分界线称为饱和液体线，液-气两相区与气相区的分界线称为饱和蒸气线。饱和液体线和饱和蒸气线的交点称为临界点，它代表液相和气相在此点的差别消失。图中还有一条表征固、液、气三相共存状态的线称为三相线。临界点和三相线是物质的固有性质，即不同的物质具有不同的临界点和三相线。

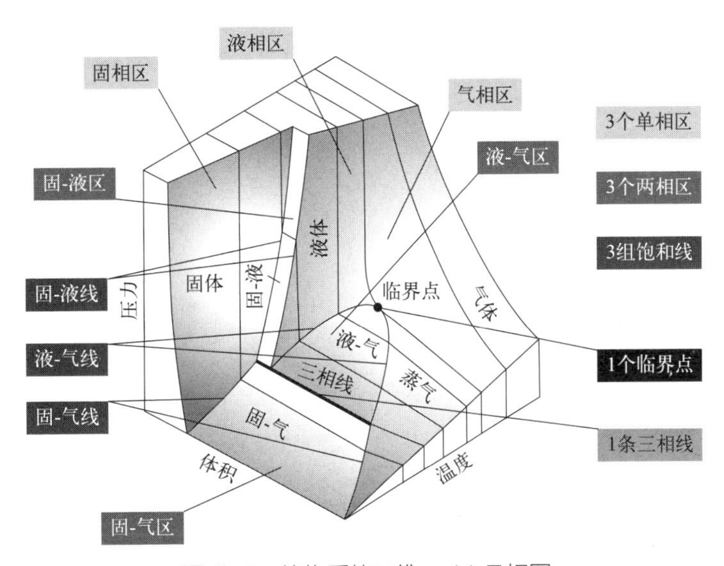

图 3-1 纯物质的三维p-V-T相图

将纯物质的三维p-V-T相图沿体积方向投影到p-T面上就得到p-T相图，如图3-2所示。在p-T图上，两条熔化线重合为一条熔化线，两条升华线重合为一条升华线；饱和液体线和饱和蒸气线重合为一条汽化线，其最高点为临界点。熔化线、升华线和汽化线把p-T图分成了不同的相区。三条线的交点即为三相线在p-T图上的投影，称为三相点。在气相区中，温度小于临界温度的区域称为蒸气区。当温度低于三相点时，物质相变发生在固相与蒸气之间；当温度介于三相点温度和临界温度之间时，可以发生气、液、固三种相态的转变；当温度高于临界温度时，只存在气相。当温度和压力都超过了临界温度和临界压力，处于此区域的流体既不同于液体也不同于气体，称为超临界流体，不存在相态的转变。如图中虚线所示，液相点A经过流体区到达气相点B，它表示从液相区到气相区的一种渐变过程，而不是性质的突变，即观察不到相的变化。

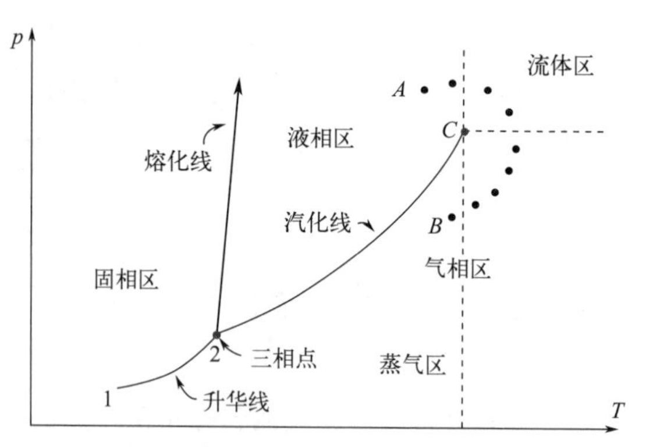

图3-2 纯物质的p-T相图

将纯物质的三维p-V-T相图沿温度方向投影到p-V面上就得到p-V相图，如图3-3所示。图3-3（a）在p-V面上清晰地表达了气相、液相、固相区和液-气、固-液、固-气两相共存区。三相线变成了一条水平线。图3-3（b）仅呈现了流体部分，不包括固体，其中BC线代表饱和液体线，CD线代表饱和蒸气线。饱和液体线的左侧是液相，饱和蒸气线的右侧是气相，两条线包络的部分是液-气两相共存区。由于压力对液体体积变化的影响很小，故液相区等温线很陡，即斜率很大。BC线和CD线相交于C点，此点为该物质的临界点。图中的虚线为等温线。

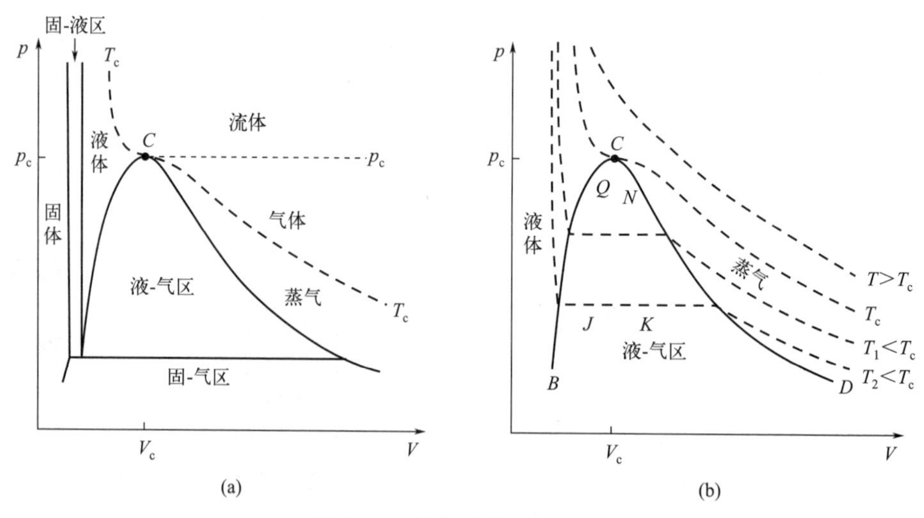

图3-3 纯物质的p-V相图

当温度高于临界温度T_c时，曲线不与相界线相交，表明物质在此条件下不能发生相变。当温度等于临界温度T_c时，曲线刚好经过临界点C，对应的等温线称为临界等温线。临界点的压力、体积和温度分别称为临界压力p_c、临界体积V_c和临界温度T_c。临界点C是临界等温线上的拐点，临界等温线在此点的斜率和曲率都等于零，数学上可表达为

$$\left(\frac{\partial p}{\partial v}\right)_{T_c}=0 \tag{3-1}$$

$$\left(\frac{\partial^2 p}{\partial v^2}\right)_{T_c}=0 \tag{3-1a}$$

式中，v为比体积，即单位质量体积。

当温度低于临界温度T_c时（如T_1和T_2），物质能够经历液-气两相的转变。水平线部分表示气-液两相共存并达到互相平衡，在给定的温度下，压力也不再变化，代表纯物质的饱和蒸气压。水平线上各点表示不同含量的气-液相平衡混合物，变化范围从最左端的100%饱和液体到最右端的100%饱和蒸气。

在工程热力学研究中，常用温-熵（T-S）图来表达物质的状态变化，如图3-4所示。曲线$C2''2'2$为饱和液体线，$C3''3'3$为饱和蒸气线。曲线1234、$1'2'3'4'$和$1''2''3''4''$为等压线。因为相同压力下气相的熵总是大于液相的熵，所以饱和蒸气线在熵值较大的一边。饱和蒸气线和饱和液体线的汇合点C为临界点。临界温度以下饱和液体线左边的区域为液相区；临界温度以下饱和蒸气线右边的区域为蒸气区。临界温度以下两条饱和线包围的区域为液-气共存区，亦称为湿蒸气区。临界温度以上、临界压力以下的区域为气相区；临界温度以上、临界压力以上的区域为超临界流体区。在气-液共存区，水平线与两条饱和线的两个交点表示气-液平衡的两个相，它们的温度、压力均相等。水平线的长度表示气、液相变时的熵变。随着压力的升高，相变熵变逐渐减小；当压力到达临界压力p_c时，气、液两相界面消失，相变熵变为零；当压力超过临界压力p_c时，不存在相变熵。

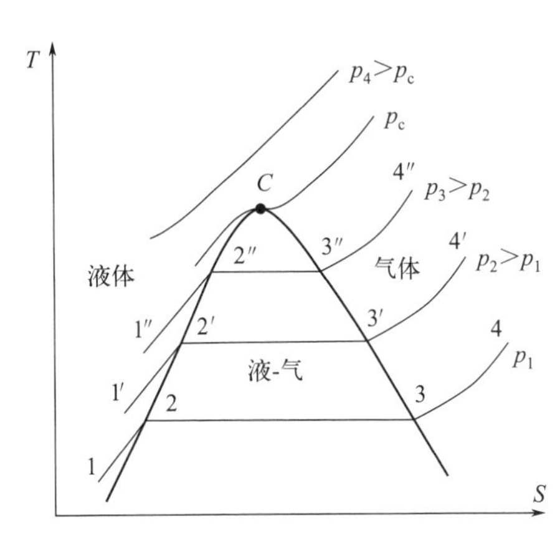

图 3-4 纯物质的 T-S 相图

3.2 流体的状态方程

由相律可知，当确定p、V、T三者中任意的两个时，纯流体的状态就确定了。因此，描述流体p-V-T性质的数学方程式称为状态方程（equation of state, EOS），即

$$f(p,V,T)=0 \quad 或 \quad p=f(V,T) \tag{3-2}$$

迄今为止，文献上已经发表了数百种状态方程，其中包括半经验半理论的状态方程和从统计热力学理论出发推导得到的状态方程。状态方程不但可以关联均相流体p-V-T之间的关系，也可以关联平衡状态下相间的p-v-T关系。这就要求状态方程不但能够用于气相，也可以用于液相。随着科学技术水平的提高，以及溶液理论研究的逐渐深入，工业应用的切实需求极大地促进了状态方程的发展。目前，常用的状态方程有两类，一类是立方型状态方程，另一类是多参数状态方程。

3.2.1 理想气体及其状态方程

理想气体及其状态方程

自然界中实际存在的气体都是真实气体。为了方便分析和简化计算，引出了理想气体的概念。理想气体是一种科学抽象的假想气体。大量实验表明，在极低压力和较高温度下，真实气体可以视为理想气体，是各种真实气体在压力趋近于零（$p\to0$），或者比体积趋近于无穷大（$v\to\infty$）时的极限情况。理想气体的物理解释是，气体分子呈球形且有弹性、其体积和气体总体积相比可以忽略，气体分子间的相互作用力不存在或者忽略。

在一定的使用范围内，许多熟悉的气体，如空气、氮气、氧气、氢气、氦气、氩气、氖气、氪气，

甚至较重的气体如二氧化碳等单原子或双原子气体，都可以被当作理想气体来处理，误差可以忽略不计。然而，像蒸汽发电厂中的水蒸气和冰箱中的制冷剂蒸气等致密气体，不应作为理想气体处理。

理想气体的p、V、T三个参数之间存在着一个简单的关系，即理想气体状态方程。其表达式为

$$pv=RT \quad 或 \quad pV=mRT \quad 或 \quad pV=nR_mT \quad 或 \quad pV_m=R_mT \qquad (3\text{-}3)$$

式中，R为气体常数；m表示物质的质量；下标m代表每摩尔物质的量；n代表摩尔数；R_m为通用气体常数，R_m=8.314kJ/(kmol·K)，而

$$R=\frac{R_m}{M} \quad [\text{kJ/(kg·K)}]$$

式中，M为气体的分子量。

理想气体状态方程可以近似地用于较低压力下的真实气体。任何真实气体在低压、高温时都有相同的p-v-T关系。因此，理想气体必然符合理想气体状态方程，而真实气体不符合理想气体状态方程。由于真实气体的p-v-T行为偏离理想气体，对理想气体状态方程进行修正从而得到适用于真实气体的状态方程。所以，理想气体状态方程还可以用来判断真实气体状态方程在极限情况下（$p \to 0$）的准确程度。

3.2.2 真实气体状态方程——立方型状态方程

压缩因子的概念

真实气体的p-v-T行为不能用理想气体状态方程表达。这是因为真实气体分子间存在相互作用力，而且在较高的压力下真实气体分子的体积也不能忽略。真实气体与理想气体的偏离通常用压缩因子Z来表示，即

$$Z=\frac{pV_m}{R_mT}=\frac{V_m}{R_mT/p}=\frac{V_m}{V_{m0}} \qquad (3\text{-}4)$$

式中，V_m为真实气体在压力p、温度T下的摩尔体积；V_{m0}为理想气体在相同压力、温度下的摩尔体积。因此，压缩因子可表述为在相同的温度、压力下，真实气体体积与理想气体体积之比。显然，理想气体的压缩因子等于1，而真实气体的压缩因子不等于1。如果$Z>1$，即真实气体体积大于理想气体体积，表示实际气体比理想气体难压缩；反之，如果$Z<1$，则说明真实气体较容易压缩。可见，压缩因子Z实际上反映了气体压缩性的大小。

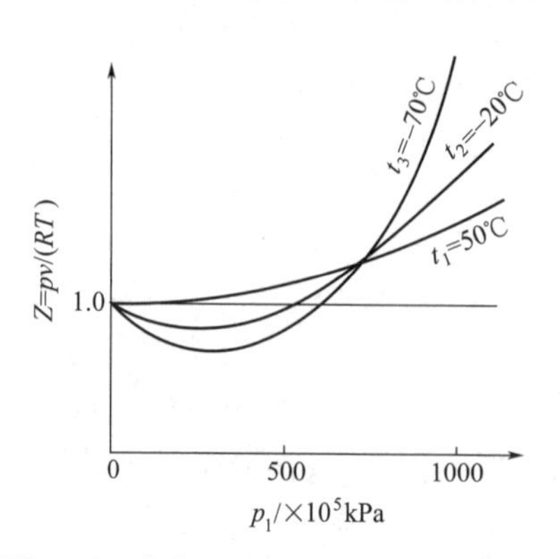

图3-5 氮气的压缩因子随压力的变化

压缩因子的大小不仅与物质种类有关，也与物质所处的状态有关。图3-5是氮气在不同温度下的压缩因子Z随压力的变化曲线。可见，当压力趋近于零时，无论温度多少，氮气都可视为理想气体。

与理想气体状态方程相比，真实气体状态方程必然会涵盖较为广泛的温度和压力范围。然而，真实气体状态方程

不能太复杂，否则其在应用中会出现过多的数值或分析困难。多项式形式的方程在通用性和简单性之间提供了一个较好的折中方案。立方型状态方程是可以展开成体积（或者压缩因子）三次方形式的方程。立方型状态方程可以同时表达气体和液体的p-V-T行为，能够满足一般的工程计算需要。

3.2.2.1 范德华方程（van der Waals EOS）

van der Waals于1873年提出了第一个适用于真实气体的立方型状态方程，其形式为

$$p=\frac{R_m T}{V_m-b}-\frac{a}{V_m^2} \tag{3-5}$$

van der Waals在理想气体状态方程基础上提出了两个修正：一是考虑到真实气体分子本身占据一定的体积，分子自由活动空间就相对缩小，由v变为实际气体的V_m-b。二是考虑到分子之间存在着相互吸引力，从而使气体的实际压力减小。因此，方程右侧第一项称为斥力项，修正体积；第二项称为引力项，修正压力。当$p\to 0$时，$V_m\to\infty$，式中的（$-a/V_m^2$）和b都可以忽略，此时方程复原为理想气体状态方程。式中的a、b是因物质而异的常数，由式（3-1）和式（3-2）可得

$$a=\frac{27R_m^2T_c^2}{64p_c} \tag{3-5a}$$

$$b=\frac{R_m T_c}{8p_c} \tag{3-5b}$$

范德华方程是最简单的立方型方程，其成功定性地反映了实际气体的基本性质，揭示了实际气体偏离理想气体的根本原因，为后来的许多立方型方程的发展奠定了基础。但是，范德华方程不能表达液体行为，对于近临界点附近的气体误差也较大。因此，范德华方程不能用于工程计算。

范德华方程作为典型的立方型状态方程展开成体积的三次方形式如下：

$$pv^3-\left(bp+R_mT\right)V_m^2+aV_m-ab=0 \tag{3-5c}$$

式（3-5a）应该有三个体积根，有物理意义的根应该是正的、大于常数b的实根。由图3-6可知，当$T>T_c$时，有一个实根和两个虚根，实根为该压力下对应的比体积。当$T=T_c$时，有三个相等的实根，对应物质的临界体积。当$T<T_c$时，在单相区有1个实根，情况跟$T>T_c$时类似；在两相区有3个实根，最大的根是饱和蒸气比体积，最小的根是饱和液体比体积，中间的根没有物理意义。

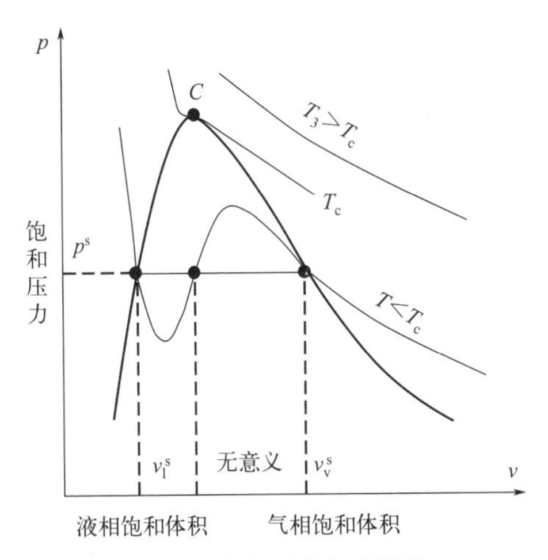

图3-6 立方型状态方程的解

【例3-1】 在0℃下等温压缩CO_2至密度为80kg/m³。试用理想气体状态方程和范德华方程计算压缩终了时的压力。已知p_c=7.376MPa，T_c=304.2K，实验值为p=3.09MPa。

解 （1）用理想气体状态方程计算

$$V_m=\frac{1}{\rho}=\frac{1}{80}=0.0125(\mathrm{m^3/kg})=0.5501\times10^{-3}(\mathrm{m^3/mol})$$

$$p=\frac{R_mT}{V_m}=\frac{8.314\times273.15}{0.5501\times10^{-3}}=4.13\times10^6(\mathrm{Pa})=4.13(\mathrm{MPa})$$

与实验值的偏差为$\dfrac{4.13-3.09}{3.09}\times100\%=33.7\%$。

（2）用范德华方程计算

$$a=\frac{27R_m^2T_c^2}{64p_c}=\frac{27\times8.314^2\times304.2^2}{64\times7.376\times10^6}=0.3658(\text{Pa}\cdot\text{m}^6/\text{mol}^2)$$

$$b=\frac{R_mT_c}{8p_c}=\frac{8.314\times304.2}{8\times7.376\times10^6}=4.286\times10^{-5}(\text{m}^3/\text{mol})$$

$$p=\frac{R_mT}{V_m-b}-\frac{a}{V_m^2}=\frac{8.314\times273.15}{0.5501\times10^{-3}-4.286\times10^{-5}}-\frac{0.3658}{(0.5501\times10^{-3})^2}$$
$$=3.27\times10^6(\text{Pa})=3.27(\text{MPa})$$

与实验值的偏差为 $\frac{3.27-3.09}{3.09}\times100\%=5.8\%$

邝能舜

3.2.2.2 R-K方程（Redlich-Kwong EOS）

在范德华方程的基础上，O. Redlich与J.N.S. Kwong（邝能舜）于1949年提出了一个新的两常数立方型方程，简称R-K方程。其形式如下

$$p=\frac{R_mT}{V_m-b}-\frac{a}{T^{0.5}V_m(V_m+b)} \tag{3-6}$$

式中，a、b的物理意义与范德华方程相同。R-K方程与范德华方程的区别仅在于压力修正项不同。当$p\to0$时，$V_m\to\infty$，上式同样可以还原为理想气体状态方程。R-K方程计算精度较高，在当时获得广泛认可与应用。a、b确定如下

$$a=\frac{0.42748R_m^2T_c^{2.5}}{p_c} \tag{3-6a}$$

$$b=\frac{0.08664R_mT_c}{p_c} \tag{3-6b}$$

R-K方程的计算精度比范德华方程高出许多。但是，R-K方程没有考虑物质分子的形状影响，因此该方程主要适用于非极性或弱极性物质。当应用于极性及含有氢键的物质时，R-K方程会产生较大的误差；另外，其在临界点附近计算的偏差也较大。

3.2.2.3 S-R-K方程（Soave-Redlich-Kwong EOS）

自R-K方程问世以来，为了提高方程的计算精度，许多研究工作者不断地对其进行改进。其中比较成功的当数Soave于1972年提出的S-R-K方程；1976年Soave又对S-R-K方程进行了修正，其形式为

$$p=\frac{R_mT}{V_m-b}-\frac{a(T)}{V_m(V_m+b)} \tag{3-7}$$

式中

$$a(T)=\frac{0.42748R_m^2T_c^2}{p_c}[1+m(1-T_r^{0.5})]^2 \tag{3-7a}$$

$$m=0.48+1.574\omega-0.176\omega^2 \tag{3-7b}$$

式中，$T_r=T/T_c$，为对比温度；ω为偏心因子；b仍按式（3-6b）计算。

Soave改进的R-K方程，即S-R-K方程在计算烃类和烃类混合物体系的气-液平衡时具有较高的精度，具有工程应用价值。Soave的工作对简单状态方程在烃加工工业中的广泛应用具有很大的贡献。

彭定宇

3.2.2.4 P-R方程（Peng-Robinson EOS）

1976年彭定宇和D.B. Robinson提出了一个新的两参数方程，简称P-R方程，其表达式为

$$p=\frac{R_mT}{V_m-b}-\frac{a(T)}{V_m(V_m+b)+b(V_m-b)} \tag{3-8}$$

式中

$$a(T)=\frac{0.45724R_m^2T_c^2}{p_c}[1+m(1-T_r^{0.5})]^2 \tag{3-8a}$$

$$m=0.37464+1.54226\omega-0.26992\omega^2 \tag{3-8b}$$

$$b=0.0778\frac{R_mT_c}{p_c} \tag{3-8c}$$

P-R方程在计算饱和蒸气压、气液相密度以及气-液平衡时具有较高的精度，但不适用于量子气体（如H_2）和极性气体（如NH_3）等。在预测稠密区的摩尔体积方面，P-R方程优于S-R-K方程。P-R方程自问世以来在石油、化工领域得到了广泛的应用。

【例3-2】 用理想气体状态方程、范德华方程、R-K方程、S-R-K方程和P-R方程计算正丁烷在460K、1.5MPa下的比体积。已知p_c=3.8MPa，T_c=425.2K，ω=0.193，实验值为v=0.0384m³/kg。

解 （1）用理想气体状态方程计算

$$v=\frac{R_mT}{Mp}=\frac{8.314\times10^3\times460}{58\times1.5\times10^6}=0.044(\text{m}^3/\text{kg})$$

与实验值的偏差为 $$\frac{0.044-0.0384}{0.0384}\times100\%=14.6\%$$

（2）用范德华方程计算

已知p_c=3.8MPa，T_c=425.2K，ω=0.193，得

$$a=\frac{27R_m^2T_c^2}{64p_c}=\frac{27\times8.314^2\times425.2^2}{64\times58^2\times3800}=0.4124,\quad b=\frac{R_mT_c}{8p_c}=\frac{8.314\times425.2}{8\times58\times3800}=2.00\times10^{-3}$$

将a、b的值代入式（3-5）并经试差法或迭代法求得 v=0.0394m³/kg

与实验值的偏差为 $$\frac{0.0394-0.0384}{0.0384}\times100\%=2.6\%$$

（3）用R-K方程计算

$$a=\frac{0.42748R_m^2T_c^{2.5}}{p_c}=\frac{0.42748\times8.314^2\times425.2^{2.5}}{58^2\times3800}=8.617$$

$$b=\frac{0.08664R_mT_c}{p_c}=\frac{0.08664\times8.314\times425.2}{58\times3800}=1.39\times10^{-3}$$

将a、b的值代入式（3-6）并经试差法或迭代法求得 v=0.0390m³/kg

与实验值的偏差为 $$\frac{0.0390-0.0384}{0.0384}\times100\%=1.6\%$$

（4）用S-R-K方程计算

$$m=0.48+1.574\omega-0.176\omega^2=0.48+1.574\times0.193-0.176\times0.193^2=0.777$$

$$a(T)=\frac{0.42748R_{\mathrm{m}}^2T_{\mathrm{c}}^2}{p_{\mathrm{c}}}\left[1+m\left(1-T_{\mathrm{r}}^{0.5}\right)\right]^2$$

$$=\frac{0.42748\times8.314^2\times425.2^2}{58^2\times3800}\times\left[1+0.777\times\left(1-1.08^{0.5}\right)\right]^2=0.392$$

将m、$a(T)$代入式（3-7）并试差或迭代求得 v=0.0391m³/kg

与实验值的偏差为 $\frac{0.0391-0.0384}{0.0384}=1.8\%$

（5）用P-R方程计算

$$m=0.37464+1.54226\omega-0.26992\omega^2$$

$$=0.37464+1.54226\times0.193-0.26992\times0.193^2=0.6622$$

$$a(T)=\frac{0.45724R_{\mathrm{m}}^2T_{\mathrm{c}}^2}{p_{\mathrm{c}}}\left[1+m\left(1-T_{\mathrm{r}}^{0.5}\right)\right]^2$$

$$=\frac{0.45724\times8.314^2\times425.2^2}{58^2\times3800}\times\left[1+0.6622\times\left(1-1.08^{0.5}\right)\right]^2=0.424$$

$$b=\frac{0.0778R_{\mathrm{m}}T_{\mathrm{c}}}{p_{\mathrm{c}}}=\frac{0.0778\times8.314\times425.2}{58\times3800}=1.248\times10^{-3}$$

将m、$a(T)$代入式（3-8）并试差或迭代求得 v=0.0385m³/kg

与实验值偏差为 $\frac{0.0385-0.0384}{0.0384}\times100\%=0.3\%$

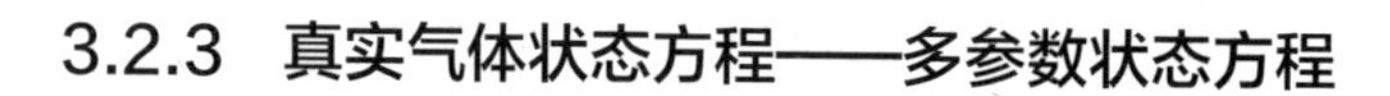

3.2.3 真实气体状态方程——多参数状态方程

真实气体
状态方程

3.2.3.1 Virial（维里）方程

维里方程由K. Onnes于1901年提出，其形式为无穷级数。以压力表示的维里方程为

$$Z=\frac{pV_{\mathrm{m}}}{R_{\mathrm{m}}T}=1+B'p+C'p^2+D'p^3+\cdots \tag{3-9}$$

以体积表示的维里方程为

$$Z=\frac{pV_{\mathrm{m}}}{R_{\mathrm{m}}T}=1+\frac{B}{v}+\frac{C}{v^2}+\frac{D}{v^3}+\cdots \tag{3-9a}$$

式中，系数B和B'、C和C'、D和D'等分别称为第二、第三、第四等维里系数，可由实验确定。对于纯物质来说，这些系数仅是温度的函数；对于混合气体，它们是温度与组成的函数。

将式（3-9a）代入式（3-9），再与式（3-9）比较对应项，可得到两种维里系数之间的关系

$$B' = \frac{B}{R_m T},\quad C' = \frac{C - B^2}{(R_m T)^2},\quad D' = \frac{D - 3BC + 2B^3}{(R_m T)^3},\ \cdots$$

维里方程是按统计力学的方法导出的。因此，在所提出的真实气体状态方程中，维里方程是唯一的一个具有坚实理论基础的方程。统计力学为维里系数赋予了明确的物理意义，它们与分子间的作用力直接相关联。例如，B'和B反映了两个分子之间的相互作用，C'和C反映了三个分子之间的相互作用，依此类推。由于两个分子之间的相互作用比三个分子之间的作用更为普遍，而三个分子间的相互作用又比四个分子间的作用更为普遍，所以高幂次项对压缩因子Z的贡献依次迅速减小。

由于维里方程是无穷级数，在工程实践中无法直接使用。因此，在低压和中压的情况下，取式(3-9)或者式(3-9a)的前两项或三项可得到具有较高精度的近似值。目前，广泛用于热力性质计算的是截取到第二维里系数B的舍项维里方程。

$$Z = \frac{pV_m}{R_m T} \approx 1 + \frac{Bp}{R_m T} \tag{3-10}$$

第二维里系数B可以用统计热力学理论求得，也可以由实验测定，还可用普遍化方法计算得到。事实上，上式可以改写为$p \approx R_m T/(V_m - B)$，即立方型状态方程右边的第一项。

当$p < 1.5\text{MPa}$、$T < T_c$时，上式用于一般真实气体的p-V-T计算已足够准确。当压力达到几兆帕时，第三维里系数的影响开始显现，此时维里方程需要截断到第三维里系数才能够得到比较满意的计算精度。目前能够比较精确得到的只有第二维里系数，对第三维里系数以上的知之甚少，因此超过第三维里系数以上的舍项维里方程也较少应用于解决实际问题。但是，随着分子理论研究的进展，将会从物质的分子结构出发精确计算维里系数，从而扩展维里方程的应用范围。

3.2.3.2 M-H方程（Martin-Hou EOS）

M-H（马丁-侯）方程由我国著名科学家侯虞钧与其导师J.J. Martin教授于1955年提出。M-H方程表达式为

$$\left.\begin{aligned} p &= \sum_{n=1}^{5} \frac{f_n(T)}{(V_m - b)^n} \\ f_n(T) &= A_n + B_n T + C_n \mathrm{e}^{-5.475T/T_c} \end{aligned}\right\} \tag{3-11}$$

式中，A_n、B_n、C_n及b是物质的特性参数。

侯虞钧

在原始的M-H方程（称为M-H55）中，$B_2=R$，$A_1=C_1=B_4=C_4=A_5=C_5=0$，因此共有9个参数。方程参数可以通过纯组分的临界$p$、$V$、$T$数据和该组分在某一温度下的蒸气压数据由公式计算获得。该方程适用于非极性和极性物质。但是，原始的M-H方程在其提出时主要用于气相的计算，没有考虑液相的适用性。为了使M-H方程既能用于液相又不降低气相计算的精度，1981年侯虞钧等对原始方程进行了改进，使$B_4 \neq 0$（称为M-H81），因此共有10个参数。这样，M-H81方程可以同时用于气、液两相的计算，而方程参数的计算不需要增加额外的实验数据。现在，M-H方程广泛应用于流体的p、V、T、气-液平衡、液-液平衡和混合热等热力学计算，特别是制冷剂热力性质的计算，以及大型合成氨系统的设计和过程模拟。1996年，M-H方程经过进一步改进后，其使用范围可扩展到固相。M-H方程具有诸多优点，如数学形式简单而有规律，便于热力学性质的推导，具有与维里方程一样的物理基础和意义，并已经得到了统计力学的证明与解释，被国内外的许多研究者证明是最优秀的状态方程之一。

热容和比热容

3.3　理想气体的比热容、内能、焓和熵

3.3.1　热容和比热容

物质温度升高1K（1℃）所需的热量称为热容，以符号C表示，单位J/K。

$$C=\frac{\delta Q}{\mathrm{d}T} \tag{3-12}$$

单位质量的物质温度升高1K所需的热量称为比热容，以符号c表示，单位为kJ/(kg·K)。

$$c=\frac{\delta q}{\mathrm{d}T} \tag{3-13}$$

1kmol物质温度升高1K所需的热量称为千摩尔热容，以符号C_{m}表示，单位为kJ/(kmol·K)。$C_{\mathrm{m}}=Mc$。式中，M为分子量。

标准状态下1m³气体温度升高1K所需的热量称为体积热容，以符号c'表示，$c'=C_{\mathrm{m}}/22.414$，单位为kJ/(m³·K)。

在热力学中，常用定容热容和定压热容，并分别以C_V和C_p表示，即

$$C_V=\left(\frac{\delta Q}{\mathrm{d}T}\right)_V \tag{3-14}$$

$$C_p=\left(\frac{\delta Q}{\mathrm{d}T}\right)_p \tag{3-15}$$

定容比热容和定压比热容分别以c_v和c_p表示，即

$$c_v=\left(\frac{\delta q}{\mathrm{d}T}\right)_v \tag{3-16}$$

$$c_p=\left(\frac{\delta q}{\mathrm{d}T}\right)_p \tag{3-17}$$

根据热力学第一定律式$\delta Q=\mathrm{d}U+p\mathrm{d}V$或者$\delta Q=\mathrm{d}H-V\mathrm{d}p$，对定容过程$\mathrm{d}V=0$，$\delta Q=\mathrm{d}U$；对定压过程$\mathrm{d}p=0$，$\delta Q=\mathrm{d}H$。所以

$$C_V=\left(\frac{\partial U}{\partial T}\right)_V \tag{3-18}$$

$$C_p=\left(\frac{\partial H}{\partial T}\right)_p \tag{3-19}$$

类似地，比定容热容和比定压热容可以表示为

$$c_v=\left(\frac{\partial u}{\partial T}\right)_v \tag{3-20}$$

$$c_p=\left(\frac{\partial h}{\partial T}\right)_p \tag{3-21}$$

理想气体的内能与压力和比体积都无关，仅是温度的单值函数（见3.5.2节推导），即$u=f(T)$。因此

$$c_v = \left(\frac{\partial u}{\partial T}\right)_v = \frac{\mathrm{d}u}{\mathrm{d}T} \quad 或 \quad \mathrm{d}u = c_v \mathrm{d}T \tag{3-22}$$

根据焓的定义 $h=u+pv=u+RT$，可见理想气体焓也是温度的单值函数，即 $h=f(T)$。因此

$$c_p = \left(\frac{\partial h}{\partial T}\right)_p = \frac{\mathrm{d}h}{\mathrm{d}T} \quad 或 \quad \mathrm{d}h = c_p \mathrm{d}T \tag{3-23}$$

式（3-22）和式（3-23）对实际气体分别适用于定容和定压过程，而对理想气体却适用于任何过程。这些结论在低压下与实验结果吻合较好。

由理想气体的这个特性可知，理想气体的等温线就是等内能（或焓）线。如图3-7所示，虽然2、3、4点具有不同的压力和比体积，但它们的内能相等，焓也相等；只要初态温度相同，终态温度也相同，则经历任何过程后，理想气体内能（或焓）的变化量相同，即

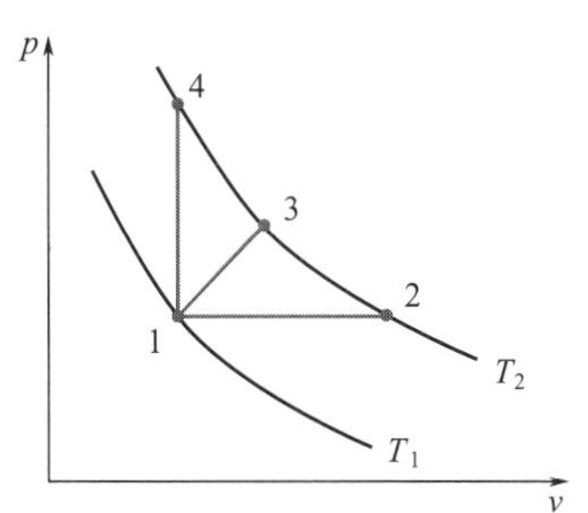

图 3-7 理想气体的内能和焓的变化

$$\Delta u_{12} = \Delta u_{13} = \Delta u_{14}，\Delta h_{12} = \Delta h_{13} = \Delta h_{14}$$

根据焓的定义，由式（3-22）和式（3-23）可以得到理想气体 c_p 与 c_v 的关系为

$$c_p - c_v = R \tag{3-24}$$

相应地，千摩尔定压比热容 $C_{p,\mathrm{m}}$ 与千摩尔定容比热容 $C_{v,\mathrm{m}}$ 间关系为

$$C_{p,\mathrm{m}} - C_{V,\mathrm{m}} = R_{\mathrm{m}} \tag{3-25}$$

定压比热容与定容比热容之比称为绝热指数，以符号 k 表示，即

$$k = \frac{c_p}{c_v} = \frac{C_{p,\mathrm{m}}}{C_{V,\mathrm{m}}} \tag{3-26}$$

联立式（3-24）和式（3-26）得

$$c_p = \frac{kR}{k-1} \tag{3-27}$$

$$c_v = \frac{R}{k-1} \tag{3-28}$$

由式（3-22）和式（3-23）可知，理想气体的定压比热容和定容比热容也只是温度的单值函数。在工程应用中，通常表达成温度的多项式形式的经验公式

$$C_{p,\mathrm{m}} = a_0 + a_1 T + a_2 T^2 + a_3 T^3 \tag{3-29}$$

$$C_{V,\mathrm{m}} = a_0 + a_1 T + a_2 T^2 + a_3 T^3 - R_{\mathrm{m}} \tag{3-30}$$

式中，a_0，a_1，a_2，a_3 为只与气体种类有关的常数，几种常见气体的这些常数列于附表2。

3.3.2 理想气体的内能、焓和熵

理想气体的内能、焓和熵

根据式（3-22）和式（3-23），理想气体内能和焓的变化可按下式计算

$$\Delta u = \int_1^2 c_v \mathrm{d}T \tag{3-31}$$

$$\Delta h = \int_1^2 c_p \mathrm{d}T \tag{3-32}$$

3.3.2.1 内能和焓的计算

在工程中主要采用四种方法计算Δu和Δh，选用哪种方法取决于所要求的计算精度、计算工具以及所采用的有关气体性质的资料。

（1）按定值比热容计算　如果温度不高并且变化范围较窄，可将比热容近似地看作不随温度而变的定值，称为定值比热容。通常采用298K时气体比热容的实验数据作为定值比热容。几种常见气体的比定值热容列于附表3。这样

$$\Delta h = c_p\left(T_2 - T_1\right) \tag{3-33}$$

$$\Delta u = c_v\left(T_2 - T_1\right) \tag{3-34}$$

如果温度较高但变化范围较窄，也可将比热容视为定值。这时的定值比热容应取过程始末温度下比热容的算术平均值或过程始末温度平均值下的比热容。

（2）按比热容经验公式积分计算

$$\Delta h = \int_1^2 c_p \mathrm{d}T = \frac{1}{M}\int_1^2 a_0 + a_1 T + a_2 T^2 + a_3 T^3 \mathrm{d}T \tag{3-35}$$

$$\Delta u = \int_1^2 c_p - R\mathrm{d}T = \Delta h - R(T_2 - T_1) \tag{3-36}$$

（3）利用平均比热容表计算　根据式（3-32），有

$$\Delta h = \int_{t_1}^{t_2} c_p \mathrm{d}t = \int_0^{t_2} c_p \mathrm{d}t - \int_0^{t_1} c_p \mathrm{d}t = t_2 \frac{\int_0^{t_2} c_p \mathrm{d}t}{t_2} - t_1 \frac{\int_0^{t_1} c_p \mathrm{d}t}{t_1}$$

令 $c_p\Big|_0^t = \dfrac{\int_0^t c_p \mathrm{d}t}{t}$，称为0～$t$℃之间的平均定压比热容，并做成表，则

$$\Delta h = c_p\Big|_0^{t_2} t_2 - c_p\Big|_0^{t_1} t_1 \tag{3-37}$$

同理

$$\Delta u = c_v\Big|_0^{t_2} t_2 - c_v\Big|_0^{t_1} t_1 \tag{3-38}$$

几种常见气体的平均比定压热容列于附表4，平均比定容热容列于附表5。

（4）利用气体热力性质表中的h、u值计算　若能确定气体在各温度下的质量内能和焓值，即可方便地算得Δu和Δh。但由于质量内能和焓的绝对值难于确定，而实际热力计算中只需要不同状态间的差值，因此可以相对某一基准点来确定u和h值，即选定一个基准温度T_0，规定该温度下的质量内能值和焓值分别为u_0和h_0，从而有

$$u = u_0 + \int_{T_0}^{T} c_v \mathrm{d}T = u_0 + u\left(T\right) \tag{3-39}$$

$$h = h_0 + \int_{T_0}^{T} c_p \mathrm{d}T = h_0 + h\left(T\right) \tag{3-40}$$

通常，取$T_0 = 0$℃或25℃时的u_0和h_0为零，这样即可得到各温度下的u和h值。几种常见气体的u、h值列于附表6～12。

【例3-3】 空气在加热器中定压流动，流量为q_m=0.5kg/s，入口温度300K，

要求出口温度400K。试计算加热器提供给空气的热流率。

解 依热力学第一定律有，$\dot{Q}=\Delta\dot{H}+\dot{W}_t$；定压流动，$W_t=-\int_1^2 V\mathrm{d}p=0$，故$\dot{Q}=\Delta\dot{H}$。

（1）按比定值热容计算 由附表3查得空气的比定压热容c_p=1.004kJ/(kg·K)

$$\dot{Q}=\Delta\dot{H}=q_m c_p\left(T_2-T_1\right)=0.5\times1.004\times\left(400-300\right)=50.2(\mathrm{kJ/s})$$

（2）按比热容经验公式计算

查附表2知

$$C_{p,\mathrm{m}}=28.15+1.967\times10^{-3}T+4.801\times10^{-6}T^2-1.966\times10^{-9}T^3$$

空气分子量M=29，故

$$\dot{Q}=\int_{300}^{400}q_m\frac{C_{p,\mathrm{m}}}{M}\mathrm{d}T=\int_{300}^{400}\frac{0.5}{29}\times\left(28.15+1.967\times10^{-3}T+4.801\times10^{-6}T^2-1.966\times10^{-9}T^3\right)\mathrm{d}T=50.65(\mathrm{kJ/s})$$

（3）按平均比热容计算

$$t_1=300-273=27(℃)，t_2=400-273=127(℃)$$

查附表4

$$c_p\Big|_0^0=1.004\mathrm{kJ/(kg\cdot K)}，c_p\Big|_0^{100}=1.006\mathrm{kJ/(kg\cdot K)}，c_p\Big|_0^{200}=1.012\mathrm{kJ/(kg\cdot K)}$$

采用内插法

$$c_p\Big|_0^{27}=\frac{1.006-1.004}{100-0}\times\left(27-0\right)+1.004=1.00454[\mathrm{kJ/(kg\cdot K)}]$$

$$c_p\Big|_0^{127}=\frac{1.012-1.006}{200-100}\times\left(127-100\right)+1.006=1.00762[\mathrm{kJ/(kg\cdot K)}]$$

$$\dot{Q}=q_m\Delta h=q_m\left(c_p\Big|_0^{127}t_2-c_p\Big|_0^{27}t_1\right)=0.5\times\left(1.00762\times127-1.00454\times27\right)=50.4(\mathrm{kJ/s})$$

（4）利用气体性质表计算 查附表6，$h_{300\mathrm{K}}$=300.19kJ/kg，$h_{400\mathrm{K}}$=400.98kJ/kg，有

$$\dot{Q}=q_m\left(h_{400\mathrm{K}}-h_{300\mathrm{K}}\right)=0.5\times\left(400.98-300.19\right)=50.4(\mathrm{kJ/s})$$

3.3.2.2 熵的计算

根据熵的定义ds=δq/T，热力学第一定律δq=dh–vdp，以及理想气体焓dh=c_pdT，有

$$\mathrm{d}s=c_p\frac{\mathrm{d}T}{T}-R\frac{\mathrm{d}p}{p}\tag{3-41}$$

上式是理想气体熵的全微分式之一。

又根据理想气体状态方程$pv=RT$，和理想气体内能du=c_vdT，可以得到另两个理想气体熵的全微分式。即

$$\mathrm{d}s=c_v\frac{\mathrm{d}T}{T}+R\frac{\mathrm{d}v}{v}\tag{3-42}$$

$$\mathrm{d}s=c_v\frac{\mathrm{d}p}{p}+c_p\frac{\mathrm{d}v}{v}\tag{3-43}$$

由于c_p、c_v是温度的函数，所以与焓和内能的计算相类似，熵的计算有以下三种方法。

（1）按比定值热容计算

$$\Delta s=c_p\ln\frac{T_2}{T_1}-R\ln\frac{p_2}{p_1}\tag{3-44}$$

3

$$\Delta s = c_v \ln\frac{T_2}{T_1} + R\ln\frac{v_2}{v_1} \tag{3-45}$$

$$\Delta s = c_v \ln\frac{p_2}{p_1} + c_p \ln\frac{v_2}{v_1} \tag{3-46}$$

（2）按比热容经验公式计算　将c_p、c_v的经验公式（3-29）或式（3-30）代入式（3-41）～式（3-43），然后积分即可求出Δs。

（3）利用气体性质表计算　由式（3-41），有

$$\Delta s = \int_1^2 c_p \frac{\mathrm{d}T}{T} - R\int_1^2 \frac{\mathrm{d}p}{p} = \int_0^2 c_p \frac{\mathrm{d}T}{T} - \int_0^1 c_p \frac{\mathrm{d}T}{T} - R\ln\frac{p_2}{p_1} \tag{3-41a}$$

令$s_T^0 = \int_0^T c_p \frac{\mathrm{d}T}{T}$，并将各种气体不同温度下的$s_T^0$值算出来并做成表，则$\Delta s$的计算即很方便几种常见气体的$s_T^0$值列于附表12。

$$\Delta s = s_{T_2}^0 - s_{T_1}^0 - R\ln\frac{p_2}{p_1} \tag{3-47}$$

【例3-4】 有1kmol理想气体，从状态1经不可逆过程变化到状态2，已知V_2=3V_1，T_2=T_1，试计算熵变ΔS。

解　熵是状态参数，与过程无关，若取c_v为定值，则按式（3-45）有

$$\Delta s = c_v \ln\frac{T_2}{T_1} + R\ln\frac{v_2}{v_1} = R\ln\frac{v_2}{v_1} = R\ln 3$$

$$\Delta S = M\Delta s = MR\ln 3 = R_\mathrm{m}\ln 3$$

【例3-5】 氮气在初态p_1=0.6MPa，T_1=21℃状态下稳定地流入无运动部件的绝热容器。然后一半气体在p_2'=0.1MPa，T_2'=82℃，而另一半在p_2''=0.1MPa，T_2''=−40℃状态下同时流出容器。若氮气为理想气体，且按比定值热容计算，忽略容器进出口气体动能和位能，试判断该过程能否实现。

解　若过程能同时满足热力学第一定律和热力学第二定律，则该过程能实现，否则就不能实现。

（1）判断是否满足热力学第一定律　该过程为一稳定流动过程，忽略动能和位能的变化，则其能量方程为

$$Q = \Delta H + W_s$$

由于容器中无运动部件，W_s=0；绝热过程，Q=0，故ΔH=0，即若容器出口与入口处气体焓差为零，则满足热力学第一定律。

设容器内气体流量为q_m(kg/s)，则两出口气体流量均为$\frac{q_m}{2}$(kg/s)，容器出入口气体焓差为

$$\Delta H = \frac{q_m}{2}c_p\left(T_2' - T_1\right) + \frac{q_m}{2}c_p\left(T_2'' - T_1\right) = \frac{q_m}{2}c_p\left(T_2' + T_2'' - 2T_1\right)$$

$$= \frac{q_m}{2}c_p\left(82 - 40 - 2\times 21\right) = 0$$

可见，该过程满足热力学第一定律。

（2）判断是否满足热力学第二定律　由于是绝热过程，ΔS_f=0，按热力学

第二定律，若有$\Delta S_g=\Delta S\geqslant 0$，则该过程满足热力学第二定律

$$\Delta S=\frac{q_m}{2}(s_2'-s_1)+\frac{q_m}{2}(s_2''-s_1)=\frac{q_m}{2}\left[\left(c_p\ln\frac{T_2'}{T_1}-R\ln\frac{p_2'}{p_1}\right)+\left(c_p\ln\frac{T_2''}{T_1}-R\ln\frac{p_2''}{p_1}\right)\right]=\frac{q_m}{2}\left(c_p\ln\frac{T_2'T_2''}{T_1^2}-R\ln\frac{p_2'p_2''}{p_1^2}\right)$$

查附表3，c_p=1.038kJ/(kg·K)，R=0.297kJ/(kg·K)，代入上式

$$\Delta S=\frac{q_m}{2}\left(1.038\times\ln\frac{355\times233}{294^2}-0.297\times\ln\frac{0.1\times0.1}{0.6^2}\right)=0.51q_m>0$$

可见，该过程也满足热力学第二定律，故该过程可以实现，是一个不可逆过程。

3.3.3 理想气体混合物

工程中应用的气体，特别是石油、化工生产中的原料气、合成气等都是由多种气体组成的混合气体。组成混合气体的各种纯气体称为组分，它们之间处于无化学反应的稳定态。气体混合物中各组分所占总量的百分数称为混合气体的组成（分数）。根据计量单位不同有三种表示方法，即质量分数w_i，摩尔分数y_i和体积分数φ_i。

$$w_i=\frac{m_i}{m},\quad y_i=\frac{n_i}{n},\quad \varphi_i=\frac{V_i}{V} \tag{3-48}$$

其中

$$m=m_1+m_2+\cdots+m_n=\sum_{i=1}^{n}m_i \tag{3-49}$$

$$n=n_1+n_2+\cdots+n_n=\sum_{i=1}^{n}n_i \tag{3-50}$$

混合气体的热力性质取决于各组分的热力性质和混合气体的组成。如果混合气体中各组分都具有理想气体的性质，则由两种及两种以上理想气体组成的混合气体称为理想气体混合物，也具有理想气体的一切性质，符合理想气体状态方程。

当各组分处于混合气体的压力p、温度T条件下时，单独占有的体积称为该组分的分体积V_i。根据理想气体状态方程$pV_i=n_iR_mT$和$pV=nR_mT$，

$$V=V_1+V_2+\cdots+V_n=\sum_{i=1}^{n}V_i \tag{3-51}$$

该式称为阿马伽（Amagat）分体积定律。

显然

$$\sum_{i=1}^{n}w_i=1,\quad \sum_{i=1}^{n}y_i=1,\quad \sum_{i=1}^{n}\varphi_i=1 \tag{3-52}$$

当各组分单独处于混合气体的温度T、体积V条件下时所呈现的压力称为该组分的分压力p_i。根据理想气体状态方程$p_iV=n_iR_mT$和$pV=nR_mT$

$$p=p_1+p_2+\cdots+p_n=\sum_{i=1}^{n}p_i \tag{3-53}$$

该式称为道尔顿（Dalton）分压定律。

由式（3-51）和理想气体状态方程，有

$$\frac{V_i}{V}=\frac{n_i}{n}=\varphi_i=y_i \tag{3-54}$$

由式（3-53）和理想气体状态方程，有

$$\frac{p_i}{p}=\frac{n_i}{n}=y_i \tag{3-55}$$

气体混合物是由不同的纯气体分子组成的均匀混合物。在处理气体混合物时，通常把它视为一种假想的单一的纯气体，其分子量（摩尔质量）定义为气体混合物的质量与其摩尔数之比，也就是混合气体的平均分子量或称为折合分子量。

$$M=\frac{m}{n}=\frac{\sum_{i=1}^{n}(n_iM_i)}{n}=\sum_{i=1}^{n}(y_iM_i) \tag{3-56}$$

这种假想气体的气体常数也就是混合气体的气体常数

$$R=\frac{R_{\mathrm{m}}}{M}=\sum_{i=1}^{n}(w_iR_i) \tag{3-57}$$

理想气体混合物的比热容、内能、焓和熵均为组成气体混合物的单一纯气体所对应性质的线性加权平均。

（1）理想气体混合物的比热容

$$c=\sum_{i=1}^{n}(w_ic_i) \tag{3-58}$$

$$C_{\mathrm{m}}=\sum_{i=1}^{n}(y_iC_{\mathrm{m}i}) \tag{3-59}$$

$$c'=\sum_{i=1}^{n}(y_ic_{i'}) \tag{3-60}$$

（2）理想气体混合物的内能

$$U=\sum_{i=1}^{n}U_i=\sum_{i=1}^{n}(n_iu_i) \tag{3-61}$$

$$\Delta U=\sum_{i=1}^{n}\Delta U_i=\sum_{i=1}^{n}(n_i\Delta u_i) \tag{3-61a}$$

$$u=\frac{U}{n}=\sum_{i}^{n}(y_iu_i) \tag{3-62}$$

$$\Delta u=\sum_{i=1}^{n}(y_i\Delta u_i) \tag{3-62a}$$

（3）理想气体混合物的焓

$$H=\sum_{i=1}^{n}H_i=\sum_{i=1}^{n}(n_ih_i) \tag{3-63}$$

$$\Delta H=\sum_{i=1}^{n}\Delta H_i=\sum_{i=1}^{n}(n_i\Delta h_i) \tag{3-63a}$$

$$h=\frac{H}{n}=\sum_{i}^{n}y_ih_i \tag{3-64}$$

$$\Delta h=\sum_{i=1}^{n}\left(y_i\Delta h_i\right) \tag{3-64a}$$

（4）理想气体混合物的熵

$$S=\sum_{i=1}^{n}S_i=\sum_{i=1}^{n}\left(n_i s_i\right) \tag{3-65}$$

$$\Delta S=\sum_{i=1}^{n}\Delta S_i=\sum_{i=1}^{n}\left(n_i\Delta s_i\right) \tag{3-65a}$$

$$s=\sum_{i=1}^{n}\left(y_i s_i\right) \tag{3-66}$$

$$\Delta s=\sum_{i=1}^{n}\left(y_i\Delta s_i\right) \tag{3-66a}$$

上述理想气体混合物的内能、焓和熵都是摩尔平均值，各组分的性质均按其分压p_i和混合气体温度T确定。也可以采用质量平均值，将上式中的摩尔分数y_i改成质量分数w_i即可。

【例3-6】 某绝热刚性容器，内有隔板分开（图3-8），A室内盛有氮气，压力p_{A1}=0.5MPa，体积V_A=0.4m³，温度T_{A1}=15℃；B室内盛有二氧化碳，压力p_{B1}=0.4MPa，体积V_B=0.3m³，温度T_{B1}=60℃。现将隔板抽掉，两种气体均匀混合并处于平衡状态。若按理想气体处理，并按比定值热容计算，求：（1）氮气和二氧化碳的质量；（2）混合后气体的压力和温度；（3）混合气体中氮气和二氧化碳的分压；（4）混合过程中熵的变化。

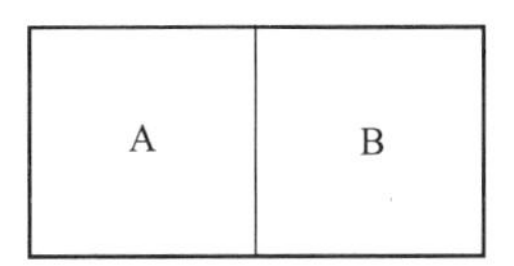

图3-8 例3-6图

解 （1）求氮气和二氧化碳的质量

$$R_A=\frac{R_m}{M_A}=\frac{8.314}{28}=0.297[\text{kJ/(kg·K)}]$$

$$R_B=\frac{R_m}{M_B}=\frac{8.314}{44}=0.189[\text{kJ/(kg·K)}]$$

这两个值也可从附表3中查得。

$$m_A=\frac{p_{A1}V_A}{R_AT_{A1}}=\frac{500\times0.4}{0.297\times288}=2.34(\text{kg})$$

$$m_B=\frac{p_{B1}V_B}{R_BT_{B1}}=\frac{400\times0.3}{0.189\times333}=1.91(\text{kg})$$

（2）混合后气体的压力和温度 取容器中两种气体为系统，则系统与外界无热量和功交换，依热力学第一定律有ΔU=0或$U_1=U_2$。

$$U_1=U_{A1}+U_{B1}=m_Au_{A1}+m_Bu_{B1}=m_Ac_{vA}T_{A1}+m_Bc_{vB}T_{B1}$$

$$U_2=m_2u_2=m_2c_{v2}T_2$$

$$m_2=m_A+m_B$$

$$c_{v2}=x_Ac_{vA}+x_Bc_{vB}$$

所以

$$m_Ac_{vA}T_{A1}+m_Bc_{vB}T_{B1}=\left(m_A+m_B\right)\left(x_Ac_{vA}+x_Bc_{vB}\right)T_2$$

$$T_2=\frac{x_Ac_{vA}T_{A1}+x_Bc_{vB}T_{B1}}{x_Ac_{vA}+x_Bc_{vB}}$$

该式也可由$\Delta U=\Delta U_A+\Delta U_B$推得。

查附表3，c_{vA}=0.741kJ/(kg·K)，c_{vB}=0.653kJ/(kg·K)，故有

$$m = m_A + m_B = 2.34 + 1.91 = 4.25(\text{kg})$$

$$x_A = \frac{m_A}{m} = \frac{2.34}{4.25} = 0.55$$

$$x_B = 1 - x_A = 0.45$$

$$T_2 = \frac{0.55\times0.741\times(15+273)+0.45\times0.653\times(60+273)}{0.55\times0.741+0.45\times0.653} = 307(\text{K}) = 34(℃)$$

$$R = x_A R_A + x_B R_B = 0.55\times0.297 + 0.45\times0.189 = 0.2484[\text{kJ/(kg·K)}]$$

$$V = V_A + V_B = 0.4 + 0.3 = 0.7(\text{m}^3)$$

$$p_2 = \frac{mRT_2}{V} = \frac{4.25\times0.2484\times307}{0.7} = 463(\text{kPa}) = 0.463(\text{MPa})$$

（3）混合气体中氮气和二氧化碳的分压

分压可有多种方法计算，如$p_i = \dfrac{n_i R_m T}{V}$，$p_i = \dfrac{m_i R_i T}{V}$，$p_i = y_i p_2$等。

$$p_{A2} = \frac{m_A R_A T_2}{V} = \frac{2.34\times0.297\times307}{0.7} = 304.7(\text{kPa})$$

$$p_{B2} = \frac{m_B R_B T_2}{V} = \frac{1.91\times0.189\times307}{0.7} = 158.3(\text{kPa})$$

（4）混合过程中熵的变化

$$\Delta S = \Delta S_A + \Delta S_B = m_A\left(c_{pA}\ln\frac{T_2}{T_{A1}} - R_A\ln\frac{p_{A2}}{p_{A1}}\right) + m_B\left(c_{pB}\ln\frac{T_2}{T_{B1}} - R_B\ln\frac{p_{B2}}{p_{B1}}\right)$$

$$= 2.34\times\left(1.038\ln\frac{307}{288} - 0.297\ln\frac{304.7}{500}\right) + 1.91\times\left(0.837\ln\frac{307}{333} - 0.189\ln\frac{158.3}{400}\right)$$

$$= 0.704(\text{kJ/K})$$

该过程虽为绝热过程，但熵是增加的，说明该过程为不可逆过程。

3.4 真实气体的普遍化关联

理想气体是真实气体在压力趋于零、比体积趋于无穷大时的极限状态。然而在工程应用中，工作介质常在特殊的状态下工作。例如，蒸汽机的工质水蒸气、冰箱中的工质制冷剂如氟利昂或其替代物、冷库的工质氨蒸气等，这些气态工质都是在一定的压力下工作，不能再按理想气体处理。因此，需要寻求新的解决办法。与理想气体相比，真实气体的分子体积不能忽略，分子间的相互作用力也不能忽略。

既然临界点的性质（临界压力p_c、临界体积v_c和临界温度T_c）是物质的固有性质，人们想到是否可以将它作为描述物质热力状态的一个基准点，构造一

个普适性的函数来描写所有物质的p-V-T关系。Pitzer等发展出了著名的普遍化的压缩因子Z关联和普遍化的第二维里系数B关联。目前，这两个普遍化关联仍在工程中使用，主要用于气体。

3.4.1 对比状态原理

对比态原理

对比状态原理也称为对应状态原理或者对比态原理（定律）。实验研究发现，当接近临界点时，所有物质都显示出相似的性质。因此，可以构造出无量纲的对比压力p_r，对比体积v_r和对比温度T_r，即

$$p_r=\frac{p}{p_c},\ v_r=\frac{v}{v_c},\ T_r=\frac{T}{T_c} \tag{3-67}$$

对比参数反映了物质所处的状态偏离其临界状态的程度。这样，如果用对比参数表示状态方程，就得到对比态方程

$$f\left(p_r,v_r,T_r\right)=0 \tag{3-68}$$

对比态原理认为，所有的物质在相同的对比状态下表现出相同的性质。由上式可见，凡是遵循同一对比态方程的物质，如果它们的对比参数p_r、v_r和T_r中有两个对应相等，则另一个对比参数也一定相等，这就是对比态原理。凡是服从对比态原理，并能满足同一对比态方程的各种物质，称为热力学上相似的物质。

3

3.4.2 普遍化压缩因子

普遍化压缩因子

根据对比态定律，普遍化压缩因子Z可以表达为

$$Z=\frac{pV_m}{R_mT}=\frac{p_cv_c}{R_mT_c}\times\frac{p_rv_r}{T_r}=Z_c\frac{p_rv_r}{T_r}=Z_c\varphi\left(p_r,T_r\right) \tag{3-69}$$

式中，Z_c是气体的临界压缩因子。

实验观察发现，多数真实气体，尤其是烃类物质，Z_c值在0.25～0.31之间。取Z_c=0.27为常数，这样只要已知p_r和T_r，就可依据实验确定实际气体的压缩因子。这就是两参数对比态原理，即所有气体处在相同的p_r和T_r时，必定具有相近的Z值。

根据此原理，研究者们用实验数据将Z与p_r和T_r的关系绘制成了两参数普遍化压缩因子Z图。目前，以纳尔逊和奥培特（Nelson和Obett）绘制的应用比较广泛，如图3-9所示。附图1给出了其放大图。

两参数普遍化压缩因子图是将临界压缩因子Z_c视为常数而得到的。对于大约80种物质的实验数据统计发现，Z_c值并非常数。可见，两参数普遍化压缩因子图是近似的。只有p_r和T_r相同、分子结构相似的物质其Z_c值相近；而分子结构不相似的物质其Z_c值则相差较大。因此，两参数普遍化压缩因子图对于简单球形对称分子（如氩、氪、氙等）比较适用，对于非球形弱极性分子的计算误差可以接受，而对于非对称的强极性分子则有明显的偏差。为了提高普遍化压缩因子法的计算精度，许多学者提出除了p_r和T_r之外还应引入一个与物质结构有关的第三参数，使普遍化压缩因子图能够更加精确地适用于各种气体。目前已被普遍承认的是Pitzer等提出的将偏心因子ω作为第三参数，由此建立了一个新的物质固有性质，是热力学理论的重要发展。

从分子的微观结构看，真实气体的热力学行为与其分子间的作用力密切相关，而气体分子的结构特征又直接影响着这些分子的性质。在各种分子结构中，以范德华提出的弹性球形气体模型为代表。偏心因子就是以这种简单球对称气体模型为基础而提出来的，作为修正其他复杂的非对称气体分子模型热力性质的一种新的第三参数。根据这一性质，真实气体普遍化压缩因子的函数关系式可表示成

$$Z=Z\left(p_r,T_r,\omega\right) \tag{3-70}$$

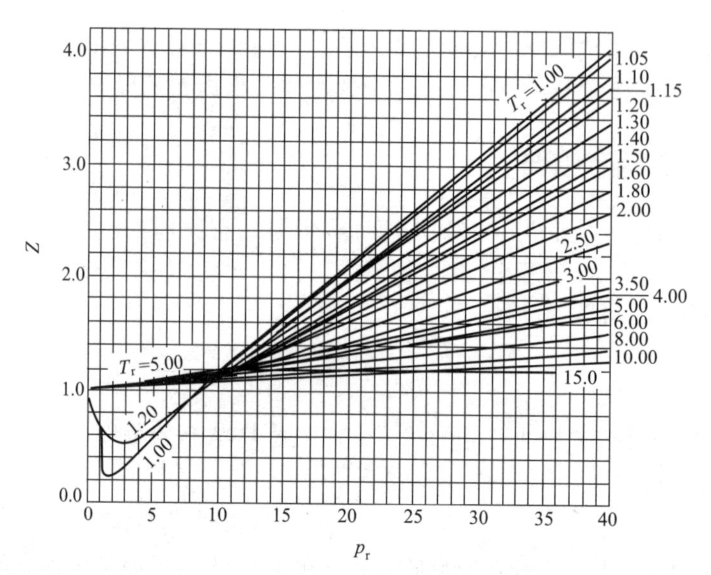

图3-9 两参数普遍化压缩因子Z图

偏心因子是作为对分子形状和极性的一个量度参数，表达物质分子的偏心程度，即非球形分子偏离球对称的程度。由此可知，简单流体如单原子稀有气体（如氩、氪、氙等）的ω等于零，这些流体的压缩因子仅是p_r和T_r的函数。非对称结构真实气体的ω不等于零。对于所有ω值相同的流体，若处在相同的p_r和T_r下，其压缩因子必定相等，即偏离理想气体行为的程度必定相同。这就是三参数对应状态原理。部分真实气体的ω值列于附表3。这样，ω气体压缩因子为

$$Z = Z_0 + \omega Z_1 \tag{3-71}$$

式中，第一项是简单流体(ω=0)的压缩因子，表示简单流体对理想气体的偏差；第二项表示非球对称型真实气体对简单流体压缩因子的修正（偏差）。

Z_0和Z_1都是p_r和T_r的复杂函数，称为普遍化压缩因子。具体值可从附图2上查得。该方法对于$v_r > 2$的情况计算精度较高。

【例3-7】 试分别用理想气体状态方程、两参数压缩因子法和三参数压缩因子法计算正丁烷在510K、2.5MPa下的比体积。已知实验值为1.4807m³/kmol。

解 （1）按理想气体计算

$$V_m = \frac{R_m T}{p} = \frac{8.314\times10^3\times510}{2.5\times10^6} = 1.6961(\mathrm{m^3/kmol})$$

与实验值的偏差为 $\dfrac{1.6961-1.4807}{1.4807} = 14.5\%$

（2）两参数压缩因子法 由附表3知p_c=3.8MPa，T_c=425.2K，故

$$p_r = \frac{p}{p_c} = \frac{2.5}{3.8} = 0.658$$

$$T_r = \frac{T}{T_c} = \frac{510}{425.2} = 1.199$$

查附图1得Z=0.865，故

$$V_{\mathrm{m}}=\frac{ZR_{\mathrm{m}}T}{p}=\frac{0.865\times 8.314\times 10^{3}\times 510}{2.5\times 10^{6}}=1.4671(\mathrm{m}^{3}/\mathrm{kg})$$

与实验值的偏差为 $\dfrac{1.4671-1.4807}{1.4807}=-0.918\%$

（3）三参数压缩因子法 由附表3查得偏心因子ω=0.193，由附图2可知Z_0=0.865，Z_1=0.038，有

$$Z=Z_0+\omega Z_1=0.865+0.193\times 0.038=0.872$$

$$V_{\mathrm{m}}=\frac{ZR_{\mathrm{m}}T}{p}=\frac{0.872\times 8.314\times 10^{3}\times 510}{2.5\times 10^{6}}=1.4790(\mathrm{m}^{3}/\mathrm{kg})$$

与实验值的偏差为 $\dfrac{1.4790-1.4807}{1.4807}=-0.115\%$

3.4.3 普遍化第二维里系数

由于Z^0和Z^1与p_{r}和T_{r}的函数关系也比较复杂，难以用简单的数学关系式来描述。采用普遍化压缩因子法进行计算需要查普遍化压缩因子图，查图的结果因人而异，因而得到的结果也都是近似的。更重要的是，有时一些工程计算需要超出了图中的范围。因此，Pitzer等提出了一个普遍化的第二维里系数关联式，已在工程计算广泛采用

$$Z\approx 1+\frac{Bp}{R_{\mathrm{m}}T}=1+\frac{Bp_{\mathrm{c}}}{R_{\mathrm{m}}T_{\mathrm{c}}}\left(\frac{p_{\mathrm{r}}}{T_{\mathrm{r}}}\right) \tag{3-72}$$

其中

$$\frac{Bp_{\mathrm{c}}}{R_{\mathrm{m}}T_{\mathrm{c}}}=B^0+\omega B^1 \tag{3-73}$$

对于给定的气体，第二维里系数B仅是温度的函数，因此其B^0和B^1亦仅是T_{r}的函数。Pitzer等提出用下列两式求B^0和B^1。

$$B^0=0.083-\frac{0.422}{T_{\mathrm{r}}^{1.6}} \tag{3-74}$$

$$B^1=0.139-\frac{0.172}{T_{\mathrm{r}}^{4.2}} \tag{3-75}$$

普遍化的第二维里系数关系式只有在中、低压下才适用。将式（3-73）代入式（3-72），得

$$Z=1+B^0\frac{p_{\mathrm{r}}}{T_{\mathrm{r}}}+\omega B^1\frac{p_{\mathrm{r}}}{T_{\mathrm{r}}} \tag{3-76}$$

比较式（3-71）与式（3-72），得

$$Z^0=1+B^0\frac{p_{\mathrm{r}}}{T_{\mathrm{r}}} \tag{3-76a}$$

$$Z^1=B^1\frac{p_{\mathrm{r}}}{T_{\mathrm{r}}} \tag{3-76b}$$

这样，两种普遍化关联方法得到了统一。特别需要说明的是，两种普遍化方法对非极性和弱极性物质的计算精度很高，而对强极性物质和缔合物质则精度较低。

上述的普遍化第二维里系数关联式的适用范围位于图3-10中曲线以上的区域。该线是根据对比摩尔体积$v_{\mathrm{r}}\geqslant 2$绘制的。当对比温度$T_{\mathrm{r}}>4$时，对压力没有限制，但必须满足$v_{\mathrm{r}}\geqslant 2$。图3-10中曲线以下

的区域适用于普遍化压缩因子关联式。值得指出的是，普遍化维里系数法适用的区域也适用于普遍化压缩因子法，但由于普遍化维里系数法计算简单，且与普遍化压缩因子法得到的结果相差较小，因此，在两种普遍化关联都适用的情况下，通常采用普遍化维里系数关联法。图3-10中的虚线表示饱和线。

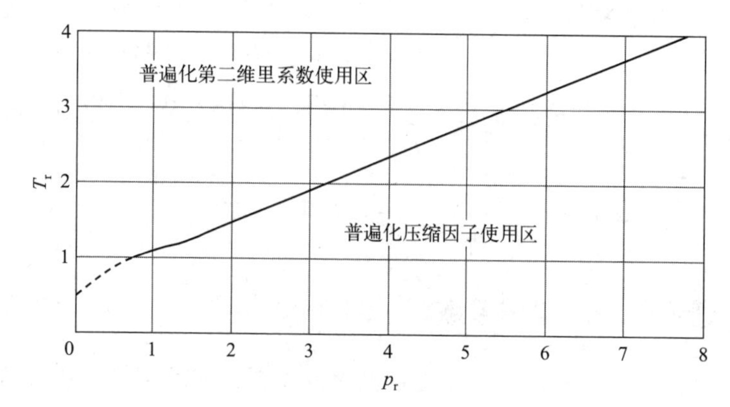

图3-10 普遍化第二维里系数法的使用区域（$T_r>1.2$，$v_r\geqslant 2$）

【例3-8】 例3-7用普遍化第二维里系数关联式计算。

解 由式（3-74）和式（3-75）得

$$B^0=0.083-\frac{0.422}{T_r^{1.6}}=0.083-\frac{0.422}{1.199^{1.6}}=-0.233$$

$$B^1=0.139-\frac{0.172}{T_r^{4.2}}=0.139-\frac{0.172}{1.199^{4.2}}=-0.059$$

由式（3-73）得 $$\frac{Bp_c}{R_mT_c}=B^0+\omega B^1=-0.233+0.193\times 0.059=-0.222$$

由式（3-72）得 $$Z=1+\frac{Bp_c}{R_mT_c}\left(\frac{p_r}{T_r}\right)=1-0.222\times\frac{0.658}{1.199}=0.878$$

$$V_m=\frac{ZR_mT}{p}=\frac{0.878\times 8.314\times 10^3\times 510}{2.5\times 10^6}=1.4891(\text{m}^3/\text{kg})$$

与实验值的偏差为 $$\frac{1.4891-1.4807}{1.4807}=0.567\%$$

3.5 均相流体的热力学性质

热力学性质之间存在着各种函数关系，这些函数关系是计算热力学性质的基础。在热力学第一定律与第二定律的基本性质关系式基础上，本节将介绍如何不能直接测得的焓和熵表达为可直接测得的p-V-T以及比热容数据的函数。

3.5.1 亥姆霍兹自由能和吉布斯自由焓

根据热力学第一定律和第二定律，对于定组成的均相封闭体系，热力学第一定律的微分表达式为

$$dU = TdS - pdV \quad (2\text{-}46)$$

根据焓的定义式$H \equiv U+pV$，热力学第一定律的微分表达式也可以写成

$$dH = TdS + Vdp \quad (2\text{-}47)$$

因为TdS=d$(TS)-SdT$，代入式（2-46），移项得d$(U-TS)=-SdT-pdV$。该式左边括号中U、T和S都是状态函数，所以$U-TS$必然也是状态函数。亥姆霍兹（Helmholt）将$U-TS$定义为自由能，亦称亥姆霍兹自由能，简称自由能，A表示，即$A \equiv U-TS$。因此

$$dA = -SdT - pdV \quad (3\text{-}77)$$

自由能是一个广度性质，具有能量单位。系统状态确定，则有确定的A值；系统状态变化，只要始终状态一定，ΔA为一定值。

同理，将TdS=d$(TS)-SdT$代入式（2-47），移项得d$(H-TS)=-SdT+Vdp$。显然，$H-TS$必然也是状态函数。吉布斯（Gibbs）将$H-TS$定义为自由焓，亦称吉布斯自由焓，简称自由焓，用G表示，即$G \equiv H-TS$。因此

$$dG = -SdT + Vdp \quad (3\text{-}78)$$

自由焓也是一个广度性质，具有能量单位。系统状态确定，则有确定的G值；系统状态变化，只要始终状态一定，ΔG为一定值。

除了p、V和T之外，热力学第一定律和第二定律共计定义了五个重要的热力学函数：内能U、焓H、熵S、自由能A和自由焓G。它们之间的关系可用图3-11示意。

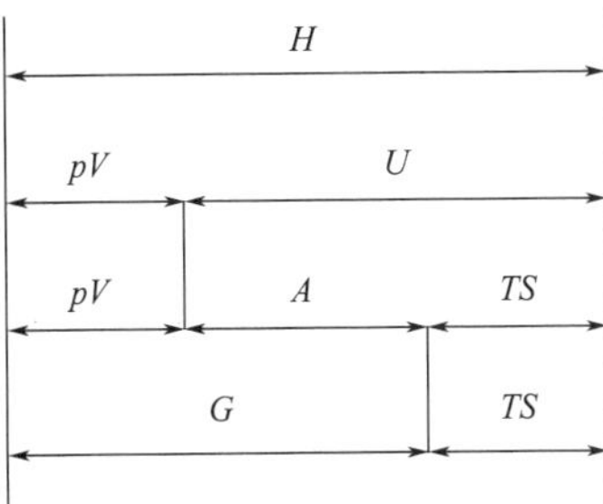

图 3-11 热力性质之间的关系

3.5.2 均相流体的热力学基本关系式

在推导均相流体的热力学基本关系式时，用到了数学中的“点函数”的概念，即从点集到实数集的映射。这样，就可以把一元函数、二元函数、三元函数……n元函数的概念都统一到点函数的概念，更利于对函数实质的理解。把实数x看作数轴上的一个点，把有序数组（x，y）看作平面上的一个点，把有序数组（x，y，z）看作空间一个点，把有序数组（x_1，x_2，…，x_n）看作n维空间里的一个点。热力系统中的状态函数就是点函数。

3.5.2.1 麦克斯韦尔关系式

根据相律，定组成均相流体有两个自由度。因此，定组成均相流体的热力性质是一个二元函数。假设，x，y，z都是点函数，可以将z表示为x，y的连续函数$z=f(x,y)$。根据微分原理，z的全微分为

$$dz = \left(\frac{\partial z}{\partial x}\right)_y dx + \left(\frac{\partial z}{\partial y}\right)_x dy \quad (3\text{-}79)$$

令$M = \left(\frac{\partial z}{\partial x}\right)_y$和$N = \left(\frac{\partial z}{\partial y}\right)_x$，则

$$dz = Mdx + Ndy \quad (3\text{-}79a)$$

根据式（3-79），U、H、A和G的全微分式可以写成

$$\mathrm{d}U=\left(\frac{\partial U}{\partial S}\right)_V\mathrm{d}S+\left(\frac{\partial U}{\partial V}\right)_S\mathrm{d}V \tag{3-80}$$

$$\mathrm{d}H=\left(\frac{\partial H}{\partial S}\right)_p\mathrm{d}S+\left(\frac{\partial H}{\partial p}\right)_S\mathrm{d}p \tag{3-81}$$

$$\mathrm{d}A=\left(\frac{\partial A}{\partial V}\right)_T\mathrm{d}V+\left(\frac{\partial A}{\partial S}\right)_V\mathrm{d}T \tag{3-82}$$

$$\mathrm{d}G=\left(\frac{\partial G}{\partial p}\right)_T\mathrm{d}p+\left(\frac{\partial G}{\partial T}\right)_p\mathrm{d}T \tag{3-83}$$

与式（2-46），式（2-47），式（3-77）和式（3-78）比较，封闭体系的T、p、V和S可以表达为

$$T=\left(\frac{\partial U}{\partial S}\right)_V=\left(\frac{\partial H}{\partial S}\right)_p \tag{3-84}$$

$$-p=\left(\frac{\partial U}{\partial V}\right)_S=\left(\frac{\partial A}{\partial V}\right)_T \tag{3-85}$$

$$V=\left(\frac{\partial H}{\partial p}\right)_S=\left(\frac{\partial G}{\partial p}\right)_T \tag{3-86}$$

$$-S=\left(\frac{\partial A}{\partial T}\right)_V=\left(\frac{\partial G}{\partial T}\right)_p \tag{3-87}$$

根据式（3-79a），若M和N也是x、y的连续函数，进一步求导数

$$\left(\frac{\partial M}{\partial y}\right)_x=\frac{\partial^2 z}{\partial x\partial y},\quad \left(\frac{\partial N}{\partial x}\right)_y=\frac{\partial^2 z}{\partial y\partial x}$$

由于混合二阶导数与导数顺序无关，所以M与N之间存在如下关系

$$\left(\frac{\partial M}{\partial y}\right)_x=\left(\frac{\partial N}{\partial x}\right)_y \tag{3-88}$$

上式称为全微分的条件（判据）。对于均相可压缩系统每个状态函数都满足这一条件。

当z不变（$\mathrm{d}z=0$）时，式（3-79）可以写成

$$\left(\frac{\partial z}{\partial x}\right)_y\mathrm{d}x+\left(\frac{\partial z}{\partial y}\right)_x\mathrm{d}y=0 \tag{3-89}$$

上式两边除以$\mathrm{d}y$后，移项整理可得

$$\left(\frac{\partial z}{\partial x}\right)_y\left(\frac{\partial x}{\partial y}\right)_z\left(\frac{\partial y}{\partial z}\right)_x=-1 \tag{3-90}$$

上式称为循环关系，利用它可以把一些变量转换成指定变量的函数。例如，p、V和T之间存在如下关系

$$\left(\frac{\partial p}{\partial V}\right)_T\left(\frac{\partial V}{\partial T}\right)_p\left(\frac{\partial T}{\partial p}\right)_V=-1 \tag{3-91}$$

通常，将由T、p和V之间偏导数构成的系数赋予一定的物理意义，称为热系数。

定义
$$\beta=\frac{1}{V}\left(\frac{\partial V}{\partial T}\right)_p \tag{3-92}$$

称为体积膨胀系数，表示物质在定压下体积随温度的变化率，单位是K^{-1}。

定义
$$\kappa=-\frac{1}{V}\left(\frac{\partial V}{\partial p}\right)_T \tag{3-93}$$

称为等温压缩系数，表示物质在定温下体积随压力的变化率，单位是Pa^{-1}。

定义
$$\alpha=\frac{1}{p}\left(\frac{\partial p}{\partial T}\right)_V \tag{3-94}$$

称为压力温度系数，表示物质在定容下压力随温度的变化率，单位是K^{-1}。

由于U、H、A和G都是状态函数，则根据式（3-88），由式（2-46），式（2-47），式（3-77）和式（3-78）可以得到一组偏微分方程。

例题：三个热系数之间的关系

$$\left(\frac{\partial T}{\partial V}\right)_S=-\left(\frac{\partial p}{\partial S}\right)_V \tag{3-95}$$

$$\left(\frac{\partial T}{\partial p}\right)_S=\left(\frac{\partial V}{\partial S}\right)_p \tag{3-96}$$

$$\left(\frac{\partial p}{\partial T}\right)_V=\left(\frac{\partial S}{\partial V}\right)_T \tag{3-97}$$

$$\left(\frac{\partial V}{\partial T}\right)_p=-\left(\frac{\partial S}{\partial p}\right)_T \tag{3-98}$$

这组方程通称为麦克斯韦尔（Maxwell）关系式。

麦克斯韦尔关系式是推导其他一些热力性质的基础。式（3-97）和式（3-98）最为有用，因为它们的左边全部由p、V和T构成；而式（3-95）和式（3-96）的左边包含了等熵的条件，在实际中难以实现。

3.5.2.2 克劳修斯－克拉贝隆方程

克劳修斯－克拉贝隆方程

根据相律，纯物质在两相共存时只有一个自由度。因此，纯物质在相变时压力可以表达成温度的函数，而与比体积无关。将麦克斯韦尔关系式［式（3-97）］用于纯物质的相变过程，方程左侧的偏导数$(\partial p/\partial T)_V$可以变成全导数$(\mathrm{d}p/\mathrm{d}T)^{\mathrm{sat}}$（上标sat代表饱和）。$(\mathrm{d}p/\mathrm{d}T)^{\mathrm{sat}}$即为纯物质的$p$-$T$相图上汽化线、升华线或者熔化线的斜率。

在一定温度和压力下，假设一个纯物质系统有α和β两个相共存。如果有1mol物质由α相转移至β相，则式（3-97）可以写成

$$\left(\frac{\mathrm{d}p}{\mathrm{d}T}\right)^{\mathrm{sat}}=\frac{S_{\mathrm{m}}^{\beta}-S_{\mathrm{m}}^{\alpha}}{V_{\mathrm{m}}^{\beta}-V_{\mathrm{m}}^{\alpha}}=\frac{\Delta S_{\mathrm{m}}}{\Delta V_{\mathrm{m}}} \tag{3-99}$$

式中，ΔS_{m}为相变时摩尔熵的变化，称为相变熵；ΔV_{m}为相变时摩尔体积的变化。

由于纯物质在一定温度下相变时压力也不变，热力学第一定律的微分表达式（2-47）变成$\Delta H_{\mathrm{m}}=T\Delta S_{\mathrm{m}}$，其中$\Delta H_{\mathrm{m}}$为相变时摩尔焓的变化，称为相变焓。将其代入式（3-99），得

$$\left(\frac{\mathrm{d}p}{\mathrm{d}T}\right)^{\mathrm{sat}}=\frac{\Delta H_{\mathrm{m}}}{T\Delta V_{\mathrm{m}}} \tag{3-100}$$

上式称为克拉贝隆（Clapeyron）方程，在推导上式的过程中没有引入任何假设。

克拉贝隆方程是一个精确的热力学关系式，它定量地表达了两相平衡时温度与压力的依赖关系，因此对于纯组分的任何两相平衡（如汽化、升华、熔化和晶型转变等）都适用。对于蒸发及升华过程，式（3-100）中的p是指饱和蒸气压；对于熔化与晶型转变过程，p是指平衡外压。

当式（3-100）用于汽化或升华时，若假设气相是理想气体，忽略液相或固相体积，并假设ΔH_m不随温度变化，从状态$1(T_1, p_1)$积分到状态$2(T_2, p_2)$，得

$$\ln\frac{p_2}{p_1} = -\frac{\Delta H_m}{R_m}\left(\frac{1}{T_2}-\frac{1}{T_1}\right) \tag{3-101}$$

上式称为克劳修斯-克拉贝隆（Clausius-Clapeyron）方程，用于预测饱和蒸气压随温度的变化。

基于相同的假设，对式（3-100）不定积分，得

$$\ln p^{sat} = -\frac{\Delta H_m}{R_m T} + A \tag{3-102}$$

式中，A为积分常数。若假定$B=\Delta H_m/R_m$，式（3-102）变成

$$\ln p^{sat} = A - \frac{B}{T} \tag{3-102a}$$

工程上广泛使用的计算纯液体饱和蒸气压的方程就是对上式进行简单修正得到的，即

$$\ln p^{sat} = A - \frac{B}{T+C} \tag{3-103}$$

上式称为安托因（Antoine）方程。式中，A，B和C称为安托因常数，是物质的固有常数，由实验数据拟合得到。

【例3-9】 水的沸腾温度为98℃，当地的气压应是多少？已知水的汽化热为40.67×10^3J/mol。

解 水在101.325kPa下的沸点是100℃；通用气体常数R_m=8.314J/(mol·K)。

将数值代入式（3-101）计算

$$\ln\frac{p_2}{101.325} = -\frac{40.67\times10^3}{8.314}\times\left(\frac{1}{371}-\frac{1}{373}\right)$$

解得p_2=94.4kPa。

3.5.2.3 均相流体的熵、内能和焓

（1）熵S的计算　可以将其表达为(T, p)，(T, V)或(p, V)的函数。如果S是(T, p)的函数，即$S=S(T, p)$，其全微分为

$$\mathrm{d}S = \left(\frac{\partial S}{\partial T}\right)_p \mathrm{d}T + \left(\frac{\partial S}{\partial p}\right)_T \mathrm{d}p \tag{3-104}$$

由式（2-47）得　$\left(\frac{\partial H}{\partial T}\right)_p = T\left(\frac{\partial S}{\partial T}\right)_p = C_p$

将上式代入式（3-104），结合麦克斯韦尔关系式（3-98），得

$$dS = \frac{C_p}{T}dT - \left(\frac{\partial V}{\partial T}\right)_p dp \tag{3-105}$$

如果S是(T, V)的函数，即$S=S(T, V)$，其全微分为

$$dS = \left(\frac{\partial S}{\partial T}\right)_V dT + \left(\frac{\partial S}{\partial V}\right)_T dV \tag{3-106}$$

由式（2-46）得 $\left(\frac{\partial U}{\partial T}\right)_V = T\left(\frac{\partial S}{\partial T}\right)_V = C_V$

将上式代入式（3-106），结合麦克斯韦尔关系式（3-97），得

$$dS = \frac{C_V}{T}dT + \left(\frac{\partial p}{\partial T}\right)_V dV \tag{3-107}$$

类似地，如果S是(p, V)的函数，即$S=S(p, V)$，可得

$$dS = \frac{C_V}{T}\left(\frac{\partial T}{\partial p}\right)_V dp + \frac{C_p}{T}\left(\frac{\partial T}{\partial V}\right)_T dV \tag{3-108}$$

式（3-105）、式（3-107）和式（3-108）即为定组成均相流体的熵与p、V和T的关系式。

对于理想气体，其p-V-T行为服从理想气体状态方程，式（3-105）、式（3-107）和式（3-108）可以复原成式（3-41）～式（3-43）。

（2）焓H的计算　可以将其表达为(T, p),(T, V)或(p, V)的函数。如果H是(T, p)的函数，即$H=H(T, p)$，其全微分为

$$dH = \left(\frac{\partial H}{\partial T}\right)_p dT + \left(\frac{\partial H}{\partial p}\right)_T dp \tag{3-109}$$

上式右边$(\partial H/\partial T)_p = C_p$，即

$$dH = C_p dT + \left(\frac{\partial H}{\partial p}\right)_T dp \tag{3-109a}$$

由式（2-47）得

$$\left(\frac{\partial H}{\partial p}\right)_T = T\left(\frac{\partial S}{\partial p}\right)_T + V$$

上式右边的导数项与麦克斯韦尔关系式（3-98）结合，得

$$\left(\frac{\partial H}{\partial p}\right)_T = V - T\left(\frac{\partial V}{\partial T}\right)_p \tag{3-110}$$

将上式代入式（3-109a），得

$$dH = C_p dT + \left[V - T\left(\frac{\partial V}{\partial T}\right)_p\right]dp \tag{3-111}$$

类似地，如果$H=H(T, V)$或者$H=H(p, V)$，可得

$$dH = \left[C_V - V\left(\frac{\partial p}{\partial T}\right)_V\right]dT + \left[T\left(\frac{\partial p}{\partial T}\right)_V + V\left(\frac{\partial p}{\partial V}\right)_T\right]dV \tag{3-112}$$

$$dH = \left[V - C_V\left(\frac{\partial T}{\partial p}\right)_V\right]dp + C_p\left(\frac{\partial T}{\partial V}\right)_p dV \tag{3-113}$$

式（3-110）表示等温下焓随压力的变化。将理想气体状态方程代入该式，可以得到

$$\left(\frac{\partial H^{\mathrm{ig}}}{\partial p}\right)_T=\frac{nRT}{p}-T\frac{nR}{p}=0 \tag{3-114}$$

式中，上标ig (ideal gas)表示理想气体。

由式（2-47）并结合麦克斯韦尔关系式（3-97）可得

$$\left(\frac{\partial H}{\partial V}\right)_T=T\left(\frac{\partial p}{\partial T}\right)_V+V\left(\frac{\partial p}{\partial V}\right)_T \tag{3-115}$$

上式表示等温下焓随体积的变化。将理想气体状态方程代入该式，可以得到

$$\left(\frac{\partial H^{\mathrm{ig}}}{\partial V}\right)_T=T\frac{nR}{V}+V\left(-\frac{nRT}{V^2}\right)=0 \tag{3-116}$$

式（3-114）与式（3-116）表明，理想气体的焓仅是温度的函数。

（3）内能U的计算　也可以将其表达为(T, p)，(T, V)或(p, V)的函数。如果$U=U(T, p)$，$U=U(T, V)$或者$U=U(p, V)$，可以得到

$$\mathrm{d}U=\left[C_p-p\left(\frac{\partial V}{\partial T}\right)_p\right]\mathrm{d}T-\left[p\left(\frac{\partial V}{\partial p}\right)_T+T\left(\frac{\partial V}{\partial T}\right)_p\right]\mathrm{d}p \tag{3-117}$$

$$\mathrm{d}U=C_V\mathrm{d}T-\left[p-T\left(\frac{\partial p}{\partial T}\right)_V\right]\mathrm{d}V \tag{3-118}$$

$$\mathrm{d}U=C_V\left(\frac{\partial T}{\partial p}\right)_V\mathrm{d}p+\left[C_p\left(\frac{\partial T}{\partial V}\right)_p-p\right]\mathrm{d}V \tag{3-119}$$

由式（2-46）和麦克斯韦尔关系式（3-97）和式（3-98）也可以得出，理想气体的内能亦仅是温度的函数。

这样，均相流体的熵、内能和焓全都表达为p、V和T的函数。只要通过实验测得p、V和T数据及其变化关系，就可以得到熵、内能和焓的变化。

【例3-10】 设气体符合范德华状态方程$p=\dfrac{RT}{v-b}-\dfrac{a}{v^2}$，试推导气体等温过程的$(u_2-u_1)_T$、$(h_2-h_1)_T$和$(s_2-s_1)_T$。

解 根据式（3-118）可得，$\mathrm{d}u=c_v\mathrm{d}T-\left[p-T\left(\dfrac{\partial p}{\partial T}\right)_v\right]\mathrm{d}v$　（a）

对范德华方程求导，得 $\left(\dfrac{\partial p}{\partial T}\right)_v=\dfrac{R}{v-b}$

$$-\left[p-T\left(\frac{\partial p}{\partial T}\right)_v\right]=-\left[\frac{RT}{v-b}-\frac{a}{v^2}-T\left(\frac{R}{v-b}\right)\right]=\frac{a}{v^2}$$

代入式（a），在等温下，有 $\mathrm{d}u=\dfrac{a}{v^2}\mathrm{d}v$

积分，得 $$\int_{u_1}^{u_2} \mathrm{d}u = \int_{v_1}^{v_2} \frac{a}{v^2} \mathrm{d}v$$

$$(u_2 - u_1)_T = \frac{a}{v_1} - \frac{a}{v_2}$$

根据焓的定义 $$(h_2 - h_1)_T = (u_2 - u_1)_T + p_2 v_2 - p_1 v_1 = \left(p_2 v_2 - \frac{a}{v_2}\right) - \left(p_1 v_1 - \frac{a}{v_1}\right)$$

根据式（3-107），有 $$\mathrm{d}s = \frac{c_V}{T}\mathrm{d}T + \left(\frac{\partial p}{\partial T}\right)_V \mathrm{d}v$$

在等温下，得 $\mathrm{d}s = \dfrac{R}{v-b}\mathrm{d}v$。

积分，得 $$(s_2 - s_1)_T = R\ln\frac{v_2 - b}{v_1 - b}$$

3.6 混合规则和真实气体混合物

在实际过程中，经常会遇到真实气体混合物，例如合成氨工艺和有机合成工艺中的物系，以及石油炼制与石油化工中的多组分气体混合物。真实气体混合物的非理想性主要由两方面的原因所导致：一是纯组分气体本身的非理想性，二是由于气体混合引起的非理想性，亦即混合效应。目前，混合物的p、V和T实验数据仍然缺乏。因此，必须从纯物质的数据来预测混合物的p、V和T数据和其他热力性质。

对于气体混合物的处理方法是将其看作纯气体，通常采用虚拟的混合物参数。因此，需要混合规则将混合物参数表达成纯物质参数的函数。然后，将混合物参数代入状态方程得到混合物的p-V-T关系，从而得到混合物的热力性质。只有选择适宜的混合规则得到合适的虚拟混合物参数，才能保证混合物的计算精度。

3.6.1 混合规则

混合规则指虚拟混合物参数M_{mix}与构成混合物的各纯组分参数M_i和组成z_i的关联式，即

$$M_{\mathrm{mix}} = f(M_i, z_i) \tag{3-120}$$

Kay于20世纪30年代提出了Kay规则，即线性加权平均，是最简单的混合规则，即

$$M_{\mathrm{mix}} = \sum_i z_i M_i \tag{3-121}$$

例如，气体混合物中组分i的临界压力、临界温度和摩尔分数分别为$p_{\mathrm{c}i}$、$T_{\mathrm{c}i}$和y_i，则混合物的虚拟临界压力和虚拟临界温度即为

$$p_{\mathrm{c,mix}} = \sum_i y_i p_{\mathrm{c}i} \tag{3-122}$$

$$T_{\mathrm{c,mix}} = \sum_i y_i T_{\mathrm{c}i} \tag{3-123}$$

按上式求得虚拟临界参数后，混合物即可视为纯组分进行计算。需要指出，混合物的虚拟临界参数只是数学上简单的加权平均，并不像纯物质临界参数那样具有确切的物理意义。经验表明，用虚拟临界参数计算真实气体混合物的热力性质简便易行，计算精度满足工程需要，因而获得了广泛应用。在计算

$T_{c,mix}$时，要求所有组分临界温度的比值均在0.5～2范围内，所计算的偏差小于2%。在计算$p_{c,mix}$时，则要求所有组分的临界压力、临界摩尔体积相近，否则计算误差较大。

尽管混合规则种类繁多、函数关系配合各异，但还是可以总结出一定规律的。通常，与组分i和组分j体积V有关的相互作用混合参数Y_{ij}形式为

$$Y_{ij}^{1/3}=\frac{Y_i^{1/3}+Y_j^{1/3}}{2} \tag{3-124}$$

式中，Y与V成比例。若Y与分子直径的立方σ^3成比例，则相互作用分子直径σ_{ij}等于组分i和组分j分子直径的算术平均，即

$$\sigma_{ij}=\frac{\sigma_i+\sigma_j}{2} \tag{3-125}$$

如果参数W_{ij}与分子的相互作用力成比例，其可近似表达为

$$W_{ij}=(W_iW_j)^{0.5} \tag{3-126}$$

由于相互作用力通常与温度有关，所以上式常用于计算组分i和组分j的混合临界温度的混合规则。

还有一种常用的二次加权平均的混合规则，即

$$Q_{\text{mix}}=\sum_i\sum_j z_iz_jQ_{ij} \tag{3-127}$$

式中，相同下标ii和jj代表纯组分i和组分j的参数。

这种混合规则通常用于立方型状态方程的混合引力参数a_{ij}和混合第二维里系数B_{ij}。

需要特别指出，上述介绍的混合规则都是经验的，并没有明确的物理意义。对于一个给定的参数，用什么混合规则仍然依据经验。例如，Prausnitz推荐的虚拟临界参数和混合偏心因子为

$$T_{cij}=\left(T_{ci}T_{cj}\right)^{1/2}\left(1-k_{ij}\right) \tag{3-128}$$

$$V_{cij}=\left(\frac{V_{ci}^{\ 1/3}+V_{cj}^{1/3}}{2}\right)^3 \tag{3-129}$$

$$Z_{cij}=\frac{Z_{ci}+Z_{cj}}{2} \tag{3-130}$$

$$p_{cij}=\frac{Z_{cij}RT_{cij}}{V_{cij}} \tag{3-131}$$

$$\omega_{ij}=\frac{\omega_i+\omega_j}{2} \tag{3-132}$$

式中，k_{ij}是二元相互作用参数。

3.6.2 真实气体混合物的状态方程

由于气体混合物是由大小、形状各异的分子构成，分子间的相互作用力也

不同。因此，状态方程应用于气体混合物时，必须先求得混合物的参数，这就需要知道这些参数与组成之间的关系，即混合规则。目前，工程上常用的状态方程是立方型状态方程和舍项的第二维里系数方程。根据经验，对于特定的状态方程一般都有特定配套的混合规则。尽管现有的混合规则都是经验或半经验的，但在使用时注意其配套关系，计算精度能够满足要求。

工程上常用的立方型状态方程是R-K方程，S-R-K方程和P-R方程，它们的共同特点是都只有两个方程参数。当这些方程用于混合物时，混合参数a_{mix}和b_{mix}按以下混合规则计算

$$a_{mix}=\sum_i\sum_j(y_iy_ja_{ij}) \tag{3-133}$$

$$b_{mix}=\sum_i y_ib_i \tag{3-134}$$

式中，下标i、j代表二元混合物中的任一组分；y_i为混合物中任一组分的摩尔分数。当$i=j$时，a_{ij}代表纯组分的参数；当$i\neq j$时，a_{ij}代表混合物的参数，称之为交叉项参数，而且$a_{ij}=a_{ji}$；加和符号中考虑了所有可能的双分子之间的作用；b_i为纯组分的参数，而且b没有交叉项。

对于一个二元混合物体系来说，式（3-133）和式（3-134）可以写成

$$a_{mix}=y_1^2a_{11}+2y_1y_2a_{12}+y_2^2a_{22} \tag{3-133a}$$

$$b_{mix}=y_1b_1+y_2b_2 \tag{3-134a}$$

以R-K方程用于二元混合物体系为例，a_{mix}和b_{mix}中各项按下列计算。对于纯组分1和2

$$a_{11}=\frac{0.42748R_m^2T_{c1}^{2.5}}{p_{c1}},\quad a_{22}=\frac{0.42748R_m^2T_{c2}^{2.5}}{p_{c2}}$$

$$b_1=\frac{0.08664R_mT_{c1}}{p_{c1}},\quad b_2=\frac{0.08664R_mT_{c2}}{p_{c2}}$$

对于混合物12（或21）

$$a_{12}=\frac{0.42748R_m^2T_{c12}^{2.5}}{p_{c12}}$$

其中

$$T_{c12}=\sqrt{T_{c1}T_{c2}}(1-k_{12})$$

$$V_{c12}=\left(\frac{\sqrt[3]{V_{c1}}+\sqrt[3]{V_{c2}}}{2}\right)^3$$

$$Z_{c12}=\frac{Z_{c1}+Z_{c2}}{2}$$

$$\omega_{ij}=\frac{\omega_i+\omega_j}{2}$$

$$p_{c12}=\frac{Z_{c12}RT_{c12}}{V_{c12}}$$

式中，k_{12}是组分1和组分2的二元相互作用参数。

得到a_{mix}和b_{mix}后，在已知的压力和温度下可以求出混合物的压缩因子，进而求得混合物的摩尔体积。这里只是将R-K方程作为示例，其他立方型状态方程也可以按照类似的方法用于真实气体混合物的p-V-T计算。

将第二维里系数方程用于气体混合物的计算时，也需要首先求得混合第二维里系数B_{mix}。如前所述，第二维里系数反映了两个分子之间的相互作用。对于混合物而言，必然存在不同类型两种分子的相互作

用，即混合第二维里系数中存在交叉项。因此，B_{mix}的混合规则采用二次加权平均

$$B_{mix}=\sum_i\sum_j(y_iy_jB_{ij}) \tag{3-135}$$

式中，下标i、j以及y等的意义与式（3-133）相同。

普劳斯尼兹（Prausnitz）将Pitzer等提出的式（3-73）推广到混合物，改写成

$$\frac{B_{ij}p_{cij}}{RT_{cij}}=B^0+\omega_{ij}B^1 \tag{3-136}$$

式中，B^0与B^1可由式（3-74）和式（3-75）求得。其中，交叉项采用普劳斯尼兹提出的混合规则求出T_{cij}和p_{cij}，对比温度T_{rij}和对比压力p_{rij}分别由下式计算

$$T_{rij}=\frac{T}{T_{cij}}，\ p_{rij}=\frac{p}{p_{cij}}$$

对于一个二元混合物体系来说，B_{mix}的表达式为

$$B_{mix}=y_1^2B_{11}+2y_1y_2B_{12}+y_2^2B_{22} \tag{3-135a}$$

式中，B_{11}和B_{22}为纯组分的系数，它们仅是温度的函数；B_{12}为交叉系数，并且B_{12}=B_{21}。B_{12}由下式求出

$$\frac{B_{12}p_{c12}}{R_mT_{c12}}=B^0+\omega_{12}B^1 \tag{3-135b}$$

计算出B_{11}、B_{22}和B_{12}后，即可按式（3-135a）求出混合第二维里系数B_{mix}。然后，可以得到求出混合物的压缩因子

$$Z_{mix}\approx 1+\frac{B_{mix}p}{R_mT} \tag{3-135c}$$

例题：混合规则的应用

在中、低压下，一般将维里方程截至第二项即能满足工程计算的精度要求。

3.7 水蒸气和湿空气

3.7.1 水蒸气

水蒸气是热机中最早广泛应用的工质。由于水蒸气具有适宜的热力性质，以及无污染和廉价易得等优点，至今仍是热力系统中主要应用的工质。本节主要介绍水和水蒸气热力性质，以及水蒸气图表的结构和应用。工程上所用的水蒸气通常是水定压汽化而产生的，现介绍定压汽化过程。

假设1kg纯水是在气缸中进行定压加热，如图3-12所示。当水温低于对应压力下的饱和温度T_s时，水处于未饱和状态，称为未饱和水或过冷水，如图3-12（a）所示。当水温达到T_s时，水开始沸腾，称为饱和水，如图3-12（b）所示。若继续加热则水温保持T_s不变，而水却不断汽化为水蒸气，气缸内为

气-液共存状态，如图3-12（c）所示。随着加热过程的进行，水量逐渐减少而汽量逐渐增多，直至水全部汽化为蒸汽，此时温度仍然保持T_s不变，蒸汽称为饱和蒸汽，如图3-12（d）所示。若再继续加热，蒸汽温度升高、体积增大，此时的蒸汽称为过热蒸汽，如图3-12（e）所示。通常，图3-12（a）～（b）称为预热段，图3-12（b）～（d）称为汽化段，图3-12（d）～（e）称为过热段。过热蒸汽的温度超过饱和温度之值，称为过热度。

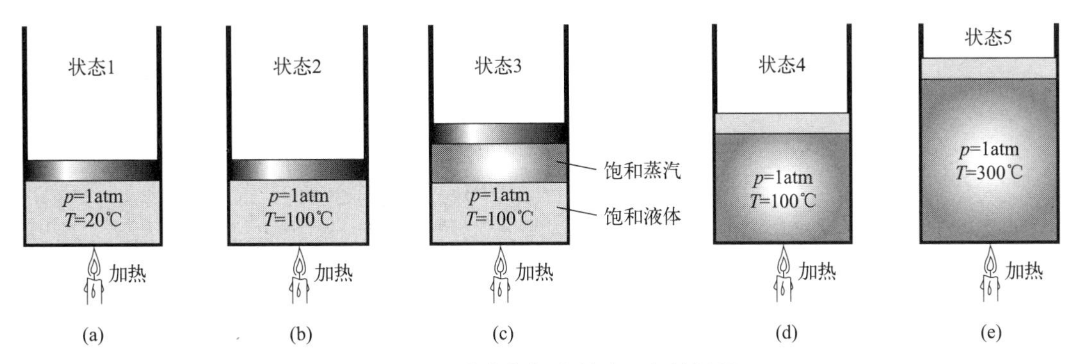

图 3-12 水在气缸中的定压加热过程

将图3-12（a）～（e）的各点$abcd$绘于p-v图上，如图3-13所示；绘于T-s图上，如图3-14所示。升高压力，重复上述过程，可得到$a'b'd'e'$，$a''b''d''e''$，…。

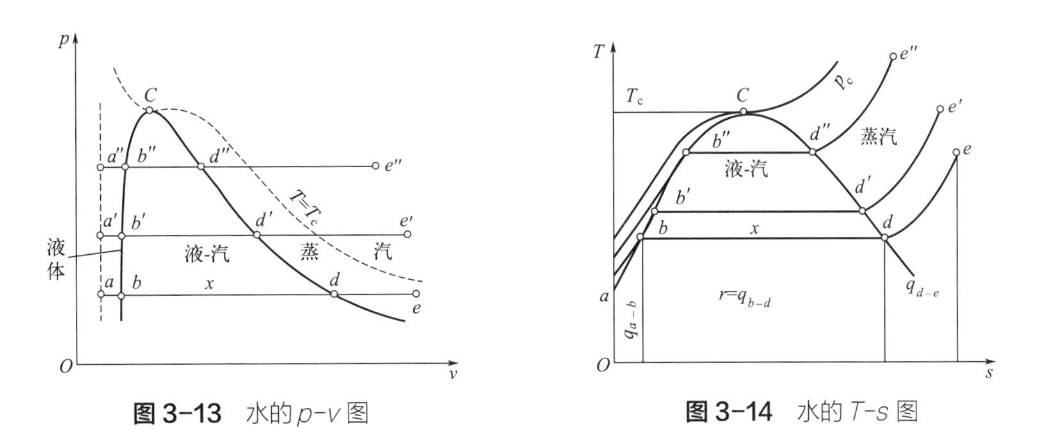

图 3-13 水的p-v图　　**图 3-14** 水的T-s图

由图3-13和图3-14可知，随着压力升高，汽化过程缩短，饱和水与饱和蒸汽参数差别变小，汽化热也变小，直至临界点时，两者的差别消失。

气-液共存区实质上是饱和液体和饱和蒸汽的混合物。通常，将含有一定量液体的蒸汽称为湿蒸汽，不含液体的蒸汽称为干蒸汽。湿蒸汽中的蒸汽也是饱和蒸汽；而干蒸汽可以是饱和蒸汽，也可以是过热蒸汽。

湿蒸汽的品质常用湿蒸汽的干度x来表达

$$x=\frac{m_v}{m_v+m_l} \tag{3-137}$$

式中，m_v为湿蒸汽中所含干饱和蒸汽的质量；m_l为湿蒸汽中所含饱和液体的质量。饱和液体的干度x=0，饱和蒸汽的干度x=1，湿蒸汽的干度x介于0～1之间。这样，湿蒸汽的性质就是饱和液体和饱和蒸汽性质的加权平均，即

$$v_x=(1-x)v'+xv'' \tag{3-138}$$

$$u_x=(1-x)u'+xu'' \tag{3-139}$$

$$h_x = (1-x)h' + xh'' = h' + x(h'' - h') = h' + xr \tag{3-140}$$

$$s_x = (1-x)s' + xs'' = s' + x(s'' - s') = s' + x\frac{r}{T_s} \tag{3-141}$$

式中，下标x代表湿蒸汽；上标 ' 代表饱和液体；上标 " 代表干饱和蒸汽；r为饱和温度T_s、饱和压力p_s下的汽化潜热。

过冷液体、饱和液体、饱和蒸汽和过热蒸汽的热力性质可用实验或分析的方法求得，并列成数据表或作成图以供工程计算使用。附表13、14是饱和水与饱和蒸汽表，附表15是过冷水和过热蒸汽表，其他纯物质的数据可查阅有关手册。

在计算时，通常仅需计算内能差、焓差和熵差等，故在列表或作图时，可规定一任意基准点。若基准点不同，则表或图中的数据就不同。所以，在应用这些表或图时，必须注意这一点。

关于水和水蒸气参数，1963年第六届国际水蒸气会议决定，选取水的三相点（273.16 K）作为基准点，规定此状态下液相水的内能和熵为零，即在$T_0=T_{tp}=0.01$℃和$p_0=p_{tp}=0.6112$kPa状态下时

$$u_0' = 0\,,\quad s_0' = 0$$

此时 $v_0' = 0.00100022\text{m}^3/\text{kg}\,,\quad h_0' = u_0' + p_0 v_0' = 0.0006112\text{kJ/kg} \approx 0$

由于液体的可压缩性很小，比体积变化很小，所以，未饱和液体的u、h和s值近似于其同温下饱和液体的u'、h'和s'值。

除数据表外，工程计算中常用各种热力图。前面已介绍了p-v图和T-s图，它们常被用于热力循环分析。而在数值计算中，常用h-s图或lg p-h图，其结构分别如图3-15和图3-16所示。

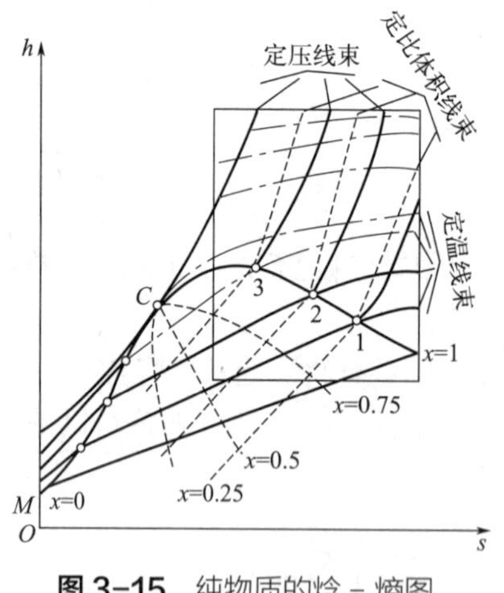

图3-15 纯物质的焓－熵图

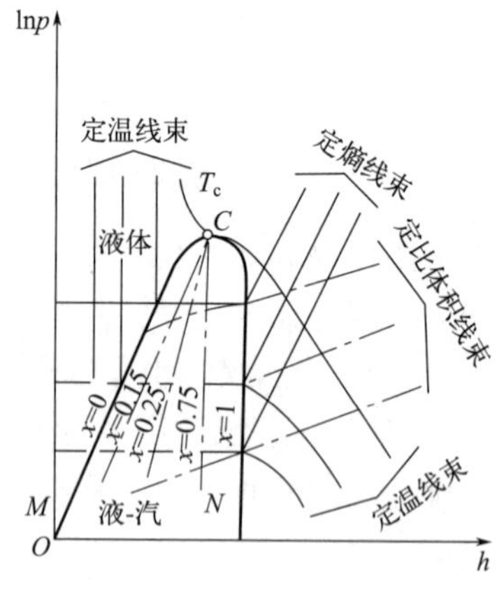

图3-16 纯物质的压－焓图

图中C为临界点，粗线为界限曲线，CM为饱和液体线，CN为干饱和蒸汽线，图中有定压线束、定容线束、定温线束和定干度线束。附图3是水蒸气的h-s图，附图4是氨的p-h图。附图5是制冷剂r134a的p-h图。

那么，水蒸气是理想气体吗？这个问题不能用简单的是或否来回答，应该视情况而定。图3-17为水蒸气的T-v图。图中等压线上的数值是水蒸气真实的

摩尔体积与其假想为理想气体的摩尔体积的相对误差 [($v_{真实}-v_{理想}$) $/v_{真实}$ ×100]。如果将该误差小于1%作为判据，显然阴影部分可视为理想气体。从图中可以看出，当压力低于10kPa时，无论温度如何，都可以将水蒸气视为理想气体，因为误差小于0.1%，可以忽略不计。当压力在1.0MPa附近时，如果将误差判据放宽至5%左右时，低过热度的过热水蒸气也可以视为理想气体。然而，在更高的压力下，理想气体假设会产生不可接受的误差，特别是在临界点和饱和蒸汽线附近误差超过100%。在空调应用中，由于水蒸气的压力很低，空气中的水蒸气可以作为理想气体处理，基本上没有误差。然而，在蒸汽发电厂的应用中，所涉及的压力通常非常高，因此，水蒸气不宜作理想气体处理。

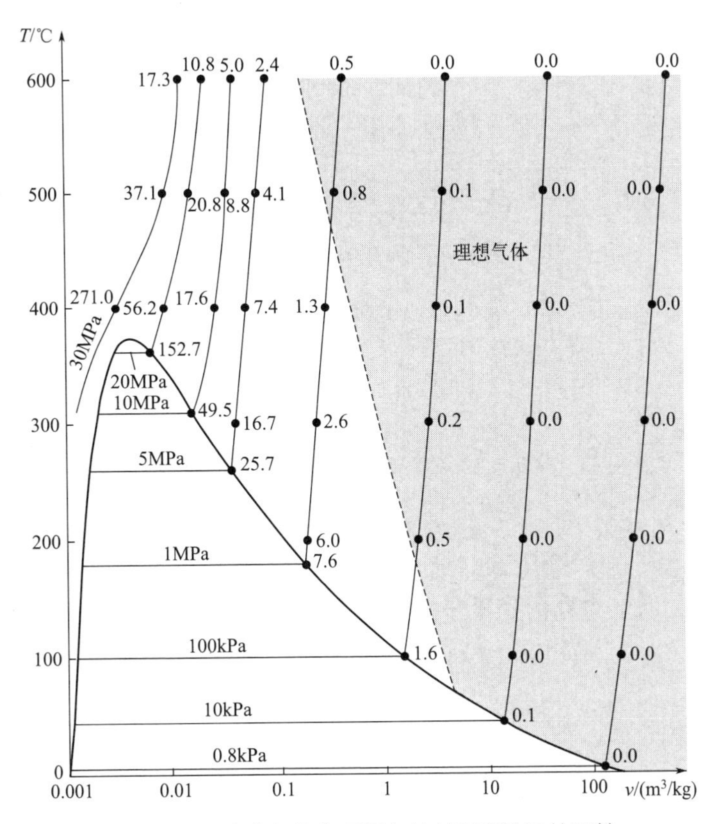

图 3-17 水蒸气作为理想气体处理所涉及的误差

虽然不同物质蒸气的热力性质是不相同的，但其热力性质的变化规律是类似的。本节对水蒸气热力性质的讨论具有普遍意义，对其他物质蒸气也适用。

【例 3-11】 查附表确定下列各点水或水蒸气的状态及其 u，h，s 值：

① p=1MPa，T=150℃；

② p=0.5MPa，v=0.0011m³/kg；

③ p=0.03MPa，x=0.8；

④ T=200℃，v=0.12714m³/kg；

⑤ p=0.5MPa，v=0.425m³/kg。

解 ①查附表13得 T=150℃时饱和蒸气压 p_s=0.476MPa。由于 $p>p_s$，故该状态为未饱和水或过冷水。也可由附表14查得与 p=1MPa对应的饱和温度 T_s=179.88℃。由于 $T<T_s$，故为未饱和水或过冷水。查附表15得 v=0.0010904m³/kg，h=632.5kJ/kg，s=1.8410kJ/(kg·K)。

$$u=h-pv=632.5-1\times10^3\times0.0010904=631.41(\text{kJ/kg})$$

② 查附表14得p=0.5MPa时$v'=0.0010928\text{m}^3/\text{kg}\approx v$，故该状态为饱和水。$h=h'=640.12\text{kJ/kg}$，$s=s'=1.8604\text{kJ/(kg·K)}$

$$u=h-pv=640.12-0.5\times10^3\times0.0011=639.57(\text{kJ/kg})$$

③ 因$0<x<1$，故该状态为湿蒸汽，查附表14得

$$v'=0.0010223\text{m}^3/\text{kg}\ ,\quad v''=5.229\text{m}^3/\text{kg}$$

$$h'=289.30\text{kJ/kg}\ ,\quad h''=2625.4\text{kJ/kg}$$

$$s'=0.9441\text{kJ/(kg·K)}\ ,\quad s''=7.7695\text{kJ/(kg·K)}$$

$$v_x=v'+x(v''-v')=0.0010223+0.8\times(5.229-0.0010223)=4.183(\text{m}^3/\text{kg})$$

$$h_x=h'+x(h''-h')=289.30+0.8\times(2625.4-289.30)=2158.18(\text{kJ/kg})$$

$$u_x=h_x-pv_x=2158.18-0.03\times10^3\times4.183=2032.69(\text{kJ/kg})$$

$$s_x=s'+x(s''-s')=0.9441+0.8\times(7.7695-0.9441)=6.4044[\text{kJ/(kg·K)}]$$

④ 查附表13得T=200℃时，$v''=0.1272\text{m}^3/\text{kg}\approx v$，故该状态为干饱和蒸汽。由表查得

$$h=h''=2790.9\text{kJ/kg}\ ,\quad p_\text{s}=1.5549\text{MPa}$$

$$u=h-p_\text{s}v=2790.9-1.5549\times10^3\times0.1272=2593.1(\text{kJ/kg})\ ,$$

$$s=s''=6.4278\text{kJ/(kg·K)}$$

⑤ 查附表14得$p=0.5\text{MPa}$时，$v''=0.3747\text{m}^3/\text{kg}<v$，故该状态为过热蒸汽。由附表15查得

$$h=2855.1\text{kJ/kg}\ ,\quad u=h-pv=2855.1-0.5\times10^3\times0.425=2642.6(\text{kJ/kg})$$

$$s=7.0592\text{kJ/(kg·K)}\ ,\quad t=200℃$$

3.7.2 湿空气

湿空气

自然水体中的水要蒸发汽化，因此大气中总是含有一定量水蒸气。含有水蒸气的空气称为湿空气，不含水蒸气的空气称为干空气。因此，湿空气就是干空气与水蒸气的混合物。干空气的成分和组成是一定的，可以当作纯气体处理。一般说来，空气中的水蒸气含量较小，可以近似作为干空气计算。当湿空气作为热风干燥、采暖通风、室内调湿等过程的工作介质或研究对象时，其中的水蒸气含量需要特别关注。因此，研究湿空气的热力性质十分必要。

在压力较低时，湿空气中的干空气和水蒸气均可按理想气体处理。这样，湿空气就是一种理想气体的混合物，但是其中的水蒸气在适当条件下会发生相变。因此，描述湿空气的性质，除了压力、温度、比体积和焓等常用性质外，还需引入湿度等性质。

根据道尔顿分压定律，湿空气总压力等于干空气分压力和水蒸气分压力之和，即

$$p = p_a + p_{st} \tag{3-142}$$

式中，下标a代表干空气，下标st代表水蒸气。

湿空气中的水蒸气可以是过热状态，也可以是饱和状态。由干空气和过热水蒸气所组成的湿空气称为未饱和湿空气。如果湿空气中的水蒸气处于饱和状态，则称湿空气为饱和湿空气。图3-18为水蒸气的p-v图和T-s图。当湿空气中水蒸气分压p_{st}低于湿空气温度 T 下水的饱和蒸气压p_s时，水蒸气处于过热状态，如图3-18中的a点。如果保持湿空气压力不变，水蒸气的分压p_{st}也不变，而降低湿空气的温度，则p_s随之降低。当p_s=p_{st}时，湿空气温度T等于p_{st}所对应的饱和温度T_s，水蒸气处于饱和状态，开始结露或者析出水滴，如图3-18中的d点。通过定压降温达到饱和状态时的温度又称为露点温度（简称露点），以T_d或t_d表示。如果保持湿空气温度不变，而所含的水蒸气含量增加，则水蒸气分压p_{st}也随之增加。当p_{st}=p_s时，水蒸气达到饱和状态，也开始结露或者析出水滴，如图3-18中的e点。此时的压力也称露点压力。

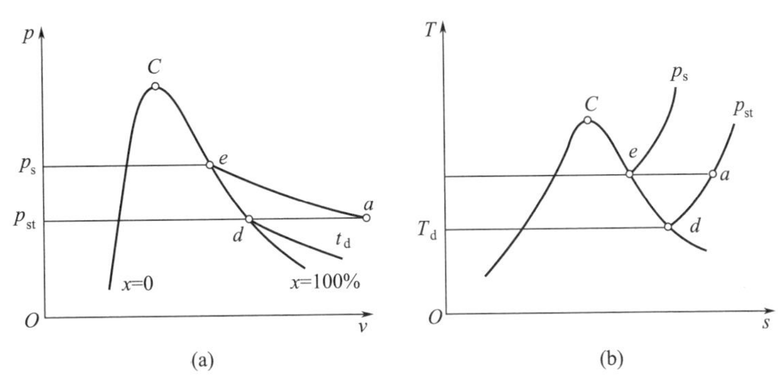

图3-18 水蒸气的p-v图和T-s图

每立方米湿空气中含有水蒸气的质量称为湿度，其值等于湿空气中水蒸气的密度ρ_{st}。由理想气体状态方程得

$$\rho_{st} = \frac{p_{st}}{R_{st}T} \tag{3-143}$$

湿度只能说明湿空气在一定温度下所含水蒸气的量，不能说明湿空气在该状态下的干湿程度，因此需引入相对湿度。

相对湿度是湿空气中水蒸气的分压p_{st}与同温度下水的饱和压力p_s之比，以φ表示。

$$\varphi = \frac{p_{st}}{p_s} \tag{3-144}$$

相对湿度表达了湿空气中水蒸气含量接近最大可能含量的程度，或者湿空气能承载水蒸气的能力。显然，φ值介于0～1之间。φ值越小，空气越干燥，吸水能力越强；φ值越大，空气越潮湿，吸水能力越弱；φ=0时即为干空气，φ=1时即为饱和湿空气。

空气的相对湿度可用干湿球温度计测定。干湿球温度计由两个温度计组成，如图3-19所示。一个是干球温度计，就是普通温度计，它所测得的温度就是湿空气的温度；另一个是湿球温度计，是一个在水银球上包有湿布的普通温度计。由于湿布向空气中蒸发水分，因而其温度低于空气温度。空气的相对湿度越小，湿布上水分蒸发越快，湿球温度比干球温度低得越多。若湿空气已达到饱和，则湿布上的水分不蒸发，干湿球温度就相等。空气的相对湿度与干湿球温度有确定的关系，如图3-20所示。

在以空气作为工作介质如热风接触式干燥等过程中，湿空气作为热体，其中的干空气质量是恒定的，只是所包含的水蒸气质量发生变化。因此，为了方便计算，湿空气的含湿量、焓、熵、比体积和比热容等都是以单位质量干空气为基准定义的。湿空气的含湿量（又称比湿度）定义为每千克干空气所携带的水蒸气的质量，以d表示。

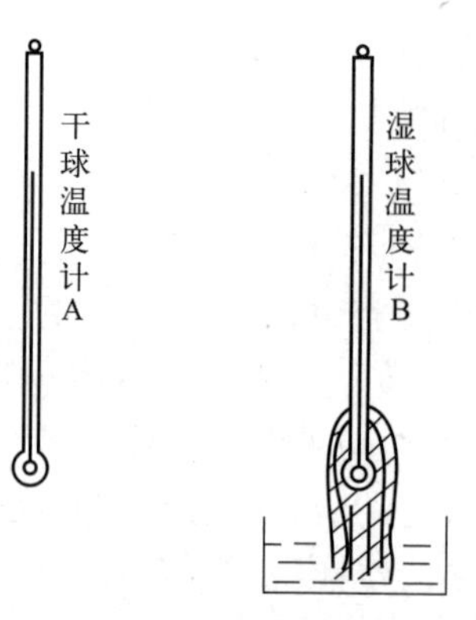

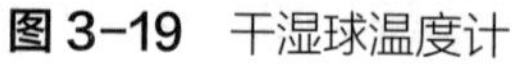
图3-19 干湿球温度计

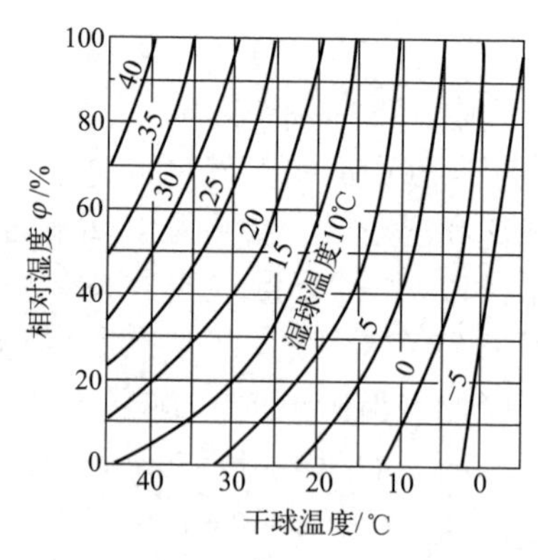

图3-20 相对湿度与干湿球温度的关系

$$d = \frac{m_{st}}{m_a} = \frac{M_{st} n_{st}}{M_a n_a} \text{ (kg 水蒸气 /kg 干空气)} \tag{3-145}$$

式中，M和n分别为摩尔质量和物质的量，M_{st}=18×10^{-3}kg/mol，M_a=29×10^{-3}kg/mol。

利用理想气体状态方程，分压定律以及相对湿度定义可得

$$d = 0.622\frac{p_{st}}{p_a} = 0.622\frac{p_{st}}{p - p_{st}} = 0.622\frac{\varphi p_s}{p - \varphi p_s} \tag{3-146}$$

湿空气的比焓h为每千克干空气的焓值与其所携带水蒸气的焓值之和

$$h = h_a + dh_{st} \text{ (kJ/kg 干空气)} \tag{3-147}$$

以273K时的干空气和饱和水为基准，按比定压热容c_{pa}=1.004kJ/(kg·K)和c_{pst}=1.859kJ/(kg·K)计算干空气和水蒸气的焓值，273K时饱和水蒸气的焓值由附表13查得为2501.6kJ/kg，得到h_a=1.004×(T−273)=1.004t，h_{st}=2501.6+1.859×(T−273)=2501.6+1.859t。其中，t为摄氏度。则

$$h = 1.004t + d(2501.6 + 1.859t) \tag{3-148}$$

湿空气的比热容是每千克干空气与其所携带的d千克水蒸气升高1℃所需的热量

$$c = c_a + dc_{st} = 1.004 + 1.859d \tag{3-149}$$

同理，湿空气的比熵s为每千克干空气的熵值与其所携带水蒸气的熵值之和

$$s = s_a + ds_{st} \tag{3-150}$$

取273K、100kPa下的熵值为零，按比定值热容计算，则代入273K时的比热容和气体常数，得

$$s = (1.004 + 1.859d)\ln\frac{T}{273} - (0.287 + 0.4615d)\ln\frac{p}{100} \tag{3-151}$$

$$\Delta s = (1.004 + 1.859d)\ln\frac{T_2}{T_1} - (0.287 + 0.4615d)\ln\frac{p_2}{p_1} \tag{3-152}$$

在定压条件下，湿空气的比体积是温度和含湿量的函数。在压力为101.3 kPa时，每千克干空气与d千克水蒸气的比体积为

$$v=\left(\frac{22.4}{29}+\frac{22.4}{18}d\right)\frac{T}{273}=\left(0.773+1.244d\right)\frac{T}{273} \tag{3-153}$$

式中，22.4是273K时气体的摩尔体积。可见，湿空气的比体积随温度和含湿量的增加而增大。

为了工程上计算方便，通常把湿空气的焓、温度和含湿量之间的关系绘制成湿空气图，称为焓-湿（h–d）图或温-湿（T–d）图。图中各物理量都是指湿空气中所含有的干空气为1kg而言，在焓-湿图上表示出湿空气的各主要参数d、φ和p_{st}等的变化关系。如图3-21所示，在焓-湿图上有以下线束。

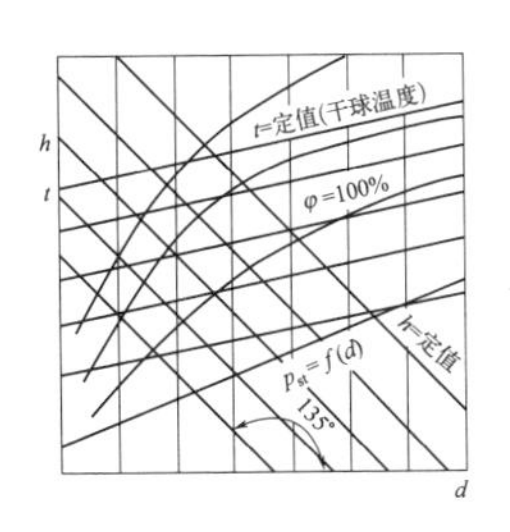

图3-21 湿空气的焓-湿图

① 定含湿量d线。一组垂直于横坐标的直线。在一定大气压力下，含湿量d和露点温度t_d均由水蒸气分压p_{st}确定，故定d线也是定t_d线，同时也是定p_{st}线。但线上同一点所代表的各参数数值不同，d值由横坐标d上查出，t_d由过定d线与φ=1线交点的定温线读出，p_{st}由$p_{st}=f(d)$线上读出。

② 定相对湿度φ线。一组向上凸起的曲线。φ=1的定φ线位于其他定φ线的最下方，代表饱和湿空气。在$\varphi<1$曲线以上，湿空气处于未饱和状态，而水蒸气处于过热状态；在该曲线以下为雾区，没有实际意义。φ=0的定φ线为左侧纵坐标轴，表示干空气状态。

③ 定干球温度t线。一组右端倾斜向上的直线。t一定时，h与d为线性关系。t不同，斜率不同，故各定t线之间不平行。

④ 定比焓h线。一组与横坐标d成135°角的相互平行的倾斜直线。

⑤ 水蒸气的分压线。p_{st}–d曲线，当$d \ll 0.622$时近似成直线。

在焓-湿图上，还有一系列定热湿比线，位于φ=1线下方。热湿比定义为过程的焓差与含湿量差之比，以ε表示，即

$$\varepsilon=\frac{h_2-h_1}{d_2-d_1}=\frac{\Delta h}{\Delta d} \tag{3-154}$$

ε就是直线的斜率。在焓-湿图中，任意一条直线都是定ε线。ε值相同的定ε线是相互平行的。在空气的焓-湿图中，通常在右下角画出了很多定ε线（见附图6）。这样，如果已知过程的初始状态和ε值，则过初态点作一条平行于定ε线的直线即为过程线。如果再知道终态的某个参数，就能确定终了状态及其参数。

根据焓-湿图就可由湿空气的任何两个参数找出相应的状态点，并按该点查出其他参数值。值得注意，焓-湿图是在一定压力下绘制的，不同的压力对应不同的焓-湿图。本书附图6所示的焓-湿图是在0.1MPa下绘制的。

例题：湿空气知识判断题

【例3-12】 大气压力为0.1MPa，温度为30℃，相对温度为φ=0.6。试求湿空气的露点温度、绝对湿度、含湿量、水蒸气分压和焓。

解法一 查表计算法。根据空气温度30℃，查饱和蒸汽表得饱和压力p_s=4.242kPa，干饱和蒸汽密度$\rho''=0.03037\text{kg/m}^3$。

（1）水蒸气分压

$$p_{st}=\varphi p_s=0.6\times4.241=2.544(\text{kPa})$$

（2）露点温度为与p_{st}对应的饱和温度，查饱和水蒸气表得

2kPa时，t_d=17.513℃

3kPa时，t_d=24.100℃

内插法计算得

$$t_d=17.513+\frac{24.1-17.513}{3-2}\times\left(2.544-2\right)=21.1(℃)$$

（3）绝对湿度

$$\rho_{st} = \varphi\rho'' = 0.6 \times 0.03037 = 0.01822(\text{kg} / \text{m}^3)$$

（4）含湿量

$$d = 0.622\frac{p_{st}}{p - p_{st}} = 0.622 \times \frac{2.544}{100 - 2.544} = 0.0162[\text{kg/kg(a)}] = 16.2[\text{g/kg(a)}]$$

（5）焓

$$h = 1.004t + d(2501.6 + 1.859t)$$

$$= 1.004 \times 30 + 0.0162 \times (2501.6 + 1.859 \times 30) = 71.55[\text{kJ/kg(a)}]$$

解法二 查图计算法。查湿空气的焓-湿图。当t=30℃，φ=0.6时得：

露点温度 t_d=21.5℃

含湿量 d=16.2g/kg(a)

水蒸气分压 p_{st}=2.5kPa

焓 h=71.8kJ/kg(a)

绝对湿度 $\rho_{st} = \dfrac{p_{st}}{R_{st}T} = \dfrac{2.5}{\dfrac{8.314}{18} \times 303} = 0.0179(\text{kg/m}^3)$

小结

（1）纯物质的三维p-V-T相图；临界等温线拐点的斜率和曲率都等于零，

$$\left(\frac{\partial p}{\partial v}\right)_{T_c} = 0\text{，}\left(\frac{\partial^2 p}{\partial v^2}\right)_{T_c} = 0$$

临界点和三相线是物质的固有性质，即不同的物质具有不同的临界点和三相线。

（2）描述流体p-V-T性质的数学方程式称为状态方程，即

$$f(p, V, T) = 0\text{，或者 } p = f(V, T)$$

（3）理想气体状态方程 $pV = nR_mT = mRT$

使用时注意各参量的单位。

$$R_m = 8.314\text{kJ/(kmol} \cdot \text{K)}\text{，} R = \frac{R_m}{M} = \frac{8.314}{M}\text{kJ/(kg} \cdot \text{K)}$$

（4）压缩因子Z的定义，$Z = \dfrac{pV_m}{R_mT} = \dfrac{V_m}{R_mT/p} = \dfrac{V_m}{v_0}$

$Z<1$，表示实际气体比理想气体容易压缩；

$Z>1$，表示实际气体比理想气体难压缩。

（5）立方型状态方程

范德华方程，R-K方程，S-R-K方程，P-R方程。

（6）多参数状态方程

Virial（维里）方程，M-H方程。

（7）比热容、比焓、比内能

比定压热容 $$c_p=\left(\frac{\delta q}{\mathrm{d}T}\right)_p=\left(\frac{\partial h}{\partial T}\right)_p$$

比定容热容 $$c_v=\left(\frac{\delta q}{\mathrm{d}T}\right)_v=\left(\frac{\partial u}{\partial T}\right)_v$$

比焓 $$\mathrm{d}h=c_p\mathrm{d}T+\left(\frac{\partial h}{\partial p}\right)_T\mathrm{d}p$$

比内能 $$\mathrm{d}u=c_v\mathrm{d}T+\left(\frac{\partial u}{\partial v}\right)_T\mathrm{d}v$$

（8）理想气体比热容、比焓和比熵

$$c_v=\left(\frac{\partial u}{\partial T}\right)_v=\frac{\mathrm{d}u}{\mathrm{d}T}\quad 或者\quad \mathrm{d}u=c_v\mathrm{d}T$$

$$c_p=\left(\frac{\partial h}{\partial T}\right)_p=\frac{\mathrm{d}h}{\mathrm{d}T}\quad 或者\quad \mathrm{d}h=c_p\mathrm{d}T$$

$$c_p-c_v=\frac{\mathrm{d}h}{\mathrm{d}T}-\frac{\mathrm{d}u}{\mathrm{d}T}=R$$

理想气体内能和焓是温度的单值函数。其计算方法有四种，即比定值热容法，经验公式法，平均值法，热力性质表。理想气体的比熵

$$\mathrm{d}s=c_v\frac{\mathrm{d}T}{T}+R\frac{\mathrm{d}v}{v}=c_p\frac{\mathrm{d}T}{T}-R\frac{\mathrm{d}p}{p}=c_v\frac{\mathrm{d}p}{p}+c_p\frac{\mathrm{d}v}{v}$$

对上式积分即可计算熵差。其计算方法有三种，即比定值热容法，比热容经验公式法，热力性质表法。

（9）理想气体的混合物

理想气体的混合物遵循分压定律和分容积定律

平均分子量 $$M=\frac{m}{n}=\frac{\sum_{i=1}^{n}(n_iM_i)}{n}=\sum_{i=1}^{n}(y_iM_i)$$

气体常数 $$R=\frac{R_\mathrm{m}}{M}=\sum_{i=1}^{n}(w_iR_i)$$

比热容 $$c=\sum_{i=1}^{n}(w_ic_i)$$

摩尔热容 $$C_m=\sum_{i=1}^{n}(y_iC_{mi})$$

内能 $$U=\sum_{i=1}^{n}U_i=\sum_{i=1}^{n}(n_iu_i)$$

焓 $$H=\sum_{i=1}^{n}H_i=\sum_{i=1}^{n}(n_ih_i)$$

熵 $$S=\sum_{i=1}^{n}S_i=\sum_{i=1}^{n}(n_is_i)$$

理想气体混合物的比热容、比内能、比焓和比熵等于其各组分相应参数与质量分数乘积的总和。理想气体混合物的千摩尔热容、千摩尔内能、千摩尔焓和千摩尔熵等于其各组分相应参数与摩尔分数乘积的总和。混合气体的总热容、总内能、总焓和总熵等于其各组分相应参数的总和。各组分的参数均按其分压和混合气体温度确定。

（10）对比状态原理

对比压力p_r，对比比体积v_r和对比温度T_r

$$p_r=\frac{p}{p_c},\quad v_r=\frac{v}{v_c},\quad T_r=\frac{T}{T_c}$$

（11）普遍化压缩因子

两参数普遍化压缩因子 $Z=Z(p_r, T_r)$；

三参数普遍化压缩因子 $Z=Z(p_r, T_r, \omega)$。

（12）普遍化第二维里系数

普遍化的第二维里系数关联式，

$$Z\approx 1+\frac{Bp}{RT}=1+\frac{Bp_c}{RT_c}\left(\frac{p_r}{T_r}\right)$$

$$\frac{Bp_c}{RT_c}=B^0+\omega B^1$$

$$B^0=0.083-\frac{0.422}{T_r^{1.6}},\quad B^1=0.139-\frac{0.172}{T_r^{4.2}}$$

（13）亥姆霍兹自由能和吉布斯自由焓

$$\mathrm{d}A=-S\mathrm{d}T-p\mathrm{d}V$$

$$\mathrm{d}G=-S\mathrm{d}T+V\mathrm{d}p$$

（14）麦克斯韦尔（Maxwell）关系式

$$\left(\frac{\partial T}{\partial V}\right)_S=-\left(\frac{\partial p}{\partial S}\right)_V$$

$$\left(\frac{\partial T}{\partial p}\right)_S=\left(\frac{\partial V}{\partial S}\right)_p$$

$$\left(\frac{\partial p}{\partial T}\right)_V=\left(\frac{\partial S}{\partial V}\right)_T$$

$$\left(\frac{\partial V}{\partial T}\right)_p=-\left(\frac{\partial S}{\partial p}\right)_T$$

（15）克拉贝隆（Clapeyron）方程

$$\left(\frac{\mathrm{d}p}{\mathrm{d}T}\right)^{\mathrm{sat}}=\frac{\Delta H_{\mathrm{m}}}{T\Delta V_{\mathrm{m}}}$$

（16）安托因（Antoine）方程

$$\ln p^{\mathrm{sat}}=A-\frac{B}{T+C}$$

（17）混合规则和真实气体混合物

线性加权平均 $$M_{\mathrm{mix}}=\sum_i z_i M_i$$

二次加权平均 $$Q_{\mathrm{mix}}=\sum_i\sum_j z_i z_j Q_{ij}$$

算术平均 $$\omega_{ij}=\frac{\omega_i+\omega_j}{2}$$

几何平均 $$W_{ij}=(W_i W_j)^{0.5}$$

其他平均 $$Y_{ij}^{1/3}=\frac{Y_i^{1/3}+Y_j^{1/3}}{2},\quad V_{cij}=\left(\frac{V_{ci}^{1/3}+V_{cj}^{1/3}}{2}\right)^3$$

（18）水蒸气

热力分析中常用p-v图和T-s图。用湿蒸汽的干度x表达湿蒸汽的品质，

$$x=\frac{m_v}{m_v+m_l}$$

湿蒸汽的比体积、比内能、比焓和比熵等于饱和液体和干饱和蒸汽的相应参数的线性加和，符合杠杆规则。以比焓为例，

$$h_x=(1-x)h'+xh''=h'+x(h''-h')$$

（19）湿空气

湿空气是理想气体的混合物，服从分压力定律和分体积定律。湿空气的绝对湿度反映了湿空气中水蒸气的绝对含量；相对湿度反映了水蒸气实际含量接近最大可能含量的程度——湿空气的吸水能力；含湿量是以每千克干空气为基准的水蒸气含量。

未饱和湿空气的干球温度高于湿球温度，更高于露点温度；而对于饱和湿空气，三者相等。

湿空气的焓等于干空气的焓与所携带的水蒸气焓之和

$$H=m_{\mathrm{a}}h_{\mathrm{a}}+m_{\mathrm{st}}h_{\mathrm{st}}$$

以1kg干空气为基准，取273K时干空气和饱和水的焓值为零，且按定比值热容计算，则

$$h=1.004t+0.001d(2501.6+1.859t),\quad H=m_{\mathrm{a}}h$$

湿空气的焓-湿图与空气的压力是一一对应的。图中的定d线也是定t_d线，同时也是定p_{st}线。但d值由横坐标读出，t_d值由φ=1线上读出，p_{st}值由$p_{\mathrm{st}}=f(d)$线上读出。

思考题

1. 纯物质的三相点是不是唯一确定的？三相点与临界点有什么差异？

2. 理想气体的物理意义是什么？
3. 理想气体内能的基准点是以压力还是温度或是两者同时为基准规定的？
4. 真实气体与理想气体差异产生的原因是什么？在什么条件下可以把真实气体当作理想气体处理？
5. 压缩因子的物理意义是什么？
6. 立方型状态方程在气-液两相区有3个比体积实根，它们的物理意义是什么？
7. 第二维里系数的舍项维里方程适用范围是什么？
8. 如果比热容c_p只是温度的函数，当$t_2>t_1$时，平均比热容 $c_p\big|_0^{t_1}$、$c_p\big|_0^{t_2} t_2$ 的大小关系如何？
9. 理想气体比热容差公式$c_p - c_v = R$是否也适用于理想气体混合物？
10. 绝热容器内盛有一定气体，外界通过容器内叶轮向空气加入$w(\mathrm{kJ})$的功。若气体视为理想气体，试分析气体内能、焓、温度、熵的变化。
11. $\mathrm{d}u=c_v\mathrm{d}T$ 和 $\mathrm{d}h=c_p\mathrm{d}T$ 的适用条件是什么？
12. 简述对比态原理，偏心因子的物理意义是什么？
13. 普遍化第二维里系数关联式的适用范围是什么？
14. 亥姆霍兹自由能和吉布斯自由焓的定义是什么？两者的变化量在什么条件下会相等？
15. 热系数有哪些？它们有什么共性？
16. 内能、焓、自由能和自由焓基本关系式都是由可逆过程导出的，是否可用于不可逆过程？
17. 混合规则是什么？是否有物理意义？
18. 水蒸气是理想气体吗？
19. 空气湿球温度、干球温度和露点温度之间的关系如何？
20. 下列说法对否？
    ① $\varphi=0$时表示空气中不含水蒸气，$\varphi=1$时表示湿空气中全是水蒸气；
    ② 空气相对湿度越大，含湿量越大；
    ③ 相对湿度一定时，空气温度越高，含湿量越大。
21. 如果等量的干空气与湿空气降低的温度相同，两者放出的热量是否相等？

习题

1. 已知某气体的分子量为29，求：①气体常数；②标准状态下的比体积及千摩尔体积；③在p=0.1MPa、20℃时的比体积及千摩尔体积。
2. 某锅炉需要的空气量为500m^3/h（标准状态下），若鼓风机送入的空气温度为30℃，其管道上压力表读数为0.3MPa，当时当地大气压力为0.1MPa，求实际送风量为多少？
3. 某空气储罐容积为3m^3，压力表指示为0.3MPa，温度计读数为15℃。现由压缩机每分钟从压力为0.1MPa、温度为12℃的大气中吸入0.2m^{3}的空气，经压缩后送入储罐，问经过多长时间可使储罐内气体压力提高到1MPa，温度升到50℃？

4. 若将空气从27℃定压加热到327℃，试分别用下列各法计算对每千克空气所加入的热量，并进行比较。
① 比定值热容法；②平均比热容法；③比热容经验公式法；④应用空气热力性质表。
利用定值比热容法计算空气内能和熵的变化。

5. 已知200℃时异丙醇蒸气的第二维里系数为B=−0.388m^3/kmol。试用下列方法计算200℃、1MPa时异丙醇蒸气的V_m和Z。①理想气体状态方程；②舍项的第二维里系数维里方程。

6. 试用下列方法计算0℃时将CO_2压缩到密度为80kg/m^{3}所需的压力。已知实验值为3.09×10^{6}Pa。①理想气体状态方程；②范德华方程；③ R-K方程。

7. 两股压力相同的空气混合，一股温度400℃，流量120kg/h；另一股温度100℃，流量150kg/h。若混合过程是绝热的，比热容取为定值，求混合气流的温度和混合过程气体熵的变化量。

8. 有30kg废气，其中二氧化碳4.2kg，氧气1.8kg，氮气21kg，一氧化碳3kg。试求其质量分数、摩尔分数、体积分数、平均分子量及气体常数。

9. 一绝热刚性容器被隔板分成A、B两部分。A中有压力为0.3MPa、温度为200℃的氮气，容积为0.6m^3；B中有压力为1MPa、温度为20℃的氧气，容积1.3m^3。现抽去隔板使两种气体均匀混合。若比热容视为定值，求：①混合气体的温度；②混合气体的压力；③混合过程各气体的熵变和总熵变。

10. 分别用理想气体状态方程、三参数普遍化压缩因子法和普遍化第二维里系数方程计算CO_2在t=100℃、v=0.012m^3/kg时的压力。

11. 分别用理想气体状态方程、两参数普遍化压缩因子法、三参数普遍化压缩因子法、普遍化第二维里系数方程和R-K方程计算氮气在压力为10.2MPa、温度为189.3K时的比体积。

12. 假设某物质的体积膨胀系数和等温压缩系数表达如下：

$$\beta=\frac{v-b}{vT},\ \kappa=\frac{v-b}{pv}$$

式中，b为常数。试推导该物质的状态方程。

13. 设气体的状态方程为

$$V_m=\frac{R_mT}{p}-\frac{a}{T}$$

式中，a为常数。试推导气体在等温过程中焓的变化方程。

14. 刚性容器中充满0.1013MPa、100℃的饱和水。将水加热到110℃，求其压力。已知水的平均体积膨胀系数为β=80.8×10^{-5}K^{-1}，平均等温压缩系数为κ=4.93×10^{-4}MPa^{-1}。

15. 设气体的状态方程为

$$p=\frac{R_mT}{V_m-b}$$

式中，b为常数。试求气体的① du；② dh；③ c_p−c_v。

16. 利用水蒸气表填下表中的空白项

序号＼参数	p/MPa	t/℃	v/(m^3/kg)	h/(kJ/kg)	s/[kJ/(kg·K)]	u/(kJ/kg)	x=? 或是什么状态
1	0.1	180					
2	10.0	200					
3		500		3379			
4	0.005				6.7378		

17. 利用水蒸气h-s图求p=2MPa、t=300℃时的焓、比体积和熵。
18. 利用水蒸气h-s图求p=0.1MPa的干饱和蒸汽的焓。
19. 处于−13℃、x=0.2状态下的氨蒸气压力为多少？若将1kg该种状态的氨等压汽化为干饱和蒸气，需加入多少热量？
20. 某水蒸气锅炉的蒸发量为2000kg/h，正常工作时锅炉内压力为1.4MPa，进水温度为20℃，输出的是干饱和蒸汽，试求加热速率为多少？若锅炉容积为5m^3，1.4MPa时水占4m^3，此时堵死锅炉进出口，试计算经过多少时间可使锅炉达到其爆炸压力4MPa？不计锅炉本身的吸热量。
21. 容积为1m^{3}的密闭容器内盛有压力为0.4MPa的干饱和水蒸气，问其质量为多少？若对蒸汽冷却，当压力p=0.2MPa时，其干度为多少？冷却过程中向外放热多少？
22. 若大气压力为0.1MPa，空气温度为30℃，湿球温度为25℃，试分别利用计算法和焓湿图求：①水蒸气的分压力；②露点温度；③相对湿度；④干空气密度、湿空气密度和水蒸气密度；⑤湿空气焓。
23. 压力为0.1MPa的湿空气在t_1=10℃，φ=0.7下进入加热器，在t_2=25℃下离开，试计算对每1kg干空气加入的热量及加热器出口处湿空气的相对湿度。

4 气体的热力过程

○○ ——— ○○ ○ ○○ ————————

学习意义

热能与其他形式能之间的相互转换是通过工质的一系列状态变化过程实现的。因此，研究热力设备的各种热力过程，确定过程中工质状态变化的规律及能量转换规律，是热力分析的重要内容。本章主要讨论理想气体热力过程、蒸汽（水蒸气）的热力过程、绝热节流过程、往复式压缩机的热力过程和往复式膨胀机的热力过程。

学习目标

①掌握理想气体典型热力过程的分析方法；②熟悉定容过程、定压过程、定温过程、定熵过程的特点及能量转换规律；③了解变比热容定熵过程的计算方法；④掌握多变过程的特点及能量转换规律，弄清多变过程与定熵过程的区别和联系，熟悉多变指数的计算方法；⑤熟练利用焓 - 熵图、压 - 焓图和蒸汽表计算蒸汽的热力过程；⑥掌握湿空气热力过程的特点、能量转换规律，并熟练利用水蒸气图表和空气性质图表进行各热力过程的计算；⑦掌握绝热节流过程的特点，弄清微分节流效应与积分节流效应的概念；⑧了解压缩机的工作原理，弄清余隙容积对压缩过程的影响及气体分级压缩、中间冷却的必要性；⑨熟悉压缩机功的计算方法；⑩了解往复式膨胀机的工作原理及计算方法；⑪弄清节流膨胀与定熵膨胀的关系。

4.1 理想气体的热力过程

实际的热力过程往往较复杂，其一是各过程都存在程度不同的不可逆性；其二是工质的各状态参数都在变化，难以找出规律。因此，严格的实际过程很难用热力学方法来分析。然而，仔细观察各过程又可发现，它们往往都具有某种简单的特征。例如，保温良好的设备内的过程可视为绝热过程；工质的燃烧过程进行得很快，也可视为绝热过程；大多化工设备内的压力变化很小，可近似视为定压过程；间歇操作的反应釜内的过程可视为定容过程等。总之，必须对实际过程进行抽象与简化，从而可以在理论上用比较简单的方法进行分析计算，然后借助某些经验进行修正。这样，既抓住了主要特征和主要影响因

素，突出了主要矛盾，从而进行定性分析与评价，又可进行定量计算。研究热力过程的基本任务如下。

① 根据过程特征，确定过程中状态参数的变化规律，即过程方程；

② 根据已知初态参数，确定其他初态参数；

③ 根据过程方程及已知终态参数，确定其他终态参数；

④ 根据热力学基本定律及工质性质确定过程中的能量转换关系。

理想气体的典型热力过程有定容过程、定压过程、定温过程、绝热过程和多变过程。理想气体热力过程的分析主要采用计算法。分析这些热力过程时，热力学第一定律的表达式以及有关理想气体性质的计算式普遍适用。

定容过程

4.1.1　定容过程

定容过程是工质容积保持不变的过程。通常为定量气体在容积不变的容器内进行的过程。

4.1.1.1　过程方程

$$\mathrm{d}v=0 \tag{4-1}$$

$$v=\text{常数} \tag{4-1a}$$

$$V=\text{常数} \tag{4-1b}$$

4.1.1.2　初终态状态参数之间的关系

依理想气体性质、状态方程及过程方程有

$$\frac{p_2}{p_1}=\frac{T_2}{T_1} \tag{4-2}$$

$$h_2-h_1=\int_1^2 c_p\mathrm{d}T \tag{4-3}$$

$$u_2-u_1=\int_1^2 c_v\mathrm{d}T \tag{4-4}$$

$$s_2-s_1=\int_1^2 c_v\frac{\mathrm{d}T}{T} \tag{4-5}$$

定容过程的过程曲线如图4-1所示。

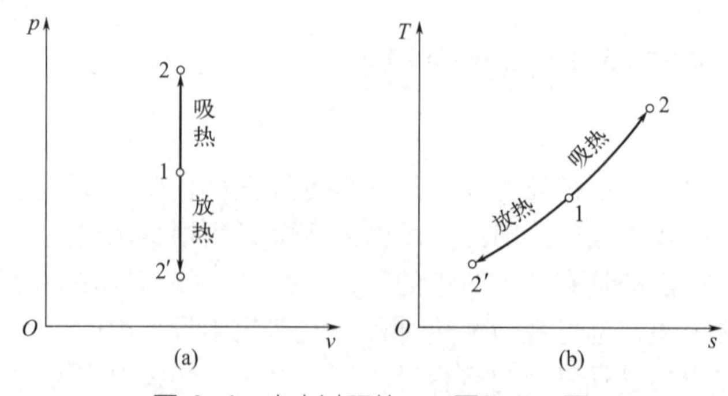

图4-1　定容过程的p-v图和T-s图

4.1.1.3 能量转换

膨胀功
$$w=\int_1^2 p\mathrm{d}v=0 \tag{4-6}$$

热量
$$q=\Delta u+w=\Delta u=u_2-u_1 \tag{4-7}$$

可见，定容过程中工质不做膨胀功，它吸收的热量全部用于增加其内能。

4.1.2 定压过程

定压过程

定压过程是工质在状态变化过程中压力保持不变的过程。

4.1.2.1 过程方程

$$p=常数 \tag{4-8}$$

4.1.2.2 初终态状态参数之间的关系

$$\frac{v_2}{v_1}=\frac{T_2}{T_1} \tag{4-9}$$

$$h_2-h_1=\int_1^2 c_p\mathrm{d}T$$

$$u_2-u_1=\int_1^2 c_v\mathrm{d}T$$

$$s_2-s_1=\int_1^2 c_p\frac{\mathrm{d}T}{T} \tag{4-10}$$

定压过程曲线如图4-2所示。

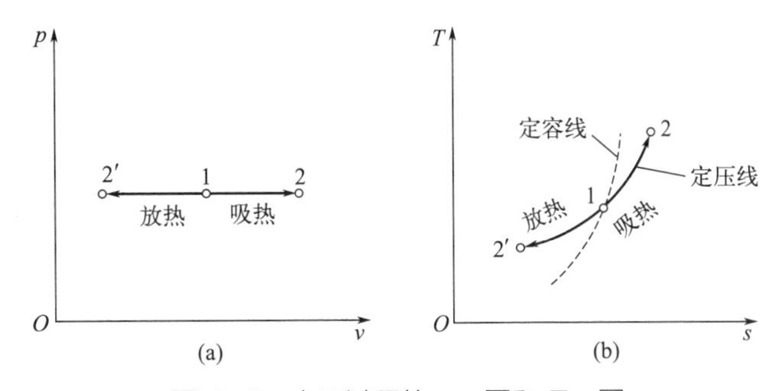

图4-2 定压过程的p-v图和T-s图

在T-s图上，定压线和定容线均是对数曲线（c_p为定值时），两者斜率分别为$\left(\frac{\partial T}{\partial s}\right)_p=\frac{T}{c_p}$和$\left(\frac{\partial T}{\partial s}\right)_v=\frac{T}{c_v}$。可见，定压线斜率小于定容线斜率，于是从同一点出发的定压线较定容线平坦。

4.1.2.3 能量转换

膨胀功
$$w=\int_1^2 p\mathrm{d}v=p\left(v_2-v_1\right)=R\left(T_2-T_1\right) \tag{4-11}$$

技术功 $$w_t = \int_1^2 v\mathrm{d}p = 0 \tag{4-12}$$

热量 $$q = \Delta u + w = \Delta h + w_t = h_2 - h_1 \tag{4-13}$$

定压过程中，气体技术功为零；其膨胀功全部用以支付维持流动所必需的流动净功；它吸入的热量等于其焓增量。

定温过程

4.1.3 定温过程

定温过程是工质在状态变化过程中温度保持不变的过程。

4.1.3.1 过程方程

$$T = 常数 \tag{4-14}$$

4.1.3.2 初终态状态参数间的关系

$$p_1 v_1 = p_2 v_2 \tag{4-15}$$

$$u_2 = u_1 \tag{4-16}$$

$$h_2 = h_1 \tag{4-17}$$

$$s_2 - s_1 = R\ln\frac{v_2}{v_1} = -R\ln\frac{p_2}{p_1} \tag{4-18}$$

定温过程线如图4-3所示。定温线在p-v图上是一条等轴双曲线；在T-s图上是一条水平线。

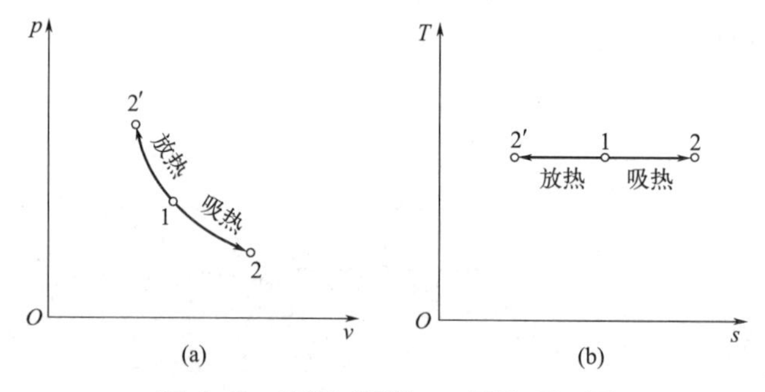

图4-3 定温过程的p-v图和T-s图

4.1.3.3 能量转换

膨胀功 $$w = \int_1^2 p\mathrm{d}v = RT\ln\frac{v_2}{v_1} = RT\ln\frac{p_1}{p_2} \tag{4-19}$$

技术功 $$w_t = -\int_1^2 v\mathrm{d}p = RT\ln\frac{p_1}{p_2} = RT\ln\frac{v_2}{v_1} \tag{4-20}$$

热量 $$q = \Delta u + w = \Delta h + w_t = RT\ln\frac{p_1}{p_2} = RT\ln\frac{v_2}{v_1} \tag{4-21}$$

可见，定温过程中，气体吸入的热量全部转变为膨胀功，且全部是可利用的技术功。

4.1.4 绝热过程

绝热过程

绝热过程是工质在与外界没有热量交换条件下所进行的状态变化过程。绝热过程不仅要求整个过程中总的热量交换为零，而且要求每个微元中工质与外界的热量交换为零。

4.1.4.1 过程方程

$$\delta q = 0 \tag{4-22a}$$

$$q = 0 \tag{4-22b}$$

对理想气体的绝热可逆过程，热力学第一定律可写为

$$\delta q = c_v \mathrm{d}T + p\mathrm{d}v = 0$$

将理想气体状态方程$pv=RT$的微分形式代入并消去$\mathrm{d}T$得

$$c_p p\mathrm{d}v + c_v v\mathrm{d}p = 0$$

即

$$k\frac{\mathrm{d}v}{v} + \frac{\mathrm{d}p}{p} = 0 \tag{4-23}$$

若取比热容比k为定值，则有

$$p_1 v_1^k = p_2 v_2^k \tag{4-24}$$

$$T_1 v_1^{k-1} = T_2 v_2^{k-1} \tag{4-25}$$

$$T_1 p_1^{\frac{1-k}{k}} = T_2 p_2^{\frac{1-k}{k}} \tag{4-26}$$

4.1.4.2 初终态状态参数间的关系

初终态压力、温度、比体积间关系可直接由式（4-24）～式（4-26）求得。当气体绝热膨胀（$v_2 > v_1$）时，压力、温度均降低；反之，当气体绝热压缩（$v_2 < v_1$）时，压力、温度均升高。由式（4-3）、式（4-4）可知

$$h_2 - h_1 = \int_1^2 c_p \mathrm{d}T$$

$$u_2 - u_1 = \int_1^2 c_v \mathrm{d}T$$

$$s_2 - s_1 = \int_1^2 \frac{\delta q}{T} = 0 \tag{4-27}$$

可见，可逆绝热过程中，气体熵保持不变。因此，可逆的绝热过程也称为定熵过程。

绝热过程线如图4-4所示。在p-v图上，绝热过程线是一条k次双曲线，其斜率为$\left(\frac{\delta p}{\delta v}\right)_s = -k\frac{p}{v}$，而定温线斜率为$\left(\frac{\delta p}{\delta v}\right)_T = -\frac{p}{v}$，故在相同的状态下，绝热线较定温线为陡。在$T$-$s$图上，绝热线为一垂直线。

4.1.4.3 能量转换

热量 $q = 0$

体积功和内能

$$w = q - \Delta u = -\Delta u = -\int_1^2 c_v \mathrm{d}T \tag{4-28a}$$

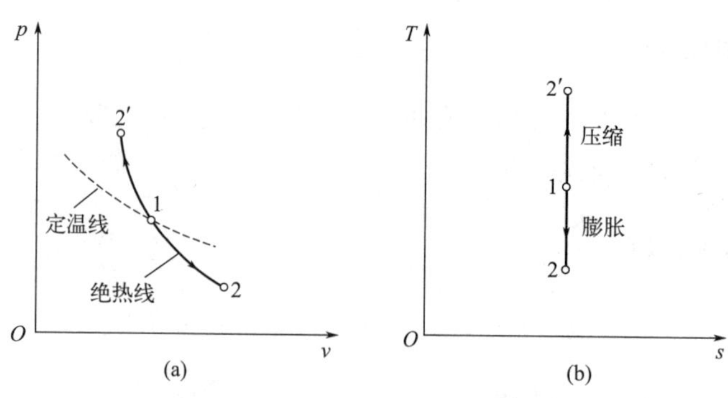

图 4-4 定熵过程的 p-v 图和 T-s 图

若取比热容为定值，则

$$w = c_v(T_1 - T_2) = \frac{1}{k-1}(p_1v_1 - p_2v_2) = \frac{RT_1}{k-1}\left[1-\left(\frac{p_2}{p_1}\right)^{\frac{k-1}{k}}\right] = \frac{RT_1}{k-1}\left[1-\left(\frac{v_1}{v_2}\right)^{k-1}\right] \tag{4-28b}$$

上述各式也可由 $w=\int_1^2 p\mathrm{d}v$ 推导而得。

技术功和焓

$$w_\mathrm{t} = q - \Delta h = -\Delta h = -\int_1^2 c_p \mathrm{d}T \tag{4-29a}$$

若取比热容为定值，则

$$w_\mathrm{t} = c_p(T_1 - T_2) = \frac{k}{k-1}(p_1v_1 - p_2v_2) = \frac{k}{k-1}RT_1\left[1-\left(\frac{p_2}{p_1}\right)^{\frac{k-1}{k}}\right] \tag{4-29b}$$

可见

$$w_\mathrm{t} = kw \tag{4-30}$$

4.1.4.4 变值比热容绝热过程的计算

式（4-24）～式（4-26）、式（4-28a）和式（4-29a）是以 k 为定值（比定值热容）为基础的，它们一般仅适用于对过程进行定性分析或用于温度变化范围不大且计算精度要求不高的情况。因此，在通常的设计计算中，需采用变比热容计算。

（1）按平均绝热指数计算 比热容随温度而变，绝热指数也随温度而变。为应用 pv^k= 常数这个简单形式，常将式中 k 以平均绝热指数 k_m 替换，即成为

$$pv^{k_\mathrm{m}} = 常数 \tag{4-31}$$

k_m 可按初终状态的平均比热容计算，即

$$k_\mathrm{m} = \frac{c_p\big|_{t_1}^{t_2}}{c_v\big|_{t_1}^{t_2}} = \frac{c_p\big|_0^{t_2} t_2 - c_p\big|_0^{t_1} t_1}{c_v\big|_0^{t_2} t_2 - c_v\big|_0^{t_1} t_1} \tag{4-32}$$

也可取初终状态绝热指数k_1和k_2的算术平均值

$$k_m = \frac{k_1 + k_2}{2} \tag{4-33}$$

若已知T_1和T_2，则这种方法较简单；但许多情况下，T_2为待求量，则需通过试算法计算，较繁杂。这种方法的计算精度也不高，因此不常用。

（2）利用气体热力性质表计算　可逆绝热过程为定熵过程，故依式（3-39）有

$$s_2 - s_1 = s^0_{T_2} - s^0_{T_1} - R\ln\frac{p_2}{p_1} = 0 \tag{4-34}$$

s^0_T仅是温度的函数，气体热力性质表中列有各温度下的s^0_T值。故式（4-34）实际上给出了绝热过程中T_1、T_2、p_1、p_2之间的关系，已知其中三个值，即可求出第四个参数值。同理，也可由式（4-34）应用理想气体状态方程得到T_1、T_2、v_1、v_2之间的关系

$$s^0_{T_2} - s^0_{T_1} + R\ln\frac{v_2 T_1}{v_1 T_2} = 0 \tag{4-35}$$

对最常用的气体，如空气，还可对式（4-34）进行简化，即

$$\frac{p_2}{p_1} = \exp\left(\frac{s^0_{T_2} - s^0_{T_1}}{R}\right) = \frac{\exp\left(\frac{s^0_{T_2}}{R}\right)}{\exp\left(\frac{s^0_{T_1}}{R}\right)}$$

令$p_R = \exp\left(\frac{s^0_T}{R}\right)$，称为相对压力，则$p_R$也仅是温度的函数。空气的$p_R$值列于其性质表中，从而

$$\frac{p_2}{p_1} = \frac{p_{R2}}{p_{R1}} \tag{4-36}$$

同理

$$\frac{v_2}{v_1} = \frac{v_{R2}}{v_{R1}} \tag{4-37}$$

式中，$v_R = \frac{T}{p_R}$也只是温度的单值函数。空气的值v_R值列于其性质表中。

多变过程

4.1.5 多变过程

4.1.5.1 过程方程

上述四种过程是气体的基本热力过程。然而，实际过程中，可能所有的状态参数都在变化，且也不绝热，因此，不能把它简化为某种基本热力过程。为此，提出了一种具有广泛代表性的热力过程，即多变过程，其过程方程为

$$pv^n = 常数 \tag{4-38a}$$

式中，n称为多变指数，其值可以是$-\infty$～$+\infty$之间的任何实数。不同的n值代表不同的过程，但在同一过程中，n为定值。对于很复杂的实际过程，可把它分作几段不同多变指数的多变过程来描述，每一段中n值保持不变。

当多变指数为某特定的值时，多变过程便表现为上述四种基本热力过程，即

n=0时，p=常数，为定压过程；

n=1时，pv=常数，为定温过程；

n=k时，pv^k=常数，为绝热过程；

$n=\pm\infty$ 时，$p^{\frac{1}{n}}v=$常数，$v=$常数，为定容过程。

4.1.5.2 初终状态参数间的关系

由于多变过程方程与绝热过程方程类似，故有

$$p_1v_1^n = p_2v_2^n \tag{4-38b}$$

$$T_1v_1^{n-1} = T_2v_2^{n-1} \tag{4-39}$$

$$T_1p_1^{\frac{1-n}{n}} = T_2p_2^{\frac{1-n}{n}} \tag{4-40}$$

$$h_2 - h_1 = \int_1^2 c_p \mathrm{d}T$$

$$u_2 - u_1 = \int_1^2 c_v \mathrm{d}T$$

$$s_2 - s_1 = \int_1^2 \frac{\delta q}{T} \tag{4-41}$$

4.1.5.3 能量转换

功
$$w = \int_1^2 p\mathrm{d}v$$

若$n \neq 0$，则将式（4-38）代入上式积分并利用式（4-39）、式（4-40）和状态方程变换得

$$\begin{aligned} w &= \frac{1}{n-1}(p_1v_1 - p_2v_2) = \frac{R}{n-1}(T_1 - T_2) = \frac{1}{n-1}RT_1\left[1-\left(\frac{p_2}{p_1}\right)^{\frac{n-1}{n}}\right] \\ &= \frac{1}{n-1}RT_1\left[1-\left(\frac{v_1}{v_2}\right)^{n-1}\right] \end{aligned} \tag{4-42}$$

技术功
$$w_\mathrm{t} = -\int_1^2 v\mathrm{d}p = nw \tag{4-43}$$

热量
$$q = \Delta u + w = \int_1^2 c_v \mathrm{d}T + \frac{R}{n-1}(T_1 - T_2) \tag{4-44}$$

若取比热容为定值，且$n \neq 1$，则

$$q = c_v\frac{n-k}{n-1}(T_2 - T_1) \tag{4-45}$$

$$\frac{q}{w} = \frac{k-n}{k-1} \tag{4-46}$$

故
$$n = k - \frac{q}{w}(k-1) \tag{4-47}$$

可见，实际过程中，多变指数n与k和q/w有关。因此，除非实际过程的q/w保持恒定，多变指数是变化的。为便于对实际情况进行分析计算，常用一个与实际过程相近似的指数不变的多变过程来代替，该多变指数称为平均多变指数。

（1）等端点多变指数　已知过程线上两端点状态参数$1(p_1,\ v_1)$和$2(p_2,\ v_2)$，则依$p_1v_1^n=p_2v_2^n$求得多变指数

$$n=-\frac{\ln\left(\dfrac{p_2}{p_1}\right)}{\ln\left(\dfrac{v_2}{v_1}\right)} \tag{4-48}$$

这种方法主要用于初、终状态参数计算。

（2）等功法多变指数　从过程始点假设一条多变过程线，使之与纵轴（p轴）所围的面积与实际过程线与p轴所围的面积相等，由此求出的多变指数称为等功法多变指数。这种方法主要用于功量计算。

（3）利用实际过程的$\lg p$-$\lg v$坐标图计算　将实际过程中的多个点画在$\lg p$-$\lg v$图上，然后用一条直线拟合为多变过程线。因pv^n=常数，故

$$\lg p+n\lg v=常数$$

所以n就是这条直线的斜率。

（4）利用p-v图面积对比计算　实际过程线与p轴间围成的面积为技术功w_t，与v轴围成的面积为膨胀功w，依功量计算有

$$n=\frac{w_t}{w} \tag{4-49}$$

例题：绝热定温过程分析　例题：可逆过程分析

【例4-1】 1kg空气分别经过定温和绝热的可逆过程，从初态p_1=1MPa、t_1=300℃膨胀到终态容积为初态容积的5倍。试分别计算两过程中空气的终态参数、功量和热量交换以及内能、焓和熵的变化量。

解　查空气比热容c_p=1.004kJ/(kg・K)，c_v=0.716kJ/(kg・K)，绝热指数k=1.4，气体常数R=0.287kJ/(kg・K)。

选取空气为一封闭系统。

（1）按定温膨胀过程，终态基本状态参数为

$$p_2=p_1\frac{v_1}{v_2}=1\times\frac{1}{5}=0.2(\text{MPa})$$

$$v_1=\frac{RT_1}{p_1}=\frac{0.287\times(300+273)}{1000}=0.164\left(\text{m}^3/\text{kg}\right)$$

$$v_2=5v_1=5\times0.164=0.82\left(\text{m}^3/\text{kg}\right)$$

$$T_2=T_1=573\text{K}=300℃$$

定温过程内能和焓的变化量为零，即$\Delta u=\Delta h=0$。

依热力学第一定律可知气体对外做的功等于其吸热量，即

$$q=w=p_1v_1\ln\frac{v_2}{v_1}=1\times10^3\times0.164\times\ln5=263.95(\text{kJ/kg})$$

熵变

$$\Delta s=\frac{q}{T}=\frac{263.95}{573}=0.461\left[\text{kJ/(kg}\cdot\text{K)}\right]$$

（2）按绝热膨胀过程，终态基本状态参数为

$$p_2 = p_1\left(\frac{v_1}{v_2}\right)^k = 1\times\left(\frac{1}{5}\right)^{1.4} = 0.105(\text{MPa})$$

$$v_1 = 0.164\text{kg/m}^3$$

$$v_2 = 0.82\text{kg/m}^3$$

$$T_2 = \frac{p_2 v_2}{R} = \frac{0.105\times10^3\times0.82}{0.287} = 300(\text{K})$$

$$q = 0$$

$$w = -\Delta u = -c_v(T_2 - T_1) = 0.716\times(573-300) = 195.5(\text{kJ/kg})$$

$$\Delta h = c_p(T_2 - T_1) = 1.004\times(300-573) = -274.1(\text{kJ/kg})$$

$$\Delta s = 0$$

读者可结合示功图和示热图比较两种情况下的能量交换特点及大小。

【例4-2】 5kg CO_2气体在多变过程中吸取1400kJ的热量，使容积增大至原容积的10倍，而压力降低为原来压力的1/6。求过程中CO_2气体的膨胀功、技术功及内能、焓和熵的变化量（按定值比热容计算）。

解

$$q = \frac{1400}{5} = 280(\text{kJ/kg})$$

$$n = -\frac{\ln(p_2/p_1)}{\ln(v_2/v_1)} = -\frac{\ln(1/6)}{\ln 10} = 0.778$$

由气体性质表查得c_p=0.85kJ/(kg·K)，c_v=0.66kJ/(kg·K)，k=1.285，R=0.1889kJ/(kg·K)。利用理想气体状态方程得

$$\frac{T_2}{T_1} = \frac{p_2 v_2}{p_1 v_1} = \frac{10}{6}$$

$$q = c_v\frac{n-k}{n-1}(T_2 - T_1) = c_v\frac{n-k}{n-1}\left(\frac{10}{6}-1\right)T_1$$

$$T_1 = \frac{q}{c_v}\times\frac{n-1}{n-k}\times\frac{3}{2} = \frac{280}{0.661}\times\frac{0.778-1}{0.778-1.285}\times\frac{3}{2} = 278.2(\text{K})$$

$$W = mw = \frac{m}{n-1}RT_1\left[1-\left(\frac{p_2}{p_1}\right)^{\frac{n-1}{n}}\right] = \frac{5}{0.778-1}\times0.1889\times278.2\times\left[1-\left(\frac{1}{6}\right)^{\frac{0.778-1}{0.778}}\right] = 790(\text{kJ})$$

$$W_t = nW = 0.778\times790 = 614.6(\text{kJ})$$

$$\Delta U = Q - W = 1400 - 790 = 610(\text{kJ})$$

$$\Delta H = mc_p(T_2 - T_1) = 5\times0.85\times\left(\frac{10}{6}-1\right)\times278.2 = 788.2(\text{kJ})$$

$$\Delta S = m\left(c_p\ln\frac{T_2}{T_1} - R\ln\frac{p_2}{p_1}\right) = 5\times\left[0.85\times\ln\left(\frac{10}{6}\right) - 0.1889\times\ln\left(\frac{1}{6}\right)\right] = 3.86(\text{kJ/K})$$

4.2 蒸汽的热力过程

分析理想气体的热力过程，主要采用公式计算法。而分析蒸汽的热力过程时，很难找到适当而简单的状态方程，因而一般不用计算法。蒸汽的比热容c_p、c_v以及焓h、内能u均不是温度的单值函数，而是压力p或比体积v和温度T的复杂函数，通常从图或表中查出。应该指出，热力学第一定律和第二定律的基本原理和从它们直接推得的一般关系式是普遍适用于任何工质的，因而在此也适用。例如

$$q = \Delta u + w = \Delta h + w_t$$

$$h = u + pv$$

$$\left.\begin{aligned} w &= \int p\mathrm{d}v \\ w_t &= -\int v\mathrm{d}p \\ q &= \int T\mathrm{d}s \end{aligned}\right\} \text{适用于可逆过程}$$

分析蒸汽的热力过程的步骤一般如下。

① 由初态的两个已知的独立参数，如（p，t）、（p，x）、（t，x）等从表或图上查得其他初态参数；

② 由初态、过程特征和终态的一个已知参数确定终态，并利用图或表查出其他参数；

③ 将查得的初、终态参数代入有关公式计算热量、功量等能量交换。

蒸汽的热力过程也有定容、定压、定温和绝热四个基本热力过程。

定容过程

$$v = \text{常数}$$

$$w = \int p\mathrm{d}v = 0$$

$$w_t = -\int v\mathrm{d}p = v(p_1 - p_2)$$

$$q = u_2 - u_1 = (h_2 - h_1) + w_t$$

定压过程

$$p = \text{常数}$$

$$w = \int p\mathrm{d}v = p(v_2 - v_1)$$

$$w_t = -\int v\mathrm{d}p = 0$$

$$q = h_2 - h_1$$

$$\Delta u = q - w$$

定温过程

$$T = \text{常数}$$

$$q = \int T\mathrm{d}s = T(s_2 - s_1)$$

$$\Delta u = \Delta h - \Delta(pv)$$

$$w = q - \Delta u$$

$$w_t = q - \Delta h$$

定熵（绝热可逆）过程

$$s = \text{常数}$$

$$q = \int T\mathrm{d}s = 0$$

$$w_t = -\Delta h = h_1 - h_2$$

$$w = u_1 - u_2 = (h_1 - h_2) - (p_1v_1 - p_2v_2)$$

蒸汽的绝热过程不能用pv^k=常数来表示，但有时需要绝热指数的数值，也写成pv^k=常数的形式。但必须注意，此式中的k已不再是比定压热容c_p与比定容热容c_v的比值，而是根据过程初、终态参数推算出

来的，即

$$k=\frac{\ln\left(p_1/p_2\right)}{\ln\left(v_2/v_1\right)}$$

作为近似估算，对过热水蒸气可取k=1.3；对干饱和水蒸气可取k=1.135；对湿水蒸气可取k=1.135+0.1x。这样的k值不能用来计算蒸汽的状态参数。

【例4-3】 水蒸气在1MPa、300℃下定熵膨胀到0.3MPa，再定容放热至0.24MPa，然后经冷凝器定压放热至x=0.7。试计算1kg水蒸气所完成的功。

解 利用h-s图求解。

整个过程分为定熵过程1—2、定容过程2—3和定压过程3—4。

（1）初态参数 在h-s图上找到p_1=1MPa定压线和t=300℃ 定温线，两线交点即为初态1。从而查出

$$h_1=3052\text{kJ/kg},\ s_1=7.12\text{kJ/}\left(\text{kg}\cdot\text{K}\right),\ v_1=0.26\text{m}^3\text{/kg}$$

$$u_1=h_1-p_1v_1=3052-1\times10^3\times0.26=2792\left(\text{kJ/kg}\right)$$

（2）状态2的参数 从初态1开始，沿h-s图中的定熵线向下与p_2=0.3MPa的定压线相交，得状态2，查出

$$h_2=2784\text{kJ/kg},\ v_2=0.66\text{m}^3\text{/kg},\ t_2=160℃$$

$$u_2=h_2-p_2v_2=2784-0.3\times10^3\times0.66=2586\left(\text{kJ/kg}\right)$$

（3）状态3的参数 从状态2开始沿定容线向左下与p_3=0.24MPa的定压线相交，得状态3，查出

$$h_3=2400\text{kJ/kg},\ t_3=128℃,\ x=0.85$$

$$u_3=h_3-p_3v_3=2400-0.24\times10^3\times0.66=2241.6\left(\text{kJ/kg}\right)$$

（4）状态4的参数 从状态3开始沿定压线向左下与x=0.7定干度线相交得状态4，查出

$$h_4=2039\text{kJ/kg},\ v_4=0.52\text{m}^3\text{/kg},\ t_4=128℃$$

$$u_4=h_4-p_4v_4=2039-0.24\times10^3\times0.52=1914.2\left(\text{kJ/kg}\right)$$

（5）各段功量计算

1→2段 $$w_{12}=-\Delta u=u_1-u_2=2792-2586=206\left(\text{kJ/kg}\right)$$

$$w_{t12}=h_1-h_2=3052-2784=268\left(\text{kJ/kg}\right)$$

2→3段 $$w_{23}=0$$

$$w_{t23}=v_2\left(p_2-p_3\right)=0.66\times\left(0.3-0.24\right)\times10^3=39.6\left(\text{kJ/kg}\right)$$

3→4段 $$w_{34}=p\left(v_4-v_3\right)=0.24\times10^3\times\left(0.52-0.66\right)=-33.6\left(\text{kJ/kg}\right)$$

$$w_{t34}=0$$

（6）总功量计算 整个过程的总功量等于各段功量之和

$$w=w_{12}+w_{23}+w_{34}=206+0-33.6=172.4\left(\text{kJ/kg}\right)$$

$$w_t=w_{t12}+w_{t23}+w_{t34}=268+39.6+0=307.6\left(\text{kJ/kg}\right)$$

本题也可利用水蒸气表计算，但由于列表数据间隔较大，常需要采用内插法进行计算，较繁杂。读者可自行试解，并与图解法的结果相比较。

湿空气的热力过程

4.3 湿空气的热力过程

工程中常用的湿空气的热力过程有加热或冷却、绝热加湿、冷却去湿、增压冷凝过程等。在这些过程中，主要研究湿空气焓和含湿量的变化。计算过程主要应用焓湿图、稳定流动能量方程和质量守恒方程。

4.3.1 加热或冷却过程

当湿空气单纯地被加热或冷却时，其重要特点是其含湿量保持不变，因而也常称为定湿加热或定湿冷却过程。如图4-5所示的湿空气加热过程，焓增加，温度升高，压力保持不变。若忽略空气的宏观动能和位能变化，则过程中含有每千克干空气的湿空气吸收的热量为

$$q = h_2 - h_1$$

式中，h_1、h_2为过程初、终状态下湿空气的焓。在焓-湿图上（图4-6），1—2为加热过程，1—2′为冷却过程。

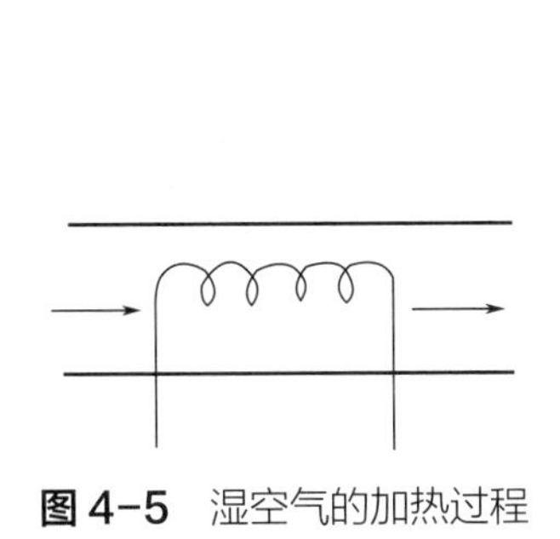

图4-5 湿空气的加热过程

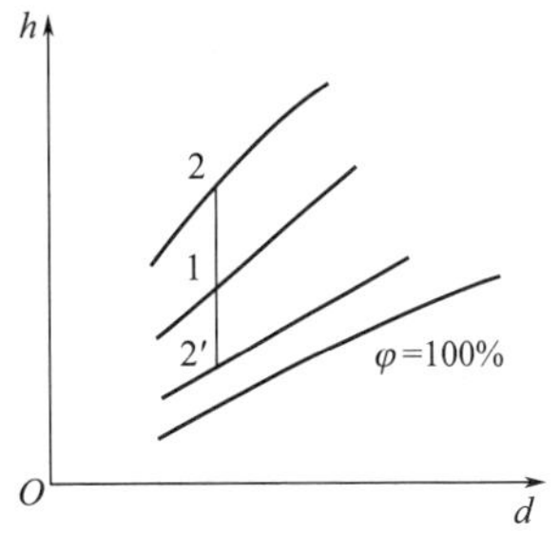

图4-6 湿空气加热或冷却过程的计算

4.3.2 绝热加湿过程

在绝热条件下，向空气中喷水使空气含湿量增加的过程称为绝热加湿过程。其特点是，过程进行时蒸发水分所需的热量全部来自湿空气本身，因而其温度下降。依稳定流动能量方程，若忽略空气的宏观动能和位能变化，且不做功，则以每千克干空气为基准的湿空气焓变为

$$h_2 - h_1 = \frac{d_2 - d_1}{1000} h_w$$

式中，h_1、h_2分别为加湿前后含有每千克干空气的湿空气的焓值；d_2-d_1为对每千克干空气加入的水分量（即含湿量的增量）；h_w为水的焓值。由于$h_w \ll h_1$或h_2，故可忽略不计，从而有

$$h_1 \approx h_2$$

即绝热加湿过程可近似视为定焓过程。在焓-湿图中如图4-7所示的1→2过程。

4.3.3 冷却去湿过程

如果把湿空气冷却到露点（饱和状态），然后继续冷却，则有蒸汽不断凝结析出水，含湿量降低，空气则保持处于饱和状态，如图4-8中1→2→3过程。若忽略空气的宏观动能和位能变化，过程中又无轴功，则

$$q=\left(h_3-h_1\right)-\frac{d_3-d_2}{1000}h_{\mathrm{w}}=-\left[\left(h_1-h_3\right)-\frac{d_1-d_3}{1000}h_{\mathrm{w}}\right]$$

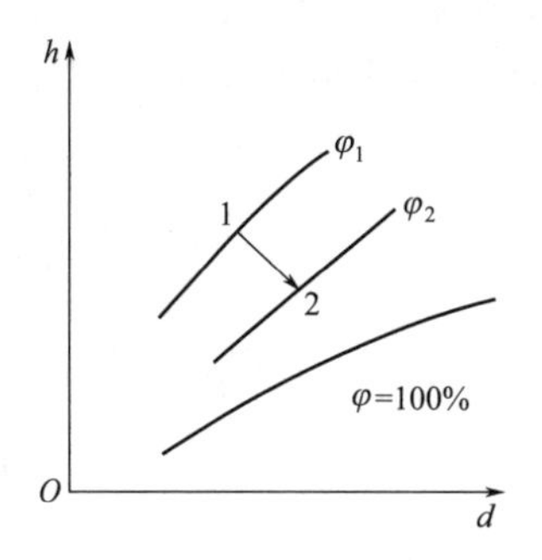

图4-7 湿空气绝热加湿过程的计算

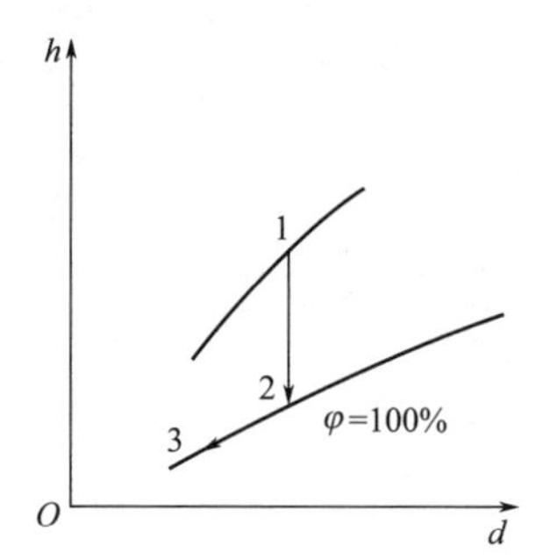

图4-8 湿空气冷却去湿过程的计算

4.3.4 增压冷凝过程

在化工生产中，经常要求把空气加压后进行冷却，如空气的压缩过程。若湿空气的初态为p_1、t_1、φ_1，经压缩后，其压力达到p_2，温度为t_2，则水蒸气的分压也将从 $p_{\mathrm{st1}}=\varphi_1 p_{\mathrm{s1}}$ 增加到 $p_{\mathrm{st2}}=\varphi_1 p_{\mathrm{s1}}\dfrac{p_2}{p_1}$（按理想气体）。然后在该压力下使湿空气温度冷却到 t_2'，与之对应的水蒸气的饱和蒸气压为 p_{s2}'。若 $p_{\mathrm{st2}}>p_{\mathrm{s2}}'$，则冷却过程中必有水蒸气被凝析；反之则不会有凝析。

4.3.5 绝热混合过程

将两股或两股以上不同状态的湿空气在绝热条件下混合，以得到符合要求的湿空气，是空调工程中常用的方法。如果两股分别处于状态1和状态2、干空气质量流量分别为q_{ma1}和q_{ma2}的湿空气绝热混合，混合后的状态为3，干空气质量流量为q_{ma3}，则有质量守恒式

$$q_{\mathrm{ma1}}+q_{\mathrm{ma2}}=q_{\mathrm{ma3}} \tag{4-50}$$

$$q_{\mathrm{ma1}}d_1+q_{\mathrm{ma2}}d_2=q_{\mathrm{ma3}}d_3 \tag{4-51}$$

若忽略混合前后湿空气宏观动能和位能的变化，又无轴功，则稳定流动能量方程为

$$q_{\mathrm{ma1}}h_1+q_{\mathrm{ma2}}h_2=q_{\mathrm{ma3}}h_3 \tag{4-52}$$

依据这三个方程，若已知混合前各股气流的状态和质量流量，即可解出混合后湿空气所处状态。

联立式（4-50）～式（4-52）可得

$$\frac{h_3-h_1}{h_2-h_3}=\frac{d_3-d_1}{d_2-d_3}=\frac{q_{ma2}}{q_{ma1}} \tag{4-53}$$

可见，混合后的状态点3将直线1 2分为两段（图4-9），这两段的长度与参加混合的干空气质量流量成反比。因此，在h-d图上很容易找到混合后的状态点3。

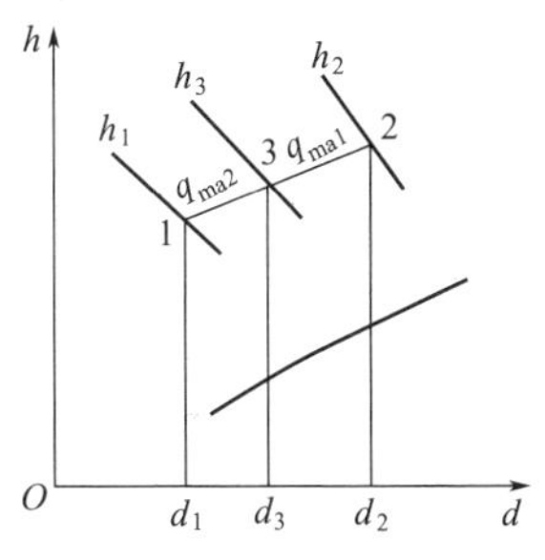

图4-9 湿空气绝热混合过程的计算

【例4-4】 烘干用空气的初态参数是t_1=25℃，φ_1=0.6，p_1=0.1MPa。在加热器内被加热到50℃之后再送入烘箱。从烘箱出来时的温度是40℃。求：(1) 每蒸发1kg水分需供入多少空气；(2) 加热器中应加入多少热量。

解 （1）确定初态参数 应用h-d图，t_1=25℃的定温线与φ_1=0.6的定相对湿度线的交点即为初态1，查得

$$d_1=12\text{g/kg(a)}, t_{DP}=16.8℃, h_1=55.5\text{kJ/kg(a)}$$

$$p_{st}=1.9\text{kPa}, v_1=0.871\text{m}^3/\text{kg}$$

（2）确定加热器出口参数 空气在加热器内的加热过程为定湿过程，从状态1开始向上与t_2=50℃的定温线相交，交点即为状态2，查得

$$h_2=82\text{kJ/kg(a)}, \varphi_2=15\%$$

（3）确定烘箱出口参数 空气在烘箱内进行的是绝热加湿过程，焓值近似不变，$h_3 \approx h_2$。从状态2开始沿定焓线向右下方与t_3=40℃定温线相交，交点为状态3，查出

$$d_3=16.3\text{g/kg(a)}, \varphi_3=35\%$$

$$t_{DP}=21.5℃, p_{st}=2.4\text{kPa}$$

（4）每千克干空气在加热器内吸收的热量

$$q=h_2-h_1=82-55.5=26.5[\text{kJ/kg(a)}]$$

每千克干空气在烘箱内吸收的水分为

$$\Delta d=d_3-d_1=16.3-12=4.3[\text{g/kg(a)}]$$

（5）蒸发1kg水分需要的空气量

$$m_a=\frac{10^3}{\Delta d}=\frac{10^3}{4.3}=232.6[\text{kg(a)}]$$

蒸发1kg水分加热器需提供的热量为

$$Q=m_a q=232.6\times 26.5=6163.9(\text{kJ})$$

【例4-5】 某压缩机吸气（湿空气）压力为p_1=0.1MPa，温度25℃，相对湿度φ=62%，若把它压缩至p_2=0.4MPa，然后冷却为35℃，问是否会出现凝析？

解 查饱和水蒸气表得25℃时的饱和蒸气压p_{s1}=3.166kPa，故吸气状态下水蒸气分压为

$$p_{st1}=\varphi p_{s1}=0.62\times 3.166=1.963(\text{kPa})$$

增压后水蒸气分压为

$$p_{st2}=p_{st1}\frac{p_2}{p_1}=1.963\times\frac{0.4}{0.1}=7.852(\text{kPa})$$

冷却后，35℃时的饱和蒸气压（查表）为

$$p_{s2}=5.622\text{kPa}$$

由于$p_{st2} > p_{s2}$，故冷却时会出现凝析。

4

绝热节流

4.4 绝热节流

气体或蒸气在管道中流动时，流经截面突然缩小的闸门、孔口、多孔塞等装置后，又进入截面和原来相同或相近的管道。这种由于截面突变，气流局部受阻，造成压力降低的现象称为节流。若节流过程中，气流与外界既无热量交换又无功量交换，则称为绝热节流。

4.4.1 焦耳－汤姆逊效应

1852年，焦耳和汤姆逊进行了一项实验。如图4-10所示，在一个圆形绝热筒的中部，放置一个多孔塞，且使多孔塞的两边维持一定的压力差。使压力恒为p_1、温度恒为t_1的某种气体，连续地流过多孔塞，并保持多孔塞右侧的压力恒为p_2，测出温度t_2。一般情况下，$t_2 \neq t_1$。这种气流温度在节流前后发生变化的现象称为焦-汤效应。

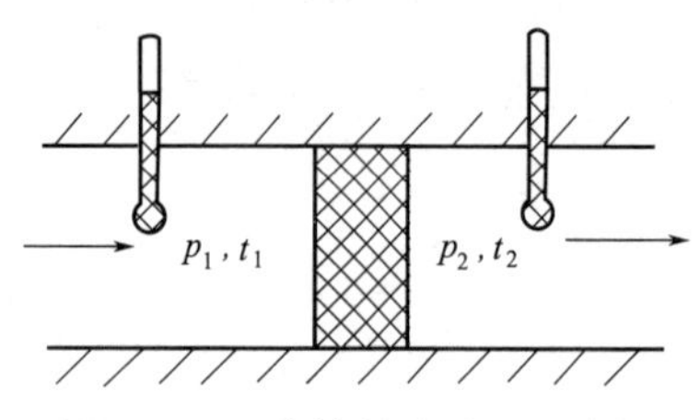

图 4-10 绝热节流过程的计算

设某定量气体在p_1、t_1状态所占体积为V_1，节流后，在p_2、t_2状态下所占体积为V_2，则气体在左侧得到功p_1V_1，在右侧对外做功p_2V_2，净功为

$$W = p_2V_2 - p_1V_1$$

由于过程是绝热的，Q=0，故依热力学第一定律有

$$U_2 - U_1 = -W = p_1V_1 - p_2V_2$$

$$H_2 = H_1$$

可见，在绝热节流过程前后，气体焓值不变，故绝热节流也称为等焓节流。

气流温度在节流前后的变化因工质的性质而异。对理想气体，因焓是温度的单值函数，故节流前后温度不变。对实际气体，由于焓是温度和压力的函数，所以节流前后虽焓值不变，温度却会发生变化。

工程中常见的节流过程属敞开稳定流动系统，如图4-11所示。因流道截面突然缩小，气流在孔口前后形成涡流，产生强烈摩擦，运动也不规则，因此对孔口前后难以用热力学方法进行研究。但在距孔口前后较远的截面，仍是平衡状态，有确定的状态参数值，依气体动力学理论，也可得出节流过程是等焓过程的结论。应该指出，节流过程是等焓过程，但不是定焓过程。节流过程的压力、流速和焓值变化示于图4-11。

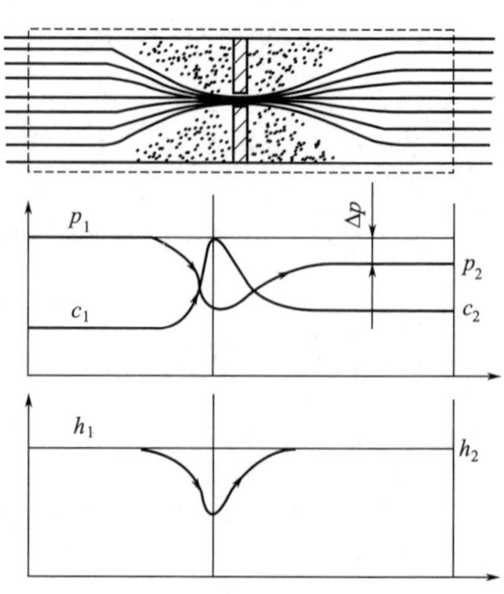

图 4-11 绝热节流过程示意

4.4.2 微分节流效应

节流前后气流温度的变化与压力变化的比值称为节流系数，以微分形式表示为

$$\mu_{\mathrm{J}}=\left(\frac{\partial T}{\partial p}\right)_h \tag{4-54}$$

称为微分节流系数（也称焦-汤系数），它表示在微元节流过程中，实际气体温度随压力降低而变化的关系。应用热力学微分关系式可得

$$\mathrm{d}h=c_p\mathrm{d}T+\left[v-T\left(\frac{\partial v}{\partial T}\right)_p\right]\mathrm{d}p \tag{4-55}$$

$$\mu_{\mathrm{J}}=\frac{1}{c_p}\left[T\left(\frac{\partial v}{\partial T}\right)_p-v\right] \tag{4-56}$$

显然，微分节流系数μ_{J}可正、可负，也可为零，取决于工质的状态方程和节流前气体所处状态。

当$T\left(\frac{\partial v}{\partial T}\right)_p>v'$时，$\mu_{\mathrm{J}}=\left(\frac{\partial T}{\partial p}\right)_h>0$，表明节流后气体温度降低；

当$T\left(\frac{\partial v}{\partial T}\right)_p<v$时，$\mu_{\mathrm{J}}=\left(\frac{\partial T}{\partial p}\right)_h<0$，表明节流后气体温度升高；

当$T\left(\frac{\partial v}{\partial T}\right)_p=v$时，$\mu_{\mathrm{J}}=\left(\frac{\partial T}{\partial p}\right)_h=0$，表明节流后气体温度不变。

在T-p图上，任何一条等焓线都代表一种初始状态下的节流过程线。焦-汤系数μ_{J}就是等焓线上任一点的斜率值（图4-12）。$\mu_{\mathrm{J}}=0$的点相应于该等焓线上的最高点，这时气流的温度称为回转温度，以T_{i}表示。把所有回转温度点连接起来就得到一条回转曲线。回转曲线把T-p图分成两个区：若气体状态落在曲线与温度轴所包围的范围内，$\mu_{\mathrm{J}}>0$，气体节流后产生冷效应；若气体状态落在曲线与温度轴所包围的范围之外，$\mu_{\mathrm{J}}<0$，气体节流后产生热效应；若气体状态落在转化曲线上，节流后气体温度不变。对大多数实际气体，如空气、氮气、氧气等，在常温和压力不太高的条件下，微分节流后均产生冷效应，但在高压下会产生热效应。少数气体，如氢气、氦气等，在常温下也产生热效应。回转曲线与温度轴有两个交点，上交点的温度称为最大回转温度$T_{\mathrm{i,max}}$，下交点称为最小回转温度$T_{\mathrm{i,min}}$，气体温度高于最大回转温度或低于最小回转温度时不可能产生节流冷效应。

4.4.3 积分节流效应

在生产实践上，为了获得足够大的温降，节流膨胀时往往需采取较大的压力降，这时所产生的温度变化ΔT_{J}将是微分节流效应的积分值，称为积分节流效应，即

$$\Delta T_{\mathrm{J}}=\int_{T_1}^{T_2}\mathrm{d}T_{\mathrm{J}}=\int_{p_1}^{p_2}\mu_{\mathrm{J}}\mathrm{d}p \tag{4-57}$$

按上式直接积分求解ΔT_{J}往往比较困难，通常是采用图解法。只要已知节流前的状态1（p_1，T_1）和节流后的压力p_2，即可从状态1开始沿等焓线与压力为p_2的定压线相交，交点即为节流后的状态点2，从而确定T_2。

对积分节流效应，若节流前气体状态处于冷效应区，则节流后温度一定降低；若节流前气体状态处

于热效应区，如图4-12中的a点，则当压降较小时（节流后压力$p_2>p_d$），产生热效应；而当压降较大时（节流后压力$p_2<p_d$），产生冷效应。可见，节流的微分效应和积分效应不尽相同。

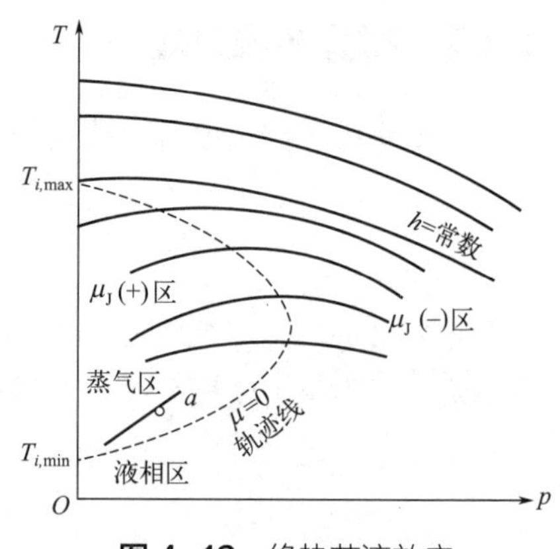

图4-12 绝热节流效应

4.4.4 节流装置

4.4.4.1 节流装置的类型

节流装置主要用于制冷系统中，承担由冷凝器的高压到蒸发器的低压过程的减压作用，是保持冷凝器和蒸发器之间的压力差及制冷工质合理循环量的重要部件。常用的节流装置有手动节流阀（膨胀阀）、浮球式节流阀，热力式膨胀阀及毛细管等，新型的电力式膨胀阀也已进入实际使用阶段。

手动膨胀阀是最简单的节流阀，它适用于制冷系统手动控制的场合。它实际是一种可以调节的针阀，手动调节阀的开启度。浮球式节流阀多用于满液式蒸发器，阀的开度靠液位高低抵动浮球，带动的杠杆来调节。热力式膨胀阀是一种自动调节膨胀阀，广泛用于制冷和空调设备上。阀的开度靠弹性金属膜片两侧的压力差作用，使膜片带动的阀杆产生位移来调节。热力式膨胀阀有一个感温包，内充与制冷工质相同的液体或气体。感温包通过一根毛细管与膨胀阀金属膜片的上部相通，感温包扎缚在蒸发器出口附近的吸气管上，制冷系统运行时，热力膨胀阀的感温包对吸气管上所在点的吸气温度起响应，通过改变作用在膜片上的压力，自动调节阀的开启度。毛细管节流装置主要用于小型制冷系统，如家用冰箱、空调等。

4.4.4.2 热力式膨胀阀的原理

热力式膨胀阀的结构原理如图4-13所示，它是利用密封在元件内制冷剂饱和压力的变化来控制流经阀孔的制冷剂量。热力式膨胀阀的动作基本上取决于以下3个主要压力：

感温包压力——它作用在使阀趋向开启的膜片一侧；

蒸发压力——它作用在膜片的另一侧，可使阀趋向于关闭；

阀杆底座的弹簧力——它通过阀杆传递到膜片的蒸发压力侧，帮助关闭阀孔。

热力式膨胀阀感温包压力被蒸发压力和弹簧力所平衡，安装在吸气管路上的感温包元件使用的介质与制冷系统的制冷剂相同时，它们的温度、压力特性是一致的。蒸发器中液体制冷剂蒸发，吸气被过热，温度升高。感温包内压力就比蒸发压力高，该压力作用在膨胀阀的膜片顶部，当它大于蒸发压力与弹簧力之和时，会引起阀芯移离阀座，开大通流阀孔，直到感温包压力同蒸发压力与之平衡为止。如果膨胀阀供液不足，引起蒸发压力下降或蒸发器出口过热度上升，使阀开大。反之，如果膨胀阀供液太多，蒸发器压力上升或者感温包温度下降。弹簧力和蒸发压力都可使阀关小，直到三种压力平衡为止。

例题：绝热节流过程中参数的变化

热力式膨胀阀分内平衡和外平衡两种类型。前者金属膜片下部与膨胀阀出口相通［图4-13（a）］，后者金属膜片下部不与膨胀阀出口相通［图4-13（b）］，而是通过一根细管与蒸发器出口相通，从而消除制冷工质在蒸发器内产生的压降的影响。因此，外平衡式膨胀阀适用于蒸发器内制冷工质的压力损失较大场合。热力式膨胀阀内作用于金属膜片的弹簧作用应是与过热度相当的压力，并且是可调整的。

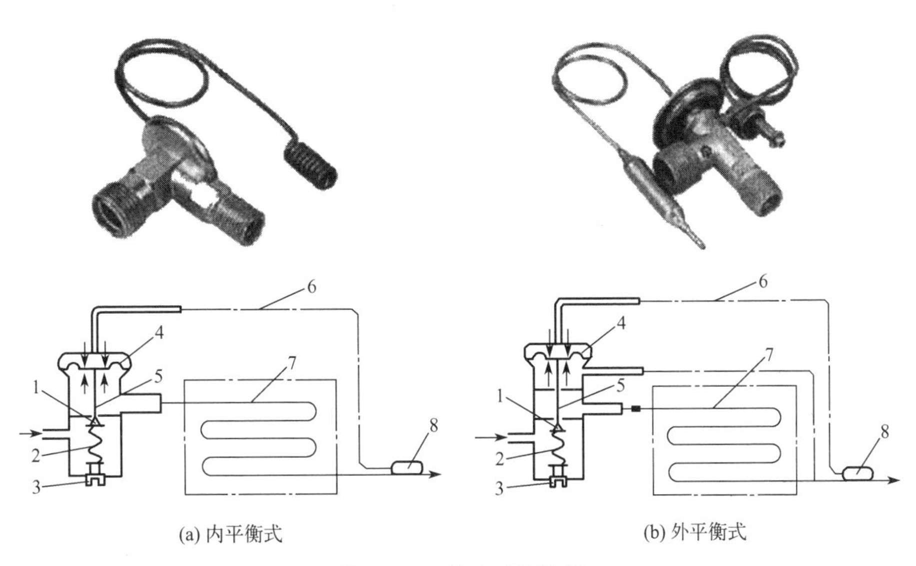

图 4-13 热力式膨胀阀

1—针阀；2—弹簧；3—调节螺钉；4—膜片；5—推杆；6—毛细管；7—蒸发器；8—感温包

4.5 压缩机中的热力过程

压缩机是生产压缩气体的设备，是通过消耗机械能而使气体压力升高的一种工作机。按工作原理和构造，压缩机可分为容积式压缩机、速度式压缩机和引射式压缩机。容积式压缩机直接通过改变气体容积实现压缩过程，其典型代表是往复式（活塞式）压缩机（图4-14）；速度式压缩机是利用高速旋转的叶轮推动气体以很高的速度流动，然后通过扩压管使动能转化为压力能来实现压缩过程，其典型代表是离心式（叶轮式）压缩机（如图4-15）。本节介绍活塞式压缩机和叶轮式压缩机的热力过程分析方法，其他形式压缩机热力过程的分析方法与之类似。

图 4-14 W 型活塞式压缩机

图 4-15 离心式压缩机

4.5.1 压缩机的理想压缩热力过程

压缩机的工作过程中有气体的进出，即压缩机为开系，对于活塞式压缩机，尽管它的工作是周期性的，但由于转速相当高，通常为每分钟几千转以上，仅从进、出口气流来看，亦可视作稳定流动，根据开系统能量方程

$$Q = \Delta H + W_t$$

一般情况下，进、出口气体的流速和高度的差别不大，动能差和重力位能差可忽略，由技术功 $W_t = \frac{1}{2} q_m \Delta c^2 + q_m g \Delta z + W_s$，有 $W_s \approx W_t$ 。故压缩机消耗的功量可认为等于技术功。

根据不同的工作条件，压缩过程可能出现三种情况。

① 过程进行得很快，压缩机中的气体与外界来不及交换热量，可视为绝热过程（图4-16中的过程1—2′）；

② 过程进行得很慢，气体及时向外散热，使气体的温度始终保持与初态温度相等，可视为定温度压缩过程（图4-16中的过程1—2″）；

③ 一般的压缩过程，气体既向外散热，温度又有所升高，介于前面两者之间，为多变指数介于1和绝热指数k之间的多变压缩过程（图4-16中的过程1—2）。

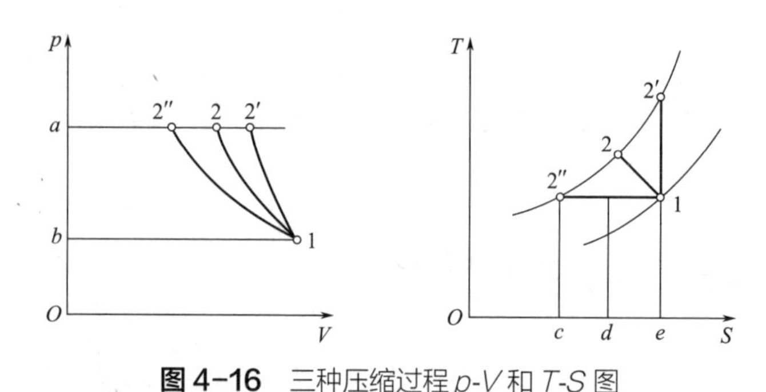

图4-16 三种压缩过程p-V和T-S图

4.5.1.1 绝热压缩过程

压缩终了时气体温度升高

$$T_2' = T_1 \left(\frac{p_2}{p_1} \right)^{\frac{k-1}{k}} \tag{4-58}$$

绝热过程Q=0，气体压缩耗功为

$$W_t' = \frac{k}{k-1} p_1 V_1 \left[1 - \left(\frac{p_2}{p_1} \right)^{\frac{k-1}{k}} \right] \tag{4-59}$$

4.5.1.2 定温压缩过程

压缩过程气体温度不变，即T_2=T_1，气体压缩耗功

$$W_t''=q_m RT\ln\frac{p_1}{p_2} \tag{4-60}$$

压缩过程与外界交换热量为

$$Q''=mRT\ln\frac{p_1}{p_2} \tag{4-61}$$

4.5.1.3　多变压缩

压缩终了时气体温度升高

$$T_2=T_1\left(\frac{p_2}{p_1}\right)^{\frac{n-1}{n}} \tag{4-62}$$

气体压缩耗功

$$W_t=\frac{n}{n-1}p_1V_1\left[1-\left(\frac{p_2}{p_1}\right)^{\frac{n-1}{n}}\right] \tag{4-63}$$

压缩过程与外界交换热量为

$$Q=q_m\frac{n-k}{n-1}c_v\left(T_2-T_1\right) \tag{4-64}$$

显然，定温压缩时，压缩机的耗功量最少，压缩终了的气体温度最低；绝热压缩时，压缩机的耗功量最大，压缩终了的气体温度最高；多变压缩介于两者之间，并随多变指数n的减小而减少。另外，压缩终了气体温度过高也会使润滑油过热变质，损坏压缩机，严重时还会引起爆炸。因此，在压缩过程中，应力求工质得到充分冷却，使之趋于定温压缩。所以工程上常采用对气缸进行冷却，如水夹套冷却、气缸周围加散热片等，起到一定的作用。但是，由于气缸散热面积有限，一次压缩的时间又很短，散热量是有限的，压缩过程的多变指数n更接近k而远离1。此外，对叶轮式压缩机，气缸冷却无法实现。为解决上述问题，工程上常采用多级压缩和级间冷却的方法。

活塞式压缩机工作原理

4.5.2　活塞式压缩机

4.5.2.1　活塞式压缩机的工作原理

往复活塞式压缩机主要由气缸、活塞、曲轴和连杆机构组成，曲轴由电动机带动旋转，并通过连杆使活塞在气缸中做上下往复运动，压缩机每完成一次循环，曲轴旋转一周，依次进行一次吸气、压缩、排气和膨胀过程。图4-17为活塞式压缩机的结构图。

图4-18是单级活塞式压缩机工作原理的示意图。曲柄连杆机构带动活塞在气缸中做往复运动。活塞左右两极限位置称为死点。两死点之间的距离L称为行程（或冲程）。一次行程活塞所扫过的体积V_h称为行程容积。活塞右行时，压力为p_1的低压气体通过单向吸气阀被吸入气缸中，活塞行至右死点时，吸气过程结束。活塞左行时，吸气阀关闭，气体因所占容积缩小而压力升高。当气缸内气体压力达到排气压力p_2时，排气阀被顶开，开始排气过程，直至活塞运行至左死点为止。

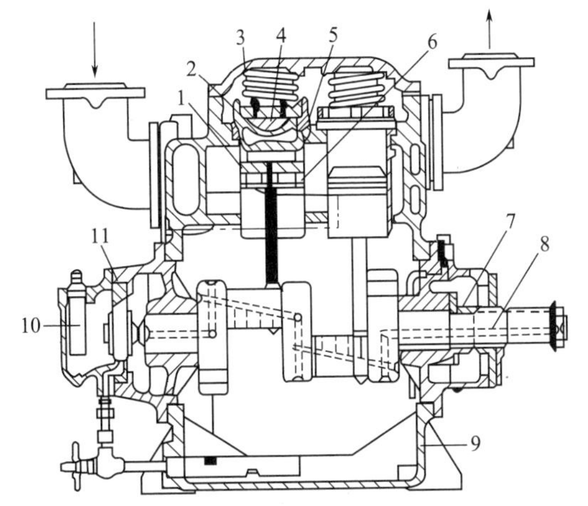

图4-17　活塞式压缩机的结构图

1—活塞；2—排气阀；3—排气弹簧；4—阀座；5—吸气阀；6—气缸套；7—轴封；8—曲轴；9—曲轴箱；10—油过滤器；11—齿轮

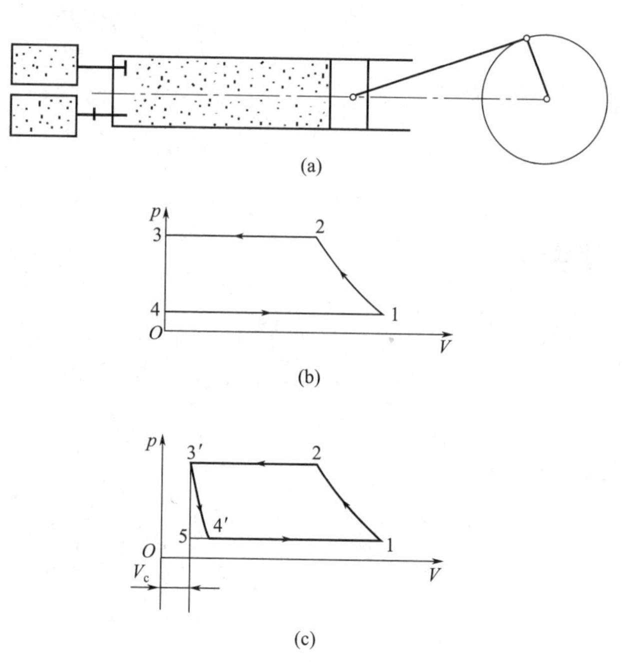

图4-18　活塞式压缩机工作原理的示意图

最理想的情况是在左死点处，活塞端面与气缸端面贴合而无间隙，工作过程的p-V图如图4-18（b）所示。活塞右行时，吸入(p_1,V_1,T_1)状态下的气体，吸入气量为$V_e=V_1=V_h$称为吸入状态体积。在p-V图上即为4—1线，称为吸气线。应该指出，吸气线4—1不是热力过程线，其体积增加是由于随活塞右行使进入气缸内的气体质量不断增加。在整个4—1线上，气体状态未发生变化，均为(p_1,V_1,T_1)。吸气过程结束后，活塞开始从右死点左行，吸气阀关闭。但气缸内压力小于排气压力p_2，无法顶开排气阀，气缸内气体受到压缩，压缩线在p-V图上为1—2线。随活塞的左行，气体容积减小，气体状态参数也按某一规律变化，因而1—2线是热力过程线。在状态2，缸内气体压力与排气压力p_2相等。当活塞继续左行时，排气阀被顶开，状态为(p_2,V_2,T_2)的气体就不断排出气缸，直至活塞行至左死点止。排气过程在p-V图上即为2—3线。显然排气线也不是热力过程线。当活塞再次右行时，又从4点开始重新循环下去。

实际上，在左死点处，活塞端面与气缸端面之间留有适当的间隙，以防止两者相撞。该间隙称为余隙，间隙的容积称为余隙容积，以V_c表示。此时，压缩机工作过程的p-V图如图4-18（c）所示。活塞左行排气时只能行至3′点。当活塞再次右行时，由于余隙内气体压力高于吸气压力p_1，因此吸气阀无法打开。余隙内气体必须首先膨胀降压至4′点，即余隙内气体压力等于吸气压力p_1，吸气阀才打开，开始吸气。可见，3′—4′是热力过程线（膨胀过程），4′—1为吸气线，不是热力过程线。吸入气量$V_e=V_1-V_{4'}<V_h$。实际压缩机的工作过程由两条热力过程线（压缩线1—2和膨胀线3′—4′）和两条非热力过程线（吸气线4′—1和排气线2—3′）组成。

多级压缩机的工作过程由多个单级工作过程组成，只是每级的吸排气压力、温度不同而已。

4.5.2.2 压缩功的计算

往复式压缩机属连续工作的周期性动作热力设备，可视为稳流过程。若忽略进出口的动能差和位能差，则其轴功即为技术功。气体的压缩及膨胀过程一般可视为多变过程。

压缩机在理想工作过程中，压缩气体所消耗的功为图4-18（b）中1—2—3—4—1所包围的面积，即多变过程1—2的技术功，可按式（4-63）计算。

有余隙容积时，压缩气体所消耗的功为图4-18（c）中1—2—3′—4′—1所包围的面积，即压缩过程技术功与膨胀过程技术功之差，若压缩过程和膨胀过程的多变指数相同，则

$$W_t=\frac{n}{n-1}p_1(V_1-V_{4'})\left[1-\left(\frac{p_2}{p_1}\right)^{\frac{n-1}{n}}\right]=\frac{n}{n-1}p_1V_e\left[1-\left(\frac{p_2}{p_1}\right)^{\frac{n-1}{n}}\right] \tag{4-65}$$

式中，$V_e=V_1-V_{4'}$为压缩机的有效吸气容积。

若吸入状态下的体积流量为q_{V_e} m³/s，则压缩机的功率为

$$N_t=\frac{n}{n-1}p_1q_{V_e}\left[1-\left(\frac{p_2}{p_1}\right)^{\frac{n-1}{n}}\right] \tag{4-66}$$

工程中为使运行安全可靠，常以$n=k$来计算压缩机的功率。当然，在选配电机时还要考虑摩擦、扰动等不可逆因素造成的功损失，通常以绝热效率和机械效率来表示。

4.5.2.3 容积效率

如图4-18所示，由于余隙的存在，不仅它本身起不到压缩作用，而且使另一部分气缸容积（$V_{4'}-V_5$）也不起压缩作用。因此，有效吸气容积V_e小于气缸的行程容积V_h，两者之比称为容积效率，以η_v表示

$$\eta_v=\frac{V_e}{V_h}=\frac{V_h+V_c-V_{4'}}{V_h}=1-\frac{V_c}{V_h}\left[\left(\frac{p_2}{p_1}\right)^{\frac{1}{n}}-1\right]=1-\alpha\left[\left(\frac{p_2}{p_1}\right)^{\frac{1}{n}}-1\right] \tag{4-67}$$

式中，$\alpha=\dfrac{V_c}{V_h}$称为相对余隙容积。α越大，η_v越小。当p_2/p_1提高到某一值时，容积效率可为零。这意味着压缩过程的有效吸气容积为零，即4′点与1点重合。可见，对相对余隙容积一定的压缩机来说，单级压缩的最大升压比为

$$\left(\frac{p_2}{p_1}\right)_{\max}=\left(1+\frac{1}{\alpha}\right)^n \tag{4-68}$$

因此，依靠单级压缩往往难以达到工程实际中所要求的高压。

4.5.3 叶轮式压缩机

4.5.3.1 叶轮式压缩机工作原理

叶轮式压缩机有许多种，主要分为离心式和轴流式两类。它们的共同特点是气体连续不断地进入压缩机，在其中受到压缩，压力升高后不断流出压缩机，也就是说，气体的压缩是在连续流动的状况下进

行的。现以离心式压缩机为例，说明其工作原理。

离心式压缩机主要可分为转子和定子两大部分，如图4-19所示。转子由主轴、叶轮、平衡盘、推力盘、联轴器等主要部件组成；定子由机壳、扩压器、弯道、回流器、轴承和蜗壳等组成。

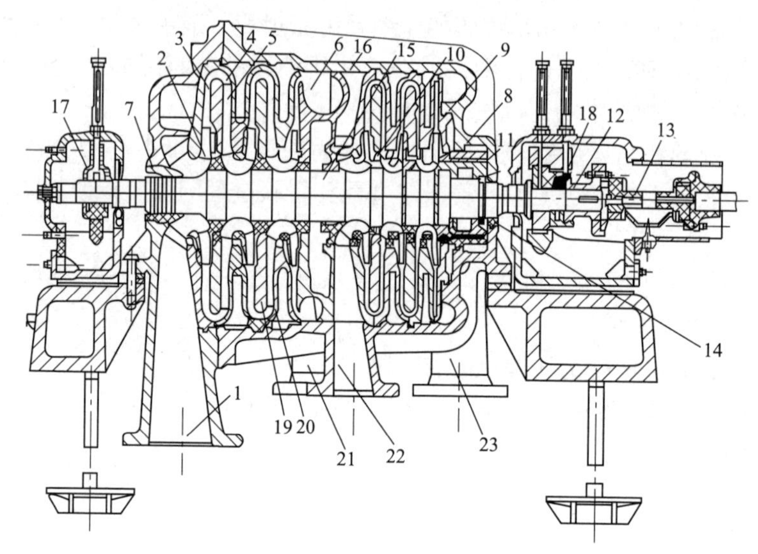

图4-19　离心式压缩机

1—吸气室；2—叶轮；3—扩压器；4—弯道；5—回流器；6—涡室；7，8—前、后轴密封；9—隔板密封；10—轮盖密封；11—平衡盘；12—推力盘；13—联轴器；14—卡环；15—主轴；16—机壳；17—轴承；18—推力轴承；19—隔板；20—导流叶片；21—一段排气管；22—二段排气管；23—二段吸气管

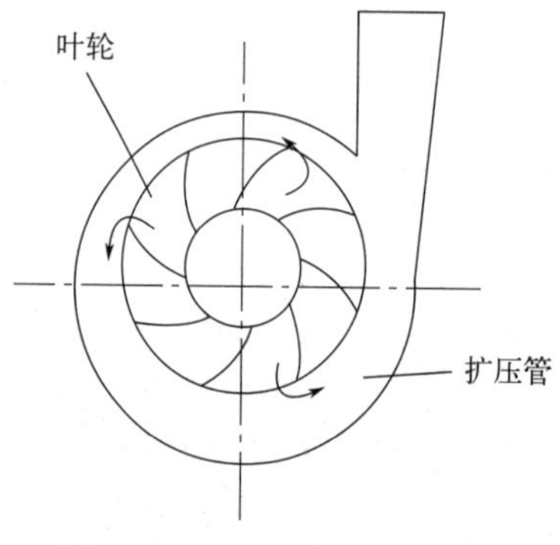

图4-20　单级离心式压缩机

图4-20为单级离心式压缩机示意图，离心式压缩机是依靠动能的变化来提高气体的压力。气体由吸气口沿轴向进入吸气室，并在吸气室的导流作用引导下均匀地进入叶轮，高速旋转的叶轮使气体受离心力的作用加速，由叶轮出来的气体再进入截面积逐渐扩大的扩压器，将具有较高流速气体的动能部分地转化为压力能，提高气体的压力。气流还可以引入下一级继续压缩。

4.5.3.2　叶轮式压缩机的热力过程

因大量的气体以极高的速度流经压缩机，平均每千克气体在短暂的压缩过程中散发的热量是很少的，所以，一般把叶轮式压缩机中的压缩过程视为绝热压缩。各种叶轮式压缩机热力过程分析基本相同，可按绝热压缩过程计算。在叶轮式压缩机的实际工作过程中，由于气流以极高的速度流经各级工作叶片及导向叶片，因而不可避免地存在摩擦，这就导致机械能的损耗，所以，实际压缩过程还要考虑摩擦的影响。实际压缩过程为不可逆绝热过程，在图4-21所示的p-V和p-S图上，在相同的压缩比下，可逆过程与不可逆过程压缩终点分别为状态点2和2′。

不可逆绝热压缩时，压缩机耗功量仍可按式（4-69）计算，即

$$W_t' = -\Delta H = H_1 - H_{2'} \tag{4-69}$$

对理想气体而言，比热容为定值时，有

$$W_t' = q_m c_p \left(T_1 - T_{2'}\right) = mc_p T_1 \left(1 - \frac{T_{2'}}{T_1}\right) \tag{4-70a}$$

可逆绝热压缩时压缩机耗功量为

$$W_t = -\Delta H = H_1 - H_2 = q_m c_p \left(T_1 - T_2\right) = q_m c_p T_1 \left(1 - \frac{T_2}{T_1}\right) \tag{4-70b}$$

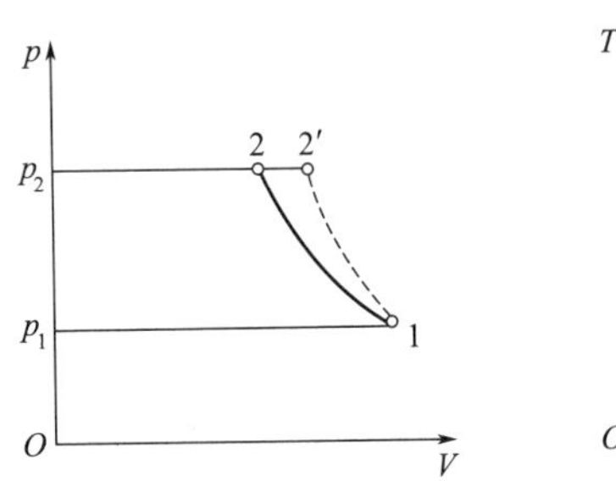

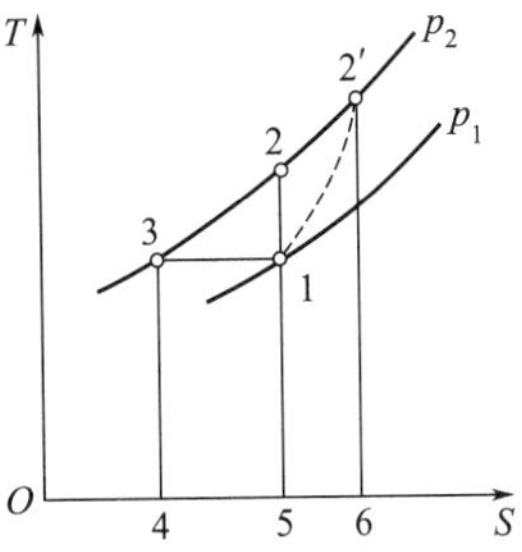

图 4-21 有摩擦的压缩过程

压缩机中，把压缩前气体的状态相同、压缩后气体的压力也相同的情况中，气体进行可逆绝热压缩时的耗功量 W_t 与实际不可逆绝热压缩时耗功量 W_t' 的比值，称为压缩机的绝热效率 η_t，即

$$\eta_t = \frac{W_t}{W_t'} = \frac{H_1 - H_2}{H_1 - H_{2'}} \tag{4-71a}$$

对于理想气体，比热容为定值时，可写作

$$\eta_{C,s} = \frac{H_2 - H_1}{H_{2'} - H_1} = \frac{q_m c_p \left(T_2 - T_1\right)}{q_m c_p \left(T_{2'} - T_1\right)} = \frac{T_2 - T_1}{T_{2'} - T_1} \tag{4-71b}$$

压缩机的绝热效率是反映叶轮式压缩机实际工作过程完善程度的指标，在现有的叶轮式压缩机中，η_t=0.80～0.90。实际压缩多耗的功为

$$W_t' - W_t = H_{2'} - H_2 \tag{4-72}$$

工程上做分析时，往往先给出压缩机的增压比 ε 及绝热效率 η_t，从而可得到实际压缩过程的初态与终态参数之间的关系。

$$T_2 = T_1 \varepsilon^{\frac{k-1}{k}} \tag{4-73}$$

$$T_{2'} = \frac{T_2 - T_1\left(1 - \eta_t\right)}{\eta_t} \tag{4-74}$$

$$V_{2'} = \frac{T_{2'}}{T_2} V_2 = \frac{T_{2'}}{T_2} \left(\frac{p_1}{p_2}\right)^{\frac{1}{k}} V_1 \tag{4-75}$$

有了以上关系，分析压缩机过程就非常方便了。

4.5.4 多级压缩和级间冷却

多级压缩和级间冷却

多级压缩、级间冷却是指气体逐级在不同气缸中被压缩，每经过一次压缩后，就在级间

冷却器中被定压冷却至低温，然后进入下一级气缸继续压缩。由于被压缩气体中或多或少地带有一些水蒸气或油气，在高压下冷却都会析出水滴或油滴。因此，在级间冷却器后常设置油水分离器以防液滴被吸入下一级气缸造成冲击现象。图4-22是两级压缩、中间冷却的流程图，图4-23为其p-V图和T-s图。压力为p_1、温度为T_1的气体在第一级气缸中增压至p_a，温度升至T_a；经级间冷却器定压冷却至T_b后进入第二级气缸。经第二级压缩后，压力升至p_2，温度升至T_2，然后排出机外。较理想的情况是使T_b=T_1。

在p_1和p_2之间的压缩级数越多，压缩过程就越接近定温压缩。但级数越多，结构越复杂，且机械摩擦损失越多。从经济上讲，往往得不偿失。实际中，根据增压比p_2/p_1的大小，分成不同的级数，常用2～4级。

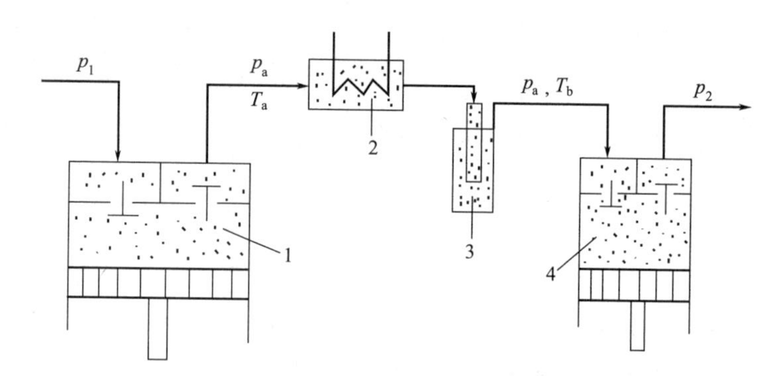

图4-22 两级压缩流程示意图

1—一级压缩；2—级间冷却器；3—油水分离器；4—二级压缩

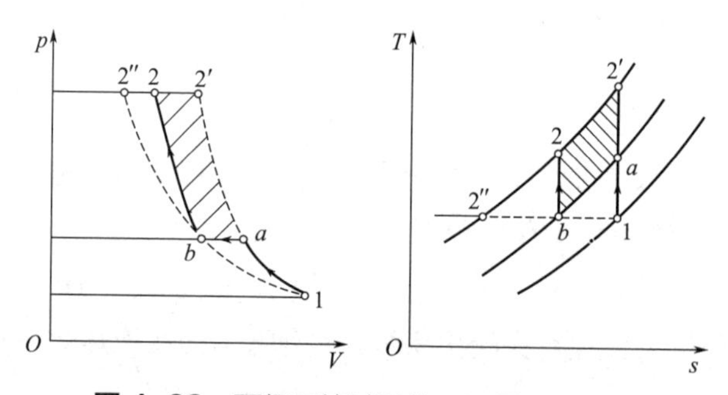

图4-23 两级压缩过程的p-V图和T-s图

与单级压缩相比多级压缩有下列优点：

① 排气温度低，由于每一级的压力比较小，又有级间冷却器，因而每一级的排气温度都不会太高，这对于保证压缩机安全工作很有必要；

② 多级压缩较单级压缩省功，这可由图4-16看出；

③ 多级压缩由于每一级压力比小，因而每一级的容积效率比单级压缩为高，气缸行程容积的有效利用率高；

④ 多级压缩活塞上所受的最大气体力较小，这是高压级的气缸直径可以做得较小的缘故。

多级压缩的中间压力有其最佳值。在此最佳值下，各级压缩的总功耗为最小。现以完全回冷的两级压缩活塞式压缩机为例来分析。两级压缩的总技术功

为两级技术功之和。设两级等功法多变指数相同，则

$$W_t=\frac{n}{n-1}mRT_1\left[1-\left(\frac{p_a}{p_1}\right)^{\frac{n-1}{n}}\right]+\frac{n}{n-1}mRT_b\left[1-\left(\frac{p_2}{p_a}\right)^{\frac{n-1}{n}}\right]$$

因为 $$T_1=T_b, mRT_1=mRT_b=p_1V_e$$

所以 $$W_t=\frac{n}{n-1}p_1V_e\left[2-\left(\frac{p_a}{p_1}\right)^{\frac{n-1}{n}}-\left(\frac{p_2}{p_a}\right)^{\frac{n-1}{n}}\right]$$

令$\frac{dW_t}{dp_a}=0$，得每级的最佳压力比

$$\varepsilon=\frac{p_a}{p_1}=\frac{p_2}{p_a}=\sqrt{\frac{p_2}{p_1}}$$

同理，对 z 级压缩有 $$\varepsilon=\left(\frac{p_2}{p_1}\right)^{\frac{1}{z}} \tag{4-76}$$

每一级耗功为 $$W_i=\frac{n}{n-1}p_1V_e\left(1-\varepsilon^{\frac{n-1}{n}}\right) \tag{4-77}$$

z 级压缩消耗的总功为 $$W=zW_i=\frac{zn}{n-1}p_1V_e\left(1-\varepsilon^{\frac{n-1}{n}}\right) \tag{4-78}$$

【例4-6】 一台三级压缩、中间冷却的活塞式压缩机装置，其低压气缸直径D=450mm，活塞行程L=300mm，相对余隙容积α=0.05。空气初态为p_1=0.1MPa、T_1=18℃，经可逆多变压缩到p_4=1.5MPa。各级多变指数n=1.3。试按最佳工作条件计算：①各中间压力；②低压气缸的有效进气容积；③压缩机的排气温度和排气容积；④压缩机所需的比功量；⑤初态相同的条件下，采用单级压缩机一次压缩到p_4=1.5MPa（n=1.3时），所需的比功量和排气温度。

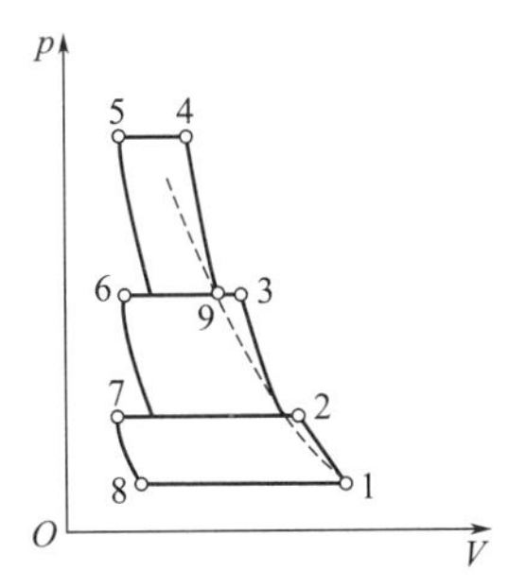

图4-24 例4-6图

解 该压缩机工作的p-V图如图4-24所示。

① 按压缩机耗功量最小的原理，其各级的增压比为

$$\varepsilon_1=\varepsilon_2=\varepsilon_3=\sqrt[3]{\frac{p_4}{p_1}}=\sqrt[3]{\frac{1.5}{0.1}}=2.466$$

即 $$\frac{p_2}{p_1}=\frac{p_3}{p_2}=\frac{p_4}{p_3}=2.466$$

$$p_2=2.466p_1=2.466\times0.1=0.2466(\text{MPa})$$

$$p_3=2.466p_2=2.466\times0.2466=0.6081(\text{MPa})$$

② 低压缸的有效进气容积 $$V_e=V_1-V_8$$

低压缸的行程容积为

$$V_{h1}=V_1-V_7=\frac{\pi D^2}{4}L=\frac{\pi\times0.45^2}{4}\times0.3=0.0477(\text{m}^3)$$

低压缸相对余隙容积

$$\alpha=\frac{V_7}{V_{\mathrm{h1}}}=0.05$$

$$V_7=0.05V_{\mathrm{h1}}=0.05\times0.0477=0.00239(\mathrm{m}^3)$$

$$V_1=V_{\mathrm{h1}}+V_7=0.0477+0.00239=0.04909(\mathrm{m}^3)$$

按可逆多变膨胀过程7→8参数间关系，得

$$V_8=V_7\left(\frac{p_7}{p_8}\right)^{\frac{1}{n}}=0.00239\times\left(\frac{0.2466}{0.1}\right)^{\frac{1}{1.3}}=0.00478(\mathrm{m}^3)$$

$$V_{\mathrm{e}}=V_1-V_8=0.04909-0.00478=0.04431(\mathrm{m}^3)$$

③ 按可逆多变压缩过程9→4参数间关系得压缩机排气温度为

$$T_4=T_9\left(\frac{p_4}{p_9}\right)^{\frac{n-1}{n}}$$

在最佳工作条件下，T_9=T_1=291K，又p_9=p_3，所以

$$T_4=291\times(2.466)^{\frac{1.3-1}{1.3}}=358.5(\mathrm{K}),T_4=85.5℃$$

按进、排气状态方程得

$$\frac{p_1(V_1-V_8)}{T_1}=p_4\left(\frac{V_4-V_5}{T_4}\right)$$

故排气容积为

$$V_{\mathrm{d}}=V_4-V_5=\frac{p_1T_4}{p_4T_1}(V_1-V_8)=\frac{0.1\times358.5}{1.5\times291}\times0.004431=0.003639(\mathrm{m}^3)$$

④ 压缩机所需的比功量

$$W_{\mathrm{t}}=\frac{3n}{n-1}RT_1\left[1-\left(\frac{p_2}{p_1}\right)^{\frac{n-1}{n}}\right]=\frac{3\times1.3}{1.3-1}\times0.287\times291\times\left[1-(2.466)^{\frac{1.3-1}{1.3}}\right]=-251.4(\mathrm{kJ/kg})$$

⑤ 单级可逆多变压缩时所需的比功量及排气温度

$$W_{\mathrm{t}}'=\frac{n}{n-1}RT_1\left[1-\left(\frac{p_4}{p_1}\right)^{\frac{n-1}{n}}\right]=\frac{1.3}{1.3-1}\times0.287\times291\times\left[1-\left(\frac{1.5}{0.1}\right)^{\frac{1.3-1}{1.3}}\right]=-314.2(\mathrm{kJ/kg})$$

$$T_4'=T_1\left(\frac{p_4}{p_1}\right)^{\frac{n-1}{n}}=291\times\left(\frac{1.5}{0.1}\right)^{\frac{1.3-1}{1.3}}=543.6(\mathrm{K})$$

$$T_4'=270.6℃$$

计算结果表明，单级压缩机不仅比多级压缩机耗功多，而且排气温度也高得多。

4.6 往复式膨胀机中的热力过程

4.6.1 工作过程分析

在制冷过程中，常要求使气体的温度大幅度地降低。膨胀机就是使气体在其内做功膨胀而使气体温度降低的机器。膨胀机还能回收部分压缩机压缩气体时所消耗的部分能量。

往复式膨胀机的工作原理与往复式压缩机基本相同，只是作用相反。往复式膨胀机用配气机构控制高、低压气体进、出气缸。完全膨胀、完全压缩的理论示功图为图4-25中的1—2—3—4—1。它与往复式压缩机的理论示功图形状基本相同，只是循环方向相反。但实际中膨胀机的膨胀比（进、出口压力之比）较大，要实现完全膨胀，则气缸尺寸过大。为减小膨胀机尺寸，常采用不完全膨胀。此外，为使一次循环能回收较多的功，压缩过程也采用不完全压缩。不完全膨胀、压缩的示功图为图4-25中的1—2′—2″—3′—4′—4—1。在压缩终点4′处，配气机构使气缸与高压管道连通，高压气体迅速充入余隙容积V_c中，压力由$p_{4'}$迅速升至p_4=p_1，4′—4为定容无功吸气线。活塞右行时，压力为p_1的气体定压下充入气缸。在点1处，配气机构关闭，缸内气体推动活塞做功。1—2′为膨胀降温、降压过程。在2′点，配气机构使气缸与低压管道连通，缸内气体压力由$p_{2'}$迅速降为$p_{2''}$=p_2。2′—2″是定容无功排气线。活塞左行时将低温低压气体排出气缸。在3′点，配气机构关闭。活塞继续左行使气体进行不完全压缩至4′点。以后又重复循环下去。可见，4′—4—1为吸气线，2′—2″—3′为排气线，1—2′为膨胀热力过程线，3′—4′为压缩热力过程线。

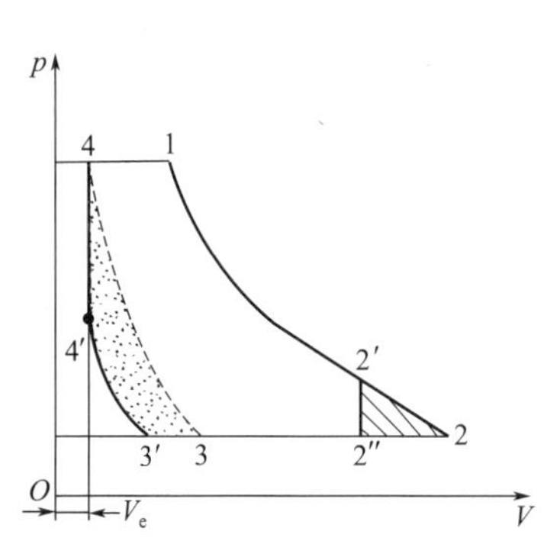

图4-25 膨胀机中过程的p-V图

【例4-7】 压力为p_1=2.0MPa，温度为T_1=240K的空气在往复式膨胀机中膨胀至$p_{2'}$=0.15MPa；排气压力$p_{2''}$=0.1MPa；压缩终压$p_{4''}$=1.0MPa；行程容积V_h=0.02m³；相对余隙容积α=5%；各热力过程的多变指数n=1.35。试求比功及每循环的功，并与完全膨胀时对比。

解
$$T_{2'}=T_1\left(\frac{p_{2'}}{p_1}\right)^{\frac{n-1}{n}}=240\times\left(\frac{0.15}{2.0}\right)^{\frac{1.35-1}{1.35}}=122.6(\mathrm{K})$$

$$V_4=V_c=\alpha V_h=0.05\times0.02=0.001\left(\mathrm{m}^3\right)$$

$$V_{2'}=V_c+V_h=0.02+0.001=0.021\left(\mathrm{m}^3\right)$$

$$V_1=V_{2'}\left(\frac{p_{2'}}{p_1}\right)^{\frac{1}{n}}=0.021\times\left(\frac{0.15}{2.0}\right)^{\frac{1}{1.35}}=0.00308\left(\mathrm{m}^3\right)$$

等压充气体积为
$$V_p=V_1-V_4=0.00308-0.001=0.00208\left(\mathrm{m}^3\right)$$

等压充气的质量为
$$m_p=\frac{p_1V_p}{RT_1}=\frac{2000\times0.00208}{0.287\times240}=0.0604(\mathrm{kg})$$

$$V_{3'}=V_{4'}\left(\frac{p_{4'}}{p_{3'}}\right)^{\frac{1}{n}}=0.001\times\left(\frac{1.0}{0.1}\right)^{\frac{1}{1.35}}=0.0055\left(\mathrm{m}^3\right)$$

假设无功膨胀过程2′→2″中气体温度不变，即$T_{3'}=T_{2''}=T_{2'}$，则

$$T_{4'}=T_{3'}\left(\frac{p_{4'}}{p_{3'}}\right)^{\frac{n-1}{n}}=122.6\times\left(\frac{1.0}{0.1}\right)^{\frac{1.35-1}{1.35}}=222.7(\mathrm{K})$$

等容积充气质量为

$$m_v=V_c\left(\frac{p_1}{RT_1}-\frac{p_{4'}}{RT_{4'}}\right)=0.001\times\left(\frac{2000}{0.287\times240}-\frac{1000}{0.287\times222.7}\right)=0.0134(\mathrm{kg})$$

完全膨胀时的体积为

$$V_2=V_1\left(\frac{p_1}{p_2}\right)^{\frac{1}{n}}=0.00308\times\left(\frac{2.0}{0.1}\right)^{\frac{1}{1.35}}=0.0283(\mathrm{m}^3)$$

比不完全膨胀的行程容积大

$$\Delta V_h=0.0283-0.021=0.0073(\mathrm{m}^3)$$

完全膨胀及完全压缩时，每次循环的功为

$$w_t'=\frac{n}{n-1}p_1V_1\left[1-\left(\frac{p_2}{p_1}\right)^{\frac{n-1}{n}}\right]-\frac{n}{n-1}p_4V_4\left[1-\left(\frac{p_3}{p_4}\right)^{\frac{n-1}{n}}\right]$$

$$=\frac{n}{n-1}p_1(V_1-V_c)\left[1-\left(\frac{p_2}{p_1}\right)^{\frac{n-1}{n}}\right]$$

$$=\frac{1.35}{1.35-1}\times2000\times(0.00308-0.001)\times\left[1-\left(\frac{0.1}{2.0}\right)^{\frac{1.35-1}{1.35}}\right]$$

$$=8.666(\mathrm{kJ})$$

单位质量功 $w_t'=\dfrac{8.666}{0.0604}=143.5(\mathrm{kJ/kg})$

不完全膨胀及压缩时每次循环的功为

$$W_t=\frac{n}{n-1}p_1V_1\left[1-\left(\frac{p_{2'}}{p_1}\right)^{\frac{n-1}{n}}\right]+V_{2'}(p_{2'}-p_{2''})-\frac{n}{n-1}p_{4'}V_{4'}\left[1-\left(\frac{p_{3'}}{p_4}\right)^{\frac{n-1}{n}}\right]-V_4(p_4-p_{4'})$$

$$=\frac{1.35}{1.35-1}\times2000\times0.00308\times\left[1-\left(\frac{0.15}{2.0}\right)^{\frac{1.35-1}{1.35}}\right]+0.021\times(150-100)$$

$$-\frac{1.35}{1.35-1}\times1000\times0.001\times\left[1-\left(\frac{0.1}{1.0}\right)^{\frac{1.35-1}{1.35}}\right]-0.001\times(2000-1000)$$

$$=9.94(\mathrm{kJ})$$

不完全膨胀及不完全压缩时的单位质量功为

$$w_t=\frac{W_t}{m_p+m_v}=\frac{9.94}{0.0604+0.0134}=134.7(\mathrm{kJ/kg})<w_t'$$

可见，对每一个循环来说，不完全膨胀和不完全压缩比完全膨胀和完全压缩做功多；而对单位质量气体来说，不完全膨胀和不完全压缩比完全膨胀和完全压缩做功少。这是因为不完全压缩过程比完全压缩过程多进m_v的气体。所以，从热能利用的角度来说，不完全膨胀和不完全压缩均是功损失过程。

4.6.2 定熵膨胀与节流膨胀的关系

气体对外做功的绝热膨胀，一般都是通过膨胀机来实现的。如果气体做定熵膨胀时，压力的微小变化所引起的温度变化称为微分定熵效应，用符号μ_s表示，即

$$\mu_s = \left(\frac{\partial T}{\partial p}\right)_s \tag{4-79}$$

应用热力学微分关系

$$\mathrm{d}h = c_p\mathrm{d}T + \left[v - T\left(\frac{\partial v}{\partial T}\right)_p\right]\mathrm{d}p$$

代入热力学第一定律

$$\delta q = \mathrm{d}h - v\mathrm{d}p$$

有

$$\delta q = c_p\mathrm{d}T - T\left(\frac{\partial v}{\partial T}\right)_p\mathrm{d}p$$

再代入熵的定义式得

$$\mathrm{d}s = \frac{\delta q}{T} = \frac{c_p\mathrm{d}T}{T} - \left(\frac{\partial v}{\partial T}\right)_p\mathrm{d}p \tag{4-80}$$

对于定熵膨胀过程，ds=0，对上式进行变换得

$$\mu_s = \left(\frac{\partial T}{\partial p}\right)_s = \frac{1}{c_p}T\left(\frac{\partial v}{\partial T}\right)_p \tag{4-81}$$

因为$c_p>0$，$T>0$，$\left(\frac{\partial v}{\partial T}\right)_p>0$，所以$\mu_s$必为正值，表明气体的定熵膨胀过程总是使温度降低，即产生冷效应。

依式（4-81）及式（4-56）可得

$$\mu_s - \mu_\mathrm{J} = \frac{v}{c_p}$$

$$\mu_s = \mu_\mathrm{J} + \frac{v}{c_p} \tag{4-82}$$

所以

$$\mathrm{d}T_s = \mu_s\mathrm{d}p = \mu_\mathrm{J}\mathrm{d}p + \frac{v}{c_p}\mathrm{d}p = \mathrm{d}T_\mathrm{J} + \frac{v}{c_p}\mathrm{d}p \tag{4-83}$$

从式（4-82）及式（4-83）不难看出，微分定熵效应系数μ_s总是大于微分节流效应系数μ_J，若初始状态和膨胀压力范围相同，定熵膨胀比节流膨胀的温降要大得多。

定熵膨胀的积分温度效应为

$$\begin{aligned}\Delta T_s &= \int_{T_1}^{T_2}\mathrm{d}T_s = \int_{p_1}^{p_2}\mu_\mathrm{J}\mathrm{d}p + \int_{p_1}^{p_2}\frac{v}{c_p}\mathrm{d}p \\ &= \Delta T_\mathrm{J} - \frac{w_\mathrm{t}}{c_p} \\ &= \Delta T_\mathrm{J} + \frac{(\Delta h)_s}{c_p}\end{aligned} \tag{4-84}$$

对于有相变的情况也可得到类似的结论。如图4-26所示，若水蒸气从初态1定熵膨胀到p_2，其温度为T_2；若从状态1节流膨胀到p_2，其温度为T_2''；若从状态1节流膨胀到p_1'，再定熵膨胀到p_2，其温度为T_2'。显然

$$T_1 - T_2 > T_1 - T_2' > T_1 - T_2''$$

$$h_1 - h_2 > h_1 - h_2' > h_1 - h_2'' = 0$$

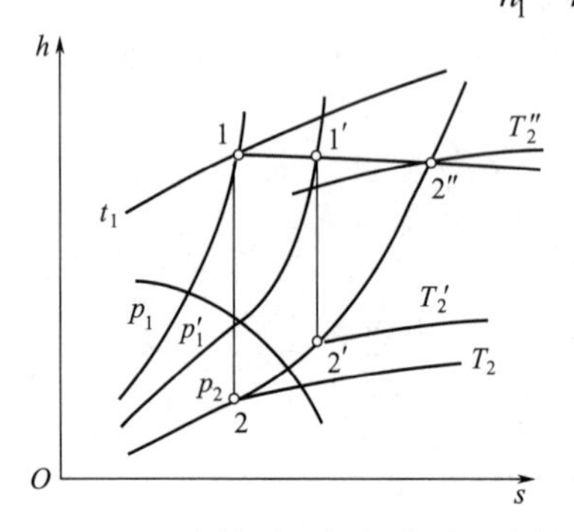

图4-26 定熵过程与节流过程比较

即定熵膨胀做功最多，温降最大，而纯节流过程不做技术功，温降也最小。

由于节流过程是不可逆绝热过程，故气体熵一定增加，其做功能力也下降，因此节流在工程中常用来调节发动机功率。节流设备简单，故在小型制冷工程中也可利用节流实现降温，如冰箱中的毛细管即起节流作用。用于测量气体或流体流量的孔板流量计也是根据节流原理制作的。

应当指出，气体在膨胀机中的绝热膨胀过程并非可逆，所以实际的温降ΔT比定熵膨胀的温降ΔT_s要小，一般是介于节流膨胀温降ΔT_J与定熵膨胀温降ΔT_s之间，即

$$\Delta T_s > \Delta T > \Delta T_J$$

显然，实际制冷量q也形成如下关系

$$q_s > q > q_J$$

当然，定熵膨胀不论从温降还是从制冷能力上，虽然都较节流膨胀为优，但由于前者所需的设备远较后者复杂，设备投资和操作费用也较高，所以工业生产中要通过技术经济评价才能确定工艺方案。一般地，对于大、中型的液化工艺，可采用对外做功的绝热膨胀方式，对于小的生产装置，则多采用对外不做功的节流膨胀方式，也有时采取两者联合使用的方式。

4.7 锅炉生产蒸汽热力过程

4.7.1 概述

锅炉是产生蒸汽（或热水）重要的能源转换设备，图4-27为快装和散装两种类型的工业蒸汽锅炉。燃料通过在锅炉中燃烧，释放出潜在的化学能，并转化为高温烟气的热能。通过传热过程，将烟气的热能传递给工质（水），完成水的加热、蒸发及蒸汽的过热过程，产生一定温度、压力适合于某种用途的蒸汽。锅炉的燃料可以是煤、石油或天然气等，相应地分别称为燃煤锅炉、燃油锅炉或燃气锅炉。按锅炉的用途分类有工业锅炉、船舶锅炉、核电站锅炉等。按锅炉的工作原理，根据锅炉中的汽水流动情况可分为自然循环锅炉、强制循环锅炉和直流锅炉。在自然循环锅炉中，汽水主要靠水和蒸汽的密度差产生的

压头而循环流动。强制循环锅炉则主要借助于循环系统中的循环泵使汽水循环流动，由于循环不是单靠汽和水的密度差，可以达到比自然循环更高的工作压力。直流锅炉中的工质水、汽水混合物和蒸汽是靠给水泵的压力而一次经过全部受热面。这种锅炉对给水品质和自动控制要求较高，给水泵消耗功率较大，一般用于高压以上。当压力接近或超过临界压力时，前两种锅炉不容易或不可能分离汽水，只有采用直流锅炉。

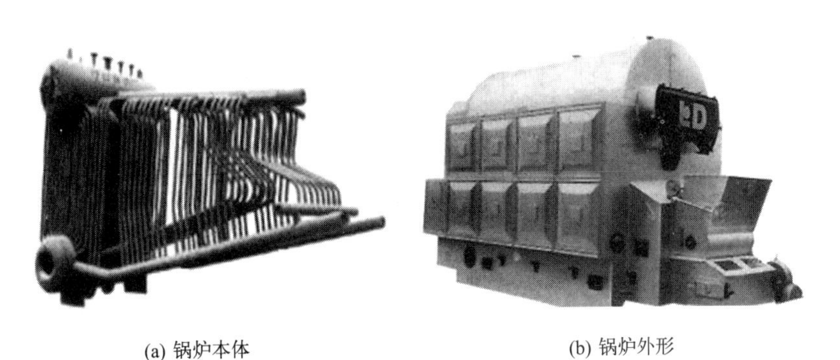

(a) 锅炉本体　　(b) 锅炉外形

图 4-27 工业蒸汽锅炉

4.7.2 锅炉的构成与工作原理

4.7.2.1 锅炉的基本结构

图4-28示出了一台自然循环类型的双锅筒横置式链条炉。由图中可见，锅炉由汽锅和炉子两大部分组成。汽锅的基本构造包括上锅筒（又称汽包）、下锅筒、管束、水冷壁、集箱和下降管组成的一个封闭汽水系统。炉子包括煤斗、炉排、除渣板、送风装置等组成的燃料设备。除此之外，为了保证蒸汽锅炉的安全、正常工作，还装有安全阀、水位表、高低水位报警器、压力表、主流阀、排汽阀、止回阀、吹灰器等辅助设备。

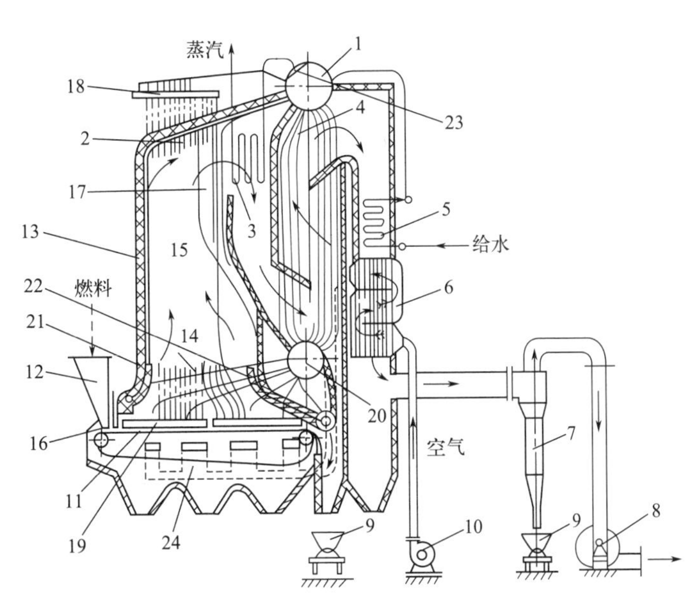

图 4-28 SHL 型锅炉构造和装置示意图

1—上锅筒；2—水冷壁；3—蒸汽过热器；4—蒸发管束；5—省煤器；6—空气预热器；7—除尘器；8—引风机；9—出渣小车；10—鼓风机；
11—链条炉排；12—加煤斗；13—炉墙；14—不受热下降管；15—炉膛；16—煤闸门；17—防沫管；18—上集箱；
19—下集箱；20—下锅筒；21—前拱；22—后拱；23—汽水分离器；24—风室

锅炉工作时，燃料在炉子中燃烧，将燃料的化学能转变为热能并生成高温烟气，烟气通过汽锅传热面将热量传递给汽锅内温度较低的水，水被加热，进而沸腾汽化，产生蒸汽，再经蒸汽过热器进一步加热，变成过热蒸汽。因此，锅炉的工作包括三个同时进行着的过程：燃料的燃烧过程，烟气向水等工质传热的过程，水的受热升温、汽化与过热过程。

燃料在加煤斗中借自重落到炉排面上，炉排在电机的带动下将燃料带入炉内。燃料在炉排上一边燃烧，一边向后移动，燃料所需空气由风机送入炉仓，向上穿过炉排后与炉排上的燃料进行燃烧反应产生高温烟气。燃料最后烧尽成灰渣，在炉排末端被除渣板铲除于灰渣斗后排出。这就是燃料的燃烧过程。燃烧过程尽量使燃料燃烧完全，这是保证锅炉正常工作和锅炉效率的根本条件。

在炉膛的四周墙壁上，都布置有一排水管，称为水冷壁。燃料燃烧产生的高温烟气与水冷壁进行强烈的辐射换热，将热量传递给管内的水。继而烟气在引风机和烟囱的引力下向炉膛上方流动，先后流过蒸汽过热器和对流管束，分别使汽锅中产生的饱和蒸汽过热和以对流换热方式加热对流换热管束中的水。在尾部烟道，烟气与省煤器和空气预热器内的工质进行热交换后，以经济的较低烟气温度排出锅炉。这就是烟气向水（汽、空气等工质）的传热过程。

4.7.2.2　锅炉的水循环和汽水分离过程

蒸汽的生产过程，主要包括水循环和汽水分离过程。经过水处理的锅炉给水，经水泵加压先流经省煤器预热，然后进入上锅筒，上锅筒中的工质是处于饱和状态下的汽、水混合物。位于烟温较低区段的对流管束与位于烟温较高区域的水冷壁和对流管束，因受热弱强的差别，汽水工质的密度也有大、小的差别，从而密度大的工质向下流入下锅筒而密度小的向上升入上锅筒。工质在蒸发受热回路中，流动的动力是由下降管内工质与上升管内工质的重力差引起的，这种循环称自然循环。

一根下降管（或几根几何结构基本相同的下降管）与一组结构特性相同的并行上升管连接而成的回路，称为简单回路，否则称为复杂回路，图 4-29 为简单循环回路。

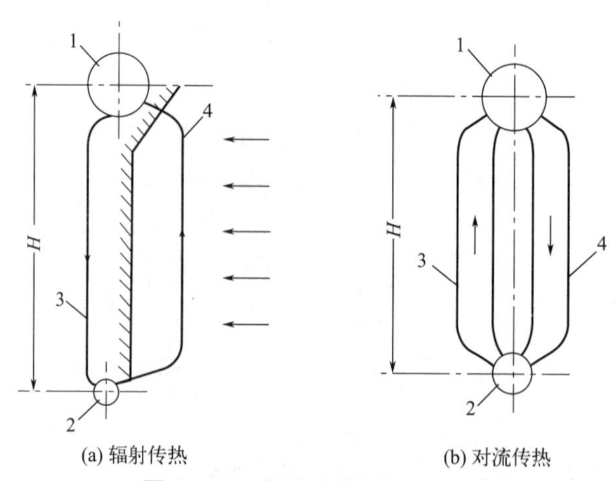

图 4-29　锅炉自然循环原理图

1—上锅筒；2—下集箱；3—下降管；4—上升管

自然循环原理可由图4-29表示的两种简单循环回路来说明。锅炉点火前，循环回路中的水是静止的。点火、升温升压后，因上升管受热、下降管不受热［图4-29（a）］，或上升管受热强、下降管受热弱［图4-29（b）］，上升管内工质密度减小，而下降管内工质密度增大，下集箱（或下锅筒）内工质两侧受到不同的重力作用。在重力差的作用下，形成工质从下降管经过下集箱向上升管的定向流动。当锅炉燃烧稳定时，回路中流动工况也逐渐稳定。

图4-29（a）中，上升管内的工质是汽水混合物，而下降管内则是单相的水。图4-29（b）中，上升管内走含汽率较大的两相流体，而下降管内是含汽率较小的两相流体。汽水混合物由上升管进入上锅筒后，经过汽水分离，饱和汽从锅筒的汽空间离开锅筒，饱和水通过上锅筒的水空间再流入下降管，从而形成水循环流动。

自然循环的推动力称为运动压头，用S_{yd}表示。

$$S_{yd}=H\bar{\rho}_{xj}g-H\bar{\rho}_{s}g \quad (\mathrm{Pa})$$

式中 H——循环管路高度，m；

$\bar{\rho}_{xj}$——下降管中工质平均密度，kg/m^3；

$\bar{\rho}_{s}$——上升管中工质平均密度，kg/m^3。

在稳定流动状态，循环回路的推动力，用来克服回路中的总阻力，设上升系统流动阻力为Δp_s，下降系统流动阻力为Δp_{xj}，则有

$$S_{yd}=H\bar{\rho}_{xj}g-H\bar{\rho}_{s}g=\Delta p_s-\Delta p_{xj}(\mathrm{Pa}) \tag{4-85}$$

式（4-85）是描述自然循环的基本方程式。

由基本方程式可看出：回路中循环推动力（运动压头）越大，所能克服的循环流动阻力越大；反之，回路中工质循环流动阻力越大，所需的运动压头也越大。

运动压头减去上升管阻力后，剩余值叫作有效压头，用符号S_{yx}表示，即

$$S_{yx}=S_{yd}-\Delta p_s=\Delta p_{xj} \quad (\mathrm{Pa})$$

所以，有效压头是用来克服下降管系统阻力的那部分循环动力。

借助上锅筒内的汽水分离设备，分离汽水混合物，在上锅筒顶部引出蒸汽进入蒸汽过热器。汽锅中的水循环，保证了与高温烟气接触的金属受热面得以冷却而不会烧坏，是使锅炉能长期安全可靠稳定运行的必要条件。这就是水的受热和汽化过程。

4.7.3 水蒸气生产的热力过程

蒸汽锅炉产生水蒸气时，压力变化一般都不大，所以水蒸气的产生过程接近于一个定压加热过程。

现在来考察水在定压加热时的变化情况。将1kg过冷的水在定压p下加热，并在p-v图、T-s图上描述这一过程（如图4-30）。起初，水的温度逐渐升高，比体积也稍有增加［图4-30（b）中过程$a\rightarrow b$］。但当温度升高到相应于p的饱和温度T_s而变成饱和水以后，继续加热，饱和水便逐渐变成饱和水蒸气（即所谓汽化），直到汽化完毕，整个汽化过程温度始终保持为饱和温度T_s不变。在汽化的过程中，由于饱和水蒸气的量不断增加，比体积一般增大很多（过程$b\rightarrow d$）。再继续加热，温度又开始上升，比体积继续增大（过程$d\rightarrow e$），饱和水蒸气变成了过热水蒸气（即温度高于当时压力所对应的饱和温度的水蒸气）。过程$d\rightarrow e$和一般气体的定压加热过程没有什么区别。

如上所述，锅炉生产水蒸气的过程一般分为三个阶段：水的定压预热过程（从不饱和水到饱和水的过程）；饱和水的定压汽化过程（从饱和水到完全变为饱和水蒸气的过程）；水蒸气的定压过热过程（从饱和水蒸气到任意温度的过热水蒸气过程）。下面分别讨论这三个阶段。

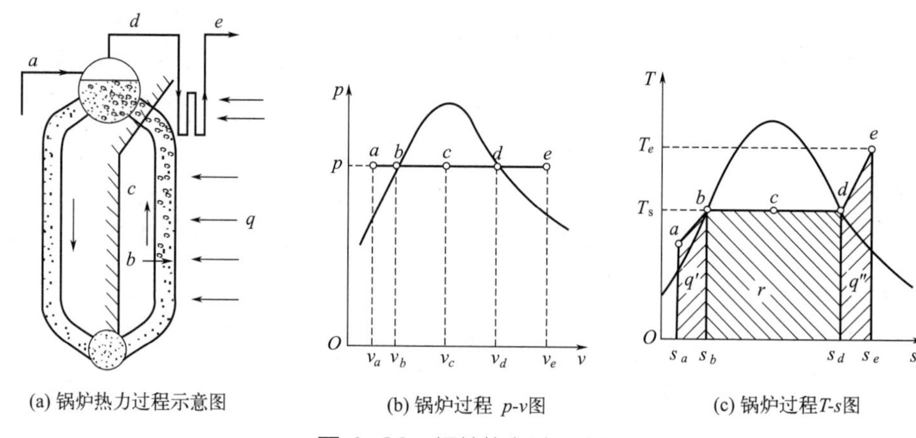

(a) 锅炉热力过程示意图　(b) 锅炉过程 p-v图　(c) 锅炉过程T-s图

图4-30 锅炉热力过程分析

4.7.3.1 水的定压预热过程

将1kg、温度为T_a的过冷水，在锅炉中定压加热到该压力p下的饱和温度T_s所需的热量q'，称为水的显热［图4-30（c）中过程$a \to b$传递的热量］。水的显热可以通过比热容和温度变化计算。

$$q' = \int_{T_a}^{T_s} c'_p \mathrm{d}t \tag{4-86}$$

式中 c'_p——压力为p时水的比定压热容，它随温度而变。

水在定压预热过程中不做技术功，即w_t=0，依据开系统热力学第一定律，q'=Δh+w_t，则该过程所吸收的热量q'等于焓的增量。

$$q' = h_b - h_a \tag{4-87}$$

式中 h_b——压力为p时饱和水的焓；

h_a——压力为p、温度为$T_a(T_a < T_s)$时水的焓。

4.7.3.2 饱和水的定压汽化过程

当水定压预热到饱和温度T_s以后，随着水在锅炉上升管中的向上流动，继续吸收热量，饱和水便开始汽化。这个定压汽化过程，同时又是在定温下进行的。使1kg饱和水在一定压力下完全变为相同温度的饱和水蒸气所需加入的热量称为水的汽化潜热，用符号r表示。在温-熵图中，定压汽化过程（同时也是定温过程）为一水平线段［图4-30（c）中过程$b \to d$］，而汽化潜热则相当于水平线段下的矩形面积。则水的汽化潜热为

$$r = T_s(s_d - s_b) \tag{4-88}$$

式中 s_d——压力为p时饱和水蒸气的熵；

s_b——压力为p时饱和水的熵。

与定压预热过程相同，汽化过程技术功也为零，汽化潜热也等于定压汽化过程中焓的增加。

$$r = h_d - h_b \tag{4-89}$$

式中 h_d——压力为p时饱和水蒸气的焓。

水的汽化潜热可由实验测定。在不同的压力下，汽化潜热的数值也不相同。图4-31为汽化潜热随压力的变化曲线，从图中可以看出，汽化潜热随压力增加而减小，而当压力达到临界压力p_c时，汽化潜热变为零。

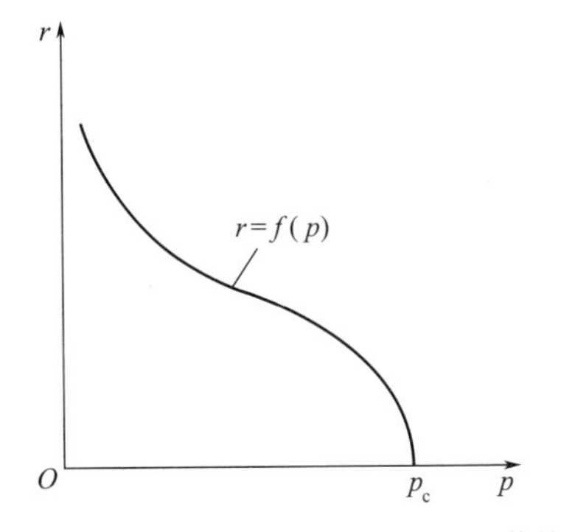

图 4-31 汽化潜热随压力的变化曲线

4.7.3.3 水蒸气的定压过热过程

饱和水蒸气在锅炉的蒸汽过热器中继续定压加热，便得到过热水蒸气。假定过热过程终了时过热水蒸气的温度为T_e［如图4-30（b）中过程$d \to e$］，那么在这个定压过热过程中，每千克水蒸气吸收的热量，即过热热量q''为

$$q'' = \int_{T_s}^{T_e} c_p \mathrm{d}t = \bar{c}_p \int_{T_s}^{T_e} (T_e - T_s) \mathrm{d}t = \bar{c}_p \int_{T_s}^{T_e} D\mathrm{d}t \tag{4-90}$$

式中　c_p——压力为p时过热水蒸气的比定压热容，它随温度而变；

$\bar{c}_p$——压力为p时过热水蒸气的平均比定压热容，以压力p所对应的饱和温度T_s为平均比热容的起点温度；

D——过热水蒸气的过热度，表示过热水蒸气的温度超出该压力下饱和温度的数值。

蒸汽的过热度表明过热水蒸气离开饱和状态的远近温度。水蒸气在定压过热过程吸收的热量也等于焓的增加。

$$q'' = h_e - h_d \tag{4-91}$$

式中　h_e——压力为p、温度为T_e时过热水蒸气的焓。

4.7.3.4 定压加热过程总热量

将水蒸气产生过程的三个阶段串联起来，从压力为p、温度为T_a的不饱和水，变为压力为p、温度为T_e的过热水蒸气，在这整个定压加热过程中所吸收的总热量

$$q = q' + r + q'' = (h_b - h_a) + (h_d - h_b) + (h_e - h_d) = h_e - h_a \tag{4-92}$$

即锅炉生产蒸汽的三个阶段吸收的总热量为锅炉出口过热蒸汽与入口过冷水的焓差。

4.7.4 锅炉的热平衡与效率

从热力学第一定律的原理出发，进入锅炉的热量等于锅炉的有效利用热与各项热损失之和，这就是锅炉的热平衡。相应于1kg燃料，可列出锅炉的热平衡方程式如下

$$q_r = q_1 + q_2 + q_3 + q_4 + q_5 + q_6 \tag{4-93}$$

式中　q_r——每千克燃料带入锅炉的热量，kJ/kg；

q_1——锅炉有效利用热量，kJ/kg；

q_2——排烟热损失，kJ/kg；

q_3——气体未完全燃烧热损失，kJ/kg；

q_4——固体未完全燃烧热损失，kJ/kg；

q_5——锅炉的散热损失，kJ/kg；

q_6——灰渣的物理热损失，kJ/kg。

从而，锅炉的热效率为

$$\eta=\frac{\text{工质吸收的热}}{\text{燃料带入的热}}=\frac{q_1}{q_r}\times 100\%=\left[1-\left(l_{q_1}+l_{q_2}+l_{q_3}+l_{q_4}+l_{q_5}+l_{q_6}\right)\right]\times 100\% \quad (4\text{-}94)$$

式中，l_{q_1}、l_{q_2}、l_{q_3}、l_{q_4}、l_{q_5}、l_{q_6}分别为锅炉有效利用热量和各项热损失占送入锅炉热量的百分比。

锅炉中的燃烧过程可以用一个能流图来描述。图4-32表示来自燃料的输入热量，是如何转化为各种有用的能量流以及热与能的损失流的。箭头的宽度表示相应的能量流中的能量总量。

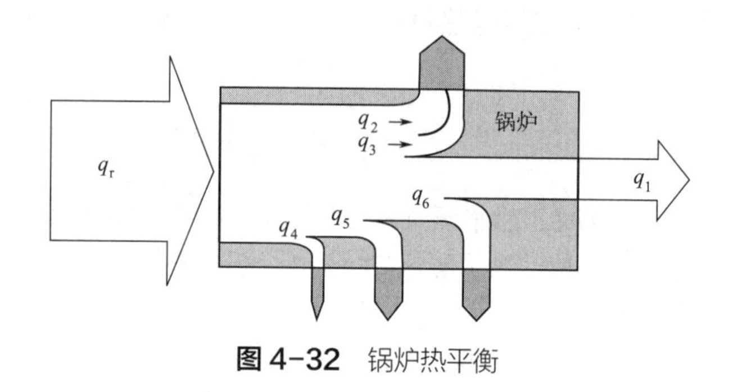

图4-32 锅炉热平衡

4.8 蒸汽轮机中工质膨胀热力过程

4.8.1 概述

蒸汽汽轮机简称汽轮机，是一种以蒸汽为工质、将高温高压蒸汽的热能转变成机械功的高速旋转式原动机。蒸汽汽轮机是连续回转的没有往复运动部件的动力机械，蒸汽在汽轮机中做连续流动。在汽轮机内，具有一定温度和压力的蒸汽经由主汽阀和调节阀进入前汽室，依次经过一系列环形配置的喷嘴（或静叶栅）和动叶栅而膨胀做功，将蒸汽热能转换成推动汽轮机旋转的机械功，从而通过联轴器驱动其他机械，图4-33为工业汽轮机及叶轮。

按工作原理汽轮机分为冲动式、反动式和冲动反动混合式三类。冲动式汽轮机一级中蒸汽的压降全部在喷嘴和静叶中降落，动叶的受力完全是由从喷嘴出来的高速汽流在动叶中拐弯（或冲击）造成的。反动式汽轮机一级中蒸汽的压降不完全在静叶中降落，在动叶中也有相当的压降，动叶除了受汽流的冲击外，还受到由汽流加速而产生的反作用力。反动式和冲动反动混合式汽轮机在汽轮中既有冲动级又有反动级。

按热力过程特性汽轮机分为凝汽式、背压式、抽汽背压式和抽汽凝汽式四类主要形式。凝汽式汽轮机即指在汽轮机中做功后的蒸汽，在低于大气压下全部进入冷凝器，蒸汽在其中凝结成水。由于相变的作用，冷凝器内保持一定的真空度。背压式工业汽轮机则是新蒸汽在汽轮机内做功后，排气在一定压力下全部进入供热装置，由于排气参数要根据热用户的需要确定，有一定排气压力要求，故而称为背压式。抽汽背压式工业汽轮机内的蒸汽在高压部分膨胀做功后，分成两股，抽出一股供给热用户，另一股进入低压部分继续膨胀做功后，进入另一热用户。若后一股蒸汽在低压部分膨胀做功后进入冷凝器冷凝，则属抽汽凝汽式工业汽轮机。

汽轮机具有单机功率大、效率较高、运转平稳和使用寿命长等优点。在热电厂或核电厂中，常以汽轮机作为原动机组成汽轮发电机组。汽轮机由于能变速运行，还常用它驱动各种风机、压缩机和船舶的螺旋桨等。

(a) 工业汽轮机组

(b) 汽轮机内部结构

(c) 汽轮机叶轮

图4-33 工业汽轮机及叶轮

4.8.2 蒸汽汽轮机的基本结构与工作原理

4.8.2.1 汽轮机的基本结构

汽轮机的本体主要由静子和转子两大部分构成。图4-34（a）、（b）分别示出了多级冲动式和多级反动式汽轮机的基本结构。静子包括气缸、隔板和静叶栅（反动式汽轮机不用隔板，而用静叶持环或称导叶）、进排汽部分、轴端汽封、轴承和轴承座等。转子包括主轴、叶轮和动叶片（或直接装有动叶片的鼓形转子）、联轴器等。为了保证汽轮机的安全有效工作，还常配装调解保安系统、汽水系统、油系统、盘车装置及各种辅助设备等。

工业汽轮机由于利用热能的特点和作为驱动机械的一些优点，必将得到越来越广泛的应用。从热经济性方面，汽轮机提供了热电联合生产及废热利用的手段，是企业节能降耗的好方法。从驱动特性来看，汽轮机与电动机相比有许多优点，如启动扭矩大、运转平稳、转速高、不需增速机构、转速调节范围大、不会突然停车、更易防火防爆等。

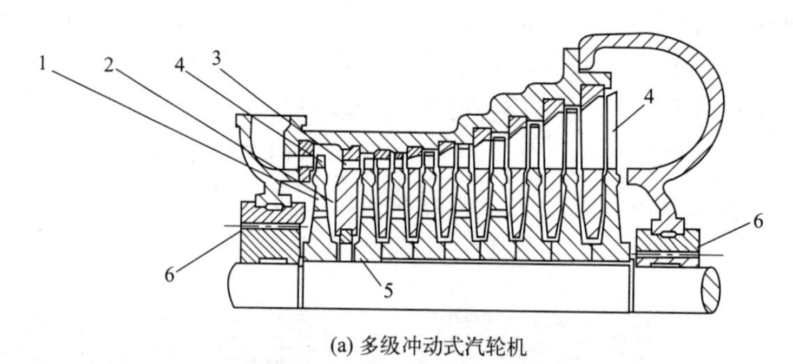

(a) 多级冲动式汽轮机

1—叶轮；2—隔板；3—喷嘴；4—动叶；5—轴封片；6—端部轴封

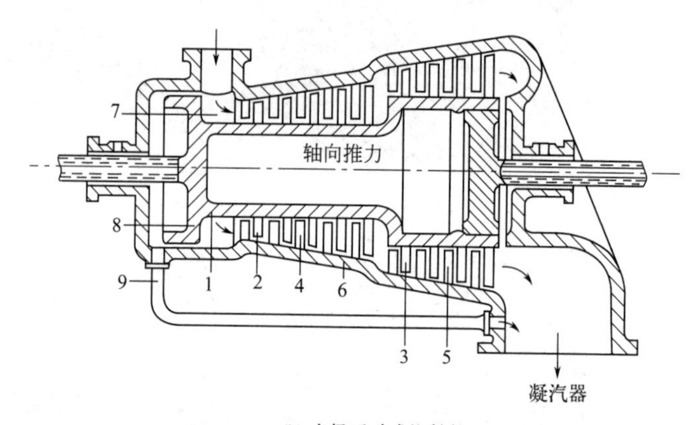

(b) 多级反动式汽轮机

1—转鼓；2,3—动叶；4,5—导叶；6—气缸；7—新汽汽室；8—平衡活塞；9—蒸汽通管

图4-34　汽轮机本体的基本结构

4.8.2.2　汽轮机工作机理简介

汽轮机做功的基本单元是由喷嘴（或静叶栅）及与它相配的动叶栅组成，每一个配合称为汽轮机级。若干在同一轴上的汽轮机级串联组合成多级汽轮机。因而汽轮机级的工作过程在一定程度上代表着整个汽轮机的工作过程。

汽轮机级依靠具有热能（即一定压力和温度）的蒸汽流经动叶栅时，发生动量变化，该叶栅产生周向冲力，推动叶轮旋转而对外做出机械功。按照蒸汽由级的进口到出口总的流动方向的不同，可以将汽轮机分为轴流式和辐流式两种。由于绝大多数汽轮机都采用轴流式，本章仅介绍这种级。按照蒸汽在级内的喷嘴（或静叶栅）中和动叶栅中能量转换具体情况的不同，又可将轴流式汽轮机级分为冲动级、反动级两大类。

图4-35是单级冲动式汽轮机。在冲动级中，蒸汽通过时将可能放出的热能在它流经喷管时全部放出，并转换成蒸汽的动能；而在高速蒸汽流经动叶栅时，只有蒸汽动能到汽轮机机械功的转换过程，不再有热能减小。在反动级中，蒸汽的热能释放大体上是在喷嘴（即静叶）中完成一半，另一半在动叶中膨胀放出，此时蒸汽加速，给动叶栅一个由加速度产生的冲动力。

汽轮机是一种旋转式的流体动力机械，在以上所述蒸汽工作过程中，主要包括三个方面的主要问题：首先是蒸汽在流通部分中的能量转换及流通能力的问题，其次是流动效率问题，再次是变工况时汽轮机的特性问题。这三个问题就是研究汽轮机工作原理时应主要关注的问题，它们之间有密切的联系，不应完全孤立地看待。它们属于有关汽轮机专业课程的任务，在此不详述。

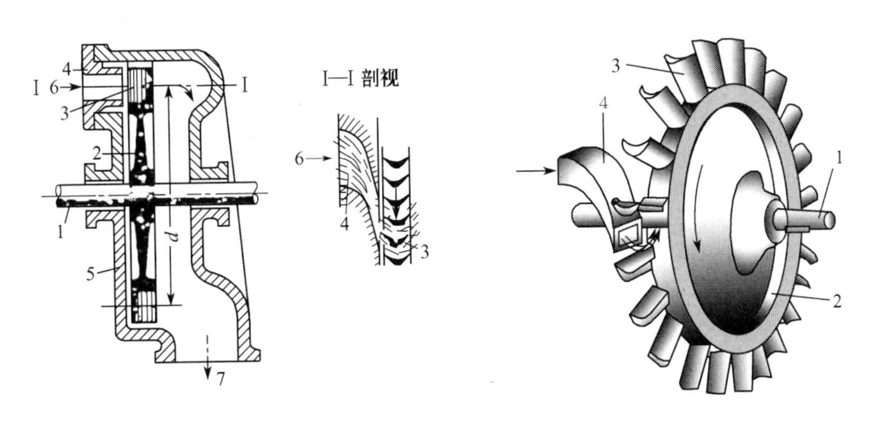

(a) 单级冲动式汽轮机断面简图　(b) 冲动式汽轮机工作原理示意图

图 4-35 单级冲动式汽轮机

1—主轴；2—叶轮；3—叶片；4—喷嘴；5—气缸；6—进气口；7—排气口

4.8.3 汽轮机的热力过程

为了清楚地说明问题，先讨论高压蒸汽在汽轮机中可逆绝热膨胀做功的理想过程。图4-36示出了汽轮机的模型图及理想过程的p-v图和T-s图。

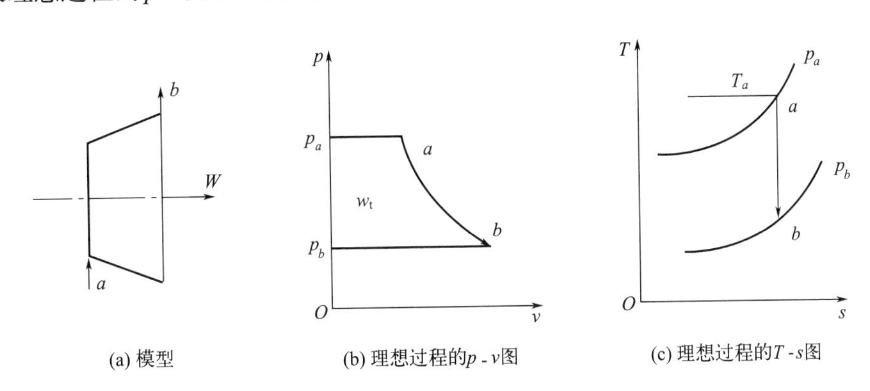

(a) 模型　(b) 理想过程的p-v图　(c) 理想过程的T-s图

图 4-36 汽轮机的理想过程

根据稳定流动能量方程 $Q=\Delta U+W=\Delta H+W_{\mathrm{t}}$

对汽轮机中的可逆绝热过程，Q=0，故而完成一个循环蒸汽所做的技术功为

$$W_{\mathrm{t}}=-\Delta H=H_a-H_b$$

或对单位质量的工质 $$w_{\mathrm{t}}=w_{ab}=h_a-h_b=-\int_a^b v\mathrm{d}p \tag{4-95}$$

式（4-95）表明，汽轮机内蒸汽绝热可逆膨胀，完成的技术功为进、出口蒸汽的焓差，这部分功称为汽轮机的理论功，该部分技术功在p-v图上为a–b–p_a–p_b–a围成的面积。

4.8.4 工业汽轮机的效率

汽轮机实际的热力过程必伴有不可逆因素。图4-37为汽轮机实际过程的T-s图。考虑蒸汽在汽轮机内膨胀有摩擦、热损耗等不可逆损失时，图4-37中的虚线表示了实际的膨胀过程。实际过程偏离理想过程的程度，可由汽轮机内部相对效率（或绝热效率）η_i表示，即汽轮机内蒸汽实际完成的功w_{ti}与蒸汽绝热可逆理论功之比。

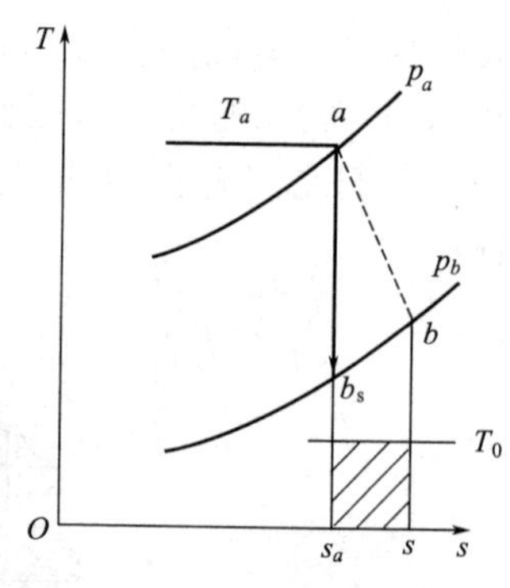

图4-37 汽轮机的实际过程

$$\eta_i = \frac{W_{ti}}{W_t} = \frac{h_a - h_b}{h_a - h_{b_s}} \tag{4-96}$$

由热力学第一定律知，汽轮机轴功为

$$W_s = W_{ti} - \left(\frac{1}{2}\Delta c^2 + g\Delta z\right)$$

忽略进、出口蒸汽流动的速度差和高度差，$\Delta c = \Delta z = 0$，故而

$$W_s = W_{ti}$$

若考虑汽轮机的机械损失，包括轴承摩擦损耗功以及传动装置主轴油泵、高速器等耗功，用W_e表示汽轮机输出的有效功，则机械效率为

$$\eta_m = \frac{W_e}{W_s} \approx \frac{W_e}{W_{ti}} = \frac{N_e}{N_i} \tag{4-97}$$

式中 N_e——汽轮机的有效功率，$N_e = \dfrac{W_e}{3600}$，W。

图4-38描述了蒸汽经汽轮机膨胀的热力过程的能量平衡与各种功之间的关系，图中箭头宽度表示相应的能量流中的能量总量。从图中可以看出汽轮机级内不可逆引起的能量损失以热的形式耗散于蒸汽内，随蒸汽进入冷凝器。值得注意的是图中动能变化量为负值。

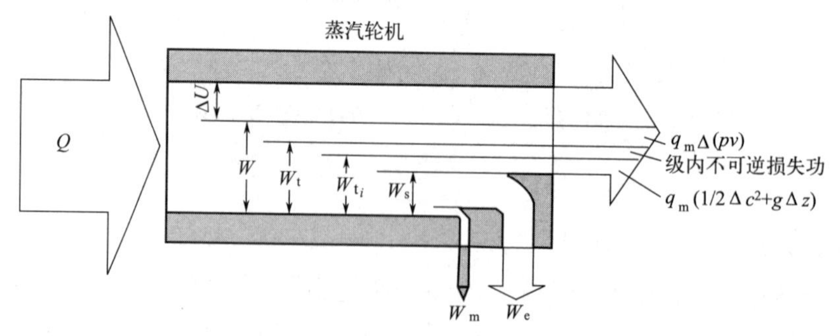

图4-38 汽轮机的能量平衡图

根据长期运行的经验，一般汽轮机的绝热效率的数值范围在0.85～0.92之间。设计计算时，可根据给定的初态及终态的数值、经验选定η_i值后，应用上面各式，就可估算出汽轮机的出口温度T_b及实际出口焓值。

小结

① 理想气体热力过程特点及能量转换关系。

过程	定容	定压	定温	定熵①	多变①
过程方程	$v_1=v_2$ $\dfrac{p_2}{p_1}=\dfrac{T_2}{T_1}$	$p_1=p_2$ $\dfrac{v_2}{v_1}=\dfrac{T_2}{T_1}$	$T_1=T_2$ $\dfrac{p_2}{p_1}=\dfrac{v_1}{v_2}$	$\dfrac{p_2}{p_1}=\left(\dfrac{v_1}{v_2}\right)^k$ $\dfrac{T_2}{T_1}=\left(\dfrac{v_1}{v_2}\right)^{k-1}$	$\dfrac{p_2}{p_1}=\left(\dfrac{v_1}{v_2}\right)^n$ $\dfrac{T_2}{T_1}=\left(\dfrac{v_1}{v_2}\right)^{n-1}$
焓变	$\Delta h=\int c_p \mathrm{d}T$		0	$\Delta h=c_p\Delta T$	
质量内能变	$\Delta u=\int c_p \mathrm{d}T$		0	$\Delta u=c_v\Delta T$	
体积功	0	$p\Delta v$	$RT\ln\dfrac{p_1}{p_2}=RT\ln\dfrac{v_2}{v_1}$	$\dfrac{R\Delta(pv)}{1-k}$	$\dfrac{R\Delta(pv)}{1-n}$
技术功	$v\Delta p$	0		$\dfrac{kR\Delta(pv)}{1-k}$	$\dfrac{kR\Delta(pv)}{1-n}$
换热量①	$c_v\Delta T$	$c_p\Delta T$		0	$\dfrac{n-k}{n-1}c_v\Delta T$

①按比定值热容考虑。

② 理想气体热力过程的分析主要采用公式计算。由于蒸汽的热力性质无法用公式计算，所以蒸汽热力过程的分析主要利用各种图表。定性分析通常用p-v图、T-s图、p-T图等，定量计算则通常用h-s图、$\lg p$-h图等。

③ 湿空气本来可以按理想气体计算，但由于其中的水蒸气会发生相变化，所以有其特殊性。此外，根据湿空气的应用场所，又对其典型热力过程进行了分析。对湿空气的分析，主要有两种方法：一种是利用焓-湿图，另一种是利用水蒸气表和理想气体方程进行综合计算。典型湿空气热力过程的方程如下：

加热或冷却过程
$$q=h_2-h_1$$

绝热加湿过程
$$h_2-h_1=\frac{d_2-d_1}{1000}h_{\mathrm{w}}\approx 0$$

冷却去湿过程
$$q=h_3-h_1-\frac{d_3-d_1}{1000}h_{\mathrm{w}}$$

增压冷凝过程
$$p_{\mathrm{st2}}=p_{\mathrm{st1}}\frac{p_2}{p_1}$$

绝热混合过程
$$\frac{h_3-h_1}{h_2-h_1}=\frac{d_3-d_1}{d_2-d_3}=\frac{m_{\mathrm{a2}}}{m_{\mathrm{a1}}}$$

④ 绝热节流过程前后，气体焓值不变。压力下降，熵值增加。温度的变化取决于气体的性质和它所处的状态。需要指出的是，微分节流效应与积分节流效应并不完全一致。

⑤ 压缩机中的热力过程可视为理想气体压缩过程，按照工作条件不同分为绝热压缩、等温压缩和多变压缩过程。往复式压缩机通常为多变过程，由于气缸余隙的存在，实际吸气量减少，耗功增大，单机

压缩的升压值受到限制。采用多级压缩、级间冷却可有效降低排气温度、减小功耗、提高容积利用率、减小活塞受力等。多级压缩消耗的总功为

$$W=\frac{zn}{n-1}p_1V_e\left(1-\varepsilon^{\frac{n-1}{n}}\right)$$

叶轮式压缩机热力过程中，气体在短暂的压缩过程中散发的热量很少，一般视为绝热压缩。叶轮式压缩机的压缩功为

$$W=\frac{k}{k-1}p_1V_1\left(1-\varepsilon^{\frac{k-1}{k}}\right)$$

⑥ 微分定熵系数与微分节流系数的关系为

$$\mu_s-\mu_J=\frac{v}{c_p}$$

若初始状态和膨胀压力范围相同，则定熵膨胀比节流膨胀温降大。

$$\Delta T_s-\Delta T_J=\frac{\Delta h_s}{c_p}$$

⑦ 蒸汽锅炉生产水蒸气过程可近视为定压加热过程，一般分为水的定压预热过程、定压汽化过程和定压过热过程三个阶段。三个阶段传递的热量分别为

定压预热过程 $$q'=\int_{T_a}^{T_s}c_p'\mathrm{d}t=h_b-h_a$$

定压汽化过程 $$r=T_s\left(s_d-s_b\right)=h_d-h_b$$

定压过热过程 $$q''=\bar{c}_p\int_{T_s}^{T_e}D\mathrm{d}t=h_e-h_d$$

锅炉生产蒸汽的总热量为锅炉出口过热蒸汽与入口过冷水的焓差，即

$$q=q'+r+q''=h_e-h_a$$

锅炉的热效率为

$$\eta=\frac{\text{工质吸收的热}}{\text{燃料带入的热}}=\frac{q_1}{q_r}\times100\%=\left[1-\left(l_{q_2}+l_{q_3}+l_{q_4}+l_{q_5}+l_{q_6}\right)\right]\times100\%$$

⑧ 汽轮机是将蒸汽的热能转变为机械功的高速旋转机械，蒸汽的焓与所转变的机械功的关系可由热力学第一定律和热力学第二定律得出，汽轮机绝热可逆功为

$$w_t=w_{ab}=h_a-h_b=-\int_a^b v\mathrm{d}p$$

实际汽轮机过程存在一定的不可逆因素，汽轮机内部相对效率为

$$\eta_i=\frac{W_{ti}}{W_t}=\frac{h_a-h_b}{h_a-h_{b_s}}$$

汽轮机机械效率为

$$\eta_m=\frac{W_e}{W_s}\approx\frac{W_e}{W_{ti}}=\frac{N_e}{N_i}$$

思考题

1. 说明下列各式的应用条件。

$$w = u_1 - u_2 \qquad w = c_v\left(T_1 - T_2\right)$$

$$w = \frac{1}{k-1}R\left(T_1 - T_2\right) \qquad w = \frac{1}{k-1}\left(p_1 v_1 - p_2 v_2\right)$$

$$q = u_2 - u_1 \qquad q = \int_1^2 c_v \mathrm{d}T$$

$$q = h_2 - h_1 \qquad \Delta u = c_v\left(T_2 - T_1\right)$$

2. 利用 $w = \int_1^2 p\mathrm{d}v$ 和 $w_t = \int_1^2 -v\mathrm{d}p$ 导出绝热可逆过程中膨胀功和技术功的计算式。
3. 有两个任意过程a—b和a—c，如图4-39所示。若b、c两点在同一条绝热线上，比较Δu_{ab}和Δu_{ac}的大小。若b、c两点在同一条定温线上，结果又如何？

图4-39 思考题3图

4. 绝热过程，工质温度是否变化？定温过程，系统是否与外界交换热量？如果变化，变化方向如何？
5. 理想气体从同一初态膨胀到同一终态比体积，定温膨胀与绝热膨胀相比，哪个过程做功多？若为压缩过程，结果又如何？
6. 水蒸气定温过程中内能和焓的变化是否为零？
7. 用不同来源的某纯物质的蒸气表或图查得的h或s值有时相差很多，为什么？能否交叉使用这些图表求解蒸气的热力过程？
8. 饱和液体在定压下吸热汽化时温度不变，汽化潜热哪去了？
9. 常见湿空气的热力过程有哪些？各有什么特点？
10. 冬季室内供暖时，为什么会感到空气干燥？
11. 如果等量的干空气与湿空气降低的温度相同，两者放出的热量相等吗？为什么？
12. 微分节流效应与积分节流效应有何不同？
13. 对能实现定温压缩的压缩机，是否还需要采用多级压缩？多级压缩有哪些优缺点？
14. 往复式压缩机的气缸是否要采取保温措施？
15. 压缩机的级数越多越好吗？
16. 膨胀机通常采用不完全压缩和不完全膨胀，为什么？

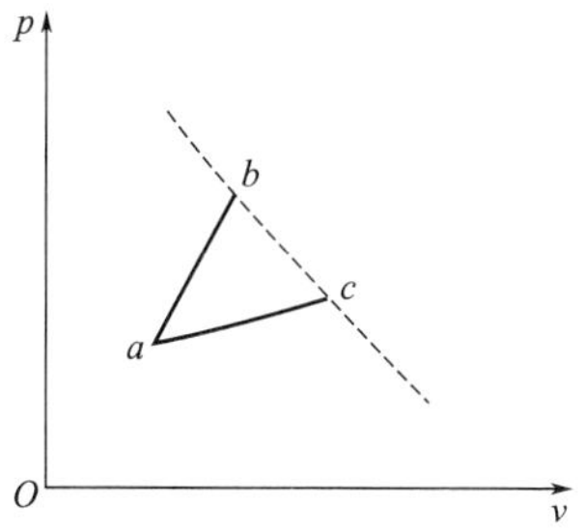

习题

1. 在刚性封闭的气缸内，温度为25℃的空气被加热到100℃。若气缸容积为1m³，空气质量为3kg，气缸壁保温很好，求气体的吸热量、内能变化量和终了状态的压力。
2. 初始状态为p_1=1MPa、T_1=300K的2kmol N_2绝热膨胀到原容积的2倍。试分别按下列过程计算气体终温、焓变、对外做功量和熵变化量。
   （1）可逆膨胀。
   （2）向保持恒外压p_2=0.1MPa的气缸膨胀。
   （3）向真空进行自由膨胀。
3. 有一刚性容器，其容积为0.1m³，容器内氢气压力为0.1MPa，温度为15℃。若由外界向氢气加热20kJ，

试求其终了温度、终了压力以及氩气熵的变化。

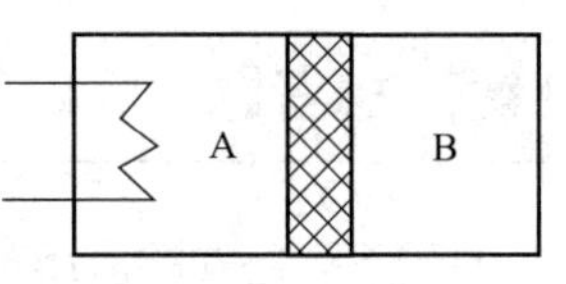

图4-40 习题4图

4. 如图4-40所示，气缸和活塞均由刚性理想绝热材料制成。活塞与气缸间无摩擦。初始状态时活塞两侧各有5kg空气，压力均为0.3MPa，温度均为20℃。现对A加热至B中气体压力为0.6MPa。试计算：（1）过程中B内气体接受的功量；（2）过程终了时A、B中气体的温度；（3）过程中A内气体吸收的热量。
5. 水蒸气压力p_1=1MPa，v_1=0.2m³/kg，质量流量q_m=5kg/s，若定温放出热量6×10^6kJ/h，求终态参数及做功量。
6. 蒸汽由初态p_1=3MPa，T_1=300℃可逆膨胀到p_2=0.1MPa，x_2=0.9的终态。若膨胀过程在*T-s*图上为直线，求膨胀过程中每千克蒸汽与外界交换的热量和功量。
7. 压力为p_1=1.5MPa，温度为T_1=250℃，质量流量q_m=3kg/s的水蒸气经节流阀绝热节流至p_2=0.7MPa，求节流后水蒸气的状态。
8. 压力为0.1MPa的湿空气在T_1=5℃、相对湿度φ_1=0.6下进入加热器，在T_2=20℃下离开，试确定：（1）在定压过程中空气吸收的热量；（2）离开加热器时湿空气的相对湿度。
9. 现有一压缩机吸入湿空气的压力为0.1MPa，温度为25℃，相对湿度为0.6。若压缩机出口空气压力为0.4MPa，然后冷却至30℃。试计算该过程中是否有水滴出现。
10. 烘干物体时所用空气的参数为T_1=20℃，φ_1=0.3。在加热器中加热到T_2=85℃后送入烘干箱中，出来时T_3=35℃。试计算从被烘干物体中吸收1kg水分所消耗的干空气质量和热量。
11. 在两级压缩活塞式压缩机中，空气由初态p_1=0.1MPa，T_1=20℃压缩到p_2=1.6MPa。压缩机向外的供气量为6m³/s（排气状态）。两气缸的相对余隙容积均为α=0.05，压缩机转速为600r/min。若取多变指数n=1.2，求：（1）各气缸出口气体温度和容积；（2）压缩机的总功率；（3）气体散热量；（4）与单级压缩进行比较。
12. 某两级空气压缩机吸气体积流量V_1=40m³/min；吸气压力p_1=0.1MPa，温度T_1=293K；排气压力p_2=0.9MPa。等功法多变指数n=1.35；等端点法多变指数n'=1.25；回冷完全。试问：（1）中间压力为多少？（2）压缩机功率为多少？（3）排气温度为多少？（4）中间冷却器的散热量为多少？
13. 某两级丙烷压缩机活塞行程L=120mm，相对余隙容积为0.05，转速为680r/min。一级缸直径D_1=260mm，吸气压力p_1=0.1MPa，温度T_1=293K，排气压力p_2=1.8MPa，等端点法及等功法多变指数均取n=1.1。试求：（1）中间压力为多少？（2）不计泄漏等因素的影响，此机的吸气流量V_e为多少？（3）回冷完全时第二级缸径为多少？（4）排气温度为多少？（5）理论最小功率为多少？（6）中间冷却器的散热量为多少？
14. 压力为2MPa、温度为490℃的水蒸气，经节流阀降为1MPa，然后定熵膨胀至0.4MPa，求绝热节流后水蒸气温度为多少？熵变为多少？整个过程的技术功为多少？
15. 试证明理想气体绝热节流系数μ_J=0。

5 烟分析基础

○○ —— ○○ ○ ○○ ——

学习意义

对热力过程的节能分析就是揭示能量的转换、传递和使用过程中能量消耗的大小、原因和部位，为合理用能和节能指明方向。烟分析方法以热力学第一、第二定律为基础，综合分析了能量在数量和质量两方面的利用情况。本章主要介绍烟、烟损失、烟效率的计算方法和烟方程在节能分析中的应用。

学习目标

①弄清烟和炕的基本概念；②掌握功源烟、热量烟、冷量烟、工质内能烟和工质焓烟的计算方法；③会分析和计算过程中各不可逆因素引起的烟损失；④会利用烟方程对热力过程进行节能分析；⑤掌握烟效率的概念与计算方法；⑥了解热经济学分析方法。

5.1 烟和炕的基本概念

热力学第一定律是能量平衡的基础，它确定了能量转换过程中的数量关系。但是，考察一个过程的能量是否合理，仅用热力学第一定律进行能量衡算，确定能量在数量上的利用率，不能全面地评价能量的利用情况。事实上，能量不仅有数量，还有品质。热力学第二定律已揭示了能量转换的方向、条件与限度。数量相同而形式不同的能量，有用程度是不同的。例如，机械能和电能在理论上可以百分之百地转化为其他任何形式的能，它们的质和量是完全统一的，这种能称为“高级能”；而热能和内能则不能无偿地完全转化为机械能或电能，这类能称为“低级能”；环境介质的内能也具有相当的数量，但却无法把它转化为可用的机械能，它们的质为零，这类能称之为“无效能”。

为了度量能量的可用程度，应以能量的做功能力为评判指标，这就是“烟”的概念，也有些资料中称为“有效能”“可用能”，在英文中也有exergy、availability、available energy等词表示这一概念。烟作为一种评价能量价值的物理量，从量和质的结合上评价了能量的价值，为合理用能指明了方向。

不同形式、不同状态下的能量做功能力是不同的。如果以做功能力为尺度就可评价能量的优劣。但

是，为了确定能量的做功能力，必须附加三个约束条件：

① 以给定的环境为基准，在该环境状态下㶲值为零；

② 做功过程是完全可逆过程，这样才能获得理论功；

③ 过程中，除环境外，无其他热源或功源参与作用，这样才能使获得的功全部是由给定状态下物质的能量转换而来的。

总之，㶲是系统由任一状态经可逆过程变化到与给定环境状态相平衡时所做的最大理论功。与㶲的概念相反，凡一切不能转换为㶲的能量称为𬙊（anergy）。物质的㶲常以E_x表示，单位为J，而单位物质的㶲（即比㶲）以e_x表示；𬙊以A_n表示，比𬙊以a_n表示。这样，物质的能量E由㶲和𬙊两部分组成，即

$$E=E_x+A_n \tag{5-1}$$

$$e=e_x+a_n \tag{5-2}$$

由此可见，在能量转换过程中，㶲和𬙊的总和恒定不变，这是能量守恒原理的又一种表述。对可逆过程，熵产$ds_g=0$。由第2章知，这种过程没有功损失，因而能量不贬值，即㶲的总量保持守恒。对不可逆过程，熵产$ds_g>0$，必然出现功损失，不可避免地发生能量贬值，㶲的总量将不断减少，而𬙊的总量不断增加，即不可逆过程必伴随㶲损失。

联系到孤立系统熵增原理，可以得出孤立系统㶲减𬙊增原理，即在能量的转换过程中，孤立系统的㶲值不会增加，𬙊值不会减少。因此，与熵一样，㶲也可作为过程进行方向的判据。且㶲比熵更直观，物理意义更明确。

5.2 㶲值的计算

㶲的基本含义是表示系统的理论做功能力。系统之所以具有做功能力，是由于系统与环境之间存在着某种不平衡势。自然界和工程上的不平衡势是多种多样的，因而与之相应的㶲也有若干种，其大致分类如下。

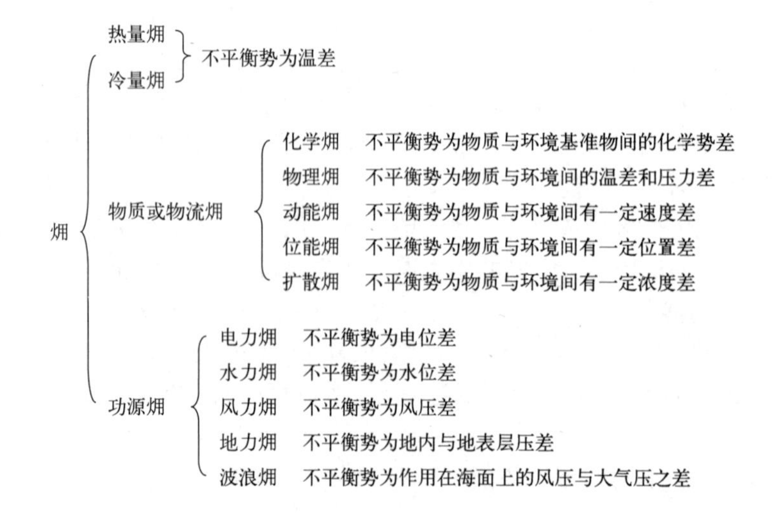

5.2.1　功源㶲

电能、机械能、水力能、风能等功源可以百分之百地被用以完成功，都可以直接转化为机械能，因此，理论上功源㶲值与功源总能量相等。

热量㶲

5.2.2　热量㶲

系统与外界由于存在温差而传递的热量，不能完全转换为有用功，即热量中只有一部分是㶲，另一部分为炕。所谓热量㶲是指温度高于环境温度的系统与外界传递的热量所能做出的最大有用功，以E_{xQ}表示。

把温度高于环境温度的系统视为高温热源，温度为T，与外界交换热量Q；环境为低温热源，温度为T_0，一般T_0变化不大，可视为常数。依热力学第二定律，热量Q所能转变成的最大理论功为工作于这两个热源之间的卡诺循环［图5-1(a)］的循环净功，也就是热量Q的㶲值。图5-1(b)为热量㶲流图。

$$\delta E_{xQ}=\left(1-\frac{T_0}{T}\right)\delta Q \tag{5-3}$$

$$E_{xQ}=Q-T_0\int\frac{\delta Q}{T}=Q-T_0\Delta S \tag{5-4}$$

热量Q的炕值为　$$A_{nQ}=Q-E_{xQ}=T_0\Delta S \tag{5-5}$$

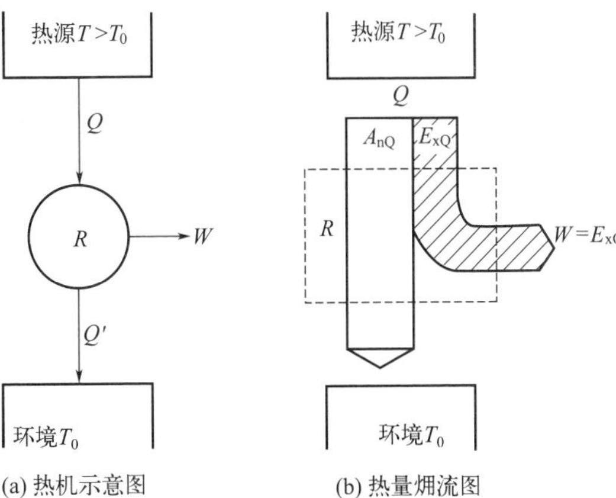

图5-1　卡诺热机工作原理与㶲流图

若系统温度恒定不变，则　$$E_{xQ}=Q\left(1-\frac{T_0}{T}\right) \tag{5-6}$$

$$A_{nQ}=\frac{T_0}{T}Q \tag{5-7}$$

热量Q的㶲值和炕值可在T-s图上以相应的面积来表示。如图5-2所示，1—2—3—4—1所包围的面积为㶲值；3—4—5—6—3包围的面积为炕值；1—2—6—5—1包围的面积为Q值。

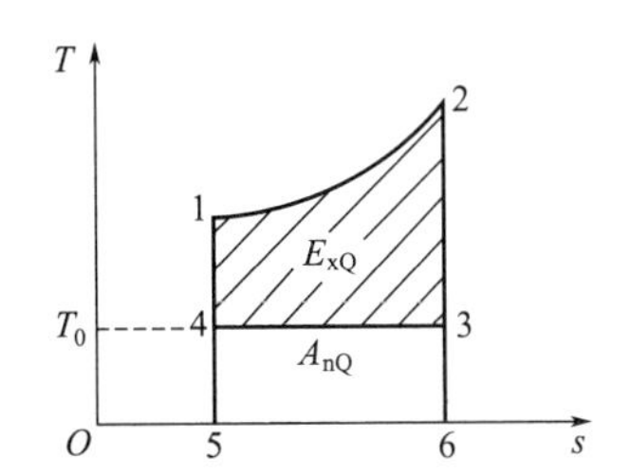

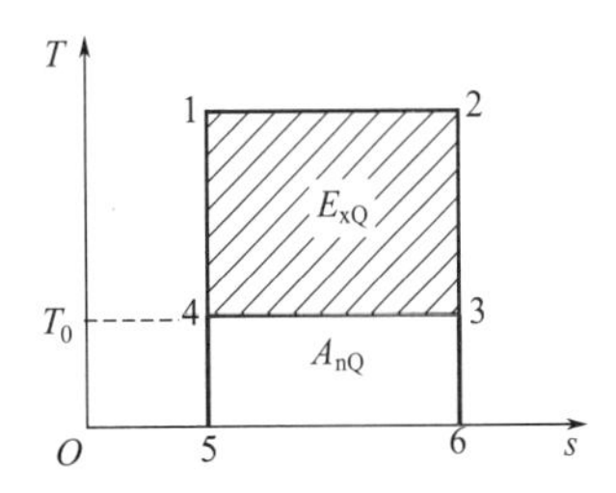

图5-2　热量㶲的计算

由以上各式可见，热量㶲是热量Q所能转换的最大有用功，其值取决于热量Q的大小、传热时的温度和环境温度。当环境状态一定时，单位热量的㶲值只是温度T的单值函数。T越高，㶲值越大；T越低，㶲值越小；当$T=T_0$时，㶲值为零。这说明高温下的热能较低温下的热能具有更大的可用性，可完成更多的有用功。热量炕除与T_0有关外，还与ΔS有关。系统吸热时，Q为正值，依式（5-3）知δE_{xQ}也为正值，表示系统也吸收了㶲（外界消耗功），反之，系统放热时，也放出了㶲（外界得到功）。

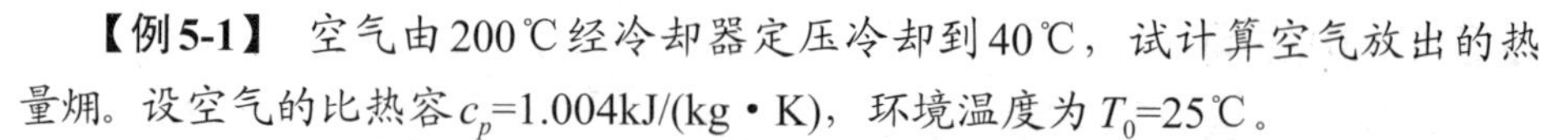

【例5-1】 空气由200℃经冷却器定压冷却到40℃，试计算空气放出的热量㶲。设空气的比热容c_p=1.004kJ/(kg·K)，环境温度为T_0=25℃。

解 空气放出的热量为

$$\delta q = c_p \mathrm{d}T$$

热量㶲 $e_{xq} = \int_{T_1}^{T_2}\left(1-\frac{T_0}{T}\right)c_p\mathrm{d}T = \int_{473}^{313}1.004\times\left(1-\frac{298}{T}\right)\mathrm{d}T \approx -37(\mathrm{kJ/kg})$（负号表示放出㶲，即空气的㶲值减少）

5.2.3 冷量㶲

冷量㶲

工程上把低于环境温度的系统与外界交换的热量称为冷量。热量自发地由高温物体流入低温物体，可以反过来说成冷量自发地由低温物体流入高温物体，即冷流与热流方向相反。在冷量交换过程中也伴随着冷量㶲的交换。如果系统温度T低于环境温度T_0，则可在T_0与T之间设置可逆热机，该热机自环境吸热δQ_0，向低温系统放热$\delta Q'$，它向外输出的最大有用功δW_{max}即为冷量㶲，以$\delta E_{xQ'}$表示。

$$\delta E_{xQ'} = \delta W_{max} = \left(1-\frac{T}{T_0}\right)\delta Q_0 \tag{5-8}$$

依能量守恒有

$$\delta Q_0 = \delta W_{max} + \delta Q' \tag{5-9}$$

由式（5-8）和式（5-9）得

$$\delta E_{xQ'} = \left(\frac{T_0}{T}-1\right)\delta Q' \tag{5-10}$$

$$E_{xQ'} = \int\left(\frac{T_0}{T}-1\right)\delta Q' = T_0\Delta S - Q' \tag{5-11}$$

冷量Q'的炕值为

$$A_{nQ'} = \int\frac{T_0}{T}\delta Q' = T_0\Delta S \tag{5-12}$$

若系统温度恒定不变，则

$$E_{xQ'} = \left(\frac{T_0}{T}-1\right)Q' \tag{5-13}$$

$$A_{nQ'} = \frac{T_0}{T}Q' \tag{5-14}$$

在T-s图（图5-3）上，$E_{xQ'}$为1—2—3—4—1所包围的面积，$A_{nQ'}$为3—4—5—6—3包围的面积，Q'为1—2—6—5—1包围的面积。

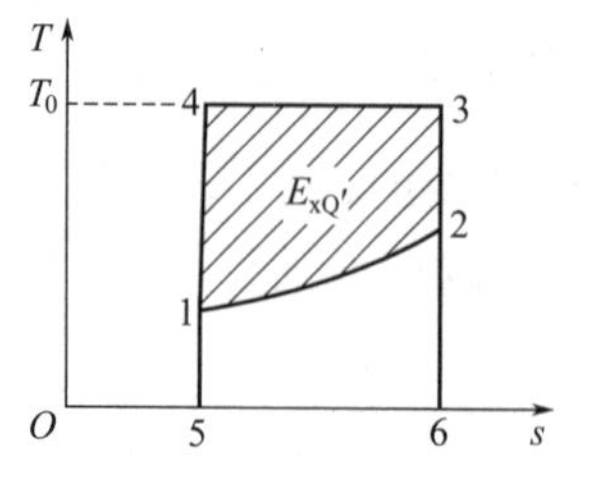

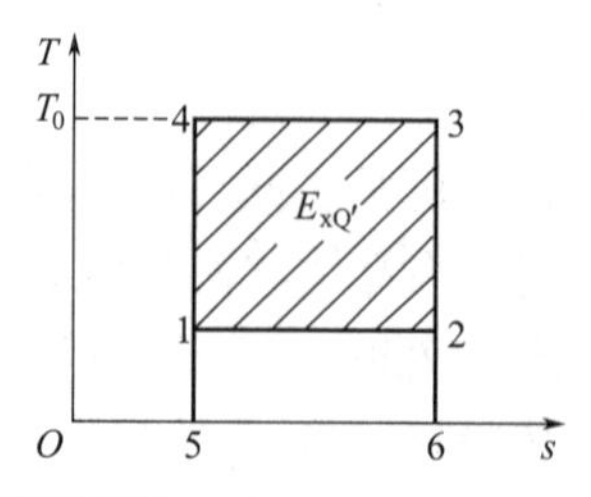

图5-3 冷量㶲的计算

与热量㶲相类似，冷量㶲Q'、T与T_0有关。T_0一定时，单位冷量的㶲值只是T的单值函数。T越低，㶲值越大，$T\to 0$K时，$E_{xQ'}\to\infty$；T越高，㶲值越小，$T=T_0$时，$E_{xQ'}=0$。系统吸入热量，即放出冷量时，$\delta Q'$为正，冷量㶲$\delta E_{xQ'}$也为正，表示系统放出了冷量㶲。反之，系统放出热量，即吸入冷量时，$\delta Q'$为负，冷量㶲$\delta E_{xQ'}$也为负，表示系统吸入了㶲。

冷量㶲与热量㶲的不同之处在于：系统放出热量Q的同时，也放出热量㶲，且㶲值$|E_{xQ}|$总是小于$|Q|$；而系统在吸收热量Q'的同时，却放出了冷量㶲，且当$T<\dfrac{T_0}{2}$时㶲值$|E_{xQ'}|$大于$|Q'|$。冷量㶲$E_{xQ'}$的方向总是与热流Q'的方向相反，而热量㶲E_{xQ}与热量Q的方向总是一致。

【例5-2】 某轻烃回收装置，用低温冷气冷却原料气。冷气温度由−45℃升高到−5℃，试计算冷量㶲。设冷气的比热容为c_p=0.9kJ/(kg·K)，环境温度为T_0=20℃。

解 冷气换冷量为

$$q'=\int c_p\mathrm{d}T=0.9\times(-5+45)=36(\mathrm{kJ/kg})\text{（表示吸入热量，放出冷量）}$$

冷量㶲为

$$\begin{aligned}e_{xq'}&=\int_{T_1}^{T_2}\left(\frac{T_0}{T}-1\right)\delta q'\\&=c_p\int_{T_1}^{T_2}\left(\frac{T_0}{T}-1\right)\mathrm{d}T\\&=c_p\left[T_0\ln\frac{T_2}{T_1}-(T_2-T_1)\right]\\&=0.9\times\left[293\times\ln\frac{268}{228}-(-5+45)\right]\\&=6.6(\mathrm{kJ/kg})\text{（表示放出冷量㶲）}\end{aligned}$$

物质或物流㶲

5.2.4 物质或物流㶲

物质或物流㶲包括物质的化学㶲、扩散㶲、动能㶲、位能㶲和物理㶲。由于动能和位能本身就是机械能，因而可全部转变为功，即动能㶲值与动能值相等，位能㶲值与位能值相等。物质的化学㶲和扩散㶲的计算较复杂，其计算请参阅有关文献，这里不予讨论。本节主要讨论物理㶲。

5.2.4.1 闭系工质物理㶲

若闭系中工质压力p和温度T与环境压力p_0和温度T_0不平衡，则系统就有向与环境相平衡状态过渡的趋势。如果能实现这种过渡，则系统就对外做功。如果过渡过程是可逆过程，则系统对外做最大功，这种最大功中的有用功就是工质的物理㶲，也称为内能㶲。

现以由封闭系统和环境组成的孤立系统进行分析。设系统状态为$A(p, T, v, s, h, u)$，环境状态为$O(p_0, T_0, v_0, s_0, h_0, u_0)$。由于环境是唯一的热源，所以，为保证系统由$A$过渡到$O$的过程为可逆过程，需使系统先经历一个可逆的绝热过程$A\to B(p_B, T_B, v_B, s_B, h_B, u_B)$，该过程不需要热源，使$T_B=T_0$，然后再经历一个可逆的定温过程$B\to O$（该过程中系统与环境交换热量），如图5-4所示。此时，系统与环境相平衡。

对过程$A\to B\to O$应用热力学第一定律

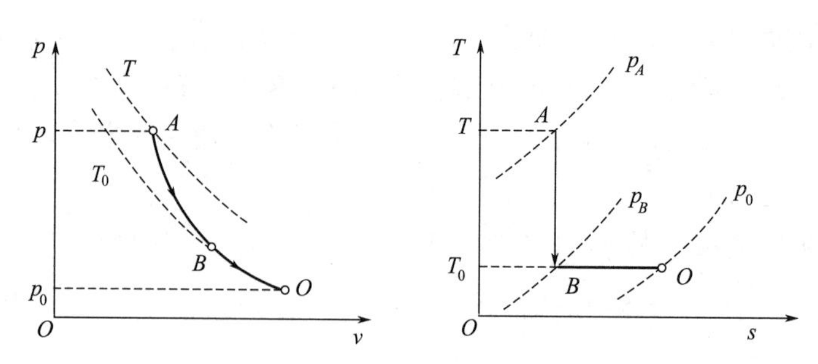

图 5-4　闭系物质㶲的计算

$$q = u_0 - u + w$$

又
$$q = q_{A\to B} + q_{B\to O} = 0 + T_0(s_0 - s)$$

故
$$w = (u - u_0) - T_0(s - s_0)$$

由于系统处在压力为p_0的环境中，因此，它在膨胀过程中必须向外推挤环境介质而做功$p_0(v_0-v)$，而这部分功是不可用功。这样，在$A\to B\to O$过程中，系统完成的最大有用功，即㶲为

$$e_x = (u - u_0) - T_0(s - s_0) + p_0(v - v_0) \tag{5-15}$$

对m(kg)工质

$$E_x = (U - U_0) - T_0(S - S_0) + p_0(V - V_0) \tag{5-16}$$

由此可知，闭系工质由一个状态（状态1）过渡到另一个状态（状态2）所能完成的最大有用功为

$$w_{1-2\max} = e_{x1} - e_{x2} = (u_1 - u_2) - T_0(s_1 - s_2) + p_0(v_1 - v_2) \tag{5-17}$$

【例5-3】 试计算处于1MPa、50℃状态下的空气的内能㶲，设环境压力p_0=0.1MPa，温度T_0=25℃，空气的比热容为c_v=0.716kJ/(kg・K)。

解
$$e_x = (u - u_0) - T_0(s - s_0) + p_0(v - v_0)$$
$$= c_v(T - T_0) - T_0\left(c_v \ln\frac{T}{T_0} + R\ln\frac{v}{v_0}\right) + p_0(v - v_0)$$
$$v = \frac{RT}{p} = \frac{0.287\times 323}{1000} = 0.927\left(\mathrm{m^3/kg}\right)$$
$$v_0 = \frac{RT_0}{p_0} = \frac{0.287\times 298}{100} = 0.855\left(\mathrm{m^3/kg}\right)$$

$$e_x = 0.716\times(50-25) - 298\times\left(0.716\times\ln\frac{323}{298} + 0.287\times\ln\frac{0.0927}{0.855}\right) + 100\times(0.0927 - 0.855)$$
$$= 114.5(\mathrm{kJ/kg})$$

5.2.4.2　开系工质物理㶲

对稳流系统，若不计动能和位能的变化，仍取系统和环境组成孤立系统，则系统由状态$A(p, T, v, s, h)$可逆过渡到环境状态$O(p_0, T_0, v_0, s_0, h_0)$所能完成的最大技术功即为开系工质的物理㶲，也称为焓㶲。同样，使系统先经

历一可逆绝热过程，再经历一可逆定温过程，则依热力学第一定律有

$$q = h_0 - h + w_t$$

$$q = 0 + T_0(s_0 - s)$$

$$e_x = w_{t\max} = (h - h_0) - T_0(s - s_0) \quad (5\text{-}18)$$

对 m(kg) 工质

$$E_x = (H - H_0) - T_0(S - S_0) \quad (5\text{-}19)$$

工质由状态1变化到状态2所能完成的最大技术功为

$$w_{t\max} = e_{x1} - e_{x2} = (h_1 - h_2) - T_0(s_1 - s_2) \quad (5\text{-}20)$$

可见，工质的物理㶲是状态参数，取决于工质的状态和环境状态。当环境状态一定时，仅取决于工质本身的状态。当系统与环境相平衡时，工质的物理㶲为零。若除环境外无其他热源，则工质始、终状态的㶲差即为这一过程中所能提供的最大有用功。

【例5-4】 试比较0.5MPa和5MPa两种饱和水蒸气的焓㶲值。环境状态为p_0=0.1MPa，T_0=20℃。

解 查未饱和水表得 h_0=84kJ/kg，s_0=0.2963kJ/(kg·K)

查饱和水蒸气表得 h_1=2747.5kJ/kg，s_1=6.8192kJ/(kg·K)

h_2=2794.2kJ/kg，s_2=5.9735kJ/(kg·K)

$$e_{x1} = (h_1 - h_0) - T_0(s_1 - s_0)$$
$$= (2747.5 - 84) - 293 \times (6.8192 - 0.2963)$$
$$= 752.3(\text{kJ/kg})$$

$$e_{x2} = (h_2 - h_0) - T_0(s_2 - s_0)$$
$$= (2791.2 - 84) - 293 \times (5.9735 - 0.2963)$$
$$= 1046.8(\text{kJ/kg})$$

可见，5MPa水蒸气比0.5MPa水蒸气更有用。

㶲损失

5.3 㶲损失

㶲的基本含义是以环境为基准时系统的理论做功能力，它不是实际过程中系统做出的最大功，也不是系统由初态变化到与环境平衡状态实际完成的有用功，即㶲与实际过程功无关。如果实际过程所完成的功量小于系统所提供的㶲值，就意味着过程中有㶲损失。事实上，任何实际过程都存在不可逆因素，因而也必然存在㶲损失。

实际过程中的不可逆因素主要是温差传热和摩擦。

5.3.1 温差传热引起的㶲损失

设在温度为T_0的环境中，有温度为T_A的高温热源。在温度T_A和T_0之间设置一可逆热机，热机从高温热源吸热Q，则热量Q的㶲值为

$$E_{xQA} = Q\left(1 - \frac{T_0}{T_A}\right)$$

这样，整个过程是可逆过程，熵产为零，没有㶲损失。

现令热量Q先由温度为T_A的热源传递到温度为$T_B(T_B<T_A)$的热源，而可逆热机工作于T_B和T_0之间［图5-5（a）］，热机吸热量仍为Q，则热量Q的㶲值为

$$E_{xQB}=Q\left(1-\frac{T_0}{T_B}\right)$$

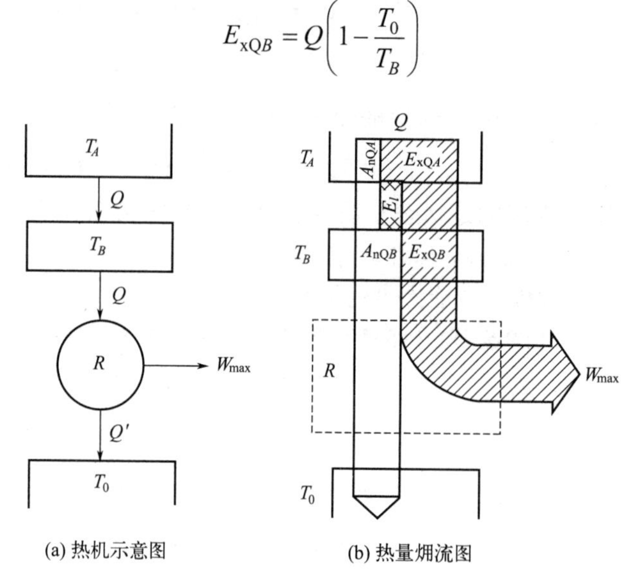

(a) 热机示意图　(b) 热量㶲流图

图 5-5 热机工作原理与㶲流图

显然㶲损失为

$$E_l=E_{xQA}-E_{xQB}=QT_0\left(\frac{1}{T_B}-\frac{1}{T_A}\right) \tag{5-21}$$

由于热机为可逆热机，故整个过程中只有热量Q由T_A传到T_B这一个温差传热过程不可逆，即这些㶲损失完全是由温差传热引起的。由式（2-54）知，该温差传热过程的熵产为

$$\Delta S_{g1}=Q\left(\frac{1}{T_B}-\frac{1}{T_A}\right)$$

故

$$E_{l1}=T_0\Delta S_{g1} \tag{5-22}$$

同理，若热机放热温度T_0'高于环境温度T_0，则放热温差引起的熵产为

$$\Delta S_{g2}=Q_0\left(\frac{1}{T_0}-\frac{1}{T_0'}\right)$$

式中，Q_0为在温度T_0'下放给环境的热量。

㶲损失为

$$E_{l2}=T_0\Delta S_{g2} \tag{5-23}$$

这表明，由温差传热引起的㶲损失与熵产成正比。

图5-5（b）表示了过程的㶲流。这种㶲损失在T-S图中可清晰地表示出来。图5-6（a）表示出高温热源与工质间存在传热温差的情况。1—2为热源放热线，1′—2′为工质吸热线。依能量守恒原理（热源放出的热量应等于工质吸收的热量），两条线与横轴围成的面积相等，即1—2—5—6—1的面积等于1′—2′—8—6—1′的面积。可见，炕值增加了3—7—8—5—3这块面积，它等于$T_0\Delta S_{g1}=T_0(S_8-S_5)$。

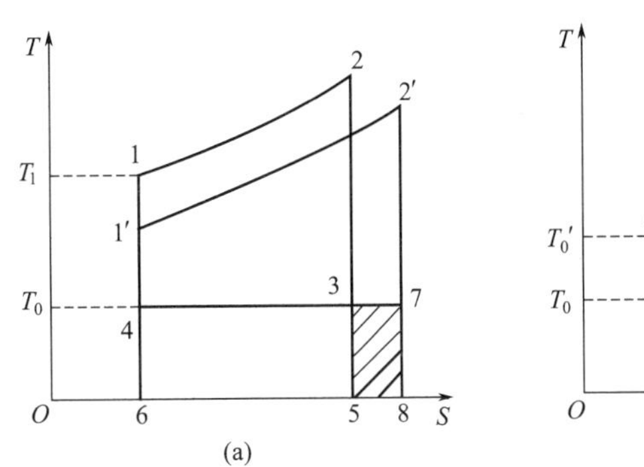

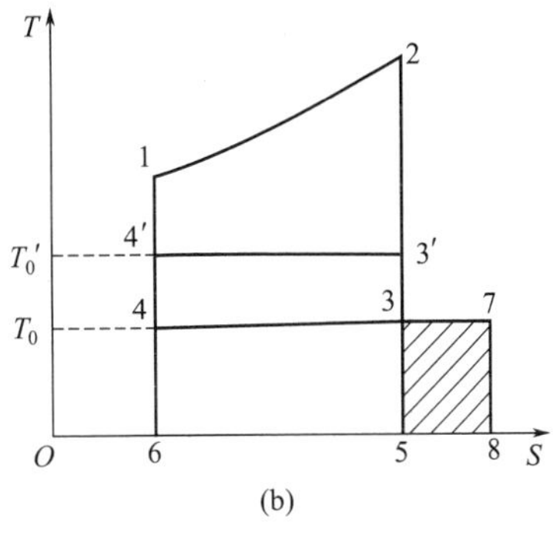

图 5-6 温差传热引起的㶲损失

图5-6（b）表示出工质放热温度与环境温度之间存在温差的情况。3′—4′为工质放热线，4—3为环境吸热线。依能量守恒原理，3′—4′—6—5—3′的面积等于4—7—8—6—4的面积，显然，炕值增加了3—7—8—5—3这块面积，它等于$T_0\Delta S_{g2}=T_0(S_8-S_5)$。

5.3.2 摩擦引起的㶲损失

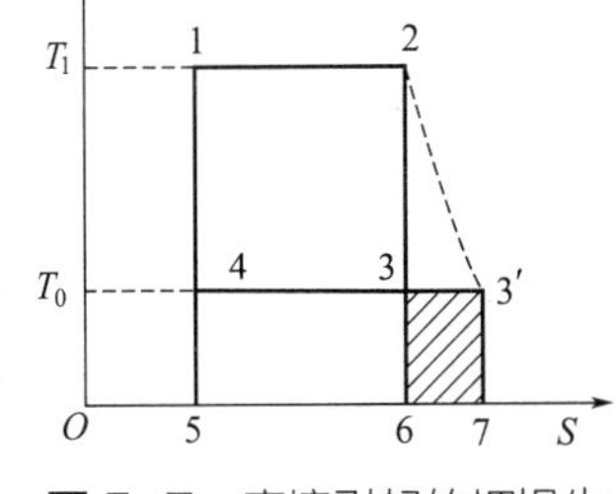

图 5-7 摩擦引起的㶲损失

设在温度为T的高温热源与温度为T_0的环境之间有一循环工作的热机。循环1—2—3—4—1为可逆循环。假设绝热膨胀过程中有摩擦，则如图5-7所示，工质经历不可逆循环1—2—3′—4—1。

对比两个循环可看出，两循环吸热量Q相同，但循环1—2—3′—4—1比循环1—2—3—4—1多放出了热量ΔQ，少做了功W_1（摩擦功），其值等于3—3′—7—6—3的面积，这也是循环中增加的炕值，也就是㶲损失。

由于循环中只有2—3′为不可逆过程，整个循环的熵产为

$$\Delta S_g=\frac{W_1}{T_0}=S_7-S_6$$

故
$$E_1=T_0\left(S_7-S_6\right)=T_0\Delta S_g \tag{5-24}$$

这表明，由于摩擦引起的㶲损失与熵产成正比。

综合式（5-22）～式（5-24）有

$$E_1=\Sigma_i E_{1i}=\Sigma_i\left(T_0\Delta S_{gi}\right)=T_0\Delta S_g \tag{5-25}$$

式中，ΔS_{gi}、E_{1i}为第i个不可逆因素引起的熵产、㶲损失；E_1为总㶲损失；ΔS_g为总熵产。图5-8和图5-9分别为可逆循环和有摩擦循环的㶲流图。

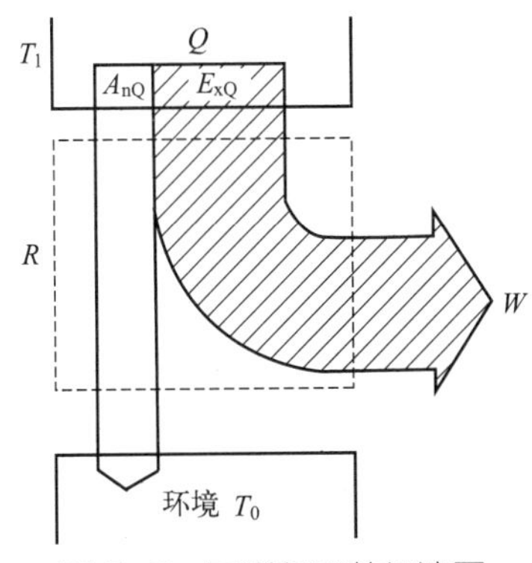

图 5-8 可逆循环的㶲流图

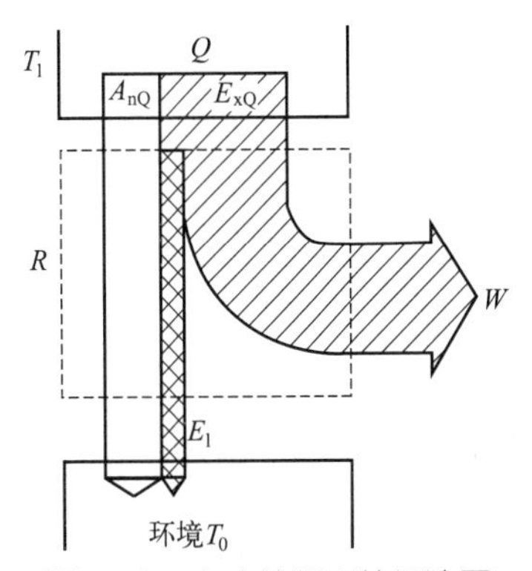

图 5-9 有摩擦循环的㶲流图

5.3.3 能级与能量贬值原理

通过以上分析可知，能量不仅有量，而且有质。机械能和电能等具有最高的品质，它们可以百分之百地被利用。热能和内能等若不能无偿地被百分之百利用，它们的品质就低。不同温度下的热能也具有不同的㶲值，即它们的可利用程度也不同。为了衡量能量的可利用性，提出了能级的概念。其定义为能量㶲值与能量数量的比值，常以Ω表示。显然，机械能和电能的能级Ω=1。对热能

$$\Omega=\frac{E_{\mathrm{xQ}}}{Q}=1-\frac{T_0}{T} \tag{5-26}$$

能级越高，能量的可利用程度越大，能级越小，能量的可利用性越小。

能级分析在大系统能量匹配中很有用。若供能的能级与用户用能的能级差较小，则匹配较合理，否则就不合理。

在不可逆过程中，能量的数量虽然不变，但㶲减小了，能级降低了，做功能力下降了，即能量的品质下降了，这就是能量贬值原理。

5.4 㶲方程

㶲方程

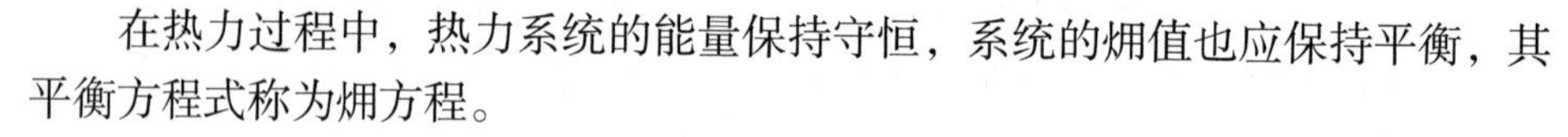

在热力过程中，热力系统的能量保持守恒，系统的㶲值也应保持平衡，其平衡方程式称为㶲方程。

依熵方程有
$$\mathrm{d}s=\mathrm{d}s_{\mathrm{f}}+\mathrm{d}s_{\mathrm{g}}$$
$$\mathrm{d}s_{\mathrm{f}}=\frac{\delta q}{T}$$

故
$$\frac{T_0}{T}\delta q=T_0\mathrm{d}s-T_0\mathrm{d}s_{\mathrm{g}}$$

又依热力学第一定律有
$$\delta q=\mathrm{d}h+\delta w_{\mathrm{t}}$$

两式相减得
$$\left(1-\frac{T_0}{T}\right)\delta q=\mathrm{d}\left(h-T_0 s\right)+\delta w_{\mathrm{t}}+T_0\mathrm{d}s_{\mathrm{g}} \tag{5-27}$$

式（5-27）就是㶲方程的微元形式。

对于在进、出口截面间的稳定流动系统有

$$e_{\mathrm{xq}}+\left(e_{\mathrm{x1}}-e_{\mathrm{x2}}\right)=w_{\mathrm{t}}+e_{\mathrm{l}} \tag{5-28}$$

若有多股流体进出，则

$$\Sigma\left(E_{\mathrm{xQ}}\right)_i+\left[\Sigma\left(E_{\mathrm{x1}}\right)_i-\Sigma\left(E_{\mathrm{x2}}\right)_i\right]=W_{\mathrm{t}}+E_{\mathrm{l}} \tag{5-29}$$

式（5-28）和式（5-29）称为㶲方程。它表明，系统提供的热量㶲与工质焓㶲之和等于系统完成的技术功与㶲损失之和。可见，㶲方程综合了热力学第一定律和热力学第二定律，既体现了能量在数量上的关系，也表示了在质量上的关系。

5.5　㶲效率与热效率

㶲效率与热效率

效率就是收益量与支出量之比。㶲效率也就是㶲的收益量与㶲的支出量之比，常用η_{ex}表示。它表明了系统中可用能的利用程度。㶲效率高，表示系统中不可逆因素所引起的㶲损失小。对可逆过程，㶲效率为η_{ex}=1。由于对收益和支出的理解不同，㶲效率的含义也有所不同。目前已提出的㶲效率表达式主要有

$$\eta_{ex}=\frac{\text{离开系统的各㶲值之和}}{\text{进入系统的各㶲值之和}}=\frac{(E_x)_{out}}{(E_x)_{in}}=1-\frac{E_l}{(E_x)_{in}}$$

$$\eta_{ex}=\frac{\text{实际利用㶲值之和}}{\text{提供的㶲值之和}}=\frac{(E_x)_a}{(E_x)_{th}}$$

例如对换热器的分析中，热流体㶲值之差即为提供的㶲值，而冷流体的㶲值之差即为实际利用的㶲值。利用这种㶲效率更直观、更方便。

热力循环的热量㶲效率为

$$\eta_{exQ}=\frac{W}{E_{xQ}} \tag{5-30}$$

式中，W为实际完成的功。

在热力装置中，常用到热效率。它是指实际完成的功与所提供热量之比值，以η_t表示

$$\eta_t=\frac{W}{Q} \tag{5-31}$$

卡诺循环的热效率最大，以η_c表示

$$\eta_c=1-\frac{T_0}{T}=\frac{E_{xQ}}{Q} \tag{5-32}$$

联立式（5-30）、式（5-32）得

$$\eta_{exQ}=\frac{\eta_t}{\eta_c} \tag{5-33}$$

可见，㶲效率是一种相对效率，它反映了实际过程偏离理想可逆过程的程度。它从质量上说明了应该转变成的可用能中有多少被实际利用了，而热效率只从数量上说明了有多少热能转变成了功。

例题：㶲的综合计算

【例5-5】 设高温热源温度T_H=1800K，低温热源温度为环境温度T_0=290K，热机吸热温度为T_1=900K，排热温度为T_2=320K，热机热效率为相应卡诺循环热效率的70%。若每千克工质从高温热源吸热100kJ，试计算：（1）热机的实际循环功；（2）各温度下的热量㶲；（3）各不可逆过程的熵产和㶲损失；（4）孤立系统的熵增和总㶲损失。

解　（1）热机的实际循环功　q_H=q_1=100kJ，热机各过程如图5-10所示。

由于工质吸热时与高温热源间有温差，放热时与环境也有温差，所以热机相当于工作于T_1与T_2之间。

工作于T_1与T_2之间的卡诺热机的热效率为

$$\eta_c=1-\frac{T_2}{T_1}=1-\frac{320}{900}=0.644$$

循环功为　$$w_c=\eta_c q_1=0.644\times100=64.4(\text{kJ/kg})$$

实际热机的热效率为　$$\eta_t=0.7\eta_c=0.451$$

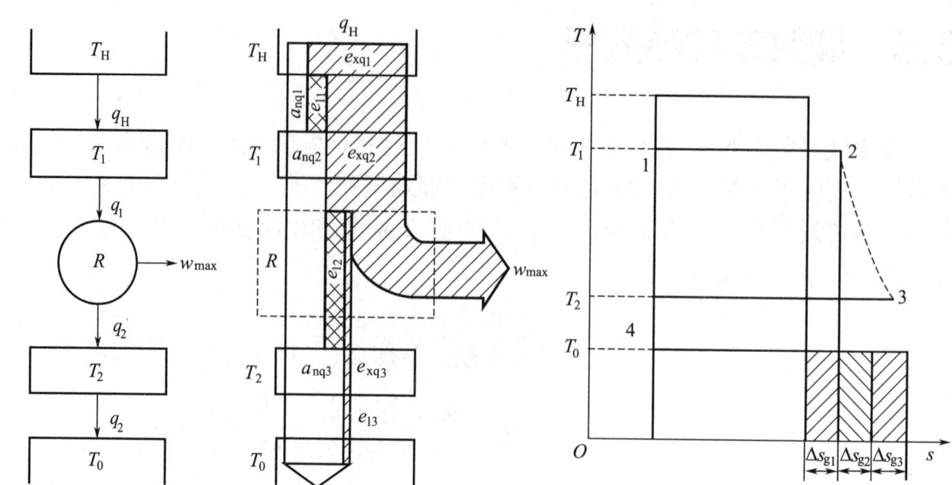

图 5-10 例 5-5 循环分析

循环功为 $w = \eta_t q_1 = 0.451 \times 100 = 45.1(\text{kJ/kg})$

热机放出热量为 $q_2 = q_1 - w = 100 - 45.1 = 54.9(\text{kJ/kg})$

（2）各温度下的热量㶲

① 1800K 下的热量㶲为 $e_{xq1} = q_H\left(1-\dfrac{T_0}{T_H}\right) = 100\times\left(1-\dfrac{290}{1800}\right) = 83.9(\text{kJ/kg})$

② 900K 下的热量㶲为 $e_{xq2} = q_1\left(1-\dfrac{T_0}{T_1}\right) = 100\times\left(1-\dfrac{290}{900}\right) = 67.8(\text{kJ/kg})$

③ 320K 下的热量㶲为 $e_{xq3} = q_2\left(1-\dfrac{T_0}{T_2}\right) = 54.9\times\left(1-\dfrac{290}{320}\right) = 5.2(\text{kJ/kg})$

④ 290K 下的热量㶲为 $e_{xq4} = 0$

（3）各不可逆过程的熵产和㶲损失

① 温差吸热过程的熵产为

$$\Delta s_{g1} = q_1\left(\frac{1}{T_1}-\frac{1}{T_H}\right) = 100\times\left(\frac{1}{900}-\frac{1}{1800}\right) = 0.0556[\text{kJ/(kg·K)}]$$

㶲损失为 $e_{l1} = T_0 s_{g1} = 290\times 0.0556 = 16.1(\text{kJ/kg})$

或 $e_{l1} = e_{xq1} - e_{xq2} = 83.9 - 67.8 = 16.1(\text{kJ/kg})$

② 循环过程摩擦引起的功损失为

$$w_l = w_c - w = 64.4 - 45.1 = 19.3(\text{kJ/kg})$$

熵产为 $\Delta s_{g2} = \dfrac{w_l}{T_2} = \dfrac{19.3}{320} = 0.0603[\text{kJ/(kg·K)}]$

㶲损失为 $e_{l2} = T_0 \Delta s_{g2} = 290\times 0.06 = 17.5(\text{kJ/kg})$

或 $e_{l2} = e_{xq2} - e_{xq3} - w = 67.8 - 5.2 - 45.1 = 17.5(\text{kJ/kg})$

③ 温差放热引起的熵产为

$$\Delta s_{g3}=q_2\left(\frac{1}{T_0}-\frac{1}{T_2}\right)=54.9\times\left(\frac{1}{290}-\frac{1}{320}\right)=0.0177\left[\text{kJ/(kg}\cdot\text{K)}\right]$$

㶲损失为 $$e_{l3}=T_0\Delta s_{g3}=290\times0.0177=5.2(\text{kJ/kg})$$

或 $$e_{l3}=e_{xq3}-e_{xq4}=5.2(\text{kJ/kg})$$

（4）孤立系统熵增为

$$\Delta s_{iso}=\Delta s_{g1}+\Delta s_{g2}+\Delta s_{g3}=0.556+0.0603+0.0177=0.134\left[\text{kJ/(kg}\cdot\text{K)}\right]$$

或 $$\Delta S_{iso}=-\frac{q_1}{T_H}+0+\frac{q_2}{T_0}=-\frac{100}{1800}+\frac{54.9}{290}=0.134\left[\text{kJ/(kg}\cdot\text{K)}\right]$$

总㶲损失为 $$e_l=e_{l1}+e_{l2}+e_{l3}=16.1+17.5+5.2=38.8(\text{kJ/kg})$$

或 $$e_l=T_0\Delta s_{iso}=290\times0.134=38.8(\text{kJ/kg})$$

（5）结果分析

① 热量㶲平衡 $$e_{xq1}=e_l+w=83.9\text{kJ/kg}$$

② 各不可逆因素引起㶲损失占总损失的比例

温差吸热 $$16.1\div38.8=41.5\%$$

摩擦 $$17.5\div38.8=45.1\%$$

温差放热 $$5.2\div38.8=13.4\%$$

可见，改善吸热温差和摩擦是提高循环效率的有效措施。

③ 在过程2—3中，摩擦引起的功损失为19.3kJ/kg，而㶲损失为17.5kJ/kg，两者不等，为什么？请读者自行分析。

【例5-6】 高温转化气由T_1=1273K，h_1=1336kJ/kg，s_1=1.617kJ/(kg•K)被等压冷却到T_2=653K，h_2=686kJ/kg，s_2=0.916kJ/(kg•K)。其放热量用来使300℃的水等压汽化为300℃的蒸汽，汽化速度为q_{mw}=100t/h。环境温度为T_0=293K。试计算：（1）热流的最大热量㶲；（2）不可逆传热造成的热量㶲损失；（3）蒸汽得到的㶲。

解 查饱和水和水蒸气表得300℃下水和水蒸气的参数为h'=1345kJ/kg，h''=2751kJ/kg，s'=3.2552kJ/(kg•K)，s''=5.708kJ/(kg•K)。

（1）转化气的放热量等于水得到的热量，即

$$\dot{Q}_1=q_{mw}(h''-h')=10^5\times(2751-1345)=1.406\times10^8(\text{kJ/h})$$

转化气的质量流量为 $$q_{mg}=\frac{\dot{Q}_1}{h_1-h_2}=\frac{1.406\times10^8}{1336-686}=2.068\times10^5(\text{kg/h})$$

转化气的熵变为 $$\Delta\dot{S}_1=q_{mg}(s_2-s_1)=2.068\times10^5\times(0.916-1.617)=-1.45\times10^5\left[\text{kJ/(K}\cdot\text{h)}\right]$$

转化气的热量㶲为

$$E_{xQ1}=\dot{Q}_1-T_0\left|\Delta\dot{S}_1\right|=1.406\times10^8-293\times1.45\times10^5=9.8115\times10^7\left[\text{kJ/(K}\cdot\text{h)}\right]$$

（2）水蒸气的熵变为

$$\Delta\dot{S}_2=q_{mw}(s''-s')=10^5\times(5.7081-3.2552)=2.4529\times10^5\left[\text{kJ/(K}\cdot\text{h)}\right]$$

不可逆传热引起的熵产为

$$\Delta S_{\mathrm{g}}=\Delta\dot{S}_1+\Delta\dot{S}_2=-1.45\times10^5+2.4529\times10^5=1.0029\times10^5\left[\mathrm{kJ/(K\cdot h)}\right]$$

不可逆传热引起的㶲损失为

$$\dot{E}_1=T_0\Delta\dot{S}_{\mathrm{g}}=293\times1.0029\times10^5=2.9385\times10^7\,(\mathrm{kJ/h})$$

（3）蒸汽得到的热量㶲为

$$\dot{E}_{\mathrm{xQ2}}=\dot{E}_{\mathrm{xQ1}}-\dot{E}_1=9.8115\times10^7-2.9385\times10^7=6.87\times10^7\,(\mathrm{kJ/h})$$

或

$$\dot{E}_{\mathrm{xQ2}}=\dot{Q}_1\left(1-\frac{293}{573}\right)=6.87\times10^7\,(\mathrm{kJ/h})$$

【例5-7】 汽轮机入口气体参数为T_1=900℃，压力p_1=0.85MPa，流速c_1=120m/s。经汽轮机绝热膨胀做功后，变成温度T_2=477℃，压力p_2=0.1MPa，流速c_2=70m/s的废气。取气体比热容c_p=1.1kJ/(kg·K)，气体常数R=0.28kJ/(kg·K)，大气温度T_0=25℃，大气压力p_0=0.1MPa。若气体视为理想气体，试计算：（1）过程中完成的轴功；（2）汽轮机入口和出口气体的㶲值；（3）过程中理论上能完成的最大轴功；（4）过程中的㶲损失。

解　（1）依稳定流动系统能量方程有

$$q=\Delta h+\frac{\Delta c^2}{2}+g\Delta z+w_{\mathrm{s}}$$

气体位能差可忽略不计，过程为绝热，故

$$w_{\mathrm{s}}=h_1-h_2+\frac{1}{2}\left(c_1^2-c_2^2\right)=c_p\left(T_1-T_2\right)+\frac{1}{2}\left(c_1^2-c_2^2\right)=1.1\times\left(900-477\right)+\frac{1}{2}\times\left(\frac{120^2-70^2}{10^3}\right)$$
$$=470.05\left(\mathrm{kJ/kg}\right)$$

（2）入口气㶲值为

$$e_{\mathrm{x1}}=\left(h_1-h_0\right)-T_0\left(s_1-s_0\right)=c_p\left(T_1-T_0\right)-T_0\left(c_p\ln\frac{T_1}{T_0}-R\ln\frac{p_1}{p_0}\right)$$
$$=1.1\times\left(1173-298\right)-298\times\left(1.1\times\ln\frac{1173}{298}-0.28\times\ln\frac{0.85}{0.1}\right)=691.91\left(\mathrm{kJ/kg}\right)$$

出口气㶲值为

$$e_{\mathrm{x2}}=c_p\left(T_2-T_0\right)-T_0\left(c_p\ln\frac{T_2}{T_0}-R\ln\frac{p_2}{p_0}\right)$$
$$=1.1\times\left(750-298\right)-298\times\left(1.1\times\ln\frac{750}{298}-0.28\times\ln\frac{0.1}{0.1}\right)=194.65\left(\mathrm{kJ/kg}\right)$$

（3）过程中理论上能完成的最大技术功为

$$w_{\mathrm{tmax}}=e_{\mathrm{x1}}-e_{\mathrm{x2}}+e_{\mathrm{xq}}$$

因过程绝热，q=0，e_{xq}=0，故

$$w_{\mathrm{tmax}}=691.91-194.65=497.26\left(\mathrm{kJ/kg}\right)$$

$$w_{\mathrm{smax}}=w_{\mathrm{tmax}}-\frac{\Delta c^2}{2}=497.26+\frac{1}{2}\times\left(120^2-70^2\right)\times10^{-3}=502.01\left(\mathrm{kJ/kg}\right)$$

（4）过程中的㶲损失为

$$e_l = w_{smax} - w_s = 502.01 - 470.05 = 31.96(\mathrm{kJ/kg})$$

或 $$e_l = T_0(s_2 - s_1) = T_0\left(c_p \ln\frac{T_2}{T_1} - R\ln\frac{p_2}{p_1}\right) = 298\times\left(1.1\times\ln\frac{750}{1173} - 0.28\times\ln\frac{0.1}{0.85}\right) = 31.96(\mathrm{kJ/kg})$$

5.6 热经济学思想简介

与以热力学第一定律为基础的焓分析方法相比，㶲分析方法对用能过程进行了较全面的技术分析。然而，从工程角度出发，㶲分析方法得出的结论不能作为投资决策的依据，而只能作为指导性建议。这是因为㶲分析方法还存在很多不足之处：第一，㶲分析方法属于纯技术分析，技术只能是获取经济利益的工具，只有与经济分析相结合，达到技术与经济的统一之后，才能获得工程应用；第二，㶲效率的高低与过程的可逆程度有关，而可逆过程都是推动力无限小的过程，速度极慢，产量极低；第三，㶲值相同的物质在价值上并不等价，如1kJ电、1kJ煤、1kJ蒸汽的价格是不等的。热经济学就是一种集技术与经济于一体的分析方法。热经济学的研究内容是：㶲单价与能量品质之间的关系；通过建立数学模型及求解，确定产品成本最低的条件，进而做出投资决策。

对一个系统来说，输入系统的价值有：

① 供给能的价值C_{in}=供给能的㶲单价c_{in}×供给能的㶲值$(E_x)_{in}$；

② 设备投资费用C_{eq}；

③ 经营管理费用C_{ad}；

输出系统的产品成本C_{out}=单位产品能的㶲成本×产品能的㶲值$(E_x)_{out}$。

输入系统的价值应等于输出产品的成本，即

$$c_{out}(E_x)_{out} = c_{in}(E_x)_{in} + C_{eq} + C_{ad} \tag{5-34}$$

式（5-34）是㶲经济方程的基本形式，也叫成本方程。下面以锅炉为例说明成本方程的应用。

锅炉的供给㶲是燃料的化学㶲E_{xf}，㶲单价为c_f，由式（5-34）得到

$$c_{out} = c_f\frac{E_{xf}}{(E_x)_{out}} + \frac{C_{eq}}{(E_x)_{out}} + \frac{C_{ad}}{(E_x)_{out}} = \frac{c_f}{\eta_{ex}} + c_{eq} + c_{ad} \tag{5-35}$$

式中，η_{ex}是㶲效率；C_{eq}是锅炉的比投资，即输出1kJ㶲所需要的投资费用；C_{ad}是比管理费用，即输出1kJ㶲所需的管理费用。η_{ex}、η_{eq}、C_{ad}都与生产过程及生产条件密切相关，如果能确定它们之间的函数关系，就可对式（5-35）求极值，从而确定㶲成本最小的生产条件。当然也可以针对某几种生产条件计算产品的㶲成本，确定较好的生产条件。

热经济学分析法还可应用于工艺设备、生产单元、生产大系统，甚至国家经济问题的分析，有些情况需要求解非线性方程组，解决工艺优化和经济决策问题。

热经济学是一门只有几十年发展历史的新兴学科，目前尚不成熟，评价指标和计算方法还未统一。但这方面的研究已取得令人瞩目的成果，并且开始应用于工程实际。热经济学分析与优化已引起学术界和工程界的广泛关注，在不远的将来，它将给能量系统的设计和改进带来新的活力与希望。

小结

① 能量不仅有量，而且有质。㶲从两方面衡量了能的有用程度。它的基本含义是以环境为基准态时能量的做功能力。㶲的本质是系统与环境之间存在着不平衡势。

② 功源㶲等于功源的总能量。

③ 热量㶲的计算式为

$$E_{xQ}=\left(1-\frac{T_0}{T}\right)Q$$

热量㶲是热量的理论做功能力，因此它与热量一样也是过程量。热量㶲的方向与热流的方向是一致的。

④ 冷量㶲的计算式为

$$E_{x\dot{Q}}=\left(\frac{T_0}{T}-1\right)\dot{Q}$$

冷量㶲也是过程量，不过它的方向与热流的方向相反。

⑤ 工质内能㶲的计算式为

$$E_x=(U-U_0)-T_0(S-S_0)+p_0(V-V_0)$$

内能㶲是状态参数，当环境状态一定时，其值仅取决于工质本身所处的状态，封闭系统从一个状态变化到另一个状态过程中所能提供的最大有用功等于这两个状态的内能㶲之差。

⑥ 工质焓㶲的计算式为

$$E_x=(H-H_0)-T_0(S-S_0)$$

焓㶲是状态参数，当环境状态一定时，其值仅取决于工质的流动状态。稳定流动系统从一个状态变化到另一个状态过程中所能提供的最大有用功等于这两个状态的焓㶲之差。

⑦ 㶲方程　　$E_{xQ}+E_{x1}-E_{x2}=W_t+E_l$

方程左边是系统供给的总㶲，W_t是系统实际完成的技术功，E_l是总㶲损失。

⑧ 能级是能量㶲值与能量数量的比值，即$\Omega=\frac{E_x}{E}$。

⑨ 㶲损失的通用计算式为　$E_l=T_0\Delta S_g$

即只要过程中有熵产，就有㶲损失，能级就下降，能量就贬值。当然㶲损失也可由㶲方程求得。

⑩ 㶲分析法仍存在着不足之处，热经济学有可能解决这些问题。㶲经济方程为

$$c_{out}(E_x)_{out}=c_{in}(E_x)_{in}+C_{eq}+C_{ad}$$

思考题

1. 什么是㶲？㶲定义的基准是什么？
2. 热量㶲和工质㶲有何不同？它们都是状态参数吗？
3. 说明㶲损失与熵产之间的关系。
4. 㶲方程的物理意义是什么？
5. 㶲效率与热效率有何不同？

习题

1. 比较1000kJ的功与从温度为300℃热源放出2000kJ热量的价值。设环境温度为25℃。
2. 容器内盛有1kg空气，在定容下向环境放热，由初态T_1=200℃变化到T_2=55℃。若环境温度为15℃，试计算放热过程的㶲损失。
3. 空气按多变过程由p_1=0.1MPa，T_1=17℃压缩至p_2=0.5MPa，T_2=120℃。环境状态为p_0=0.1MPa，T_0=17℃。试计算：①过程中的技术功；②压缩所需的最小技术功；③㶲损失；④㶲效率。
4. 压力p_1=0.8MPa，温度T_1=320℃的空气，流经一段管路后变为p_2=0.7MPa，温度T_2=280℃。设环境压力p_0=0.1MPa，温度T_0=20℃，试计算该过程的㶲损失。
5. 有一台燃气轮机，进口燃气温度为850℃，压力为0.55MPa。经绝热膨胀做功后，出口废气压力为0.1MPa，温度为500℃。燃气c_p=1.1kJ/(kg·K)，R=0.27kJ/(kg·K)。试计算：①1kg燃气所做的轴功；②该过程理论上能完成的最大轴功；③过程的㶲损失。忽略燃气的动能和位能变化，环境温度为20℃。
6. 某绝热容器，由一不导热的隔板分为L和R两部分，L边盛有3kg 40℃的空气，R边盛有5kg 70℃的氮气。当移去隔板时两边的气体定压混合，经过一段时间后，整个容器中气体的状态一致。环境的温度为T_0=15℃。求：①混合后系统的熵增量；②混合过程的㶲损失。
7. 某锅炉用空气预热器吸收排出烟气中的热量来加热进入燃烧室的空气。若烟气的流量为50000kg/h，经空气预热器后由315℃降到205℃；空气的流量为40000kg/h，初始温度为27℃。假定烟气和空气均视为理想气体，压力均为环境压力，比热容均为定值，且$c_{p烟气}$=1.088kJ/(kg·K)，$c_{p空气}$=1.004kJ/(kg·K)。环境状态为p_0=0.1MPa，T_0=27℃。求：①烟气的初、终状态㶲参数；②该传热过程中气体的㶲损失；③假定从烟气向外传热是通过可逆热机实现的，空气的终温和热机发出的功率。

5

6 热力循环

学习意义

热能与其他形式的能之间的相互转换是通过热机（热力循环）实现的。将工程中的各种实际热力循环抽象为相应的理想热力循环，并利用热力学第一和第二定律分析能量的转换效率是工程热力学的重要内容之一。本章主要讨论蒸气动力循环、空气压缩制冷循环、蒸气压缩制冷循环、吸收式制冷循环、蒸气喷射制冷循环和气体液化循环及热泵循环。

学习目标

①了解热力循环的分类；②掌握蒸汽卡诺循环向朗肯循环的演变及回热循环、再热循环对朗肯循环的改进，会利用蒸汽图表对循环进行热力分析与计算；③熟悉热电联供循环；④熟悉空气压缩制冷循环及其热力分析；⑤掌握蒸气压缩制冷循环及其热力分析；⑥了解制冷剂的性质；⑦了解吸收式制冷循环、蒸气喷射制冷循环和气体液化循环的原理及特点，熟悉热泵循环与制冷循环的异同，了解热泵循环类型。

为满足工业部门对各种能量的需求，实际工程中总是通过特定的热力循环把一种形式的能转换成另一种形式。把热能转换为机械能的循环称为动力循环，而通过消耗机械能把热量由低温物体传向高温物体的循环称为广义热泵循环。动力循环是正向循环，广义热泵循环则为逆向循环。如果逆向循环的目的是维持低温热源的低温，则该循环称为制冷循环；而如果逆向循环的目的是维持高温热源的高温，则该循环称为热泵循环或供暖循环。根据工质种类的不同，热力循环可分为蒸气循环和气体循环。气体循环是指在循环中工质只发生状态变化而不发生相变，蒸气循环是指在循环中工质发生相变。由于动力循环中的热能往往来自燃料的燃烧放热，所以按燃料的燃烧方式可分为内燃式和外燃式两种循环。内燃式循环，其燃料在系统内部燃烧，燃气本身就是工质，外燃式循环，其燃料在系统外部燃烧，燃烧放出的热量通过间壁传给工质。

6.1 蒸汽动力循环

蒸汽动力循环是以蒸汽为工质，通过在一系列的动力装置中经历热力循环来实现的，在蒸汽动力循环过程中，燃料的化学能在锅炉中转化为水蒸气的热能，然后蒸汽在汽轮机中将热能转化为机械能。这类动力装置采用蒸汽轮机作为原动机，广泛应用于火力发电、石油化工及船舶等领域。近代火力发电中绝大部分采用蒸汽动力循环。图6-1为合成氨工业蒸汽轮机驱动的二氧化碳压缩机组，图6-2和图6-3为一火力发电厂的全景图及生产流程图。

图6-1 合成氨工业蒸汽轮机驱动的二氧化碳压缩机组

图6-2 火力发电厂全景图

6.1.1 蒸汽卡诺循环

热力循环通常由多个子过程组成，每个子过程都是在特定的工业设备中完成的。用于循环的工质不同，各子过程及其设备也有很大差别。第2章曾介绍过卡诺循环的构成及效率，指出卡诺循环是相同条件下效率最高的循环。然而，如果以远离液态的气体作工质，则定温吸热和定温放热两个过程实际上难以实现。此外，在p-v图上，气体定温线与绝热线的斜率相差不太大，所以每循环完成的功较小。

如果以蒸汽为工质，则可以克服上述两个缺点。在湿蒸汽区，工质的定压过程就是定温过程，例如水可以在锅炉内定温定压吸热汽化为水蒸气，经汽轮机膨胀后水蒸气又可在冷凝器内定温定压放热而冷凝为水。这样便可以实现卡诺循环。其p-v图和T-s图如图6-4中的1—2—c—5所示。可见定温线为水平

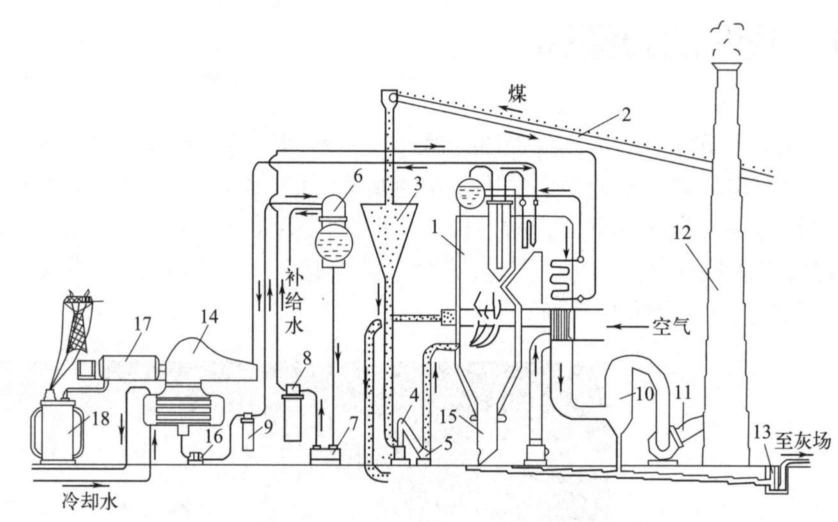

图6-3 火力发电厂生产流程图

1—锅炉；2—传送带；3—煤斗；4—磨煤机；5—排粉风机；6—除氧器；7—给水泵；8—高压加热器；9—低压加热器；10—机除尘器；11—引风机；12—烟囱；13—灰渣泵；14—汽轮机；15—渣斗；16—凝结水泵；17—发电机；18—主变压器

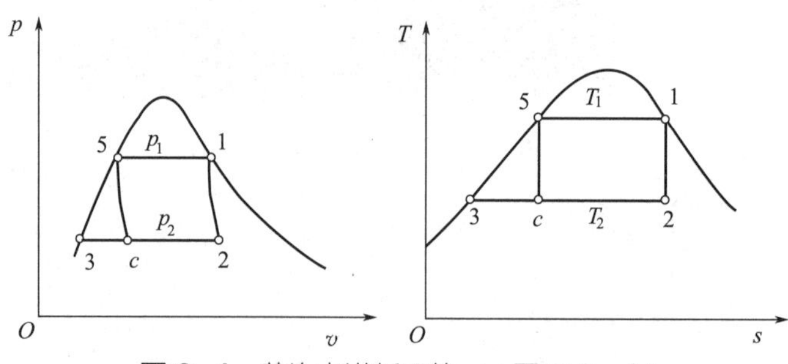

图6-4 蒸汽卡诺循环的p-v图和T-s图

线，与绝热线斜率相差较大，每循环获得的功较多。

然而，实际生产中不采用蒸汽卡诺循环。

① 若采用卡诺循环，定温吸热过程可以在锅炉内近似实现，定温放热过程可以在冷凝器内近似实现，定熵膨胀过程可以在汽轮机或蒸汽机中近似实现，但绝热压缩过程却难以实现，原因为缺少压缩汽水混合物的合适设备，一般压缩机压缩汽水混合物时工作极不稳定，易出事故；

② 定熵膨胀末期，蒸汽湿度较大，对汽轮机工作不利；

③ 蒸汽比体积比水大上千倍，压缩时设备庞大，耗功也大；

④ 蒸汽卡诺循环仅限于湿蒸汽区，上限温度T受制于临界温度，因此热效率不高，每循环完成的功也不大。

朗肯循环

6.1.2 朗肯循环

6.1.2.1 工作原理

朗肯

为了克服蒸汽卡诺循环的缺陷，工程实际中采用朗肯（Rankine）循环，朗肯循环系统是由锅炉、汽轮机、冷凝器和水泵组成的动力循环系统，如图6-5所示。理想的朗肯循环及设备流程示意图如图6-6所示，其p-v图和T-s图如图6-7所示。

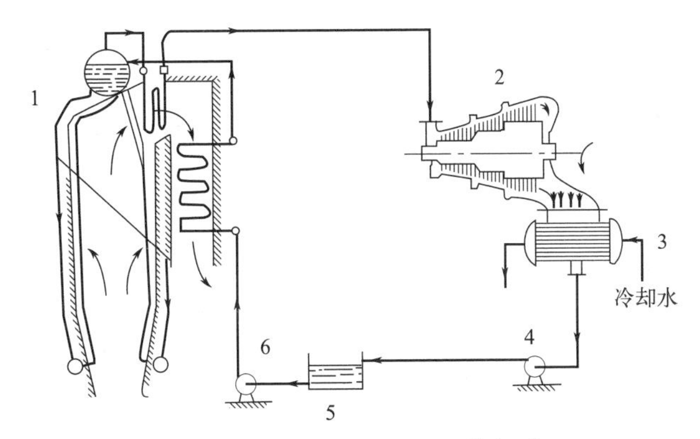

图 6-5 朗肯热力循环系统组成

1—锅炉；2—汽轮机；3—冷凝器；4—冷凝水泵；5—水箱；6—锅炉给水泵

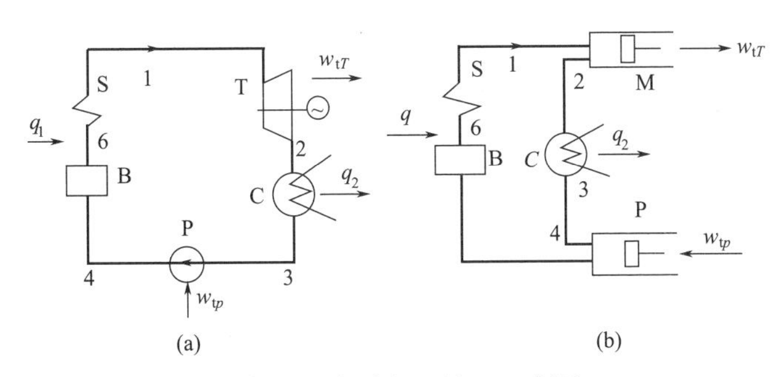

图 6-6 朗肯循环流程示意图

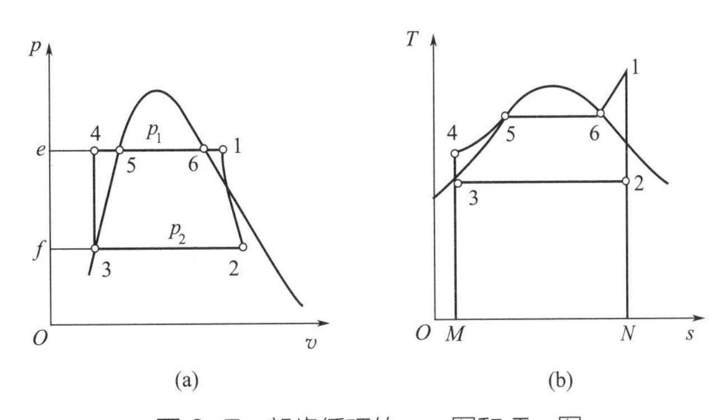

图 6-7 朗肯循环的 *p-v* 图和 *T-s* 图

图6-6（a）是汽轮机动力装置，图6-6（b）是蒸汽机动力装置。图中B为锅炉，燃料在锅炉中燃烧，放出的热量通过间壁传给汽锅中的水汽。过冷水经定压吸热转变为饱和水的过程为图6-7中的4→5段，饱和水经定温定压吸热汽化为饱和蒸汽的过程为图6-7中的5→6段。S为蒸汽过热器，饱和蒸汽在其中定压吸热变为过热蒸汽，在图6-7中为6→1段。T为汽轮机，过热蒸汽通过汽轮机推动叶轮膨胀做功；M为蒸汽机，过热蒸汽在蒸汽机中推动活塞膨胀做功；两者作用原理完全相同，只是做功方式不同，在图6-7中为1→2段。C为冷凝器，从动力机排出的乏汽在其中通过间壁向冷却水定温定压放出热量后而凝结为水，在图6-7中为2→3段。P为给水泵，将冷凝水升压后送入锅炉的汽锅内，在图6-7中为3→4段。

朗肯循环与水蒸气卡诺循环的不同之处在于：

① 乏汽的凝结是完全的，即放热过程线不是图6-4中的2→*c*而是2→3；

② 冷凝水由水泵泵入锅炉，简化了设备，但增加了水的定压加热过程4→5，降低了平均吸热温度，

从而使热效率降低；

③ 增加了过热器，蒸汽在过热器中的吸热过程6→1也是定压过程而不是定温过程。该过程提高了平均吸热温度，而且提高了乏汽的干度，提高了循环效率，也改善了汽轮机的工作条件。

6.1.2.2 朗肯循环的热效率

循环中各点的状态参数由已知条件在水和水蒸气热力性质图或表中查得后，即可进行各过程的能量转换计算。在正常工作时，工质处于稳定流动过程。若以每千克工质为基准，则在定压吸热过程4→5→6→1中工质吸入的热量为

$$q_1 = h_1 - h_4$$

在定熵膨胀过程1→2中工质完成的技术功为

$$w_{tT} = h_1 - h_2$$

在定压放热过程2→3中工质放出的热量为

$$q_2 = h_2 - h_3$$

在定熵压缩过程中，外界对工质做的功为

$$w_{tp} = h_4 - h_3$$

虽然在未饱和水性质表中可查得状态4的参数，但由于压力和温度间距较大，往往需要经过多次内插法才能确定下来，较为麻烦，工程计算中常予以简化。由于水是压缩性极小的物质，尤其是在低温下，把压力提高到几十兆帕并不会使水的比体积产生明显的变化。例如，把20℃下的饱和水加压到20MPa，其比体积的变化小于1%。因此水的压缩过程可视为定容过程，即

$$w_{tp} = v\left(p_4 - p_3\right)$$

水泵功与汽轮机功相比很小，在近似计算中常可以忽略，即

$$h_4 \approx h_3$$

整个循环中工质完成的净功为

$$w_0 = w_{tT} - w_{tp} = q_1 - q_2 \approx h_1 - h_2$$

循环热效率为

$$\eta_t = \frac{w_0}{q_1} \approx \frac{h_1 - h_2}{h_1 - h_3} \tag{6-1}$$

再考虑工质动能及位能的变化，可将技术功w_0转换为轴功w_s。循环的热效率也可用平均吸热温度$\bar{T}_1$和平均放热温度$\bar{T}_2$表示。对任意循环，平均吸热温度$\bar{T}_1$是吸热量Q_1与吸热过程熵变ΔS_1的比值，平均放热温度是放热量Q_2与放热过程熵变ΔS_2的比值。这样，该循环与在温度$\bar{T}_1$和$\bar{T}_2$之间工作的卡诺循环相当，即吸热量、放热量及完成的功均相等，热效率也就相等。所以任何循环的热效率可以表示为

$$\eta_t = 1 - \frac{\bar{T}_2}{\bar{T}_1} \tag{6-2}$$

式（6-2）用于比较各循环的热效率时非常方便。

蒸汽动力装置输出1kW·h(3600kJ)功量所消耗的蒸汽量称为汽耗率，常以符号d表示

$$d=\frac{3600}{w_0}\approx\frac{3600}{h_1-h_2}$$

在功率一定的条件下，汽耗率反映了循环中各设备尺寸的大小。汽耗率大，各设备尺寸大，投资大，效率低。可见，汽耗率是动力装置的经济指标之一。

6.1.2.3 蒸汽参数对循环热效率的影响

由式（6-1）可以看出，朗肯循环的热效率取决于：汽轮机入口蒸汽焓h_1、汽轮机出口乏汽焓h_2和冷凝水的焓h_3。而h_1又由p_1和T_1决定，h_2和h_3由p_2决定，因此p_1、T_1和p_2是影响朗肯循环热效率的三个参数。

（1）蒸汽初压p_1对热效率的影响　如果保持蒸汽初温T_1和乏汽压力p_2不变，而将蒸汽压力由p_1提高到p_1'，则在T-s图上可得到两个循环1→2→3→4→5→6→1和1′→2′→3→4→5′→6′→1′，如图6-8所示。可见，这两个循环的平均放热温度$\bar{T}_2$相同，而后者的平均吸热温度$\bar{T}_1'$高于前者的平均吸热温度$\bar{T}_1$。所以，随着蒸汽初压p_1的升高，循环的热效率提高。

提高蒸汽初压p_1，虽然可以提高循环的热效率，但是同时也带来了一些其他问题。如图6-8所示，初压p_1升高后，汽轮机出口蒸汽干度下降。如果降低得过多，就会侵蚀汽轮机最后几级叶片，对汽轮机的运行安全构成威胁，同时也降低了汽轮机后部的工作效果。工程实际中，一般要求乏汽干度不低于90%。另外，提高初压p_1，对设备强度要求高，设备投资也增大。

（2）蒸汽初始温度T_1对热效率的影响　如果保持蒸汽初始压力p_1和终了压力p_2不变，使初温T_1升高到T_1'，则在T-s图上也得到两个循环1→2→3→4→5→6→1和1′→2′→3→4→5→6→1′，如图6-9所示。可见，后者的平均吸热温度$\bar{T}_1'$大于前者的平均吸热温度$\bar{T}_1$，而放热平均温度相同，即提高初温可使循环热效率提高。

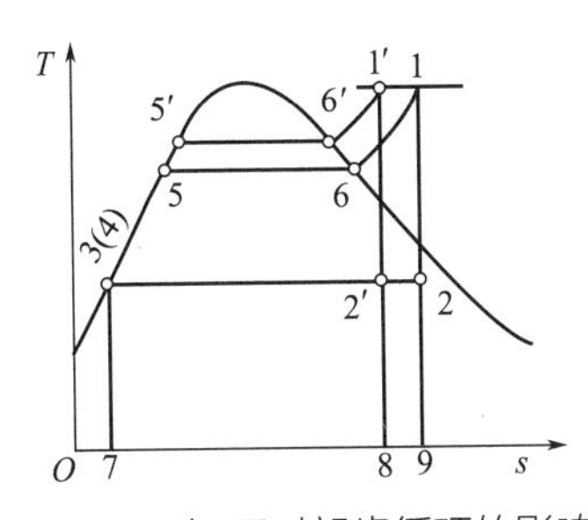

图6-8　初压对朗肯循环的影响

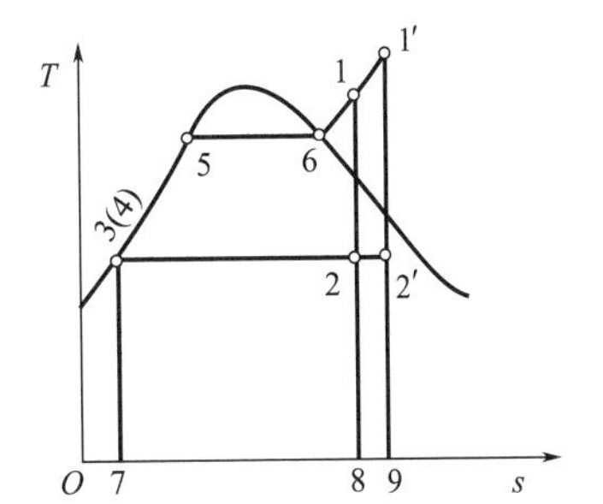

图6-9　初温对朗肯循环的影响

此外，提高初温还可使汽轮机出口乏汽干度提高，对汽轮机运行有利。

蒸汽的初始温度受制于锅炉过热器的材料和汽轮机前几级叶片材料。耐热材料价格昂贵，设备投资太大。目前所用蒸汽的最高温度一般不超过600℃。

（3）乏汽压力p_2对热效率的影响　如果保持初压p_1和初温T_1不变，使乏汽压力由p_2降低到p_2'，则在T-s图上也得到两个循环1→2→3→4→5→6→1和1′→2′→3′→4′→5→6→1，如图6-10所示。可见，两者的平均吸热温度相同，而后者的平均放热温度$\bar{T}_2'$小于前者的平均放热温度$\bar{T}_2$，所以降低乏汽压力p_2可提高循环热效率。

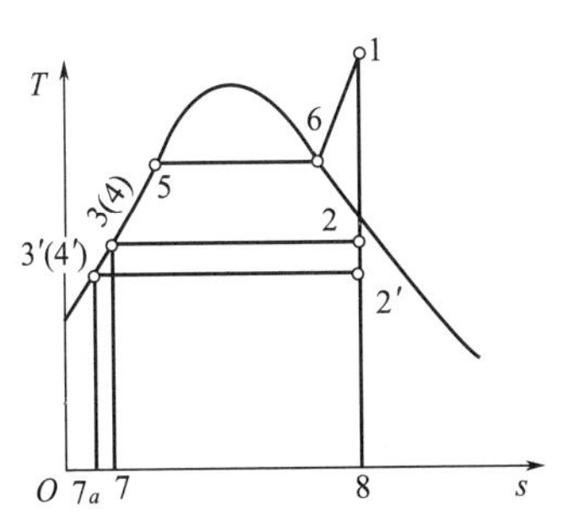

图6-10　乏汽压力对朗肯循环的影响

乏汽压力p_2的选取依赖于冷凝器冷源的温度。一般大型蒸汽动力装置的p_2介于0.003～0.005MPa之间，对应的饱和温度介于24～33℃之间，这仅略高于冷却水的温度。因此，降低p_2已经没有多少潜力。另外，降低p_2，乏汽干度下降，对汽轮机工作也不利。

6.1.2.4 实际循环

上述的朗肯循环是理想的可逆循环。实际上，蒸汽在动力装置中的各个过程都是不可逆过程。例如，流体流动必产生阻力降，所谓定压过程并不严格；工质加热或放热过程必存在温差传热；蒸汽流经各管道时对外散热；蒸汽经过汽轮机时的绝热膨胀过程，由于汽流速度高，摩擦阻力很大等，实际循环与理想循环存在着很大的差别。对实际蒸汽动力循环进行分析时，可先按理想循环考虑，然后再依具体不可逆情况进行修正。锅炉内的损失以锅炉效率表示，管道损失以管道效率表示，汽轮机的损失以汽轮机效率表示等。下面以汽轮机内有摩擦损耗的情况为例进行分析。

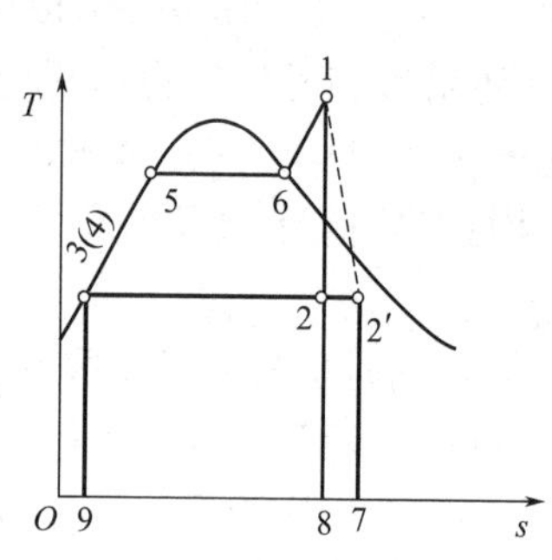

图6-11 膨胀过程有摩擦的朗肯循环

绝热膨胀过程有摩擦时，其T-s图如图6-11所示。图中1→2代表可逆过程，1→2′则为有摩擦的不可逆过程。

蒸汽经汽轮机膨胀完成的实际功为

$$w'_{tT} = h_1 - h'_2$$

因$h'_2 > h_2$，故$w'_{tT} < w_{tT}$。

汽轮机总热效率

$$\eta_T = \eta_i \eta_m$$

式中 η_i——汽轮机内部相对效率，$\eta_i = \dfrac{w'_{tT}}{w_{tT}} = \dfrac{h_1 - h'_1}{h_1 - h_2}$；

η_m——汽轮机机械效率，$\eta_m = \dfrac{w_e}{w'_{tT}}$；

w'_{tT}——汽轮机实际完成的功率；

w_e——汽轮机输出的有效功。

则汽轮机输出的有效功 $w_e = \eta_T w_{tT}$

有效功率

$$N_e = \eta_T N_{tT} \tag{6-3}$$

式中 N_{tT}——汽轮机理想循环功率。

锅炉热效率

$$\eta_B = \frac{q_1}{q_f} \tag{6-4}$$

式中 q_f——燃料放出的热量。

其他热效率，包括管道、冷凝器、水泵等设备的热效率。

整个热力循环系统的效率由上面各环节决定，动力装置效率用η表示

$$\eta = \frac{w_0}{q_f} \tag{6-5}$$

式中 w_0——装置输出的净功，$w_0=w_e-w_{tp}$。

整个装置的能量转化可用图6-12能量平衡图描述。

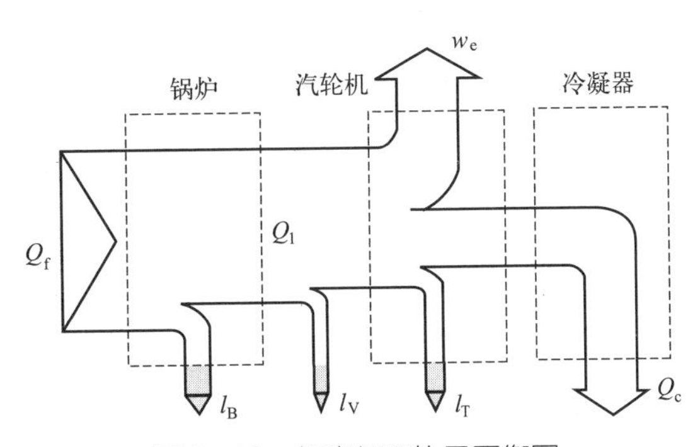

图6-12 朗肯循环热量平衡图

l_B—锅炉损失；l_V—蒸汽阀门、管道系统损失；l_T—汽轮机损失；Q_c—冷凝移走热量

【例6-1】 某蒸汽动力循环如图6-13所示。锅炉过热器出口蒸汽压力p_1'=14MPa，温度T_1'=560℃；汽轮机进口压力p_1=13.5MPa，温度T_1=550℃；汽轮机出口乏汽压力p_2'=0.004MPa。已知锅炉效率η_B=0.9，汽轮机内部相对效率η_i=0.85。试计算：(1)汽轮机输出的功；(2)水泵功；(3)循环热效率；(4)装置效率；(5)各部分热损失的大小及所占比例；(6)各部分的㶲损失及所占比例。设大气压力p_0=0.1MPa，温度T_0=20℃，燃烧温度T_f=1700K。

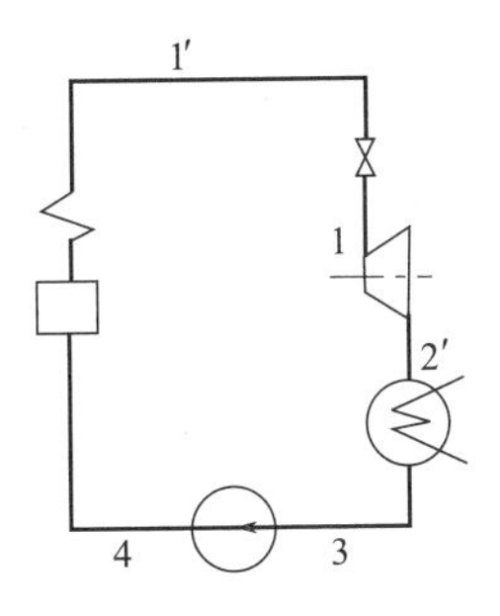

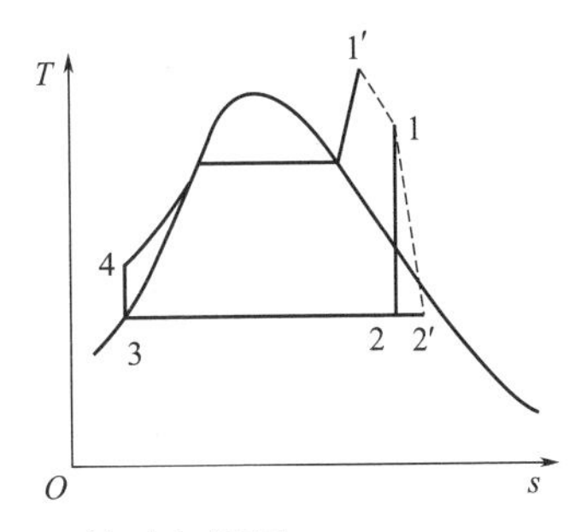

图6-13 例6-1的动力循环

解 首先从水及蒸汽表或水蒸气焓-熵图中查出各点的状态参数。

1′点 $p_1'=14\text{MPa}$，$T_1'=560℃$，$h_1'=3486\text{kJ/kg}$，$s_1'=6.60\text{kJ/}(\text{kg}\cdot\text{K})$

1点 $p_1=13.5\text{MPa}$，$T_1=550℃$，$h_1=3466\text{kJ/kg}$，$s_1=6.58\text{kJ/}(\text{kg}\cdot\text{K})$

2点 $p_2=0.004\text{MPa}$，$s_2=s_1=6.58\text{kJ/}(\text{kg}\cdot\text{K})$，$h_2=2004\text{kJ/kg}$，$x_2=0.765$

2′点 $p_2'=0.004\text{MPa}$，汽轮机效率$\eta_i=0.85$，故

$$h_2'=h_1-\eta_i(h_1-h_2)=3466-0.85\times(3466-2004)=2223(\text{kJ/kg})$$

$$s_2'=7.32\text{kJ/}(\text{kg}\cdot\text{K})$$

3点 $p_3=p_2'=0.004\text{MPa}$，$h_3=121\text{kJ/kg}$，$v_3=0.001\text{m}^3/\text{kg}$

$$s_3=0.422\text{kJ/}(\text{kg}\cdot\text{K})$$

4点 $p_4=p_1'=14\text{MPa}$

$$h_4=h_3+(p_4-p_3)v_3=121+(14000-4)\times0.001=135(\text{kJ/kg})$$

$$s_4=0.424\text{kJ/}(\text{kg}\cdot\text{K})$$

(1)汽轮机输出的功 $w_{tT}'=h_1-h_2'=3466-2223=1243(\text{kJ/kg})$

（2）水泵功 $w_{tp} = h_4 - h_3 = 135 - 121 = 14\left(\text{kJ/kg}\right)$

（3）循环热效率

循环净功 $w_0 = w'_{tT} - w_{tp} = 1243 - 14 = 1229\left(\text{kJ/kg}\right)$

循环中工质吸热 $q_1 = h'_1 - h_4 = 3486 - 135 = 3351\left(\text{kJ/kg}\right)$

循环效率
$$\eta_t = \frac{w_0}{q_1} = \frac{1229}{3351} = 36.7\%$$

（4）装置效率

燃料放出热量
$$q_f = \frac{q_1}{\eta_B} = \frac{3351}{0.9} = 3723\left(\text{kJ/kg}\right)$$

装置效率
$$\eta = \frac{w_0}{q_f} = \frac{1229}{3723} = 33.0\%$$

（5）各部分热损失大小及所占比例

锅炉损失能量 $q_{lB} = q_f - q_1 = 3723 - 3351 = 372\left(\text{kJ/kg}\right)$

所占比例
$$\frac{q_{lB}}{q_f} = \frac{372}{3723} = 10\%$$

管道、阀门损失能量 $q_{lv} = h'_1 - h_1 = 3486 - 3466 = 20\left(\text{kJ/kg}\right)$

所占比例
$$\frac{q_{lv}}{q_f} = \frac{20}{3723} = 0.5\%$$

冷凝器放出热量 $q_2 = h'_2 - h_3 = 2223 - 121 = 2102\left(\text{kJ/kg}\right)$

所占比例
$$\frac{q_2}{q_f} = \frac{2102}{3723} = 56.5\%$$

（6）整个装置的㶲损失及各部分㶲损失所占比例

① 环境状态参数为p_0=0.1MPa，T_0=293K，查水和水蒸气表可知
$$h_0 = 84\text{kJ/kg},\ s_0 = 0.296\text{kJ/}\left(\text{kg}\cdot\text{K}\right)$$

② 各状态下的㶲。燃料放出的热量为q_f=3723kJ/kg，其㶲为
$$e_{xqf} = q_f\left(1 - \frac{T_0}{T_f}\right) = 3723\times\left(1 - \frac{293}{1700}\right) = 3081\left(\text{kJ/kg}\right)$$

因锅炉向外散热，使得传给工质的热量为q_1=$\eta_B q_f$，所以传给工质热量的㶲为
$$e_{xq} = e_{xqf}\eta_B = 3081\times 0.9 = 2773\left(\text{kJ/kg}\right)$$

1′点状态下工质的㶲为
$$\begin{aligned} e'_{x1} &= \left(h_1 - h_0\right) - T_0\left(s'_1 - s_0\right) \\ &= \left(3486 - 84\right) - 293\times\left(6.6 - 0.296\right) = 1555\left(\text{kJ/kg}\right) \end{aligned}$$

1点状态下工质的㶲为
$$\begin{aligned} e_{x1} &= \left(h_1 - h_0\right) - T_0\left(s_1 - s_0\right) \\ &= \left(3466 - 84\right) - 293\times\left(6.58 - 0.296\right) = 1541\left(\text{kJ/kg}\right) \end{aligned}$$

2′点状态下工质的㶲为
$$\begin{aligned} e'_{x2} &= \left(h'_2 - h_0\right) - T_0\left(s'_2 - s_0\right) \\ &= \left(2223 - 84\right) - 293\times\left(7.32 - 0.296\right) = 81\left(\text{kJ/kg}\right) \end{aligned}$$

3点状态下工质的㶲为

$$e_{x3}=(h_3-h_0)-T_0(s_3-s_0)$$
$$=(121-84)-293\times(0.422-0.296)=0.1(\text{kJ/kg})$$

4点状态下工质的㶲为

$$e_{x4}=(h_4-h_0)-T_0(s_4-s_0)$$
$$=(135-84)-293\times(0.424-0.296)=14(\text{kJ/kg})$$

③ 各过程的㶲损失及所占比例。锅炉排烟、散热等引起的㶲损失为

$$e_{lB1}=e_{xqf}-e_{xq}=3081-2773=308(\text{kJ/kg})$$

锅炉温差传热引起的㶲损失为

$$e_{lB2}=e_{xq}+e_{x4}-e'_{x1}=2773+14-1555=1232(\text{kJ/kg})$$

锅炉内㶲损失为

$$e_{lB}=e_{lB1}+e_{lB2}=308+1232=1540(\text{kJ/kg})$$

所占比例为 $$\frac{e_{lB}}{e_{xqf}}=\frac{1540}{3081}=50\%$$

管道及阀门引起的㶲损失为

$$e_{lv}=e'_{x1}-e_{x1}=1555-1541=14(\text{kJ/kg})$$

所占比例为 $$\frac{e_{lv}}{e_{xqf}}=\frac{14}{3081}=0.5\%$$

汽轮机摩擦引起的㶲损失为

$$e_{lT}=e_{x1}-e'_{x2}-w'_{tT}=1541-81-1243=217(\text{kJ/kg})$$

所占比例为 $$\frac{e_{lT}}{e_{xqf}}=\frac{217}{3081}=7\%$$

冷凝器内的㶲损失为

$$e_{lc}=e'_{x2}-e_{x3}=81-0.1=80.9(\text{kJ/kg})$$

所占比例为 $$\frac{e_{lc}}{e_{xqf}}=\frac{80.9}{3081}=2.5\%$$

循环的㶲效率为 $$\frac{w_0}{e_{lqf}}=\frac{1229}{3081}=40\%$$

（7）两种方法比较

将两种分析法所得结果汇总后列于表6-1，并用图6-14和图6-15分别描述循环过程的热流平衡和㶲流平衡。

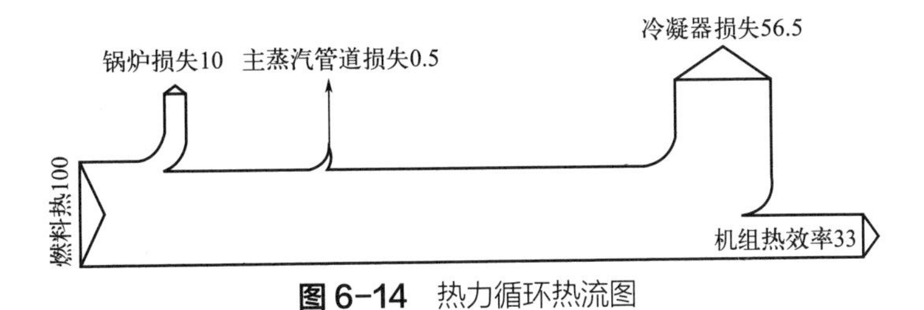

图6-14 热力循环热流图

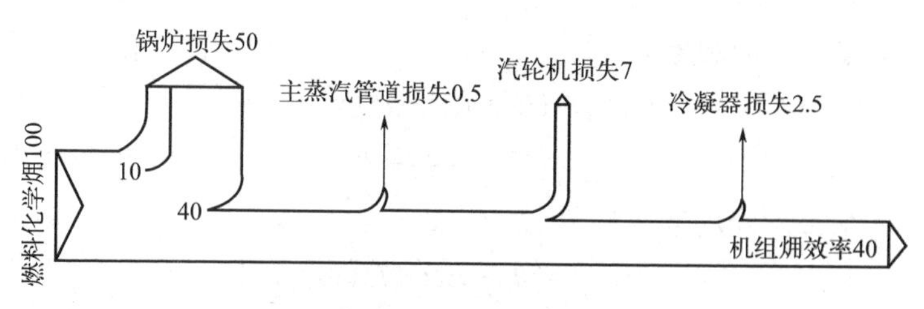

图6-15　热力循环㶲流图

显然，两种分析方法所得出的结论不尽相同。依热效率分析法，冷凝器中损失的能量最多，应是改进的重点；温差传热没有能量损失，不需改善。而㶲分析法，冷凝器中损失的热量很大，但因其内工质状态接近于环境状态，㶲值却很小，所以几乎没有进行改进的余地；相反，温差传热过程虽从量上没有能量损失，但因温差传热是不可逆过程，㶲损失却很大，是需改进的重点。另一方面汽轮机不可逆膨胀引起的损失在热流图上无法显示，因为这一损失又以热的形式存在于蒸汽中，随着蒸汽进入冷凝器向冷却水放热，在冷源中一起反映出来。由此可见提高汽轮机的相对内效率可减少㶲损失。这两种方法所得结果之所以存在差异，是因为两种方法中“损失”的含义有本质的区别。热效率以热力学第一定律为基础，只考虑“量”上的损失；而㶲分析法以热力学第一定律和热学第二定律为基础，既考虑了“量”，也考虑了“质”，从量与质相统一的角度考虑㶲损失的大小，因此，㶲分析法是合理利用能源的正确分析方法。

表6-1　热效率分析法与㶲分析法结果比较

项目			占供入的份额/%	
			热效率分析法	㶲分析法
损失	锅炉	排烟散热	10	10
		温差传热	0	40
		合计	10	50
	管道		0.5	0.5
	汽轮机		0	7
	冷凝器		56.5	2.5
	合计		67	60
输出功			33	40
总计			100	100

6.1.3　朗肯循环的改进

朗肯循环的改进

根据上节的分析，朗肯循环存在两个温差吸热（即图6-7中的4→5和6→1）过程，而且这种温差传热是造成朗肯循环效率低的主要因素；另外，虽然提高初始压力p_1可提高朗肯循环的热效率，但是由于x_2减小，对汽轮机的运行会产生不利后果，为了克服朗肯循环的这些缺点，工程实际中对朗肯循环做了多种多样的改进，例如回热循环、再热循环等。

6.1.3.1 回热循环

朗肯循环中由液体水加热到饱和水的过程是吸热温度最低的一段，传热温差较大。因此，预热锅炉给水，使其温度升高后再进入锅炉，可提高水在锅炉内的平均吸热温度，减小水与高温热源的温差，对提高循环效率有利。利用汽轮机中的蒸汽预热锅炉给水，称为回热，理想回热循环的设备流程示意图如图6-16所示，其T-s图如图6-17所示。

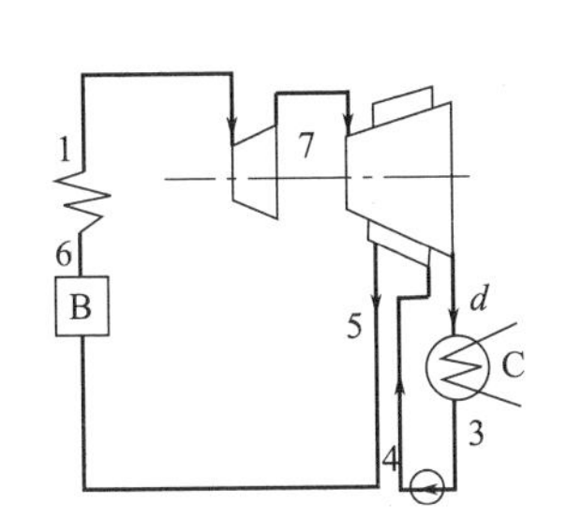

图6-16 回热循环流程示意图

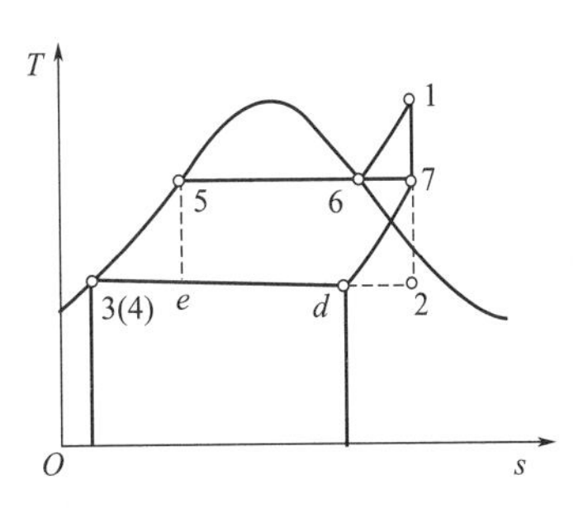

图6-17 回热循环的 T-s 图

蒸汽自状态1绝热膨胀至状态7，然后边膨胀边加热锅炉给水，使过程线3→5与过程线7→d平行。这样，过程7→d放出的热量正好等于过程3→5吸收的热量。循环1→7→d→3→4→5→6→1称为回热循环。由于循环3→4→5→7→d→3（称为概括性卡诺循环）和循环5→7→2→e→5（卡诺循环）的效率相同，所以回热循环的热效率高于朗肯循环的热效率。

这种理想的回热循环实际上难以实现。首先，使锅炉给水在汽轮机中被加热到沸点难以控制；其次，膨胀终点d处工质干度太小，对汽轮机工作不利。工程实际中常采用抽汽回热循环。图6-18是一次抽汽循环的设备流程示意图，图6-19是其T-s图。

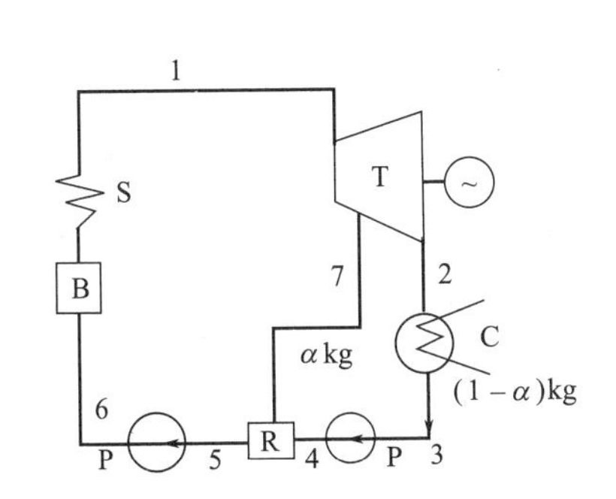

图6-18 一次抽汽回热循环流程示意图

T—汽轮机；C—冷凝器；P—水泵；R—回热器；B—锅炉；S—过热器

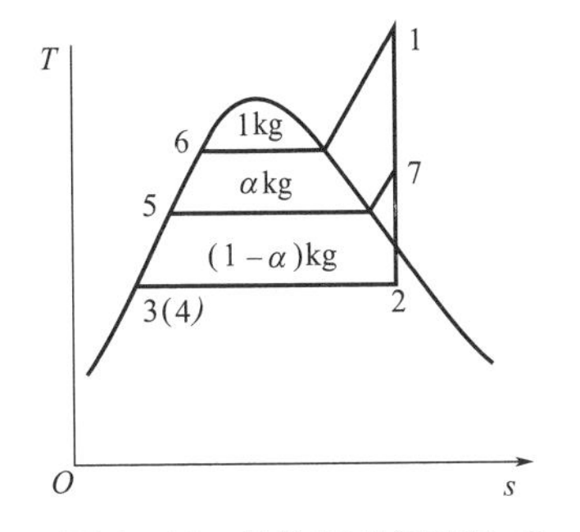

图6-19 抽汽回热循环的 T-s 图

每千克处于状态1的蒸汽经汽轮机膨胀至某一压力p_7时，抽出α(kg)蒸汽，引入回热器R，并在定压下与冷凝水混合，使蒸汽放热冷凝，而冷凝水吸热升温，最终两者均成为状态5的饱和水。剩余的$(1-\alpha)$(kg)蒸汽，继续绝热膨胀到状态2，进入冷凝器冷凝为状态3的水，经给水泵进入回热器吸热。其余过程与朗肯循环相同。

依据能量平衡，抽汽量α应满足

$$\alpha\left(h_7-h_5\right)=\left(1-\alpha\right)\left(h_5-h_4\right) \tag{6-6}$$

$$\alpha=\frac{h_5-h_4}{h_7-h_4} \tag{6-7}$$

循环功为 $w_0=(h_1-h_7)+(1-\alpha)(h_7-h_2)-w_{tp}$

循环吸热量为 $q_1=h_1-h_5$

循环热效率为 $\eta_t=\frac{w_0}{q_1}$

忽略水泵功，并经整理得

$$\eta_t=1-\frac{h_2-h_3}{(h_1-h_3)+\frac{\alpha}{1-\alpha}(h_1-h_7)} \tag{6-8}$$

因$\frac{\alpha}{1-\alpha}(h_1-h_7)>0$，故抽汽循环热效率大于朗肯循环热效率。

一次抽汽回热循环也可看作由两个循环1→7→5→6→1和1→2→3→6→1组成。前者只吸热做功，而不向外放热，它所放出的热量全部被工质吸收，故其热效率可认为是100%；后者是朗肯循环，其热效率与朗肯循环相同。所以，这两部分之和的热效率必大于朗肯循环的热效率。

工程实际中还常采用二次或多次抽汽回热循环，其工作原理和分析方法与上述相同。读者可将例6-1改为一次抽汽回热循环后（设抽汽压力p_7=3MPa）后再进行计算，并将结果加以比较。

6.1.3.2 再热循环

前已述及，提高蒸汽初压p_1，循环效率提高，却使乏汽干度下降。为解决这一问题，提出了再热循环。图6-20示出了一次再热循环的设备流程，图6-21示出了其T-s图。

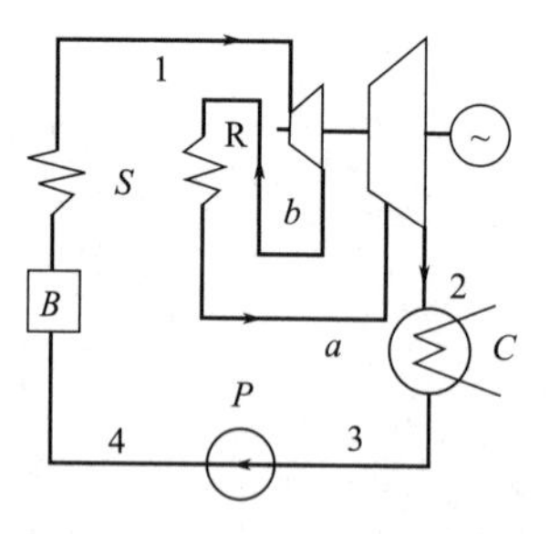

图6-20 一次再热循环流程示意图

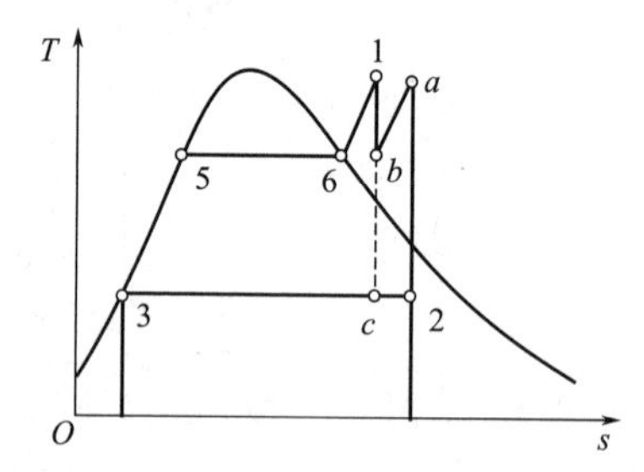

图6-21 再热循环的T-s图

处于状态1的蒸汽经汽轮机绝热膨胀到某一压力p_b时全部引出，进入锅炉中特设的再热器R中使之再加热。温度升高后再全部引入汽轮机继续膨胀做功至状态2。显然，再热循环的乏汽干度较朗肯循环大。

若忽略水泵功，则再热循环的热效率为

$$\eta_t=\frac{w_0}{q_1}=\frac{(h_1-h_b)+(h_a-h_2)}{(h_1-h_3)+(h_a-h_b)} \tag{6-9}$$

可见，再热循环热效率的高低与中间压力p_b有关。若最高温度相同，提高中间压力，可使热效率提高。但若中间压力过高，则对x_2的改善程度较小。选取中间压力时，既要提高乏汽干度，又要尽可能达到提高循环热效率的目的。为此，最佳压力的数值需根据给定的循环条件进行全面的技术经济分析来确定。目前用的中间压力为初始压力的20%～30%。此时循环效率可提高2%～5%。再热循环也可采用多次再热循环，经济技术上合理即可。

6.1.4 热电联供循环

在现代蒸汽动力循环中，尽管采用了高温高压蒸汽、回热和再热等措施，循环的热效率仍低于50%。这就是说，燃料热能的一半以上在冷凝器中白白地放给了环境。这部分能量虽数量很多，但由于乏汽压力和温度低，可用能很少，无法得到充分利用。与此同时，生产和生活中又需要耗费大量燃料以产生大量温度不太高的热能。因此，两方面均存在巨大的浪费。为了解决这种问题，可以将两者结合起来，一方面产生动力，另一方面提供低品位热能。这种两者结合构成的循环称为热电联供循环。

最简单的热电联供循环是采用背压式汽轮机，其设备流程与朗肯循环相同，只是将乏汽压力提高至与所要求的温度相适应。这样，动力循环的废热正好是热用户的热负荷。虽然排汽压力提高，使动力循环的热效率下降，但原来需要用另外的蒸汽锅炉提供的热蒸汽则由汽轮机乏汽所代替。由此节约的能量比因动力循环效率下降而损失的能量多，综合节能效果是非常显著的。

背压式热电联供循环要求机械功与热负荷保持一定的比例才能正常工作，这在实际中难以满足要求。为此，工程实际中常采用抽汽式热电联供循环，即从汽轮机中抽出部分一定压力的蒸汽供给热用户，而其余蒸汽继续膨胀做功。其设备流程示意图和*T-s*图分别见图6-22和图6-23。具体计算读者可自行完成。

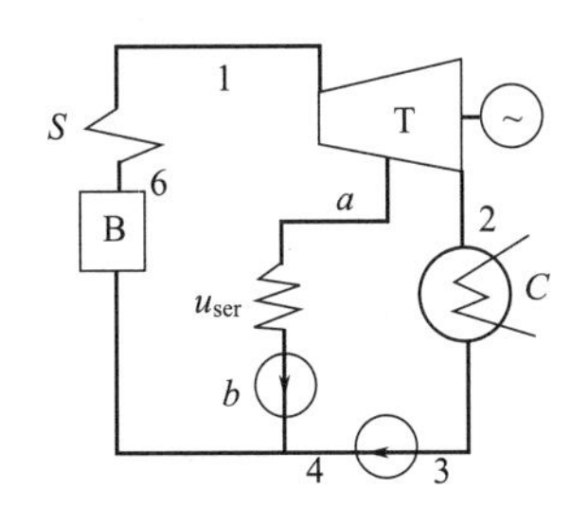

图6-22 热电联供循环流程示意图

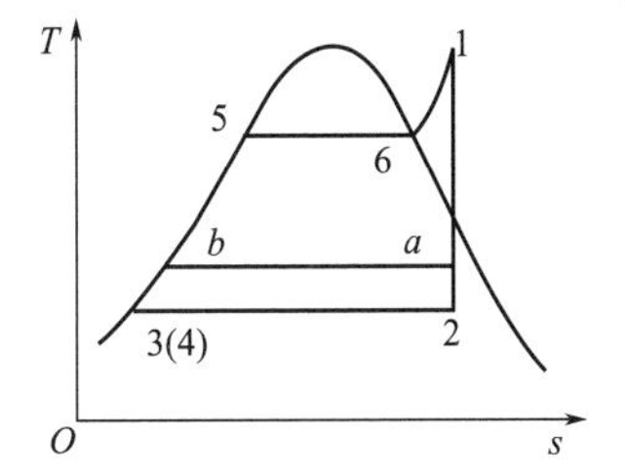

图6-23 热电联供循环的*T-s*图

6.2 制冷循环

制冷循环是通过制冷工质（也称制冷剂）将热量从低温物体（如冷库等）移向高温物体（如大气环境）的循环过程，从而将物体冷却到低于环境温度，并维持此低温，这一过程是利用制冷装置来实现的。由热力学第二定律可知，热量从低温物体移向高温物体不可能自动地、无补偿地进行，必须消耗外部的有用能，通常是通过消耗机械功或其他高温热源提供的热能来实现制冷过程。

6.2.1 压缩空气制冷循环

制冷循环是逆向循环。逆向卡诺循环是相同温度界限之间工作的最理想的制冷循环，其制冷系数为

$$\varepsilon_c = \frac{q_2}{w_0} = \frac{q_2}{q_1 - q_2} = \frac{T_2}{T_1 - T_2}$$

式中，T_1为高温热源的温度，通常为环境温度；T_2为冷库中需要保持的低温；q_2为从冷库中取出的热量；q_1为向环境排出的热量；w_0为消耗的机械功。可见，在一定的环境温度下，T_2越高，制冷系数越大，耗功越小。依卡诺定理，实际中若能实现逆向卡诺循环，则所消耗的功最小。然而，由于空气的定温吸热和定温放热过程不易实现，所以不能按逆向卡诺循环运行，而是用两个定压过程代替这两个定温过程。压缩空气制冷循环的设备流程示于图6-24，其p-v图和T-s图示于图6-25。

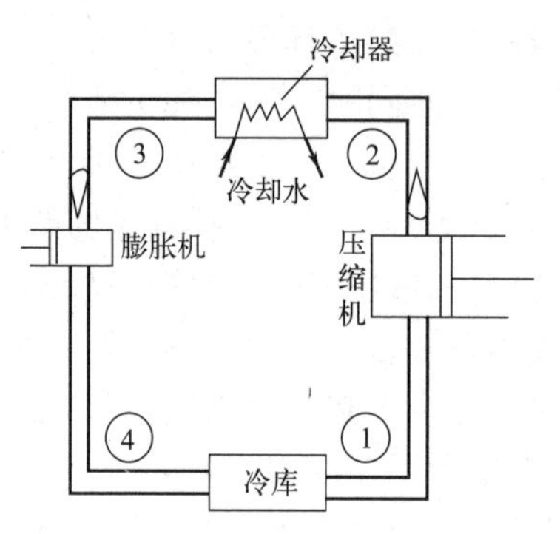

图 6-24　空气制冷循环流程示意图

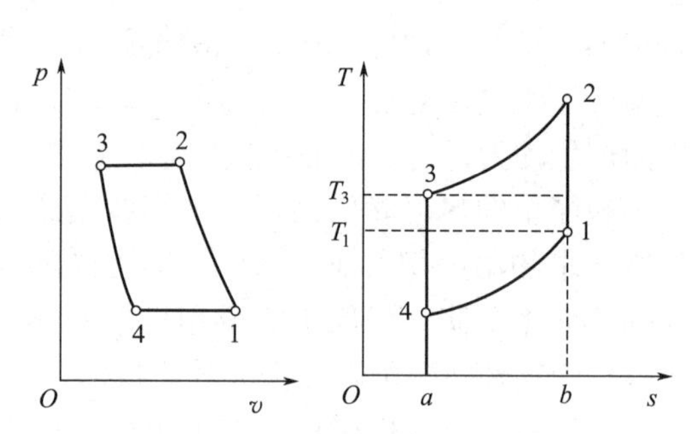

图 6-25　空气制冷循环的p-v图和T-s图

正常工作时，从冷库出来的空气处于状态1，温度为T_1=T_c（T_c为冷库温度），经压缩机绝热压缩后，温度升至$T_2 > T_0$（T_0为环境温度），压力升至p_2。然后进入冷却器，在定压下向冷却水放热后，温度降至T_3=T_0，再经膨胀机绝热膨胀后，压力下降至p_4，温度进一步下降到$T_4 < T_c$。最后进入冷库，在定压下吸热，温度升至T_1，完成了一个循环。

如果将空气视为比热容为定值的理想气体，则对每千克空气：

自冷库吸取的热量　　$q_2 = h_1 - h_4 = c_p(T_1 - T_4)$

向冷却器放出的热量　　$q_1 = h_2 - h_3 = c_p(T_2 - T_3)$

压缩机消耗的功　　$w_c = h_2 - h_1 = c_p(T_2 - T_1)$

膨胀机回收的功　　$w_e = h_3 - h_4 = c_p(T_3 - T_4)$

循环消耗的净功 $w_0 = w_c - w_e = q_1 - q_2 = c_p(T_2 - T_3) - c_p(T_1 - T_4)$

循环的制冷系数为　　$\varepsilon = \dfrac{q_2}{w_0} = \dfrac{T_1 - T_4}{(T_2 - T_3) - (T_1 - T_4)}$

因过程1→2和3→4均为定熵过程，而过程2→3和4→1为定压过程，故

$$\frac{T_2}{T_1} = \left(\frac{p_2}{p_1}\right)^{\frac{k-1}{k}} = \left(\frac{p_3}{p_4}\right)^{\frac{k-1}{k}} = \frac{T_3}{T_4}$$

于是，制冷系数为

$$\varepsilon = \frac{T_4}{T_3 - T_4} = \frac{T_1}{T_2 - T_1} = \frac{1}{\left(\dfrac{p_2}{p_1}\right)^{\frac{k-1}{k}} - 1} \tag{6-10}$$

相同温度界限（$T_1=T_c$，$T_3=T_0$）内的卡诺循环的制冷系数为

$$\varepsilon_c=\frac{T_1}{T_3-T_1}>\varepsilon$$

可见，压缩空气制冷循环的制冷系数较同温限内卡诺循环的制冷系数小。若要提高其制冷系数，由式（6-10）可知，需减小p_2/p_1之值。但若该压比过小，由图6-26可见，循环中单位工质的制冷量就很小。

由于空气的比热容较小，所以，压缩空气制冷循环的制冷能力通常较小。此外，压缩空气制冷循环也难以达到很低的制冷温度，因为那需要很大的压缩比、膨胀比及质量流量，一般的压缩机和膨胀机难以满足要求。

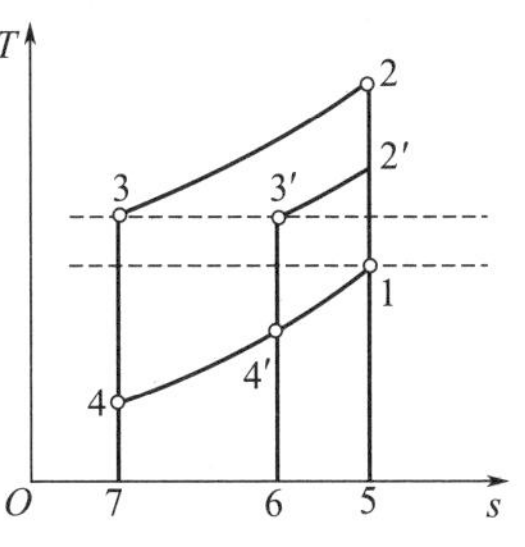

图6-26 压比对制冷量的影响

近年来，随着大流量叶轮式机械的发展，再加上采用回热等措施，使压缩空气制冷循环得到了实际应用。压缩空气回热制冷循环流程如图6-27所示，其T-s图如图6-28所示。将回热循环1→2→3→4→5→6→1和未采用回热的循环1→3′→5′→6→1相比，当两者温度界限相同时，其吸热量和放热量均相同，制冷系数也相同，但$p_3'>p_3$，即压比减小了。

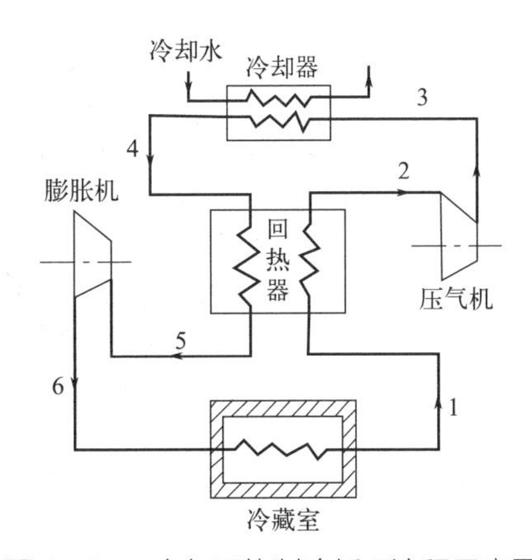

图6-27 空气回热制冷循环流程示意图

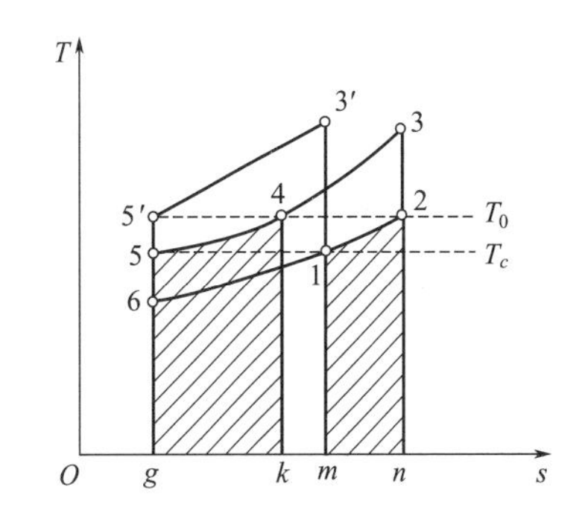

图6-28 空气回热制冷循环的T-s图

6.2.2 蒸气压缩制冷循环

由上节可知，由于空气热力性质的限制，空气压缩制冷循环存在两个主要缺点：

① 工质的吸热放热过程不是定温过程，因而制冷系数小；

② 单位工质的制冷能力低。若采用在工作温度范围内会发生相变的工质，则可克服以上两个缺陷，即在湿蒸气区可实现定温过程，且相变潜热远远大于显热，制冷能力也大。因此蒸气压缩制冷循环在工业中得到了广泛应用。图6-29为蒸气压缩制冷机组。

蒸气压缩制冷循环

相同温度界限内最经济的制冷循环是蒸气逆向卡诺循环，其T-s图如图6-30所示，其制冷系数为

$$\varepsilon_c=\frac{q_2}{w_0}=\frac{T_1}{T_2-T_1}$$

然而工程实际中难以实现逆向卡诺循环，因为：

① 状态1下工质的湿度太大，对压缩机的安全可靠运行构成威胁；

② 状态4下工质的湿度也大，对膨胀机工作也不利；

③ 膨胀机成本高，且液体在膨胀机内膨胀，做功量很小。

(a) 水冷式　　(b) 风冷式

图6-29　蒸气压缩制冷机组

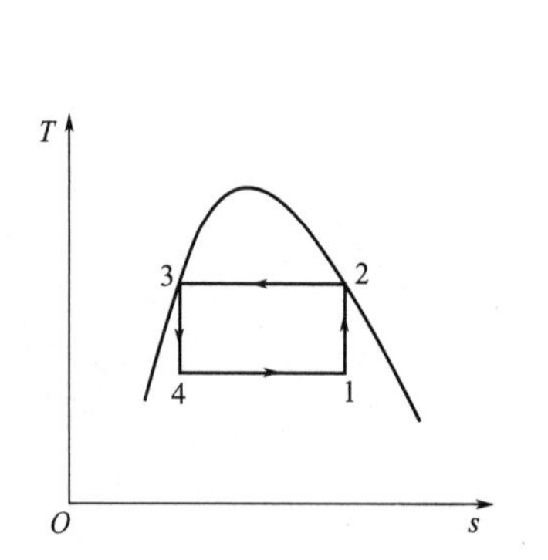

图6-30　蒸气逆向卡诺循环的 *T-s* 图

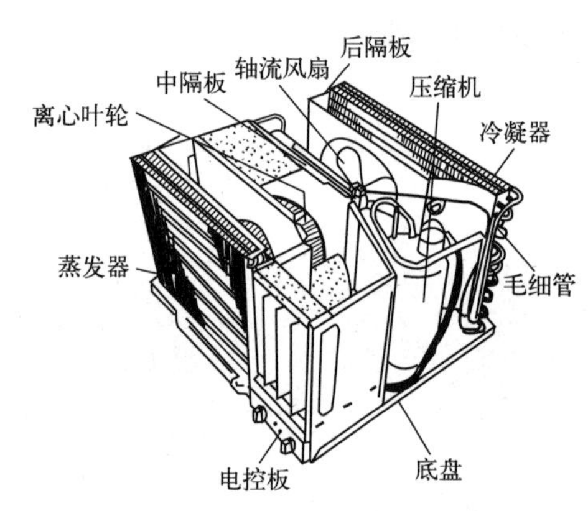

图6-31　窗式空调结构图

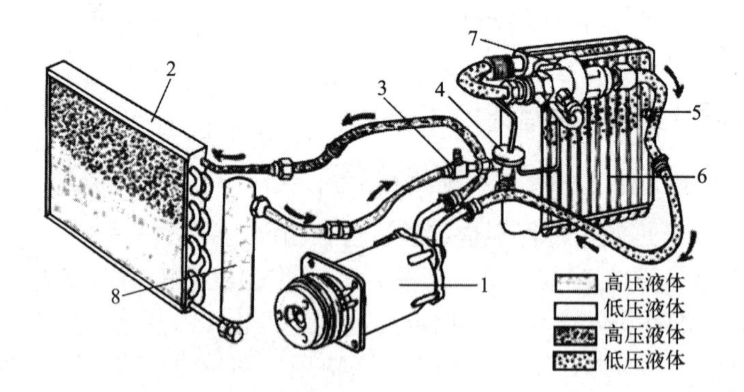

图6-32　窗式空调工作原理示意图

1—压缩机；2—冷凝器；3—高压维修阀；4—节流阀；5—低压维修阀；6—蒸发器；7—吸气调节阀；8—储液罐

为解决这些问题，实际中对卡诺循环进行了调整。下面以单级压缩蒸气制冷循环为例说明其工作原理及热力分析方法。

图6-31、图6-32分别为单级蒸气压缩制冷窗式空调结构与工作原理图。

蒸气压缩制冷循环的设备流程如图6-33所示，其 *T-s* 图如图6-34所示。

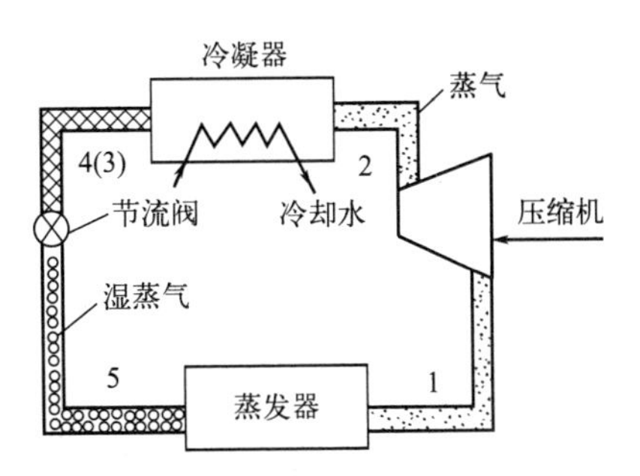

图 6-33 蒸气压缩制冷循环流程示意图

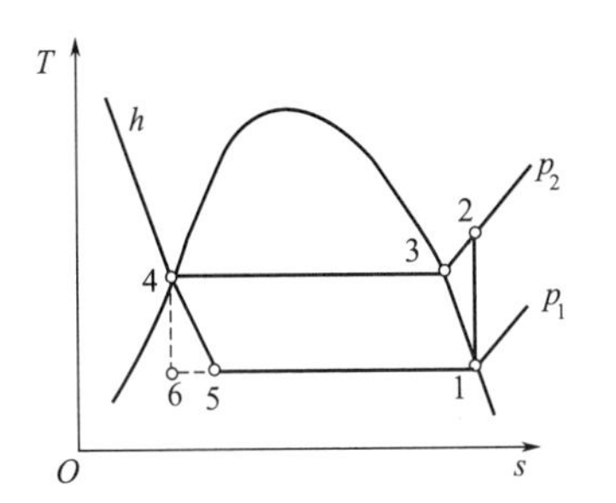

图 6-34 蒸气压缩制冷循环的 T-s 图

工质在冷库中的蒸发器内定温定压吸热汽化为干饱和蒸气，然后进入压缩机被绝热压缩成为过热蒸气，再经冷凝器在定压下放热冷凝为饱和液体，最后经节流阀绝热节流降压降温成为湿蒸气。

循环中工质吸热量为 $$q_2 = h_1 - h_5$$

循环中工质放热量为 $$q_1 = h_2 - h_4$$

压缩机耗功为 $$w_0 = h_2 - h_1$$

工质经节流阀不做功，焓值不变，即 $h_4=h_5$。

循环的制冷系数为 $$\varepsilon = \frac{q_2}{w_0} = \frac{h_1 - h_5}{h_2 - h_1} \tag{6-11}$$

因过程4→5是不可逆过程，过程2→3是温差传热过程，所以与逆向卡诺循环相比，制冷系数较小。从图6-34中也可看出，若用膨胀机代替节流阀，则膨胀过程应为4→6，从而可回收这部分膨胀功 h_4-h_6，制冷量也增加了相应的数值，在图中为6→5线与横轴围成的面积。

由于损失的这部分膨胀功是由干度较小的工质膨胀完成的，其数值不大，且实施难度大，所以工程上常采用节流阀而不用膨胀机。另一方面，采用节流阀代替结构复杂的膨胀机，简化了设备，节省了投资，而且还可利用节流阀方便地调节下游工质的压力，从而调节冷库的温度。

为提高制冷能力，可采用过冷措施，即将冷凝器中处于状态4的饱和液体进一步冷却为未饱和液体，然后再经节流膨胀，可使制冷量增加。回热制冷循环就是其中一种，其设备流程示意图如图6-35所示，其 T-s 图如图6-36所示。

可见，回热具有以下优点：

① 制冷量增加；

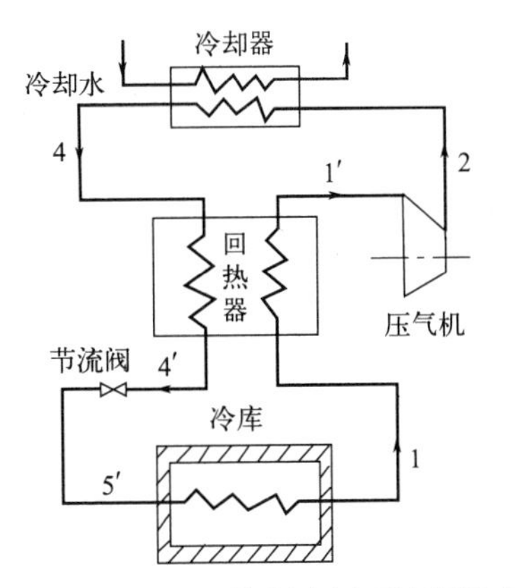

图 6-35 蒸气压缩回热制冷循环流程示意图

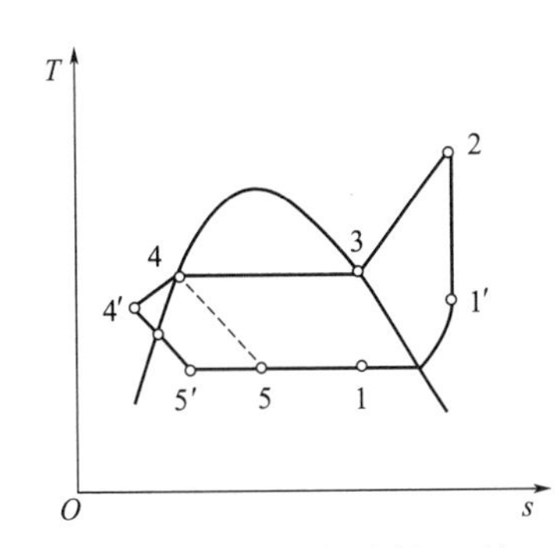

图 6-36 蒸气压缩回热制冷循环的 T-s 图

② 制冷系数提高；

③ 压缩机吸入的工质为过热蒸气，可防止液击现象。

回热循环应满足的条件为

$$\left.\begin{aligned} h_1' - h_1 &= h_4 - h_4' \\ t_4 &> t_1' \end{aligned}\right\} \tag{6-12}$$

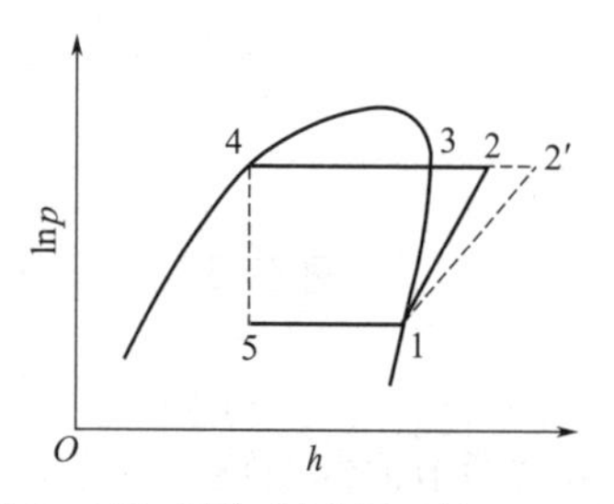

图6–37 蒸气制冷循环的 lg*p*-*h* 图

在制冷计算中，常采用lg*p*-*h*图。蒸气压缩制冷循环的lg*p*-*h*图如图6-37所示。只要知道蒸发温度和冷凝温度，即可从图中查出计算所需的各参数。

根据所要求的制冷量，可求得所需制冷剂的质量流量为

$$q_m = \frac{\dot{Q}_2}{h_1 - h_5} \tag{6-13}$$

压缩机吸入状态下的体积流量为 $q_V = q_m v_1''$ （6-14）

压缩机的定熵功率为 $N = q_m w$ （6-15）

若考虑压缩机绝热压缩过程的不可逆性，则压缩终了状态为2′而不是2。绝热压缩效率常以η_{ad}表示。

$$\eta_{ad} = \frac{h_2 - h_1}{h_2' - h_1} \tag{6-16}$$

压缩机实际功耗为

$$w' = h_2' - h_1 = \frac{w}{\eta_{ad}} \tag{6-17}$$

实际循环制冷系数为

$$\varepsilon' = \varepsilon \eta_{ad} \tag{6-18}$$

应当指出，制冷机的制冷能力是随工作条件不同而变化的。当蒸发温度降低或冷凝温度升高时，制冷能力下降（读者可自行根据*T*-*s*图或lg*p*-*h*图分析）。同时，压缩机压比增大，容积效率下降，耗功增加。总之，工作条件不同，同一台制冷机的制冷量就不同。因此，给出制冷能力时，必须指明相应的工作条件。制冷机铭牌上给出的制冷能力是指标准温度条件（表6-2）下的制冷能力。空调机铭牌上的制冷量是指空调工况温度条件（表6-2）下的制冷能力。制冷机样本上通常给出各种温度条件下的制冷能力。

表6–2 温度条件

项目	标准温度条件	空调工况温度条件
蒸发温度/℃	−15	5
冷凝温度/℃	30	40
节流阀前温度/℃	25	35
压缩机吸入蒸气状态	干饱和蒸气	干饱和蒸气

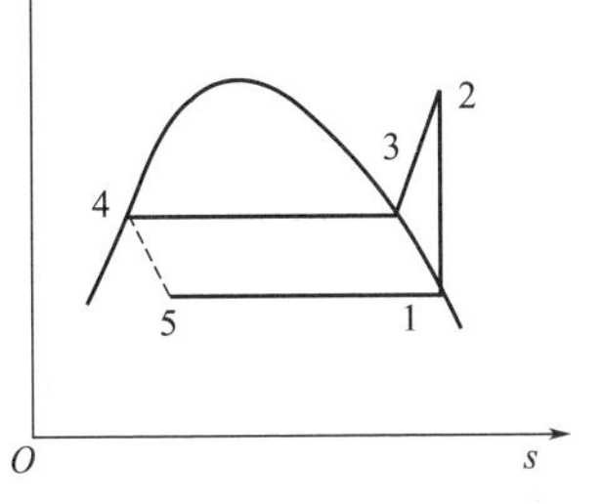

图6-38 例6-2图

【例6-2】 氨制冷循环如图6-38所示，蒸发温度为−20℃，冷凝温度为20℃。若要求制冷量为$\dot{Q}_2=300\text{kW}$，试计算氨流量、压缩机功率、冷凝器热负荷和制冷系数，并对循环进行㶲分析。设环境温度为20℃，压力为0.1MPa，冷库温度为T_c=−16℃。

解 （1）先由氨的lg$p$-h图确定各点的参数

状态1　$t_1=-20℃$，$h_1=1435\text{kJ/kg}$，$s_1=5.9\text{kJ/(kg·K)}$，$p_1=0.19\text{MPa}$

状态2　$s_2=s_1=5.9\text{kJ/(kg·K)}$，$p_2=0.89\text{MPa}$，$h_2=1650\text{kJ/kg}$，$t_2=85℃$

状态3　$t_3=20℃$，$p_3=0.89\text{MPa}$，$h_3=1471\text{kg/(kg·K)}$，$s_3=5.3\text{kJ/(kg·K)}$

状态4　$t_4=20℃$，$p_4=0.89\text{MPa}$，$h_4=295\text{kg/(kg·K)}$，$s_4=1.3\text{kJ/(kg·K)}$

状态5　$t_5=-20℃$，$p_5=0.19\text{MPa}$，$h_5=295\text{kg/(kg·K)}$，$s_5=1.38\text{kJ/(kg·K)}$

（2）氨流量
$$q_m=\frac{\dot{Q}_2}{h_1-h_5}=\frac{300}{1435-295}=0.26(\text{kg/s})$$

（3）压缩机功率　$N=q_m w_s=q_m(h_2-h_1)=0.26\times(1650-1435)=55.9(\text{kW})$

（4）冷凝器热负荷　$Q_1=q_m(h_2-h_4)=0.26\times(1650-295)=352.3(\text{kW})$

（5）制冷系数
$$\varepsilon=\frac{\dot{Q}_2}{N}=\frac{300}{55.9}=5.37$$

（6）㶲分析

各状态下的㶲数值如下：

环境状态0　$h_0=1536\text{kJ/kg}$，$s_0=7.7\text{kJ/(kg·K)}$，$e_{x0}=0$

状态1
$$e_{x1}=(h_1-h_0)-T_0(s_1-s_0)=(1435-1536)-293\times(5.9-7.7)=426.4(\text{kJ/kg})$$
$$\dot{E}_{x1}=q_m e_{x1}=0.26\times426.4=110.9(\text{kJ/s})$$

状态2
$$e_{x2}=(h_2-h_0)-T_0(s_2-s_0)=(1650-1536)-293\times(5.9-7.7)=641.4(\text{kJ/kg})$$
$$\dot{E}_{x2}=q_m e_{x2}=0.26\times641.4=166.8(\text{kJ/s})$$

状态4
$$e_{x4}=(h_4-h_0)-T_0(s_4-s_0)=(295-1536)-293\times(1.3-7.7)=634.2(\text{kJ/kg})$$
$$\dot{E}_{x4}=q_m e_{x4}=0.26\times634.2=164.9(\text{kJ/s})$$

状态5
$$e_{x5}=(h_5-h_0)-T_0(s_5-s_0)=(295-1536)-293\times(1.38-7.7)=609.9(\text{kJ/kg})$$
$$\dot{E}_{x5}=q_m e_{x5}=0.26\times609.9=158.3(\text{kJ/s})$$

冷藏室放出热流（吸入冷流）$\dot{Q}_2$，故冷量㶲为
$$\dot{E}_{xQ}=-\dot{Q}_2\left(\frac{T_0}{T_c}-1\right)=300\times\left(\frac{293}{259}-1\right)=-42(\text{kJ/s})$$

压缩过程1→2的㶲方程为
$$N=\dot{E}_{x2}-\dot{E}_{x1}+\dot{E}_{l12}$$
$$\dot{E}_{l12}=N-\dot{E}_{x2}+\dot{E}_{x1}=55.9-166.8+110.9=0$$

即压缩过程消耗的功全部用于增加工质的㶲。这是因为假设压缩过程为绝热可逆过程，否则就会有㶲损失。

冷凝过程2→4的㶲方程为

$$\dot{E}_{l24}=\dot{E}_{x2}-\dot{E}_{x4}=166.8-164.9=1.9(\mathrm{kJ/s})$$

这部分损失是冷凝器内外损失之和。内部损失是由工质与冷却剂间的温差传热引起的；外部损失是冷却剂吸收的热量未再利用而导致的㶲损失。若能充分利用冷却剂吸收的热量，则理想情况下外部损失可为零。

节流过程4→5的㶲方程为

$$\dot{E}_{l45}=\dot{E}_{x4}-\dot{E}_{x5}=164.9-159.3=6.6(\mathrm{kJ/s})$$

这部分损失是由节流过程不可逆引起的。

蒸发过程5→1的㶲方程为

$$\dot{E}_{l51}=\dot{E}_{x5}-\dot{E}_{x1}-\dot{E}_{xQ}=158.3-110.9-42=5.4(\mathrm{kJ/s})$$

这部分损失是蒸发器（冷库）内的温差传热造成的。若为完全可逆过程，则㶲损失为零。

总㶲损失为

$$\dot{E}_{l}=\dot{E}_{l12}+\dot{E}_{l24}+\dot{E}_{l45}+\dot{E}_{l51}=0+1.9+6.6+5.4=13.9(\mathrm{kJ/s})$$

㶲效率为

$$\eta_{ex}=\frac{\dot{E}_{xQ}}{N}=\frac{42}{55.9}=75.1\%$$

或

$$\eta_{ex}=1-\frac{\dot{E}_{l}}{N}=1-\frac{13.9}{55.9}=75.1\%$$

循环过程㶲流如图6-39所示。

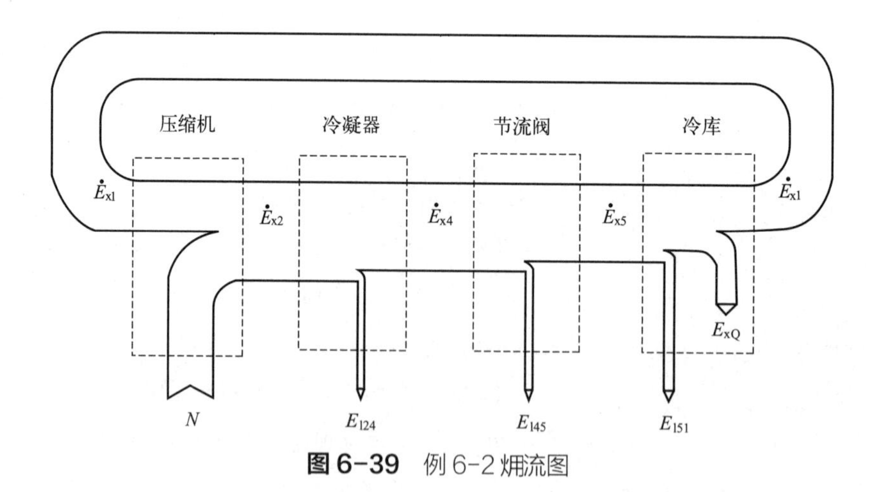

图6-39　例6-2㶲流图

6.2.3　制冷剂

制冷系统中，循环流动并与外界发生能量交换，从而实现制冷的工作介质称为制冷剂。蒸气压缩制冷循环中的制冷剂，在低温下汽化，从冷库中吸收热量，再在高温下凝结放出热量。可以作为制冷剂的物质很多，工业中常用的有十余种，如氨、二氧化碳、水、氟利昂、烷烃、烯烃以及新研制开发的绿色制冷剂等。由于蒸气压缩制冷循环的性能与制冷剂的性质有关，所以制冷剂需满足一定的要求。

6.2.3.1 热力学要求

为了能实现制冷且运行比较经济，制冷剂需满足以下要求。

① 临界温度应远远高于环境温度，以便在常温下使蒸气冷凝液化，同时也使循环运行于具有较大汽化潜热的范围之内，而且可使吸热和放热过程更接近定温过程。

② 凝固温度应低于蒸发温度，以免在低温下凝固后堵塞管路。

③ 在工作温度范围内，汽化潜热要大，以便有较大的制冷能力。

④ 在工作温度范围内，饱和压力应适中。若蒸发时真空度过高，则密封困难；若有空气渗入系统，则会影响制冷剂的性质，甚至引起燃烧、爆炸或其他不良后果；若冷凝时压力过高，则对设备的耐压和密封要求高，且设备笨重。冷凝压力与蒸发压力之比也不宜过大，否则压缩终了时工质温度过高或输气系数过低。

⑤ 黏度小，比热容小，绝热指数小，有利于减小流动阻力，降低功耗和节流损失。

⑥ 化学性质稳定，无腐蚀性，非易燃易爆，无毒，有较好的吸水性等。

⑦ 价格低廉，来源广泛。

当然，完全达到理想要求的制冷剂是不存在的。每种制冷剂都有其长处，也有其缺点。制冷工况和条件不同，对制冷剂的要求重点就不同，应按主要要求选择制冷剂。

6.2.3.2 环境保护与劳动安全方面的要求

乙醚类物质是最早使用的制冷剂，但因蒸发压力低，且易燃易爆，逐渐被取代。二氧化硫也曾是重要的制冷剂，但因其毒性大，也被淘汰。二氧化碳作为制冷剂，在历史上发挥了重要的作用，其缺点是冷凝压力过高。氨作为制冷剂，在工业中占有非常重要的地位。氨具有汽化潜热大、价格低等优点，自19世纪70年代至今，大型制冷机中广泛采用氨制冷剂，其压-焓图见附图4。但其缺点是有毒，且对铜有腐蚀性。从20世纪中叶，氟利昂（饱和碳氢化合物的氟、氯、溴衍生物的总称）作为制冷剂，由于其优异的使用性能和安全性，应用十分广泛。然而，由于氟利昂能进入大气的同温层，在紫外线照射下，会产生游离的Cl^-。而Cl^-又与氧发生反应，对臭氧层造成严重破坏，导致地球表面紫外线强度增大，破坏生态平衡。另一方面，地球上空存在大量氟利昂物质，也加剧了温室效应。因此，氟利昂物质将被完全禁止生产和使用。目前各国正在加速开发氟利昂的替代物，用HFC134a替代CFC12的技术已经成熟。HFC134a是一种含氢的氟代烃物质，分子式为$CH_2F—CF_3$。它不含氯，可满足环保要求，其压-焓图见附图5。

6.2.4 吸收式制冷循环

前面介绍的压缩制冷循环是以消耗高品位的能量——机械能或电能为补偿条件而使热量由低温冷库传至高温环境的。而吸收式制冷则是以直接利用热能作为补偿条件的。

吸收式制冷循环

吸收式制冷循环需用两种工质，易挥发的工质称为制冷剂，不易挥发的工质称为吸收剂。目前常用的吸收式制冷有两种：一种是氨-水制冷，氨为制冷剂，水为吸收剂，其制冷温度为−45～1℃；另一种是水-溴化锂制冷，水为制冷剂，溴化锂为吸收剂，其制冷温度在1℃以上。

吸收式制冷循环是利用吸收剂在吸收制冷过程形成真空，真空条件下制冷剂在较低的温度下蒸发吸收环境热量实现制冷。以溴化锂-水吸收制冷为例说明吸收制冷原理。溴化锂（LiBr）是一种吸水性极强的盐类物质，可以连续不断地将周围的水蒸气吸收过来，维持容器中的真空度。在低于大气压力（真空）环境下，水可以在温度很低时沸腾蒸发，比如在密闭的容器里制造6mmHg[1]的真空条件水沸腾的温度只有4℃，水蒸发时从周围取得热量从而实现制冷。

吸收制冷循环根据输入热量形式不同分为直燃型和蒸汽加热型两种类型，图6-40为两种不同加热形式的工业溴化锂制冷机组。

(a) 直燃型

(b) 蒸汽加热型

图6-40 溴化锂制冷机组

吸收式制冷设备流程示意图见图6-41。

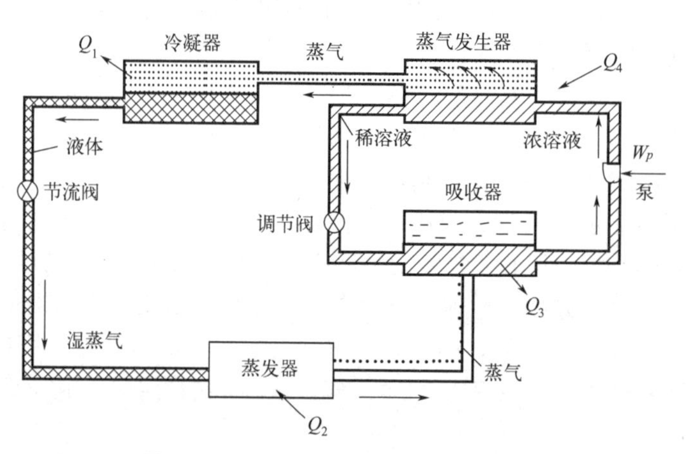

图6-41 吸收式制冷循环流程示意图

自蒸发器（冷库）出来的制冷剂蒸气进入吸收器，并被吸收剂吸收，成为较浓的制冷剂-吸收剂溶液。该溶液由泵送入蒸气发生器，并被加热使制冷剂蒸发形成具有较高温度和较高压力的蒸气。制冷剂蒸气经冷凝器冷凝成饱和液体后，又经节流阀降压降温，成为低干度的湿蒸气，然后进入蒸发器吸热汽化成为饱和蒸气，再进入吸收器，完成一个循环。与此同时，蒸气发生器中蒸发

[1] 1mmHg=133.322Pa。

出制冷剂后的吸收剂液体（实际上是含少量制冷剂的稀溶液）经减压阀降压后进入吸收器重新吸收制冷剂蒸气。

在循环中，从蒸发器中出来的制冷剂蒸气之所以能自动流入吸收器，是因为吸收器中的吸收剂-制冷剂溶液的蒸气压低于蒸发器中制冷剂的蒸气压。而吸收器中溶液的蒸气压取决于吸收剂的特性。吸收剂温度越低，制冷剂在吸收剂中的溶解度越大，则溶液的蒸气压越低，蒸发温度也就越低。

由于吸收过程通常是放热过程，所以必须用冷却剂将吸收热移走，以维持吸收器内溶液的温度和蒸气压。

吸收式制冷循环中的能量交换为：工质在蒸发器内吸入热量Q_2，在吸收器中放出热量Q_3，在蒸气发生器中吸收热量Q_4，在冷凝器中放出热量Q_1，经过泵时得到功W_p。依热力学第一定律有

$$Q_2+Q_4+W_p=Q_1+Q_3 \tag{6-19}$$

其热量利用系数为

$$\xi=\frac{Q_2}{Q_4+W_p} \tag{6-20}$$

由于泵的功耗W_p较小，常被略去不计。

与蒸气压缩制冷循环相比，吸收式制冷循环中的蒸发、冷凝和节流三个过程是完全相同的，因此，图6-41中的其余过程的综合作用恰好相当于蒸气压缩制冷循环中的压缩机。

吸收式制冷循环的优点是，只消耗少量机械能或电能，可利用工厂废汽、热水等余能来实现制冷；无复杂的转动设备，操作简单。其缺点是热能利用系数低。

6.2.5 蒸气喷射制冷循环

蒸气喷射制冷循环也是一种耗热制冷循环，其设备流程示意图如图6-42所示，其T-s图见图6-43。

由锅炉出来的工作蒸气，流经喷射器喷管，由状态1′膨胀增速至状态2′，在喷管出口的混合室内形成低压；将蒸发器内处于状态1的制冷蒸气不断吸入混合室。工作蒸气和制冷蒸气混合成一股气流变成状态2；经过扩压管减速增压至状态3，进入冷凝器定压放热而冷凝至状态4。由冷凝器流出的饱和液体，一部分作为制冷工质经过节流阀，降压、降温形成低温湿蒸气至状态5而送入冷藏室蒸发器，吸热汽化成为干饱和蒸气回到状态1，从而完成了制冷循环1→2→3→4→5→1。与此同时，从冷凝器出来的另一部分饱和液体作为工作工质由水泵增压送回锅炉中加热，以得到工作蒸气，完成了工作蒸气的循环1′→2′→2→3→4→5′→1′。循环中的工作蒸气在高温锅炉中吸热，经冷凝器时放热给低温的冷却水，以此为代价实现了制冷循环。

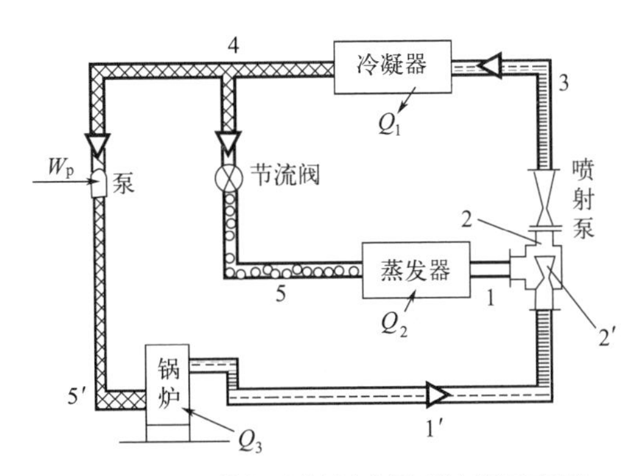

图6-42 蒸气喷射制冷循环流程示意图

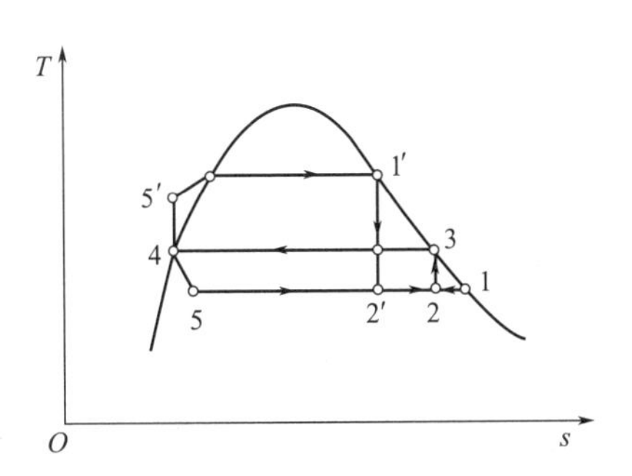

图6-43 蒸汽喷射制冷循环的T-s图

蒸气喷射制冷循环的能量交换为：工质在锅炉内吸热 Q_3，在蒸发器内吸热 Q_2，在冷凝器内放热 Q_1，泵做功 W_p。依热力学第一定律有

$$Q_1 = Q_2 + Q_3 + W_p \tag{6-21}$$

其热量利用系数为

$$\xi = \frac{Q_2}{Q_3 + W_p} \tag{6-22}$$

因 W_p 很小，常可忽略不计。

与蒸气压缩制冷循环相比，蒸气喷射制冷循环中的泵、锅炉和喷射器三者的综合作用相当于蒸气压缩制冷循环中压缩机的作用。

蒸气喷射制冷循环的优点是，只消耗少量机械能或电能，可直接耗热而实现制冷。其缺点是循环中包含不可逆的混合过程和锅炉的燃烧及温差传热过程；㶲损失较大，热能利用系数较低。

6.3　热泵供热循环

逆向循环工作的温度范围不同，所产生的效果就不同。逆向循环如工作在冷库（低温热源）和环境（高温热源）之间，循环的结果是从冷库取出热量并输送到环境，其效果就是维持冷库温度始终低于环境温度，这种循环就是前述的制冷循环。逆向循环如工作在环境（低温热源）和暖房（高温热源）之间，循环的结果是从环境取出热量并输送到暖房，其效果就是维持暖房温度始终高于环境温度，这种由环境取出热量向暖房供热的逆向循环称为热泵供热循环，或简称热泵循环。热泵是一种很有前途的节能装置，现已广泛应用于空调和其他工业生产过程中。

6.3.1　逆向卡诺循环

根据热力学第二定律，实现逆向卡诺热泵循环时消耗的外功 W，作为实现热量从低温物体传向高温物体这种非自发过程的补偿。制冷循环与热泵循环原理、分析方法相同，只是工作温度的范围和利用的热能部分不同。图 6-44 为制冷循环和热泵循环工作原理图。

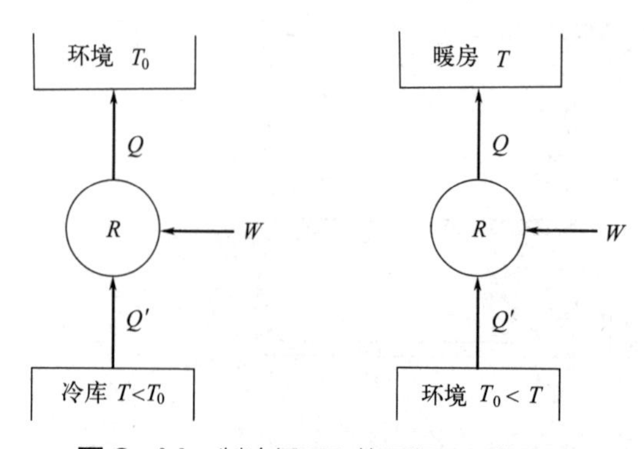

图 6-44　制冷循环和热泵循环工作原理

根据热力学第一定律，供给高温热源（暖房）的热量

$$Q = Q' + W$$

由2.7.1知供暖系数

$$\varepsilon_{\mathrm{w}} = \frac{Q}{W} = \frac{Q' + W}{W} = \varepsilon_{\mathrm{c}} + 1 \tag{6-23}$$

因热泵向暖房所供热量等于从环境提取的热量与输入热泵的功之和，因此，它较之单纯用电加热器向暖房供热的热量要大得多。故热泵是一种比较合理的节能型供热装置，在冬季家用空调供暖中被广泛采用。

6.3.2 热泵的种类与热力过程

与制冷装置一样，逆向卡诺热泵循环提供了一个在一定温度范围内最有效的制热循环，但实际的制热循环不能按逆向卡诺循环工作，而是依所用工质或循环过程不同而不同。由于制热循环与制冷循环基本工作原理相同，因此，热泵循环与制冷过程设备较为相似，主要有以下几种热泵。

6.3.2.1 空气压缩式热泵

这种热泵以空气作为工作介质，依据气体受压后温度升高，降压后温度降低的现象设计。它由空气压缩机、膨胀机和用于吸热、放热的两个热交换器组成，如图6-45所示。空气从状态1（压力p_1，温度T_1）经压缩机耗功w_c绝热压缩后至状态2，温度、压力分别升高至T_2、p_2，在放热器中放出热量q_1，温度下降到状态3点的T_3，压力仍为p_2；放热后的空气进入膨胀机绝热膨胀后，温度、压力降为T_4、p_1，该过程中输出外功w_e；状态4的空气进入吸热器等压吸热q_2后，温度上升到T_1，回到起始状态1，完成一个完整的供热循环过程。

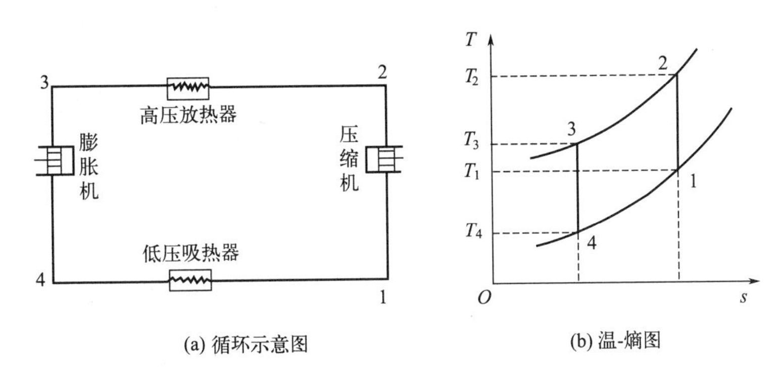

图6-45 空气压缩式热泵循环图

单位质量空气在高压放热器中放出的热量为

$$q_1 = h_2 - h_3 = c_p\left(T_2 - T_3\right) \tag{6-24}$$

在低压吸热器中吸取的热量为

$$q_2 = h_1 - h_4 = c_p\left(T_1 - T_4\right)$$

压缩机消耗的单位功为

$$w_{\mathrm{c}} = h_2 - h_1 = c_p\left(T_2 - T_1\right) \tag{6-25}$$

膨胀机产生的单位功为

$$w_e = h_3 - h_4 = c_p(T_3 - T_4) \tag{6-26}$$

从而理论循环消耗的单位功为

$$w = w_c - w_e = c_p(T_2 - T_1) - c_p(T_3 - T_4) \tag{6-27}$$

理论循环的制热性能系数为

$$\varepsilon_h = \frac{q_1}{w} = \frac{T_2 - T_3}{(T_2 - T_1) - (T_3 - T_4)} \tag{6-28}$$

考虑1→2和3→4都是绝热过程，有

$$\frac{T_2}{T_1} = \frac{T_3}{T_4} = \left(\frac{p_2}{p_1}\right)^{\frac{k-1}{k}}$$

上式代入式（6-28）得

$$\varepsilon_h = \frac{1}{1 - \left(\frac{p_2}{p_1}\right)^{\frac{1-k}{k}}} = \frac{T_2}{T_2 - T_1} = \frac{T_3}{T_3 - T_4} \tag{6-29}$$

实际循环的制热系数要比以上理论循环的制热系数小得多。这是因为实际的压缩和膨胀并非绝热过程，吸热和放热过程都有温差。再考虑到空气的比热容小，所构成的热泵供热系数小，因而尽管有以空气作为工质不产生污染，易于取得，可采用普通空气压缩机等优点，工业上一般仍采用较少。

6.3.2.2 蒸气压缩式热泵

蒸气压缩式热泵与蒸气压缩式制冷机一样，利用工质相变的特性，使凝结和蒸发过程基本等温进行，从而得到接近逆向卡诺循环的封闭循环过程。

图6-46（a）示出了蒸气压缩式热泵的工作原理，其基本组成是压缩机、冷凝器、节流阀和蒸发器。系统中利用冷凝器和蒸发器实现等压的冷凝放热和汽化吸热过程，利用节流阀（膨胀阀）取代了膨胀机，使系统大为简化。图6-46（b）、（c）分别是蒸气压缩式热泵的温熵（T-s）图和压焓（$\lg p$-h）图。低温汽、液两相共存工质从状态5等压吸取热量q_e至状态1，全部转变为蒸气；经1→2过程的绝热压缩到达状态2，压力为p_c，温度为T_2；状态2的工质被送入冷凝器等压放热q_h，期间经过2→3冷却和3→4冷凝两个阶段，达到状态4

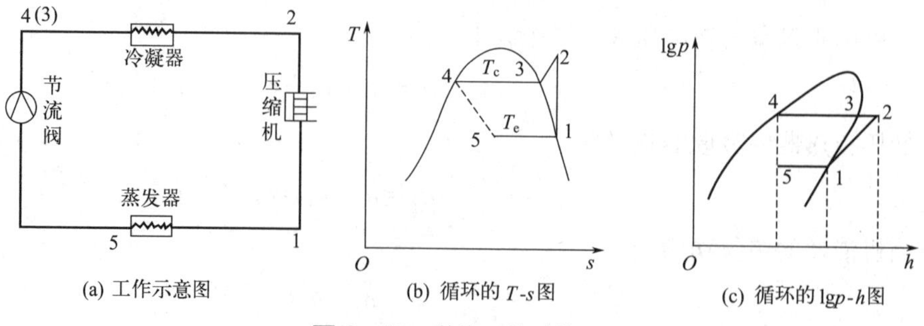

(a) 工作示意图　(b) 循环的 T-s 图　(c) 循环的 $\lg p$-h 图

图6-46 蒸汽压缩式热泵

时温度为T_c；线段4→5表示节流膨胀过程，状态4的工质经过节流膨胀后，焓值不变，压力降低，温度降低，并进入两相区，到达状态5，此时工质压力为p_e，温度为T_e，是汽、液两相共存状态。由此可见，经过以上循环过程，在2→3→4过程中将由环境介质中吸取的热量（5→1过程）q_e和压缩功w输送到温度较高的被加热物体。

在2→3→4过程中每千克工质放出的热量为

$$q_h = c_p(T_2 - T_3) + r_c = h_2 - h_4 \tag{6-30}$$

在5→1过程中每千克工质吸取的热量为

$$q_e = h_1 - h_5 \tag{6-31}$$

单位质量工质被压缩机压缩时消耗的功量为

$$w = h_2 - h_1 \tag{6-32}$$

从而可得蒸气压缩式热泵理论循环的制热性能系数

$$\varepsilon_h = \frac{q_h}{w} = \frac{h_2 - h_4}{h_2 - h_1} \tag{6-33}$$

由于该循环的制冷系数为

$$\varepsilon_c = \frac{q_e}{w} = \frac{h_1 - h_5}{h_2 - h_1} \tag{6-34}$$

对节流过程4→5有h_4=h_5，从而有

$$\varepsilon_h = 1 + \varepsilon_c \tag{6-35}$$

上式类似研究逆向卡诺循环时得出的结果式（6-23），只是上式不能表示成高、低温热源的温度之比。

由于蒸气压缩式热泵循环是在具有温差传热的两相区的逆向卡诺循环基础上改造而成，基本实现等温吸热和等温放热，制热性能系数较高，相变潜热也使单位质量工质的供热系数较大，蒸气压缩式热泵得到了广泛的应用。常用工质有氨（NH_3），氯氟烃类的氟利昂12（R12，CCl_2F_2）和氟利昂22（R22，$CHClF_2$），混合工质R502（CHF_2Cl和CF_2ClCF_3）等。基于环境保护的原因，氯氟烃类工质正被逐渐淘汰，而代之以不破坏臭氧层的混合工质Solkane134A（CF_3—CH_2F）等。

6.3.2.3 吸收式热泵

吸收式热泵与吸收式制冷工作原理相同，利用溶液的特性完成工作循环和实现供热。由两种相互溶解，沸点截然不同的流体组成二元溶液，沸点较低的组分被称为溶质，是制冷剂，沸点较高的组分是溶剂，用作吸收剂。常用的这种二元溶液有：以水为溶剂的氨水溶液，以水为溶质的溴化锂溶液等。

溴化锂吸收式热泵的工作原理如图6-47所示。显见，压缩式热泵中的压缩机被吸收器、发生器、溶液泵和节流阀所组成的循环装置所代替。吸收式热泵有两个循环。一个是制冷剂回路循环，即由发生器中产生的制冷剂蒸气，在放热器中放出热量Q_c（2→3→4）后冷凝为液体（高压），经节流阀Ⅰ节流降压（4→5）后至吸热器吸热（5→6）蒸发成蒸气（低压），低压蒸气进入吸收器被稀的制冷剂溶液吸收；另一个是溶液回路循环，即吸收器内的稀溶液在低压情况下，吸收吸热器来的低压蒸气，在吸收过程中放出热量Q_a，得到溶质（即制冷剂）含量高的溶液，由溶液泵耗功W_p，提高压力送入发生器，在发生器中加入热量Q_g，产生高压制冷剂蒸气供放热器使用，而制冷剂蒸发后的稀制冷剂溶液经节流阀Ⅱ降压后回到吸收器。因此，在吸收器热泵的两个循环中，有三种浓度的工质，即在放热器、节流阀Ⅰ和吸热器中

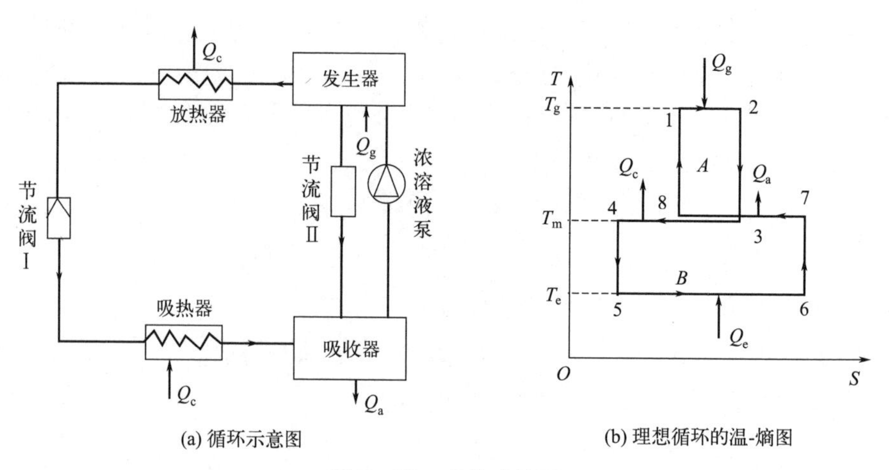

图6-47 吸收式热泵

的纯制冷剂，由吸收器通过溶液泵送到发生器中的制冷剂溶液以及由发生器通过节流阀Ⅱ到吸收器中的制冷剂稀溶液。

在稳定工况下，若无外界热损失，由热力学第一定律，可建立吸收式热泵热量平衡式

$$Q_a + Q_c = Q_e + Q_g + W_p \tag{6-36}$$

由于溶液泵消耗的功 W_p 相对于发生器中消耗的热量 Q_g 来说很小，可忽略不计，则吸收式热泵能量平衡式

$$Q_a + Q_c = Q_e + Q_g \tag{6-37}$$

吸收式热泵的制热性能系数为

$$\varepsilon_h = \frac{Q_h}{Q_g} = \frac{Q_a + Q_c}{Q_g} \tag{6-38}$$

制冷性能系数为

$$\varepsilon_c = \frac{Q_e}{Q_g} \tag{6-39}$$

从而有

$$\varepsilon_h = 1 + \varepsilon_c \tag{6-40}$$

由图6-47（b）吸热式热泵理想循环温-熵图可以证明，忽略溶液泵耗功 W_p 时理想的吸收式循环最大制热性能系数为

$$\varepsilon_{h,max} = \frac{T_g - T_e}{T_g} \times \frac{T_m}{T_m - T_e} = \eta_c \varepsilon_{h,c} \tag{6-41}$$

$\varepsilon_{h,max}$ 等于 T_g、T_e 间卡诺循环热机效率 η_c 与 T_m、T_e 间逆向卡诺循环热泵制热性能系数 $\varepsilon_{h,c}$ 的乘积。由于 $\eta_c < 1$，则 $\varepsilon_{h,max} < \varepsilon_{h,c}$，即吸收式热泵的制热性能系数，永远小于同温度范围内逆向卡诺循环的制热性能系数。

6.3.2.4 蒸气喷射式热泵

同吸收式热泵一样，蒸气喷射式热泵依靠消耗热能产生的蒸气经过喷射产生动能来压缩制冷剂蒸气。尽管喷射式热泵的热效率低，但因其结构简单，几乎没有机械运动部件，操作方便，经久耐用，仍得到人们的重视。蒸气喷射式热泵的系统流程见图6-48，相应的理论循环示于图6-49。系统的工作过程

是：工质在发生器中吸热Q_g，产生q_{mg}的高压蒸气（6→7），状态7的高压蒸气进入喷射器进行绝热膨胀（7→8），压力下降，速度增加，并同时与吸入的q_{me}制冷剂蒸气混合为状态2，质量流量为$q_{mc}=q_{mg}+q_{me}$，经喷射器扩压段扩压后压力升高至p_3，达到冷凝压力。流量为q_{mc}的工质在冷凝器中放热Q_c而冷凝为液态（3→4）后，分成两路，一路流量为q_{mg}，经泵加压后返回发生器（4→6），另一路流量为q_{me}，经节流阀降压进入蒸发器，吸收热量Q_e后蒸发为蒸气。如此不断地循环，工质就不断在蒸发器中从环境介质（低温热源）吸取热量Q_e，在冷凝器中向被加热物体（高温热源）放出热量Q_c，而循环中消耗热能Q_g。

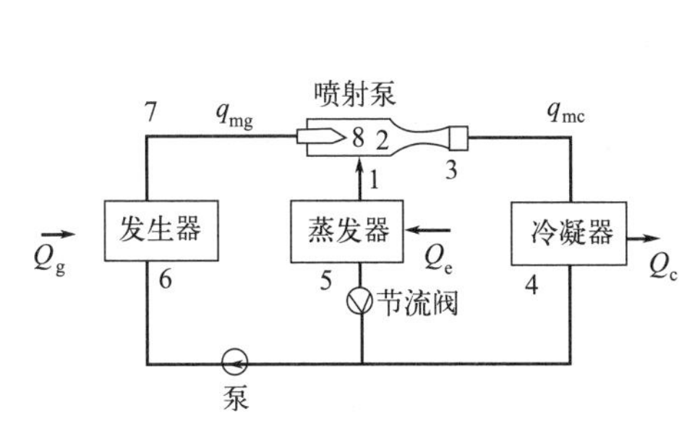

图6-48 蒸气喷射式热泵系统流程

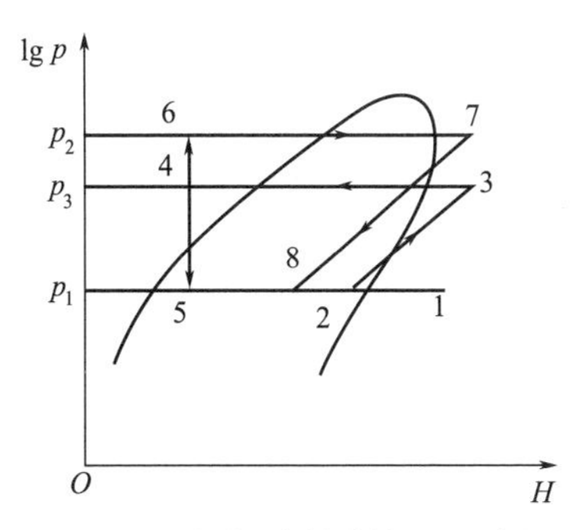

图6-49 蒸气喷射式热泵理论循环

根据热力学第一定律

$$\dot{Q}_c=\dot{Q}_g+\dot{Q}_e \tag{6-42}$$

$$\dot{Q}_g=q_{mg}(h_7-h_6)=q_{mg}q_g \tag{6-43}$$

$$\dot{Q}_e=q_{me}(h_1-h_5)=q_{me}q_e \tag{6-44}$$

式中 q_g，q_e——发生器单位热负荷和蒸发器单位制冷量；

q_{mg}，q_{me}——发生器和蒸发器的质量流量。

由此可得蒸气喷射式热泵的制热系数为

$$\begin{aligned}\varepsilon_h&=\frac{\dot{Q}_c}{\dot{Q}_g}=1+\frac{\dot{Q}_e}{\dot{Q}_g}\\&=1+\frac{q_{me}q_e}{q_{mg}q_g}=1+\frac{q_e}{q_g}\times\frac{1}{f}=1+u\frac{q_e}{q_g}\end{aligned} \tag{6-45}$$

式中 u——喷射系数，$u=\dfrac{1}{f}$；

f——循环倍率，$f=\dfrac{q_{mg}}{q_{me}}$。

由式（6-45）可见，喷射式热泵的性能系数总是大于1，即制热量总是大于消耗的热量。但是，喷射式热泵的性能系数比较低，只限用于具有废热和廉价热能的地方。

6.3.2.5 其他类型的热泵

热电式热泵是建立在珀尔特（Peltier）效应的原理上的。如果一个直流电压加在两种不同导体连成的环路上，环路中就有电流通过，根据电流的方向不同，接点处或者升温，或者降温，这就是珀尔特效应。利用这一效应，在两种不同导体间具有两个接触点的回路中，通过施加一个直流电压，就可以将热

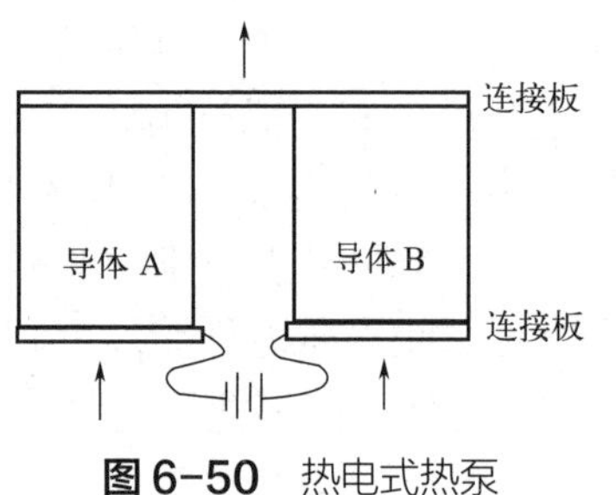

图6-50　热电式热泵

量由一个接触点传导到另一个接触点，如图6-50所示。然而所使用的导体必须具有高的热电功率（thermo-electric power）、足够高的电导率和低的热导率才能使热电式热泵具有实际意义，这种材料只有选用适当的半导体材料并配入微量的其他物质才能满足要求。目前这种热泵已应用于电子元件的严格温度控制、核潜艇的冷藏间等。由于成本高、效率较低、可靠性差，应用较少。

利用化学反应、吸收、吸附、浓度差等化学现象的热泵都可称为化学热泵。以利用热化学反应的热泵为例，热化学反应方程式通常可表示为

$$\mathrm{A+B} \rightleftharpoons \mathrm{AB}+Q$$

式中，AB为化合物；Q为两种化学物质A和B起化学反应合成化合物AB时，放出（或吸收）的热量。若这一过程是可逆的，则当A和B化合成AB时，就可放出热量Q，而当反应过程逆向进行时，即由化合物AB分解为A和B两个组分时，将吸收相同的热量Q。化学热泵是一种很有发展前途的节能型产品，目前正处于开发研制阶段，主要难点是找出合适的工质、材料的耐蚀性及热泵的高性能。

涡流管热泵利用了兰奎效应（Ranque effect）。当高压气体沿切线进入一根管子时，管内形成涡流，且位于管子中心的气体较接近于管壁的气体处于较低的温度和较低的压力。分别在这两处将气体导出，则得到热和冷的气体。然而至今还未开发出可供实际应用的热泵。

6.4　气体液化循环

气体液化循环

为实现气体液化，须对气体进行冷却。对容易液化的气体，如高碳烃类物质，采用前述的制冷循环即可使其液化。但对临界温度很低的气体，如甲烷、氮气、氢气等，则必须采用特殊的低温技术才能液化。气体液化循环就是其中一种。它与前述制冷循环的区别是，气体液化循环中的工质，在循环中既作为制冷剂使用，同时本身又被液化并输出液态产品。典型的气体循环有两类，即节流膨胀循环——林德（Linde）循环和定熵膨胀循环——克劳德（Claude）循环。实际气体液化循环中，常将两者结合使用。

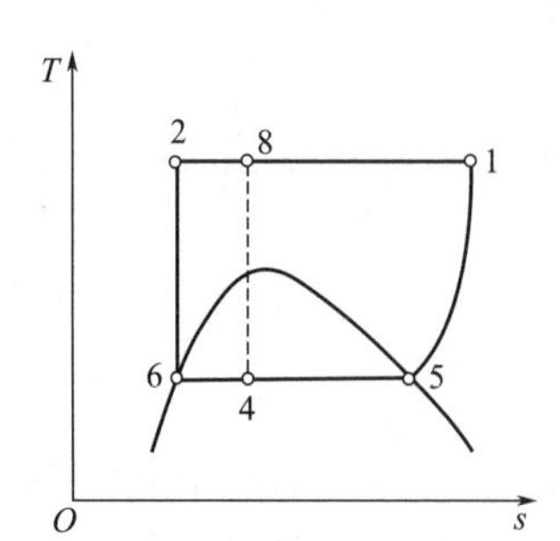

图6-51　气体液化最小功

6.4.1　气体液化的最小功

如图6-51所示，被液化的气体处于状态1，压力p_1，温度T_1，熵S_1，使之转变为相同压力下的液态6，温度T_6，熵S_6。依据㶲方程可得过程所需的最小功为

$$W_{\min} = T_0\left(S_1 - S_6\right) - \left(H_1 - H_6\right) \tag{6-46}$$

要实现这种过程，可设想：首先把处于状态1的气体经定温压缩至状态2，然后再经定熵膨胀至状态6，从而实现液化。这样，1→2→6→5→1构成一个理想循环，循环所消耗的功就是最小理论功。

如果液化终点为状态4，则只有部分气体被液化。设状态4下的干度为x，则液体所占的分数为

$$y = 1 - x \tag{6-47}$$

y也称为气体液化系数。

6.4.2 林德循环

利用一次节流膨胀而使气体液化的循环是1895年由德国工程师林德（Linde）首先提出的，故称为林德循环。其设备流程和T-s图分别见图6-52和图6-53。

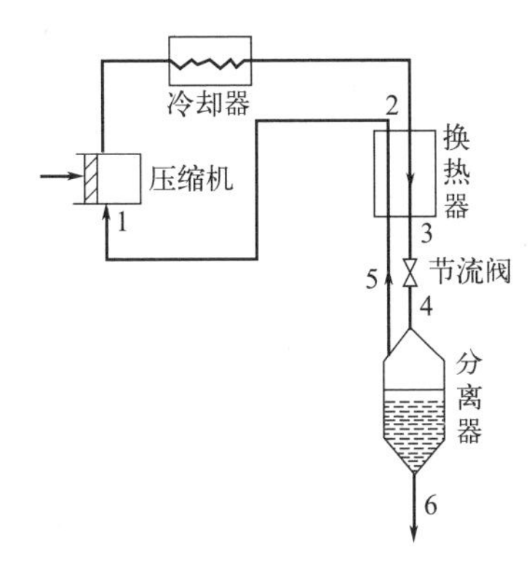

图6-52 林德循环流程示意图

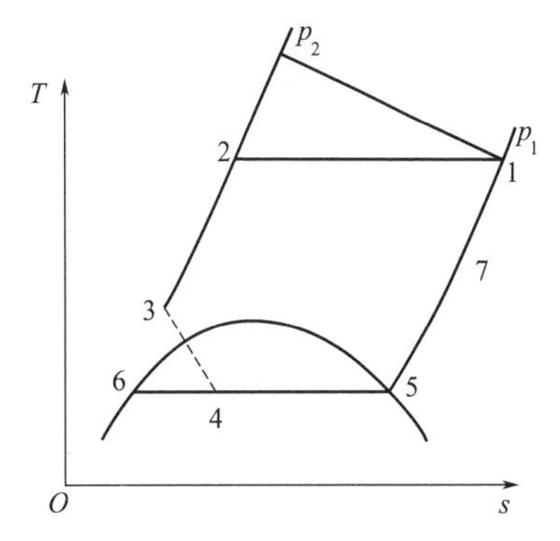

图6-53 林德循环的T-s图

处于状态1下的气体，经压缩机升压至p_2，随后经冷却器定压冷却至状态2，再进入换热器被从分离器返回的气体进一步冷却至状态3，然后经节流阀节流降温降压至状态4，最后进入分离器。液体自气液分离器导出作为产品，其状态为T-s图中的点6；未液化的气体（对应于T-s图中的点5）自气液分离器导出，经换热器对高压气体进一步冷却后变为状态1下的气体返回压缩机，完成一个循环。

下面对循环的液化量和耗功量等进行计算。首先取换热器、节流阀和分离器为研究对象，则每千克初始气体产生的液体量为y，返回的气体量为$1-y$。若忽略系统对外的热损失和气体的动能差与位能差，则依热力学第一定律有

$$h_2 = yh_6 + \left(1 - y\right)h_1 \tag{6-48}$$

$$y = \frac{h_1 - h_2}{h_1 - h_6} \tag{6-49}$$

循环的制冷量为液化y（kg）气体产生的冷量，即

$$q_2 = y\left(h_1 - h_6\right) = h_1 - h_2 \tag{6-50}$$

循环耗功量为压缩过程所消耗的功，可依具体情况计算。

实际气体液化循环中存在着各种不可逆因素。首先，换热器中存在着不完全换热损失q'，称为温度损失，即冷气不能回到1点，只能回到7点。其次，循环中不能做到完全绝热，因而必然从环境吸热q''。依热力学第一定律有

$$h_2 + q'' = yh_6 + (1-y)h_1 - q'$$

$$y = \frac{h_1 - h_2 - q' - q''}{h_1 - h_6} \tag{6-51}$$

实际循环的制冷量为 $$q_2 = h_1 - h_2 - q' - q'' \tag{6-52}$$

同理，气体压缩过程也存在不可逆损失。通常，先按定温压缩计算，再考虑定温效率η_T（依经验可取η_T=0.59），故实际耗功为

$$w_s = \frac{RT}{\eta_T}\ln\frac{p_2}{p_1} \tag{6-53}$$

每液化1kg气体耗功为 $$w_{ys} = \frac{w_s}{y} \tag{6-54}$$

应该指出，为实现气体液化，压缩机出口压力一般较高，气体不能按理想气体处理。状态1和2的焓值h_1和h_2不相等，应由被液化气体的*T-s*图或其他图表查得，或按有效方法算得。附图7是空气的*T-s*图。

6.4.3 克劳德循环

与对外不做功的节流膨胀相比，采用对外做功的膨胀可获得更低的温度，同时还可回收部分功。然而，膨胀机在低温下操作，如果出现液化，易造成水力撞击而受损；此外，低温下润滑油易凝固，润滑问题难以解决。因此，不能单独采用膨胀机进行气体液化循环，而必须与节流阀联合使用。1902年，法国的Claude首先提出这种方案，故称克劳德循环。其设备流程和*T-s*图分别见图6-54和图6-55。

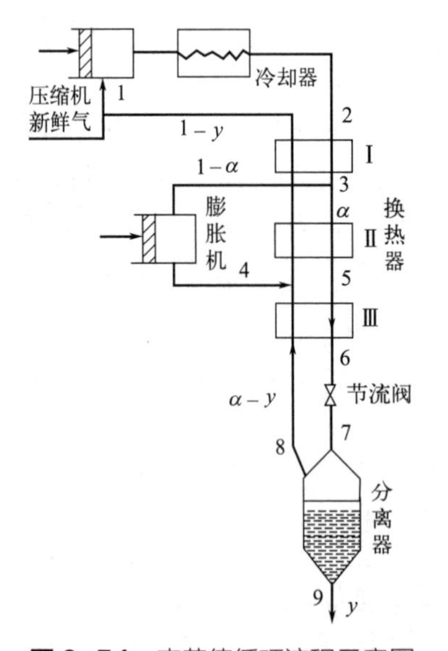

图6-54 克劳德循环流程示意图

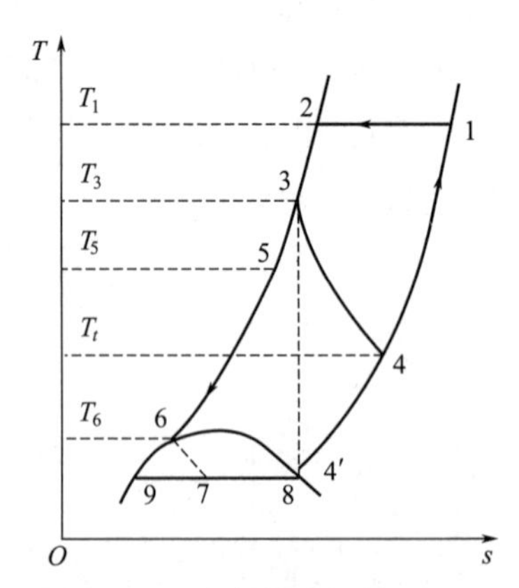

图6-55 克劳德循环的*T-s*图

处于状态1下的1kg气体，经压缩机定温压缩至状态2，再经换热器Ⅰ定压冷却至状态3后分成两路：一路为$(1-\alpha)$kg气体通过膨胀机绝热膨胀至状态4，并对外做功；另一路为αkg气体经换热器Ⅱ、Ⅲ进一步冷却至状态6，随后进

行节流膨胀至状态7，然后进入分离器。$y$kg液体自分离器导出为产品。$(\alpha-y)$kg气体经换热器Ⅲ预冷高压气后，与膨胀机出口气体汇合。汇合后的气体经换热器Ⅱ和Ⅰ预冷高压气体后变为状态1下的气体进入压缩机，完成一个循环。

克劳德循环中的能量交换计算方法与林德循环的能量交换计算方法相似。取换热器Ⅰ、Ⅱ、Ⅲ，节流阀和分离器为研究对象，设q'为温度损失，q''为保温不良的冷损失，依热力学第一定律有

$$h_2+(1-\alpha)h_4+q'+q''=yh_9+(1-y)h_1+(1-\alpha)h_3 \tag{6-55}$$

$$y=\frac{(h_1-h_2)+(1-\alpha)(h_3-h_4)-q'-q''}{h_1-h_9} \tag{6-56}$$

循环制冷量为

$$q_2=(h_1-h_2)+(1-\alpha)(h_3-h_4)-q'-q'' \tag{6-57}$$

循环的耗功量为压缩机耗功量与膨胀机回收功量之差。压缩机耗功量仍为定温压缩功除以定温效率，而膨胀机回收的功量为定熵膨胀功除以定熵效率。膨胀机中实际进行的过程中，各种损耗使它偏离理想的定熵过程，即实际焓差h_3-h_4小于定熵焓差$h_3-h'_4$。定熵效率表达式为

$$\eta_s=\frac{h_3-h_4}{h_3-h'_4} \tag{6-58}$$

一般透平膨胀机的定熵效率为η_s=0.80～0.85，活塞式膨胀机的定熵效率为η_s=0.65～0.75。

再考虑膨胀机的机械效率，则循环耗功量为

$$w_s=\frac{RT}{\eta_T}\ln\frac{p_2}{p_1}-\eta_m(1-\alpha)(h_3-h_4) \tag{6-59}$$

小结

① 以气体为工质无法实现卡诺循环，因为两个定温过程难以实现。以蒸气为工质虽然理论上可以实现卡诺循环，但是缺乏处理气液混合物的设备，而且处于饱和区内的循环功较小，工程实际中不用卡诺循环。

② 朗肯循环：与卡诺循环相比，增设了过热器，提高了平均吸热温度，冷凝过程也使乏汽完全凝结，从而可以用泵使冷凝液升压。影响朗肯循环效率的主要因素是蒸汽初始压力、温度和乏汽压力以及循环中的不可逆性。

③ 回热循环：利用汽轮机中的蒸汽预热锅炉给水，从而减少了水与热源间温差，提高了循环效率。工程中常用一次或二次抽汽回热循环。

④ 再热循环：将汽轮机中未完全膨胀的蒸汽引出，经再热器重新加热后再进入汽轮机膨胀做功，提高了乏汽的干度。中间压力选取得当也使循环效率有所提高。

⑤ 热电联供循环：提高乏汽压力，虽然降低了循环效率，但是乏汽的温度较高，可以用于供暖，从而使热能利用率提高。

⑥ 空气压缩制冷循环无法实现逆向卡诺循环，制冷系数较低。又因空气的比热容较小，所以循环制冷量也较小。影响空气压缩制冷循环效率的主要因素是压缩机出口压力和膨胀机出口压力。

⑦ 蒸气制冷循环理论上可以实现卡诺循环，但是由于缺乏处理气液混合物的设备，同时膨胀机成本也较高，再考虑到蒸发压力的调节方便，工程实际中不用逆向卡诺循环，而是以节流阀代替膨胀机，且使工质在蒸发器中完全蒸发，便于压缩机压缩。影响蒸气压缩制冷循环效率的主要因素是蒸发温度和冷凝温度及各过程的不可逆性。

⑧ 吸收式制冷循环和蒸气喷射制冷循环都是以消耗热量为代价而实现制冷的，循环中的冷凝、节流和蒸发过程与蒸气制冷循环完全相同，其余过程的综合作用相当于压缩机的作用。它们的优点是可以充分利用工厂废气、余热等，无复杂的转动设备，操作简便。缺点是热能利用系数较低。

⑨ 热泵是将热能从低温热源送往高温物体的装置，与制冷过程有相似原理与分析方法。热泵的理想逆向卡诺循环的制热系数为

$$\varepsilon_{hc}=\frac{q_1}{w}=\frac{T_1}{T_1-T_2}=\varepsilon_c+1$$

不同热泵的制热系数：

空气压缩式热泵 $\varepsilon_h=\dfrac{1}{1-\left(\dfrac{p_2}{p_1}\right)^{\frac{1-k}{k}}}=\dfrac{T_2}{T_2-T_1}=\dfrac{T_3}{T_3-T_4}$

蒸气压缩式热泵 $\varepsilon_h=\dfrac{q_h}{w}=\dfrac{h_2-h_4}{h_2-h_1}=1+\varepsilon_c$

吸收式热泵

$$\varepsilon_{h,max}=\frac{T_g-T_e}{T_g}\frac{T_m}{T_m-T_e}=\eta_c\varepsilon_{h,c}$$

蒸气喷射式热泵 $\varepsilon_h=1+\dfrac{q_{me}q_e}{q_{mg}q_g}=1+\dfrac{q_e}{q_g}\times\dfrac{1}{f}=1+u\dfrac{q_e}{q_g}$

⑩ 气体液化循环有节流膨胀循环和定熵膨胀循环两类。后者可以回收部分膨胀功，也可以获得更低的温度。气体液化循环中的工质，在循环中即作为制冷剂使用，同时本身又被液化并作为产品输出。气体液化中的工质不能按理想气体处理。影响气体液化循环效率的主要因素是气体初始压力、温度、压缩后的压力和液体的温度、压力、循环中的不可逆性及热损失。

⑪ 把各种循环按吸热（蒸发）、膨胀（节流）、冷凝和压缩（或相当于压缩功能）四个过程利用稳定流动能量方程和㶲方程进行热力分析可获得循环功、热效率、㶲效率等指标。各种不可逆性通常以相应的效率表示，例如汽轮机效率、定温压缩效率、定熵压缩效率、锅炉效率、装置效率等。

思考题

1. 朗肯循环与卡诺循环有何区别与联系？实际动力循环为什么不采用卡诺循环？
2. 朗肯循环的缺点是什么？如何对其进行改进？
3. 影响循环热效率和㶲效率的因素有哪些？如何分析？
4. 蒸汽动力循环中，若将膨胀做功后的乏汽直接送入锅炉中使之吸热变为新蒸汽，从而避免在冷凝器中放热，不是可大大提高热效率吗？这种想法对否？为什么？
5. 蒸气压缩制冷循环与逆向卡诺循环有何区别与联系？实际制冷循环为什么不采用逆向卡诺循环？

6. 影响制冷循环热效率和㶲效率的因素有哪些?
7. 耗功制冷循环与耗热制冷循环有哪些相同和不同之处?
8. 空气制冷循环采用膨胀机定熵膨胀，而蒸气压缩制冷循环采用节流阀节流膨胀，为什么?各有哪些特点?
9. 制冷循环可产生低温。若利用这种低温物质作冷源，则可降低动力循环的平均放热温度，提高动力循环的热效率。这种做法合理吗?
10. 实际循环的热效率与工质有关，这是否违反热力学第二定律?
11. 分析循环的热效率法和㶲效率法有何不同?两种分析法所得的结论是否一致?
12. 对动力循环来说，热效率越高，做功越大；对制冷循环来说，制冷系统越大，耗功越少。这种说法对吗?
13. 气体液化循环与蒸气压缩制冷循环有何不同?林德循环和克劳德循环各有什么特点?

习题

1. 试计算下列各朗肯循环的净功量、加热量、热效率、汽耗率及汽轮机出口蒸汽的干度并进行分析比较：① p_1=10MPa，t_1=440 ℃，p_2=0.003MPa；② p_1=5MPa，t_1=440 ℃，p_2=0.003MPa；③ p_1=5MPa，t_1=550℃，p_2=0.003MPa；④ p_1=5MPa，t_1=440℃，p_2=0.005MPa。
2. 试计算具有一次抽汽加热给水的蒸汽动力回热循环的抽汽量α，循环净功量、吸热量、热效率和汽耗率，并与第1题所得结果对比。已知汽轮机入口蒸汽参数为p_1=5MPa，t_1=440℃，乏汽压力p_1=0.003MPa，抽汽压力p_7=1MPa。
3. 某汽轮机入口蒸汽p_1=1.4MPa，t_1=400℃，出口蒸汽为p_2=0.08MPa的干饱和蒸汽。设环境温度为20℃，试求：①汽轮机的实际功量、理想功量和相对内效率；②汽轮机能完成的最大功量及㶲效率；③分析所得结果，弄清相对内效率与㶲效率的区别。
4. 某蒸汽动力装置锅炉过热器出口蒸汽压力p'_1=12.5MPa，温度t'_1=500℃；汽轮机入口压力p_1=12.2MPa，温度490℃；汽轮机出口乏汽压力p_2=0.005MPa；锅炉效率η_B=0.9，汽轮机相对内效率η_i=0.85，忽略水泵功。试计算：①汽轮机输出的功；②循环热效率；③装置效率；④循环㶲效率。设环境压力p_0=0.1MPa，温度t_0=15℃，燃烧温度1600K。
5. 水蒸气再热循环的初压p_1=5MPa，初温t_1=440℃，乏汽压力p_2=0.003MPa，再热前压力p_{01}=1MPa，再热后压力为p'_1=0.7MPa，温度与初温相同。试计算循环功、加热量、热效率、汽耗率及汽轮机出口蒸汽干度。
6. 某空气压缩制冷循环，膨胀机入口空气温度t_3=28℃，压力p_3=0.4MPa，绝热膨胀后压力p_4=0.1MPa，经冷库吸热后温度t_1=−10℃。若要求制冷量为20kW，试计算空气流量、压缩机功率、膨胀机功率和制冷系数。
7. 某氨蒸气压缩制冷循环，蒸发温度为t_1=−20℃，冷凝温度t_2=30℃，制冷量为300kW。压缩机吸入干饱和氨蒸气并进行绝热压缩，冷凝器出口为饱和液体。试计算氨流量、循环功率、向环境放热速率和制冷系数。
8. 对第7题，若压缩机绝热压缩效率为η_s=0.75，冷凝器出口为过冷5℃的未饱和液氨，重新计算各参数并进行㶲分析。
9. 若将第8题中的制冷剂改为HFC134a，试对循环进行分析。

10. 某厂要制取液态空气，初态温度为280K，等温压缩后压力为6MPa，膨胀终了压力为0.1MPa。若不考虑温度损失和冷损失，试按林德循环计算液化1kg空气需消耗的功及循环㶲效率。
11. 对第10题，若采用克劳德循环，当冷却至240K时抽出80%空气经膨胀机膨胀，其余经节流阀膨胀，膨胀机定熵效率η_s=0.7，机械效率η_m=0.8，试计算液化1kg空气需消耗的功及循环㶲效率。

7　溶液热力学与流体相平衡基础

学习意义

非均相系统由两个或两个以上的均相系统组成。在工业实践中，最常遇到的是非均相敞开系统，包括气－液、液－液系统，也有气－液－液、气－固和液－固系统。这些系统的性质不但随系统状态变化，也随组成变化。因此，研究均相敞开系统的热力学关系是研究相平衡的基础。当非均相敞开系统中各相的物质和能量传递达到平衡时，系统的压力和温度以及各相的组成不再发生变化，此时系统中的每一相可以视为均相封闭系统。

学习目标

① 掌握敞开系统热力学关系式与化学位的概念；②理解化学位的概念；③掌握纯组分以及溶液中组分的逸度和逸度系数计算方法；④理解理想溶液和标准态的概念；⑤掌握活度和活度系数的概念；⑥了解常用的活度系数方程；⑦掌握相平衡判据和热力学处理方法；⑧掌握气－液相平衡的基本概念以及平衡相图；⑨了解气－液相平衡的求解类型和方法；⑩了解常压气－液相平衡的计算方法以及高压气－液相平衡的处理方法。

在化学、石油和制药等工业中，原料混合、化学反应和产物分离是最主要的过程。这些过程涉及的物流绝大多数是混合物。由多组分构成的均相混合物称为溶液。溶液可以是气态、液态，也可以是固态。在热力学分析中，溶液中的每一个组分的地位都是相同的。第3章主要涉及的是纯物质或定组成混合物，如空气。然而，组成的变化不仅是化学反应的结果，也是工业上一些重要物理过程的结果。在混合和分离等过程中，组分从一相迁移到另一相（质量传递），系统中溶液（气体或液体混合物）的组成通常会发生变化。所以，溶液的组成是除了第3章介绍的8个热力性质之外的另一个重要的参数。因此，本章的主要目的是研究溶液的热力学性质，为热力学在气体和液体混合物中的应用奠定理论基础。

许多重要的分离过程，如蒸馏、吸收和萃取等都涉及两相或多相的接触。相是指系统中性质均匀的部分，不同的相具有不同的性质，两相之间存在着相界面。当两相或多相处于不平衡状态时，相间的组分迁移改变了相的组成。组分迁移的速度和组成变化的程度取决于系统偏离平衡的程度。当相与相之间达到平衡时，相间的质量传递就停止了。要定量地表达相间的组分迁移，必须知道相平衡时的温度、压力和相的组成。相平衡是分离过程的理论基础。因此，研究相平衡具有十分重要的意义，也是本书的目的之一。

敞开系统热力学关系式与化学位

7.1 敞开系统热力学关系式与化学位

第3章介绍了纯物质和定组成均相混合物的热力性质。对于无化学反应的封闭系统，内能U、焓H、亥姆霍兹自由能A和吉布斯自由焓G的微分表达式为

$$\mathrm{d}U = T\mathrm{d}S - p\mathrm{d}V \tag{2-46}$$

$$\mathrm{d}H = T\mathrm{d}S + V\mathrm{d}p \tag{2-47}$$

$$\mathrm{d}A = -S\mathrm{d}T - p\mathrm{d}V \tag{3-77}$$

$$\mathrm{d}G = -S\mathrm{d}T + V\mathrm{d}p \tag{3-78}$$

若系统中所含物质的量为1mol，则

$$\mathrm{d}U_{\mathrm{m}} = T\mathrm{d}S_{\mathrm{m}} - p\mathrm{d}V_{\mathrm{m}} \tag{7-1}$$

$$\mathrm{d}H_{\mathrm{m}} = T\mathrm{d}S_{\mathrm{m}} + V_{\mathrm{m}}\mathrm{d}p \tag{7-2}$$

$$\mathrm{d}A_{\mathrm{m}} = -p\mathrm{d}V_{\mathrm{m}} - S_{\mathrm{m}}\mathrm{d}T \tag{7-3}$$

$$\mathrm{d}G_{\mathrm{m}} = V_{\mathrm{m}}\mathrm{d}p - S_{\mathrm{m}}\mathrm{d}T \tag{7-4}$$

式中，下标m表示摩尔性质。

对于一个单相的敞开系统，系统与环境之间有物质交换发生。以内能为例，则U不仅是S和V的函数，也是各种组分物质的量的函数，即$U = U(S,V,n_1,n_2,\cdots,n_i,\cdots)$。$U$的全微分为

$$\mathrm{d}U = \left(\frac{\partial U}{\partial S}\right)_{V,n}\mathrm{d}S + \left(\frac{\partial U}{\partial V}\right)_{S,n}\mathrm{d}V + \sum_i\left(\frac{\partial U}{\partial n_i}\right)_{S,V,n_{j\neq i}}\mathrm{d}n_i \tag{7-5}$$

式中，加和项表示系统中包含了所有组分，下标n_j表示除第i种组分外所有其他组分的量都保持不变。为简明起见，令加和号里的偏导数项恒等于μ_i，即

$$\mu_i \equiv \left(\frac{\partial U}{\partial n_i}\right)_{V,S,n_{j\neq i}} \tag{7-6}$$

结合式（7-5）可以得到

$$\mathrm{d}U = T\mathrm{d}S - p\mathrm{d}V + \sum(\mu_i\mathrm{d}n_i) \tag{7-7}$$

对于1mol溶液，上式可以写成

$$\mathrm{d}U_{\mathrm{m}} = T\mathrm{d}S_{\mathrm{m}} - p\mathrm{d}V_{\mathrm{m}} + \sum(\mu_i\mathrm{d}x_i) \tag{7-7a}$$

式中，$U_{\mathrm{m}} = U_{\mathrm{m}}(S,V,x_1,x_2,\cdots,x_i,\cdots)$。对于$H_{\mathrm{m}}$、$A_{\mathrm{m}}$和$G_{\mathrm{m}}$，也有类似的关系。

同理，可以得到

$$\mathrm{d}H = T\mathrm{d}S + V\mathrm{d}p + \sum(\mu_i\mathrm{d}n_i) \tag{7-8}$$

$$\mathrm{d}A = -S\mathrm{d}T - p\mathrm{d}V + \sum(\mu_i\mathrm{d}n_i) \tag{7-9}$$

$$\mathrm{d}G = -S\mathrm{d}T + V\mathrm{d}p + \sum(\mu_i\mathrm{d}n_i) \tag{7-10}$$

式（7-7）～式（7-10）是敞开系统均相流体的热力学基本关系式。它们适用于变组成系统，也适用于定组成系统。类似地，对于1mol溶液，式（7-8）～式（7-10）可以写成

$$\mathrm{d}H_\mathrm{m}=T\mathrm{d}S_\mathrm{m}+V_\mathrm{m}\mathrm{d}p+\sum\left(\mu_i\mathrm{d}x_i\right) \tag{7-8a}$$

$$\mathrm{d}A_\mathrm{m}=-S_\mathrm{m}\mathrm{d}T-p\mathrm{d}V_\mathrm{m}+\sum\left(\mu_i\mathrm{d}x_i\right) \tag{7-9a}$$

$$\mathrm{d}G_\mathrm{m}=-S_\mathrm{m}\mathrm{d}T+V_\mathrm{m}\mathrm{d}p+\sum\left(\mu_i\mathrm{d}x_i\right) \tag{7-10a}$$

吉布斯（Gibbs）将μ_i定义为组分i的化学位。与压力和温度相类似，化学位为一个强度性质。压力差代表流体具有流动的趋势，温度差代表流体具有热传导的趋势，而化学位差代表流体具有化学反应或相间质量传递的趋势。化学位有四种表达式，它们在数值上是相等的。

$$\mu_i\equiv\left(\frac{\partial U}{\partial n_i}\right)_{S,V,n_j}=\left(\frac{\partial H}{\partial n_i}\right)_{S,p,n_j}=\left(\frac{\partial A}{\partial n_i}\right)_{T,V,n_j}=\left(\frac{\partial G}{\partial n_i}\right)_{T,p,n_j} \tag{7-11}$$

【例7-1】 试证明化学位的表达式$\left(\frac{\partial A}{\partial n_i}\right)_{T,V,n_{j\neq i}}$和$\left(\frac{\partial G}{\partial n_i}\right)_{T,p,n_{j\neq i}}$是相等的。

证 根据自由能A和自由焓G的关系：$G=A+pV$

对上式全微分 $\mathrm{d}G=\mathrm{d}A+p\mathrm{d}V+V\mathrm{d}p$

将式（7-8）和式（7-9）代入上式

$$-S\mathrm{d}T+V\mathrm{d}p+\sum_i\left(\frac{\partial G}{\partial n_i}\right)_{T,p,n_{j\neq i}}\mathrm{d}n_i=-S\mathrm{d}T-p\mathrm{d}V+\sum_i\left(\frac{\partial A}{\partial n_i}\right)_{S,V,n_{j\neq i}}\mathrm{d}n_i+p\mathrm{d}V+V\mathrm{d}p$$

化简后得 $\left(\frac{\partial A}{\partial n_i}\right)_{T,V,n_{j\neq i}}=\left(\frac{\partial G}{\partial n_i}\right)_{T,p,n_{j\neq i}}$

证毕。

偏摩尔性质及其与化学位的关系

7.2 偏摩尔性质及其与化学位的关系

众所周知，系统的总质量等于构成系统的各个部分的质量之和。然而，真实溶液的其他广度性质一般不具有加和性。例如，乙醇与水混合物的体积不等于两者纯组分时的体积之和。这也就是说，溶液的性质并不等于构成溶液的各个纯组分性质的简单线性加和。

在四种化学位表达式中，只有以吉布斯自由焓偏导数表达的化学位是在恒定温度和压力条件下的。温度和压力方便测量，并且大多数的工业过程都是在恒温恒压条件下进行的。因此，这种恒温恒压条件下的偏导数形式值得推广，并在溶液热力学中赋予特殊的意义。在均相系统中，任意广度性质可以表达为$M=M\left(T,p,n_1,n_2,\cdots,n_i,\cdots\right)$，其全微分为

$$\mathrm{d}M=\left(\frac{\partial M}{\partial T}\right)_{p,n}\mathrm{d}T+\left(\frac{\partial M}{\partial p}\right)_{T,n}\mathrm{d}p+\sum_i\left(\frac{\partial M}{\partial n_i}\right)_{T,p,n_{j\neq i}}\mathrm{d}n_i \tag{7-12}$$

G.N. Lewis定义了偏摩尔性质，令

$$\bar{M}_i\equiv\left(\frac{\partial M}{\partial n_i}\right)_{T,p,n_j} \tag{7-13}$$

式中，$\bar{M}_i$称为组分i的偏摩尔性质。M可以表示V，S，H，A和G等。当M为G时，偏摩尔吉布斯自

由焓$\bar{G}_i$就是化学位，即$\bar{G}_i = \mu_i$。

偏摩尔性质的物理意义是，在给定温度和压力下，向含有组分i的无限多的溶液中加入1mol的组分i所引起的一系列广度热力性质变化；或者向含有组分i的1mol的溶液中加入无限少的组分i所引起的一系列广度热力性质变化。偏摩尔性质是强度性质，与溶液的组成有关。

式（7-12）可以写成

$$\mathrm{d}M = \left(\frac{\partial M}{\partial T}\right)_{p,n} \mathrm{d}T + \left(\frac{\partial M}{\partial p}\right)_{T,n} \mathrm{d}p + \sum_i \bar{M}_i \mathrm{d}n_i \tag{7-12a}$$

或者

$$\mathrm{d}M_\mathrm{m} = \left(\frac{\partial M_\mathrm{m}}{\partial T}\right)_{p,x} \mathrm{d}T + \left(\frac{\partial M_\mathrm{m}}{\partial p}\right)_{T,x} \mathrm{d}p + \sum_i \bar{M}_i \mathrm{d}x_i \tag{7-12b}$$

由于$n_i = x_i n$，$\mathrm{d}n_i = n\mathrm{d}x_i + x_i\mathrm{d}n$，$M = nM_\mathrm{m}$和$\mathrm{d}M = M_\mathrm{m}\mathrm{d}n + n\mathrm{d}M_\mathrm{m}$，将这些关系式代入式（7-12a），得

$$M_\mathrm{m}\mathrm{d}n + n\mathrm{d}M_\mathrm{m} = n\left(\frac{\partial M_\mathrm{m}}{\partial T}\right)_{p,x} \mathrm{d}T + n\left(\frac{\partial M_\mathrm{m}}{\partial p}\right)_{T,x} \mathrm{d}p + \sum_i \bar{M}_i \left(n\mathrm{d}x_i + x_i\mathrm{d}n\right)$$

整理得$n\left[\mathrm{d}M_\mathrm{m} - \left(\frac{\partial M_\mathrm{m}}{\partial T}\right)_{p,x} \mathrm{d}T - \left(\frac{\partial M_\mathrm{m}}{\partial p}\right)_{T,x} \mathrm{d}p - \sum_i \bar{M}_i \mathrm{d}x_i\right] + \left(M_\mathrm{m} - \sum_i x_i \bar{M}_i\right)\mathrm{d}n = 0$

根据式（7-12b），上式左侧第一项中括弧里等于零。要使上式恒等于零，第二项括弧里$M_\mathrm{m} - \sum_i x_i \bar{M}_i$必等于零，即

$$M_\mathrm{m} = \sum_i x_i \bar{M}_i \tag{7-14}$$

或者

$$M = \sum_i n_i \bar{M}_i \tag{7-14a}$$

齐次函数

式（7-14）与式（7-14a）表明，真实溶液的性质等于构成溶液各个组分的偏摩尔性质的线性加权平均。这表明，当一个纯物质变成溶液中的一个组分时，不再具有其在纯态时的摩尔性质，而是变成偏摩尔性质。也就是说，组分在溶液中不再具有其单独存在时的性质，偏摩尔性质是溶液中各组分的摩尔性质。纯物质的偏摩尔性质就是摩尔性质。式（7-14）与式（7-14a）也可以通过齐次函数的定义得到。

偏摩尔性质与摩尔性质表现在热力学关系式形式上相似，如表7-1所示。

表7-1 摩尔性质与偏摩尔性质热力学关系式对应关系

摩尔性质关系式	偏摩尔性质关系式	摩尔性质关系式	偏摩尔性质关系式
$H_\mathrm{m}=U_\mathrm{m}+pV_\mathrm{m}$	$\bar{H}_i = \bar{U}_i + p\bar{V}_i$	$\left(\frac{\partial H_\mathrm{m}}{\partial p}\right)_T = V_\mathrm{m} - T\left(\frac{\partial V_\mathrm{m}}{\partial T}\right)_p$	$\left(\frac{\partial \bar{H}_i}{\partial p}\right)_T = \bar{V}_i - T\left(\frac{\partial \bar{V}_i}{\partial T}\right)_p$
$A_\mathrm{m}=U_\mathrm{m}-TS_\mathrm{m}$	$\bar{A}_i = \bar{U}_i - T\bar{S}_i$	$C_{p,\mathrm{m}} = \left(\frac{\partial H_\mathrm{m}}{\partial T}\right)_p$	$\bar{C}_{pi} = \left(\frac{\partial \bar{H}_i}{\partial T}\right)_p$
$G_\mathrm{m}=H_\mathrm{m}-TS_\mathrm{m}$	$\bar{G}_i = \bar{H}_i - T\bar{S}_i$	……	……

【例 7-2】 定容热容的定义为$C_{V,\mathrm{m}}=\left(\dfrac{\partial U_\mathrm{m}}{\partial T}\right)_V$。试证明$\overline{nC_{Vi}}=\left(\dfrac{\partial \overline{U_i}}{\partial T}\right)_V$。

证 $nC_{V,\mathrm{m}}=\left[\dfrac{\partial\left(nU_\mathrm{m}\right)}{\partial T}\right]_V=\left(\dfrac{\partial U}{\partial T}\right)_V$

根据偏摩尔性质的定义式（7-13）

$$\overline{nC_{Vi}}=\left[\frac{\partial\left(nC_{V,\mathrm{m}}\right)}{\partial n_i}\right]_{T,p,n_j}=\left[\frac{\partial\left(\partial U/\partial T\right)_{V_\mathrm{m}}}{\partial n_i}\right]_{T,p,n_j}=\left[\frac{\partial\left(\partial U/\partial n_i\right)_{T,p,n_j}}{\partial T}\right]_V=\left(\frac{\partial \overline{U_i}}{\partial T}\right)_V$$

证毕。

至此，溶液热力学中涉及了三种热力性质：溶液的性质M，包括溶液的摩尔性质M_m；溶液中组分的偏摩尔性质$\bar{M}_i$；纯组分的摩尔性质$M_{\mathrm{m}i}$。偏摩尔性质对分析一定温度和压力下的混合物摩尔性质与组成的关系十分有用。偏摩尔性质的概念也是推导许多热力学关系式的基础。

纯流体的逸度和逸度系数

7.3 逸度和逸度系数

工程实践中遇到的大多是真实（非理想）溶液。为了表达真实溶液与理想气体的偏差，G.N. Lewis提出了逸度的概念。逸度对于研究相平衡问题具有十分重要的意义。

7.3.1 纯流体的逸度和逸度系数

对于1mol的纯组分i流体

$$\mathrm{d}G_{\mathrm{m}i}=V_{\mathrm{m}i}\mathrm{d}p-S_{\mathrm{m}i}\mathrm{d}T \tag{7-15}$$

在恒定温度条件下

$$\mathrm{d}G_{\mathrm{m}i}=V_{\mathrm{m}i}\mathrm{d}p\ （恒\ T） \tag{7-16}$$

将理想气体状态方程$V_{\mathrm{m}i}^{\mathrm{ig}}=R_\mathrm{m}T/p$代入上式，得到理想气体摩尔自由焓与压力之间的微分关系式

$$\mathrm{d}G_{\mathrm{m}i}^{\mathrm{ig}}=R_\mathrm{m}T\frac{\mathrm{d}p}{p}\quad 或\quad \mathrm{d}G_{\mathrm{m}i}^{\mathrm{ig}}=R_\mathrm{m}T\mathrm{d}(\ln p) \tag{7-17}$$

结合式（7-16）和式（7-17），得

$$R_\mathrm{m}T\mathrm{d}(\ln p)=V_{\mathrm{m}i}^{\mathrm{ig}}\mathrm{d}p\ （恒\ T） \tag{7-18}$$

对式（7-17）求积分

$$G_{\mathrm{m}i}^{\mathrm{ig}}=\lambda_i\left(T\right)+R_\mathrm{m}T\ln p \tag{7-19}$$

式中，$\lambda_i\left(T\right)$是与系统温度有关的积分常数，称为参比态。

对于纯组分真实溶液，目前尚未有既简单又准确且应用范围广泛的状态方程。为了使热力学关系式既保持其正确性和严格性，又不使形式过分复杂而难于处理，Lewis提出了逸度的概念，用一个新的热力学函数逸度f来代替压力p，即

$$G_{\mathrm{m}i}=\lambda_i\left(T\right)+R_\mathrm{m}T\ln f_i \tag{7-20}$$

对上式求微分

$$\mathrm{d}G_{\mathrm{m}i}=R_\mathrm{m}T\mathrm{d}(\ln f_i)\quad （恒\ T） \tag{7-21}$$

将式（7-20）与式（7-19）相减，得

7

$$G_{mi}-G_{mi}^{ig}=R_mT\ln\frac{f_i}{p} \tag{7-22}$$

上式也可以理解为：式（7-21）从理想气体积分到真实流体。将上式右边分数项定义为逸度系数

$$\phi_i\equiv\frac{f_i}{p} \tag{7-23}$$

逸度系数是压力的校正系数。对于理想气体

$$\lim_{p\to 0}\frac{f_i}{p}=1 \quad 或 \quad f_i=p \tag{7-24}$$

因此

$$G_{mi}-G_{mi}^{ig}=R_mT\ln\phi_i \tag{7-22a}$$

将$G_{mi}-G_{mi}^{ig}$定义为剩余（residual）摩尔吉布斯自由焓G_{mi}^{R}，则式（7-22a）可以写成

$$G_{mi}^{R}=R_mT\ln\phi_i \tag{7-22b}$$

上式表示真实溶液的性质与假想其为理想气体时的性质之差，称为剩余性质。对于其他广度热力性质如V、S、U、H和A，也有剩余性质。

逸度的概念是从摩尔吉布斯自由焓导出的。理想气体的逸度系数等于1，真实溶液的逸度系数不等于1。对于真实溶液，可把逸度看作校正的压力，或者为“有效”压力，是指无论实际的压力有多么大，其真实效应表现为f那么大。逸度和压力关系密切，而气体的压力、液体和固体的蒸气压都是用来表征物质的逃逸趋势，所以逸度是表征体系逃逸趋势的量。逸度因此而得名，这也是逸度的物理意义。在工程应用中，特别是在处理相平衡和化学平衡问题时，逸度比摩尔吉布斯自由焓使用起来更方便。

纯气体和纯液体逸度的计算

7.3.1.1 纯气体逸度的计算

将式（7-16）与式（7-21）结合，得

$$R_mT\mathrm{d}(\ln f_i)=V_{mi}\mathrm{d}p \tag{7-25}$$

式（7-25）减去式（7-18），代入理想气体状态方程，得

$$\mathrm{d}(\ln\phi_i)=\frac{1}{R_mT}(V_{mi}-\frac{R_mT}{p})\mathrm{d}p \quad 或 \quad \mathrm{d}(\ln\phi_i)=(Z_i-1)\frac{\mathrm{d}p}{p} \tag{7-26}$$

积分上式，得

$$\ln\phi_i=\frac{1}{R_mT}\int_0^p(V_{mi}-\frac{R_mT}{p})\mathrm{d}p \quad 或 \quad \ln\phi_i=\int_0^p(Z_i-1)\frac{\mathrm{d}p}{p} \tag{7-27}$$

根据式（7-27），可以利用p-V-T数据、立方型状态方程、普遍化第二维里系数方程和普遍化压缩因子求得逸度系数。

在用立方型状态方程计算逸度系数时，式（7-27）变换为（省略下标i）

$$\ln\phi=\frac{1}{R_mT}\int_{p_0}^{p}V_m\mathrm{d}p-\int_{\ln p_0}^{\ln p}\mathrm{d}\ln p=\frac{1}{R_mT}\left[\Delta\left(pV_m\right)\Big|_{p_0V_{m0}}^{pV_m}-\int_{V_{m0}}^{V_m}p\mathrm{d}V_m\right]-\int_{\ln p_0}^{\ln p}\mathrm{d}\ln p \tag{7-28}$$

以R-K方程为例，将式（3-6）代入式（7-28）并且积分，在$p_0 \to 0$、$V_{m0} \to \infty$时得到

$$\ln\phi = \ln\frac{f}{p} = Z - 1 - \ln(Z - \frac{pb}{R_m T}) - \frac{a}{bR_m T^{1.5}}\ln(1 + \frac{b}{V_m}) \tag{7-29}$$

在用普遍化第二维里系数方程计算逸度系数时，将式（3-72）代入式（7-27），得（省略下标i）

$$\ln\phi = \ln\frac{f}{p} = \int_{p_0}^{p}\frac{Bp}{R_m T}\times\frac{dp}{p} = \frac{Bp}{R_m T} \tag{7-30}$$

将式（3-73）代入上式并且积分，得

$$\ln\phi = \ln\frac{f}{p} = (B^0 + \omega B^1)\frac{p_r}{T_r} \tag{7-31}$$

【例7-3】 在10.203MPa和407K条件下，分别使用（1）将丙烷蒸气视为理想气体，（2）普遍化第二维里系数方程和（3）R-K方程求丙烷气体的逸度。已知文献值为$f_{exp} = 0.4934$。

解 （1）将丙烷蒸气视为理想气体

$$f = p = 10.203\ \text{MPa}，\ \phi = \frac{f}{p} = 1$$

与实验值的偏差为 $\dfrac{1 - 0.4934}{0.4934} = 102.7\%$

（2）普遍化第二维里系数方程　查附表3得丙烷的参数如下：

$$p_c = 4.25\text{MPa}，\ T_c = 369.8\text{K}，\ \omega = 0.152$$

$$T_r = \frac{T}{T_c} = \frac{407}{369.8} = 1.101，\ p_r = \frac{p}{p_c} = \frac{10.203}{4.25} = 2.401$$

根据式（3-74）和式（3-75），有

$$B^0 = 0.083 - \frac{0.422}{T_r^{1.6}} = 0.083 - \frac{0.422}{1.101^{1.6}} = -0.279$$

$$B^1 = 0.139 - \frac{0.172}{T_r^{4.2}} = 0.139 - \frac{0.172}{1.101^{4.2}} = 0.024$$

根据式（7-31），有

$$\ln\phi = \ln\frac{f}{p} = (-0.279 + 0.152\times 0.024)\times\frac{2.401}{1.101} = -0.6005$$

$$\phi = 0.5485$$

与实验值的偏差为 $\dfrac{0.5485 - 0.4934}{0.4934} = 11.2\%$

（3）R-K方程　根据式（3-6a）和式（3-6b），有

$$a = \frac{0.42748 R_m^2 T_c^{2.5}}{p_c} = \frac{0.42748\times 8.314^2\times 369.8^{2.5}}{4.25\times 10^6} = 18.28\text{Pa}\cdot\text{m}^6\cdot\text{K}^{1/2}/\text{mol}^2$$

$$b = \frac{0.08664 R_m T_c}{p_c} = \frac{0.08664\times 8.314\times 369.8}{4.25\times 10^6} = 6.27\times 10^{-5}\text{m}^3/\text{mol}$$

将已知变量和方程参数代入到R-K方程（3-6）中

$$10.203\times 10^6 = \frac{8.314\times 407}{V_m - 6.27\times 10^{-5}} - \frac{18.28}{407^{1/2} V_m\left(V_m + 6.27\times 10^{-5}\right)}$$

迭代算出$V_m = 1.51\times 10^{-4}\text{m}^3/\text{mol}$。则压缩因子$Z$为

$$Z = \frac{pV_m}{R_m T} = \frac{10.203\times 10^6\times 1.51\times 10^{-4}}{8.314\times 407} = 0.4553$$

根据式（7-29），有

$$\ln\phi=\ln\frac{f}{p}=0.4553-1-\ln(0.4553-\frac{10.203\times10^{6}\times6.27\times10^{-5}}{8.314\times407})$$
$$-\frac{18.28}{6.27\times10^{-5}\times8.314\times407^{1.5}}\ln(1+\frac{6.27\times10^{-5}}{1.51\times10^{-4}})$$
$$-0.5447+1.3231-1.4832=-0.7048$$

$$\phi=0.4942$$

与实验值的偏差为 $\frac{0.4942-0.4934}{0.4934}=0.16\%$

7.3.1.2 纯液体逸度的计算

将式（7-27）用于液体

$$\ln\phi_i^{\mathrm{L}}=\frac{1}{R_{\mathrm{m}}T}\int_0^p(V_{\mathrm{m}i}^{\mathrm{L}}-\frac{R_{\mathrm{m}}T}{p})\mathrm{d}p \tag{7-32}$$

对于过冷液体，$p>p_i^{\mathrm{s}}$，有

$$\ln\phi_i^{\mathrm{L}}=\ln\frac{f_i^{\mathrm{L}}}{p}=\frac{1}{R_{\mathrm{m}}T}\int_0^{p_i^{\mathrm{s}}}(V_{\mathrm{m}i}^{\mathrm{L}}-\frac{R_{\mathrm{m}}T}{p})\mathrm{d}p+\frac{1}{R_{\mathrm{m}}T}\int_{p_i^{\mathrm{s}}}^{p}(V_{\mathrm{m}i}^{\mathrm{L}}-\frac{R_{\mathrm{m}}T}{p})\mathrm{d}p \tag{7-32a}$$

上式中，右边第一项是处于体系温度T和饱和蒸气压p_i^{s}下的逸度系数ϕ_i^{s}，用来校正饱和蒸气对理想气体的偏离；右边第二项是当体系温度T下降或者由p_i^{s}压缩至p时对逸度的校正。即

$$\ln\phi_i^{\mathrm{L}}=\ln\frac{f_i^{\mathrm{L}}}{p}=\ln\phi_i^{\mathrm{s}}+\frac{1}{R_{\mathrm{m}}T}\int_{p_i^{\mathrm{s}}}^{p}(V_{\mathrm{m}i}^{\mathrm{L}}-\frac{R_{\mathrm{m}}T}{p})\mathrm{d}p \tag{7-32b}$$

因为体系温度T和饱和蒸气压p_i^{s}下的逸度$f_i^{\mathrm{s}}=p_i^{\mathrm{s}}\phi_i^{\mathrm{s}}$，移项得

$$\ln\frac{f_i^{\mathrm{L}}}{f_i^{\mathrm{s}}}=\frac{1}{R_{\mathrm{m}}T}\int_{p_i^{\mathrm{s}}}^{p}V_{\mathrm{m}i}^{\mathrm{L}}\mathrm{d}p \quad 或者 \quad f_i^{\mathrm{L}}=p_i^{\mathrm{s}}\phi_i^{\mathrm{s}}\exp(\frac{1}{R_{\mathrm{m}}T}\int_{p_i^{\mathrm{s}}}^{p}V_{\mathrm{m}i}^{\mathrm{L}}\mathrm{d}p) \tag{7-33}$$

上式中，指数项称为波印廷（Poynting）因子，校正实际压力对饱和蒸气压的偏离。在远离临界点时，液体可视为不可压缩，上式变为

$$f_i^{\mathrm{L}}=p_i^{\mathrm{s}}\phi_i^{\mathrm{s}}\exp\left[\frac{V_{\mathrm{m}i}^{\mathrm{L}}(p-p_i^{\mathrm{s}})}{R_{\mathrm{m}}T}\right] \tag{7-33a}$$

当$p-p_i^{\mathrm{s}}<1.0\mathrm{MPa}$时，波印廷因子等于1。

溶液中组分的逸度和逸度系数

7.3.2 溶液中组分的逸度和逸度系数

工业中常遇到的是混合物，增加了组成变量，致使系统的热力学性质更加错综复杂。要想完全用实验方法来解决混合物的各种热力学性质是不可能的。因此，通过有限的实验数据应用理论或半理论方法来获得热力学数据是一条重要的途径。混合物中组分逸度的计算是相平衡计算的基础，也是化学反应平衡计算必不可少的。真实溶液中组分i的逸度定义用到了偏摩尔吉布斯自由焓，与纯组分逸度的定义方法类似。

对于理想气体混合物中的某一组分i

$$\mu_i^{\mathrm{ig}}=\bar{G}_i^{\mathrm{ig}}=\lambda_i(T)+RT\ln x_i p \tag{7-34}$$

$$\mathrm{d}\mu_i^{\mathrm{ig}} = \mathrm{d}\bar{G}_i^{\mathrm{ig}} = \bar{V}_i^{\mathrm{ig}}\mathrm{d}p = R_{\mathrm{m}}T\mathrm{d}(\ln x_i p)\ (\text{恒}\ T) \tag{7-35}$$

式中，$x_i p = p_i$为理想气体混合物中组分i的分压。

对于真实溶液中的某一组分i

$$\mu_i = \bar{G}_i = \lambda_i(T) + R_{\mathrm{m}}T\ln\hat{f}_i \tag{7-36}$$

$$\mathrm{d}\mu_i = \mathrm{d}\bar{G}_i = \bar{V}_i\mathrm{d}p = R_{\mathrm{m}}T\mathrm{d}(\ln\hat{f}_i)\ \ (\text{恒}\ T) \tag{7-37}$$

式中，$\hat{f}_i$为溶液中组分i的逸度。

式（7-36）与式（7-34）相减，得

$$\mu_i - \mu_i^{\mathrm{ig}} = \bar{G}_i - \bar{G}_i^{\mathrm{ig}} = R_{\mathrm{m}}T\ln\frac{\hat{f}_i}{x_i p} \tag{7-38}$$

上式也可以理解为：式（7-37）中的组分i从理想气体混合物积分到真实溶液。上式右边分数项定义为溶液中组分i的逸度系数

$$\frac{\hat{f}_i}{x_i p} \equiv \hat{\phi}_i \tag{7-39}$$

所以

$$\mu_i - \mu_i^{\mathrm{ig}} = \bar{G}_i - \bar{G}_i^{\mathrm{ig}} = R_{\mathrm{m}}T\ln\hat{\phi}_i \tag{7-38a}$$

对于理想气体混合物

$$\lim_{p\to 0}\frac{\hat{f}_i}{x_i p} = 1 \quad \text{或} \quad \hat{f}_i = x_i p = p_i \tag{7-40}$$

将$\bar{G}_i - \bar{G}_i^{\mathrm{ig}}$定义为组分$i$的剩余偏摩尔吉布斯自由焓$\bar{G}_i^{\mathrm{R}}$，则

$$\bar{G}_i^{\mathrm{R}} = R_{\mathrm{m}}T\ln\hat{\phi}_i \tag{7-38b}$$

上式表示真实溶液中组分i的偏摩尔性质与假想其为理想气体时的偏摩尔性质之差，称为溶液中组分的剩余性质。对于V、S、U、H和A，也有类似性质。

式（7-37）减去式（7-35），得

$$R_{\mathrm{m}}T\ln\hat{\phi}_i = \left(\bar{V}_i - \bar{V}_i^{\mathrm{ig}}\right)\mathrm{d}p \tag{7-41}$$

积分上式，得

$$\ln\hat{\phi}_i = \frac{1}{R_{\mathrm{m}}T}\int_0^p\left(\bar{V}_i - \frac{RT}{p}\right)\mathrm{d}p \quad \text{或} \quad \ln\hat{\phi}_i = \int_0^p\left(\bar{Z}_i - 1\right)\frac{\mathrm{d}p}{p} \tag{7-42}$$

根据上式，一般利用立方型状态方程和普遍化第二维里系数方程求得溶液中组分的逸度系数。

在高压条件下，普遍化第二维里系数方程不适用，只有采用立方型状态方程才能求得逸度系数。将式（7-42）变换成为

$$\ln\hat{\phi}_i = \frac{1}{R_{\mathrm{m}}T}\int_V^{\infty}\left[\left(\frac{\partial p}{\partial n_i}\right)_{T,V,n_j} - \frac{RT}{V}\right]\mathrm{d}V - \ln Z \tag{7-43}$$

7.3.3 溶液的逸度和逸度系数

溶液的逸度和逸度系数

对于1mol真实溶液

$$G_{\mathrm{m}} = \lambda(T) + R_{\mathrm{m}}T\ln f \tag{7-44}$$

$$\mathrm{d}G_{\mathrm{m}} = R_{\mathrm{m}}T\mathrm{d}(\ln f) \tag{7-45}$$

对上式从理想气体混合物积分到真实溶液

$$G_m - G_m^{ig} = R_m T \ln \frac{f}{p} \tag{7-46}$$

式中右边分数项定义为溶液的逸度系数

$$\frac{f}{p} \equiv \phi \tag{7-47}$$

$$\lim_{p \to 0} \frac{f}{p} = 1 \quad 或 \quad f = p \tag{7-48}$$

将$G_m - G_m^{ig}$定义为溶液的剩余摩尔吉布斯自由焓G_m^R，则

$$G_m^R = R_m T \ln \phi \tag{7-46a}$$

剩余性质

上式表示真实溶液中的摩尔性质与假想其为理想气体混合物时的摩尔性质之差，称为溶液的剩余性质，也适用于V、S、U、H和A。

因此，共有三种逸度和逸度系数：纯物质的f_i和ϕ_i，混合物中组分的$\hat{f}_i$和$\hat{\phi}_i$，以及混合物的f和ϕ。

将式（7-46）改写成溶液的吉布斯自由焓与理想气体混合物偏差的形式

$$nG_m - nG_m^{ig} = nR_m T \ln \frac{f}{p} \tag{7-46b}$$

对上式中每一项都求偏摩尔量

$$\left[\frac{\partial(nG_m)}{\partial n_i}\right]_{T,p,n_j} - \left[\frac{\partial(nG_m^{ig})}{\partial n_i}\right]_{T,p,n_j} = R_m T\left[\frac{\partial(n\ln f)}{\partial n_i}\right]_{T,p,n_j} - R_m T \ln p \tag{7-49}$$

或
$$\bar{G}_i - \bar{G}_i^{ig} = R_m T\left[\frac{\partial(n\ln f)}{\partial n_i}\right]_{T,p,n_j} - R_m T \ln p \tag{7-49a}$$

比较式（7-49a）与式（7-38），得

$$\ln\left(\frac{\hat{f}_i}{x_i}\right) = \left[\frac{\partial(n\ln f)}{\partial n_i}\right]_{T,p,n_j} \tag{7-50}$$

上式两边同时减去$\ln p$得

$$\ln \hat{\phi}_i = \left[\frac{\partial(n\ln \phi)}{\partial n_i}\right]_{T,p,n_j} \tag{7-51}$$

式（7-50）与式（7-51）表明，$\ln_i\left(\hat{f}/x_i\right)$是$n\ln f$的偏摩尔量，$\ln\hat{\phi}_i$是$n\ln\phi$的偏摩尔量。

根据溶液的性质与构成溶液的组分偏摩尔性质之间的关系，有

$$\ln f = \sum_i x_i \ln\left(\frac{\hat{f}_i}{x_i}\right) \tag{7-52}$$

$$\ln \phi = \sum_i x_i \ln \hat{\phi}_i \tag{7-53}$$

在压力不太高时，常用普遍化第二维里系数方程计算气体混合物中组分的逸度系数。气体混合物的第二维里系数方程与纯组分是一样的。

$$\ln \phi = \int_0^p (Z-1)\frac{dp}{p} = \frac{B_{mix} p}{RT} \tag{7-54}$$

由式（7-51）得

$$\ln\hat{\phi}_i=\left[\frac{\partial(n\ln\phi)}{\partial n_i}\right]_{T,p,n_j}=\frac{p}{RT}\left[\frac{\partial(nB_{\text{mix}})}{\partial n_i}\right]_{T,p,n_j} \tag{7-55}$$

对于两组分体系

$$B_{\text{mix}}=y_1^2B_{11}+2y_1y_2B_{12}+y_2^2B_{22}=y_1B_{11}+y_2B_{22}+y_1y_2\delta_{12}$$

式中，$\delta_{12}=2B_{12}-B_{11}-B_{22}$。将$y_i=n_i/n$代入上式，得

$$nB_{\text{mix}}=n_1B_{11}+n_2B_{22}+\frac{n_1n_2}{n}\delta_{12},\quad\left[\frac{\partial(nB_{\text{mix}})}{\partial n_1}\right]_{T,p,n_2}=B_{11}+y_2^2\delta_{12}$$

将上式代入式（7-55），得

$$\ln\hat{\phi}_1=\frac{p}{RT}\left(B_{11}+y_2^2\delta_{12}\right) \tag{7-56}$$

同理

$$\ln\hat{\phi}_2=\frac{p}{RT}\left(B_{22}+y_1^2\delta_{12}\right) \tag{7-57}$$

对于多组分体系，计算组分i的逸度系数的通用形式为

$$\ln\hat{\phi}_i=\frac{p}{RT}\left\{B_{ii}+\frac{1}{2}\sum_j\sum_k\left[y_jy_k\left(2\delta_{ji}-\delta_{jk}\right)\right]\right\} \tag{7-58}$$

式中，$\delta_{ji}=2B_{ji}-B_{ii}-B_{jj}$，$\delta_{jk}=2B_{jk}-B_{jj}-B_{kk}$，$\delta_{ij}=\delta_{ji}$，$\delta_{ii}=\delta_{jj}=\delta_{kk}=0$。

【例7-4】 在500K和2MPa条件下，甲烷（1）和正己烷（2）等摩尔均匀混合。试计算混合物中组分的逸度系数。各组分的临界参数和压缩因子如下。

ij	T_{cij}/K	p_{cij}/MPa	v_{cij}/(cm^3/mol)	Z_{cij}	w_{ij}
11	190.6	4.60	99	0.288	0.008
22	507.4	2.97	370	0.260	0.296

解 由于压力不高，用普遍化第二维里系数方程计算

$$T_{r1}=\frac{T}{T_{c1}}=\frac{500}{190.6}=2.6233$$

$$B^0(T_{r1})=0.083-\frac{0.422}{2.6233^{1.6}}=-7.1897\times10^{-3}$$

$$B^1(T_{r1})=0.139-\frac{0.172}{2.6233^{4.2}}=0.1360$$

$$B_{11}=\frac{R_mT_{c1}}{p_{c1}}\left(B^0+\omega B^1\right)=-2.1020\times10^{-6}\,\text{m}^3/\text{mol}$$

$$T_{r2}=\frac{T}{T_{c2}}=\frac{500}{507.4}=0.9854$$

$$B^0(T_{r2})=0.083-\frac{0.422}{0.9854^{1.6}}=-0.3490$$

$$B^1(T_{r2})=0.139-\frac{0.172}{0.9854^{4.2}}=-0.0439$$

$$B_{22}=\frac{R_mT_{c2}}{p_{c2}}\left(B^0+\omega B^1\right)=-5.1424\times10^{-4}\,\text{m}^3/\text{mol}$$

采用普劳斯尼兹（Prausnitz）混合规则计算混合物的虚拟参数($k_{12}=0$)。

7

$$T_{c12} = \sqrt{T_{c1}T_{c2}}(1-k_{12}) = (190.6 \times 507.4)^{1/2} = 311.0(\text{K})$$

$$Z_{c12} = \frac{Z_{c1}+Z_{c2}}{2} = \frac{0.288+0.260}{2} = 0.274$$

$$v_{c12} = \left(\frac{{v_{c1}}^{1/3}+{v_{c2}}^{1/3}}{2}\right)^3 = \left(\frac{99^{1/3}+507.4^{1/3}}{2}\right)^3 \times 10^{-6} = 2.06\times10^{-4}(\text{m}^3/\text{mol})$$

$$\omega_{ij} = \frac{\omega_i+\omega_j}{2} = \frac{0.008+0.296}{2} = 0.152$$

$$p_{c12} = \frac{Z_{c12}R_m T_{c12}}{v_{c12}} = \frac{0.274\times8.314\times311.0}{2.06\times10^{-4}} = 3.44(\text{MPa})$$

$$T_{r12} = \frac{T}{T_{c12}} = \frac{500}{311.0} = 1.6077$$

$$B^0(T_{r2}) = 0.083 - \frac{0.422}{1.6077^{1.6}} = -0.1144$$

$$B^1(T_{r2}) = 0.139 - \frac{0.172}{0.1.6077^{4.2}} = 0.1156$$

$$B_{12} = \frac{R_m T_{c12}}{p_{c12}}\left(B^0+\omega B^1\right) = -7.2781\times10^{-5}\,\text{m}^3/\text{mol}$$

$$B_{mix} = y_1^2 B_{11} + 2y_1 y_2 B_{12} + y_2^2 B_{22} = -1.6494\times10^{-4}\,\text{m}^3/\text{mol}$$

$$\delta_{12} = 2B_{12} - B_{11} - B_{22} = 3.7078\times10^{-4}\,\text{m}^3/\text{mol}$$

由式（7-56）和式（7-57），得

$$\ln\hat{\phi}_1 = \frac{p}{R_m T}\left(B_{11}+y_2^2\delta_{12}\right) = 0.0436$$

$$\hat{\phi}_1 = 1.0445$$

$$\ln\hat{\phi}_2 = \frac{p}{R_m T}\left(B_{22}+y_1^2\delta_{12}\right) = -0.2028$$

$$\hat{\phi}_2 = 0.8164$$

7.4 理想溶液

理想模型的建立可以简化研究对象，能较容易地发现事物原型的近似规律，为原型提供一个比较的标准。理想化方法是热力学研究中广泛采用的方法。对于复杂对象，先研究理想模型，然后对所得结果进行适当的修正。理想溶液的性质在一定条件下能够近似地反映真实溶液的性质，以此为基础可以更为方便地研究真实溶液。

对于纯组分，由式（7-27）可知

$$\ln\phi_i = \ln\frac{f_i}{p} = \frac{1}{R_m T}\int_0^p \left(V_{mi} - \frac{R_m T}{p}\right)\mathrm{d}p$$

对于溶液中的组分i，由式（7-42）可知

$$\ln\hat{\phi}_i = \ln\frac{\hat{f}_i}{x_i p} = \frac{1}{R_m T}\int_0^p\left(\bar{V}_i - \frac{R_m T}{p}\right)dp$$

结合上两式得

$$\ln\frac{\hat{f}_i}{x_i f_i} = \frac{1}{R_m T}\int_0^p(\bar{V}_i - V_{mi})dp \tag{7-59}$$

上式表明了在相同温度和压力下，溶液中组分的逸度及其纯态逸度之间的关系。

对于理想溶液，组分i的偏摩尔体积等于其在纯态下的摩尔体积，即$\bar{V}_i = V_{mi}$。因此

$$\hat{f}_i^{is} = x_i f_i \tag{7-60}$$

式中，上标is代表理想溶液（ideal solution）。上式表明，理想溶液中组分i的逸度与其摩尔组成呈正比，比例系数是纯组分i的逸度。这就是著名的Lewis-Randall规则。

凡是服从Lewis-Randall规则的溶液即为理想溶液，而真实溶液不服从Lewis-Randall规则。由上述关系也可以得到，理想溶液中组分i的逸度系数等于其在相同温度和压力下纯态的逸度系数，即

$$\hat{\phi}_i^{is} = \phi_i \tag{7-61}$$

理想溶液的物理解释是：溶液中分子间的作用力相等，分子的体积相同。而理想气体的解释是：分子间的作用力和分子体积均忽略为零。因此，理想气体是一种理想溶液，而理想溶液不一定是理想气体。

由分子尺寸、化学性质相近的组分构成的溶液可以近似地认为是理想溶液。因此，同分异构体的混合物，例如邻、间、对二甲苯构成的混合物就非常符合理想溶液。同样，邻近的同系物形成的混合物也可以看成理想溶液，例如正己烷-正庚烷、乙醇-丙醇、苯-甲苯、丙酮-乙腈和乙腈-硝基甲烷等。

理想溶液和
标准态

7.4.1 理想溶液与标准态

式（7-60）更普遍的表达式为

$$\hat{f}_i^{is} = x_i f_i^{\ominus} \tag{7-62}$$

式中，比例系数$f_i^{\ominus}$称为组分i的标准态逸度。式（7-62）是普遍化的Lewis-Randall规则，也是普遍化的理想溶液定义式。

理想溶液中各组分的挥发能力与其纯态时的挥发能力相同。当溶液中某一组分含量很低时，称为稀溶液。假设某液体溶液由溶剂A和溶质B构成，在低压下，对于溶剂A，式（7-62）中的$\hat{f}_i^{is}$即为组分A在气相中分压p_A，$f_i^{\ominus}$则为纯组分A的液体逸度f_A^L。根据式（7-33a），f_A^L简化为组分A在溶液温度下的饱和蒸气压p_A^s。因此，式（7-62）可以写成

$$p_A = p_A^s x_A \tag{7-62a}$$

上式表明，稀溶液中溶剂的蒸气分压等于同一温度下纯溶剂的饱和蒸气压与其摩尔分数的乘积。这就是著名的拉乌尔（Raoult）定律，由拉乌尔于1887年发现。

对于液体溶液中的溶质B，式（7-62）中的$\hat{f}_i^{is}$即为组分B在气相中分压p_B。在溶液的温度和压力下，当组分B与溶液保持相同的相态，即液态时，$f_i^{\ominus}$为纯组分B的液体逸度f_B^L，拉乌尔定律仍然适用；当组分B与溶液具有不相同的相态，例如为气态时，$f_i^{\ominus}$则为一个常数k_i。因此，式（7-62）可以写成

$$p_B = k_B x_B \tag{7-62b}$$

上式表明，稀溶液中溶质在气相中的平衡分压与溶质在液体中的溶解度x_B成正比。这就是著名的亨利（Henry）定律，由亨利在1803年研究气体在液体中的溶解度规律时发现，k称为亨利常数。

亨利定律是化工过程吸收操作的理论基础，吸收分离就是利用溶剂对气体混合物中各组分溶解度的差异，选用适宜的溶剂把溶解度大的气体组分吸收下来，以达到从气体混合物中回收或除去某气体的目的。

【例7-5】 在97.11℃下，乙醇质量分数为3%的水溶液蒸气总压为101.325kPa，纯水的蒸气压为91.298 kPa。试计算97.11℃时乙醇摩尔分数为0.02水溶液的乙醇和水的蒸气分压各为多少？

解 由于该溶液浓度很低，故可按稀溶液处理。水为溶剂，服从拉乌尔定律；乙醇为溶质，由于在97.11℃时乙醇为气相，因此服从亨利定律。

先将质量分数换算成摩尔分数

$$x_{乙}=\frac{n_{乙}}{n_{水}+n_{乙}}=\frac{W_{乙}/M_{乙}}{\left(W_{乙}/M_{乙}\right)+\left(W_{水}/M_{水}\right)}=\frac{0.03/46}{(0.03/46)+(0.97/18)}=0.0120$$

因为 $p_{总}=p_{乙}+p_{水}=k_{乙}x_{乙}+p_{水}^{s}x_{水}$

经整理得 $k_{乙}=\dfrac{p_{总}-p_{水}^{s}x_{水}}{x_{乙}}=\dfrac{101.325-91.298\times(1-0.0120)}{0.0120}=926.881(\text{kPa})$

对于摩尔分数为$x'_{乙}=0.02$的乙醇水溶液，气相中水和乙醇的蒸气分压为

$$p'_{水}=p_{水}^{s}\left(1-x'_{乙}\right)=91.298\times0.98=89.472(\text{kPa})$$

$$p'_{乙}=k_{乙}x'_{乙}=926.881\times0.02=18.538(\text{kPa})$$

在中低压下，真实溶液表现出符合理想溶液规律的是在两个稀溶液区：一是在高浓度区($x_i\rightarrow1$)，另一个是在低浓度区($x_i\rightarrow0$)。图7-1所示为溶液中组分i的逸度与标准态逸度的关系。

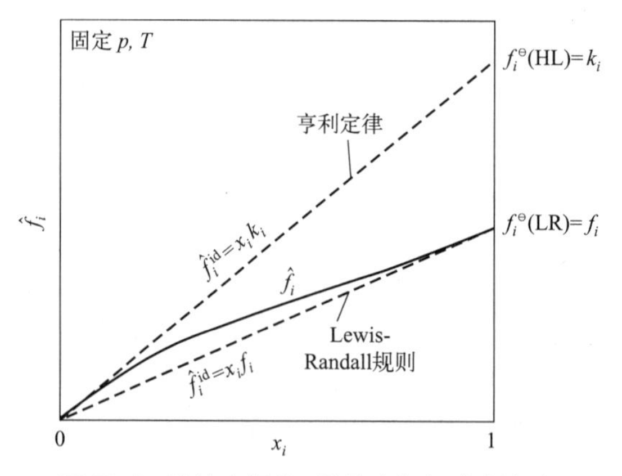

图7-1 溶液中组分i的逸度与标准态逸度

根据溶液中组分i在与溶液相同的温度和压力下纯态时的相态不同，标准态逸度$f_i^{\ominus}$有两种。当组分i在纯态时的相态与相同温度和压力下溶液的相态相同时，采用Lewis-Randall规则标准态，即

$$\lim_{x_i\to1}\left(\hat{f}_i/x_i\right)=f_i^{\ominus}\left(\text{LR}\right)=f_i \tag{7-63}$$

式中，LR（Lewis-Randall）代表Lewis-Randall规则。符合Lewis-Randall规则的标准态表示纯组分i真实存在时的逸度。

当组分i在纯态时的相态与相同温度和压力下溶液的相态不同时，例如气体或者固体溶于液体中，采用亨利定律标准态，即

$$\lim_{x_i \to 0}\left(\hat{f}_i / x_i\right) = f_i^{\ominus}(\mathrm{HL}) = k_i \tag{7-64}$$

式中，HL（Henry's Law）代表亨利定律。符合亨利定律的标准态表示组分i假想存在时的逸度。

7.4.2　稀溶液的依数性

稀溶液与纯溶剂相比某些物理性质会有所变化。对于由难挥发溶质构成的稀溶液，有四个重要的现象：蒸气压降低、沸点升高、凝固点下降和渗透压产生。这些现象只与溶液中溶质的数量有关，而与溶质的种类无关，故称为稀溶液的依数性。上述的四个现象分述如下。

（1）蒸气压降低　由于溶质难以挥发，它对溶液蒸气压的贡献可以忽略，所以溶液的蒸气压就是溶剂的蒸气压。从拉乌尔定律可知，此时溶剂的蒸气压比其纯组分的饱和蒸气压要小，其表达式为

$$\Delta p = p_{\mathrm{A}}^{\mathrm{s}} - p_{\mathrm{A}} = p_{\mathrm{A}}^{\mathrm{s}} x_{\mathrm{B}} \tag{7-65}$$

（2）沸点升高　沸点是液体的蒸气压等于外压时的温度。对于含有难挥发溶质的稀溶液，其沸点升高的原因在于溶质加入后使得溶液的蒸气压降低，小于纯溶剂的饱和蒸气压。要使稀溶液的蒸气压等于外压，必然要提高温度。这种关系可用图7-2表示。其表达式为

$$\Delta T_{\mathrm{b}} = T_{\mathrm{b}} - T_{\mathrm{b}}^{0} = K_{\mathrm{b}} m_{\mathrm{B}} \approx \frac{R_{\mathrm{m}}\left(T_{\mathrm{b}}^{0}\right)^{2}}{\Delta H_{蒸发}} x_{\mathrm{B}} \tag{7-66}$$

式中，ΔT_{b}表示沸点升高，其值与溶质浓度有关；T_{b}和T_{b}^{0}分别为稀溶液和纯溶剂在外压为101.325 kPa下的沸点；K_{b}为沸点升高常数，是溶剂的特有常数；m_{B}代表溶于1000 g溶剂中溶质的物质的量；$\Delta H_{蒸发}$为纯溶剂的蒸发热。

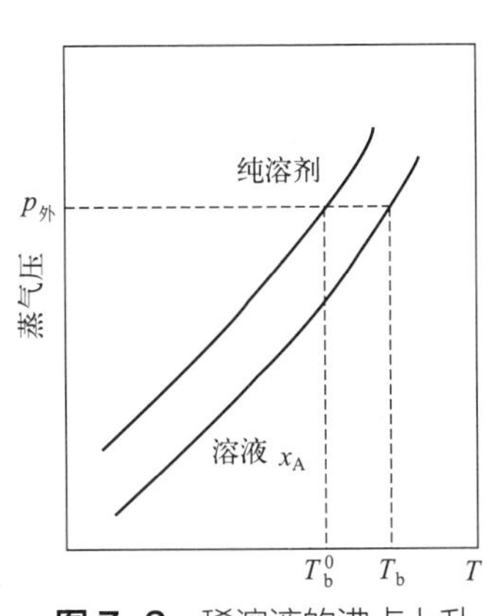

图7-2　稀溶液的沸点上升

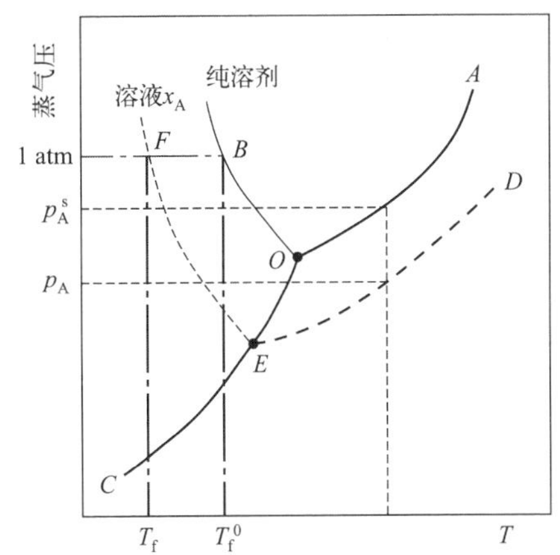

图7-3　水溶液的冰点下降

（3）凝固点下降　凝固点是固相和液相共存时的平衡温度，亦称为冰点。对于含有难挥发溶质的稀溶液，其凝固点下降的原因同样在于溶质加入后溶液的蒸气压降低。稀溶液的固态蒸气压亦低于溶剂的固态蒸气压。在溶剂的凝固点，稀溶液的固-液两相不能共存。必须继续降低温度，才能建立新的平衡。例如，水溶液的标准冰点下降情况如图7-3所示。其表达式为

$$\Delta T_{\mathrm{f}} = T_{\mathrm{f}}^{0} - T_{\mathrm{f}} = K_{\mathrm{f}} m_{\mathrm{B}} \approx \frac{R_{\mathrm{m}}\left(T_{\mathrm{f}}^{0}\right)^{2}}{\Delta H_{熔化}} x_{\mathrm{B}} \tag{7-67}$$

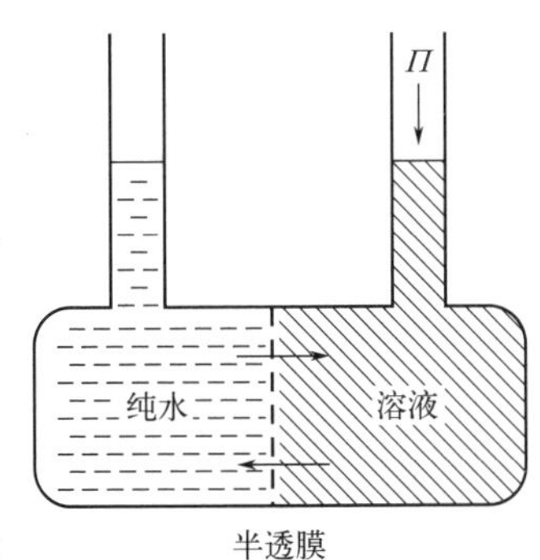

图7-4　渗透压示意图

式中，ΔT_{f}表示凝固点下降，其值亦与溶质浓度有关；T_{f}^{0}和T_{f}分别为纯溶剂与溶液的凝固点；K_{f}为凝固点下降常数，也是溶剂的特有常数；$\Delta H_{熔化}$为纯

溶剂的熔化热。

（4）渗透压 如图7-4所示，当用一个只允许溶剂分子通过的半透膜，将溶剂与含有难挥发性溶质的稀溶液隔开时，溶剂有向溶液渗透的倾向。因此必须在溶液上方施加额外压力Π，才能阻止溶剂渗透，这个压力称为渗透压。存在渗透压的原因也在于溶质加入后溶液的蒸气压下降，相应使其逸度减小，而纯溶剂的逸度不变，因此溶剂分子将向溶液迁移。若在溶液上方施加额外压力使其逸度增加，当体系达到渗透平衡时，溶剂就不再渗透。渗透压的表达式为

$$\Pi = \frac{n_{\mathrm{B}} R_{\mathrm{m}} T}{V_{\mathrm{A}}} \tag{7-68}$$

式中，Π为渗透压；V_{A}为溶剂的摩尔体积；n_{B}为溶质的物质的量。式（7-68）与理想气体状态方程很相似，称为范特霍夫（Vant-Hoff）公式。

【例7-6】已测出30℃时蔗糖水溶液的渗透压为2.520×10^5 Pa，水的沸点升高常数为0.52，试求溶液中蔗糖的质量摩尔浓度和沸点升高多少？

解 已知$\Pi = 2.520\times10^5\,\mathrm{Pa}$，$K_{\mathrm{b}} = 0.52$

根据式（7-68），得$\Pi = \dfrac{n_{\mathrm{B}} R_{\mathrm{m}} T}{V_{\mathrm{A}}}$

$$\frac{n_{\mathrm{B}}}{V_{\mathrm{A}}} = \frac{\Pi}{RT} = \frac{2.520\times10^5}{8.314\times10^3\times(30+273.15)} = 0.1(\mathrm{mol/L})$$

当浓度很稀时溶液的体积V等于水的体积V_{A}；另外，1 L水质量近似地等于1000 g，故溶液中蔗糖的质量摩尔浓度为

$$m_{\mathrm{B}} = \frac{n_{\mathrm{B}}}{V} \approx \frac{n_{\mathrm{B}}}{V_{\mathrm{A}}} = 0.1\mathrm{mol/kg}\ (水)$$

根据沸点升高公式（7-66），有

$$\Delta T_{\mathrm{b}} = K_{\mathrm{b}} m_{\mathrm{B}} = 0.52\times0.1 = 0.052\ (℃)$$

故此溶液的沸点将升高至0.052℃。

活度与活度系数

7.5 活度与活度系数

根据纯组分i和溶液中组分i的逸度定义式（7-20）和式（7-36）可知

$$\bar{G}_i - G_{\mathrm{m}i} = R_{\mathrm{m}} T \ln \frac{\hat{f}_i}{f_i} \tag{7-69}$$

将式（7-69）中的$\bar{G}_i - G_{\mathrm{m}i}$定义为组分$i$的混合偏摩尔吉布斯自由焓变化$\Delta\bar{G}_i$。对于$V$、$S$、$U$、$H$和$A$，也有类似性质。将式（7-69）用于理想溶液

$$\Delta\bar{G}_i^{\mathrm{is}} = \bar{G}_i^{\mathrm{is}} - G_{\mathrm{m}i} = R_{\mathrm{m}} T \ln \frac{x_i f_i}{f_i} = R_{\mathrm{m}} T \ln x_i \tag{7-70}$$

在恒压下，上式对T求导，根据式（7-4）得

$$\frac{\partial\left(\bar{G}_i^{\mathrm{is}} - G_{\mathrm{m}i}\right)}{\partial T} = -\left(\bar{S}_i^{\mathrm{is}} - S_{\mathrm{m}i}\right) = R_{\mathrm{m}} \ln x_i \tag{7-71}$$

根据吉布斯自由焓的定义$H = G + TS$，将式（7-70）和式（7-71）代入，

得到理想溶液中组分i的混合偏摩尔焓变化$\Delta\bar{H}_i^{\mathrm{is}}$，即

$$\Delta\bar{H}_i^{\mathrm{is}}=\bar{H}_i^{\mathrm{is}}-H_{\mathrm{m}i}=\left(\bar{G}_i^{\mathrm{is}}-G_{\mathrm{m}i}\right)+T\left(\bar{S}_i^{\mathrm{is}}-S_{\mathrm{m}i}\right)=0 \tag{7-72}$$

$$\bar{H}_i^{\mathrm{is}}=H_{\mathrm{m}i} \tag{7-72a}$$

上式表明，理想溶液中组分i的偏摩尔焓等于其在纯态下的摩尔焓，也就是说理想溶液没有混合热效应。同理可以得到

$$\bar{U}_i^{\mathrm{is}}=U_{\mathrm{m}i} \tag{7-73}$$

$$\bar{C}_{\mathrm{p}i}^{\mathrm{is}}=C_{\mathrm{pm}i} \tag{7-74}$$

$$\bar{C}_{\mathrm{v}i}^{\mathrm{is}}=C_{\mathrm{vm}i} \tag{7-75}$$

为了表达真实溶液与理想溶液的偏差，G.N. Lewis提出了活度的概念。活度对于研究相平衡问题同样具有十分重要的意义。

对于真实溶液，将式（7-69）普遍化，引入标准态

$$\bar{G}_i-G_{\mathrm{m}i}^{\ominus}=R_{\mathrm{m}}T\ln\frac{\hat{f}_i}{f_i^{\ominus}}=R_{\mathrm{m}}T\ln a_i \tag{7-76}$$

对于理想溶液，将Lewis-Randall规则代入上式

$$\bar{G}_i^{\mathrm{is}}-G_{\mathrm{m}i}^{\ominus}=R_{\mathrm{m}}T\ln\frac{x_i f_i^{\ominus}}{f_i^{\ominus}}=R_{\mathrm{m}}T\ln x_i \tag{7-77}$$

Lewis定义了一个新的热力学函数活度a_i，即

$$a_i\equiv\frac{\hat{f}_i}{f_i^{\ominus}} \tag{7-78}$$

式（7-76）减去式（7-77），得

$$\bar{G}_i-\bar{G}_i^{\mathrm{is}}=R_{\mathrm{m}}T\ln\frac{a_i}{x_i} \tag{7-79}$$

式中右边分数项定义为组分i的活度系数

$$\gamma_i\equiv\frac{a_i}{x_i} \tag{7-80}$$

比较式（7-76）与式（7-77）可知，真实溶液用活度a_i替代了理想溶液的组成x_i。

活度的物理意义是对其标准态来说，组分i活泼的程度。活度系数用来表征溶液的非理想性。理想溶液的活度系数等于1，真实溶液的活度系数不等于1。对于真实溶液，可把活度看作校正的浓度，或者为“有效”浓度。活度定义的是比值，不是绝对值。只有当标准态规定后，活度才有一定的值。计算中涉及多种组分，所选用的标准态不要求完全一致，可以任意选用，只要计算方便。对一个组分而言，一经选定，在计算过程中不再变更。活度在液体混合物热力学计算中广泛应用。

【例7-7】 在298 K和2 MPa条件下，二元溶液中组分1的逸度（MPa）表达式为$\hat{f}_1=2x_1-4x_1^2+3x_1^3$，式中$x_1$为组分1的摩尔分数。试计算：（1）组分1在其纯态时的逸度系数；（2）采用Lewis-Randall规则为标准态，组分1的活度系数；（3）采用Henry定律为标准态，组分1的活度系数。

解 （1）组分1在其纯态时的逸度为

$$f_1=\hat{f}_1\Big|_{x_1=1}=2\times1-4\times1^2+3\times1^3=1(\mathrm{MPa})$$

根据逸度系数的定义$\phi_1=\dfrac{f_1}{p}=\dfrac{1}{2}=0.5$

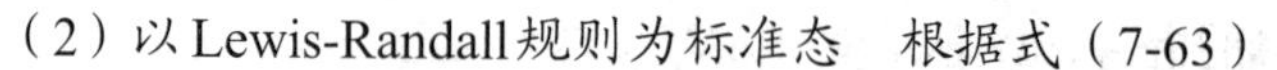

（2）以Lewis-Randall规则为标准态　根据式（7-63）

$$f_1^{\ominus}=f_1=\lim_{x_1\to 1}\left(\hat{f}_1/x_1\right)=\lim_{x_1\to 1}\left(\frac{2x_1-4x_1^2+3x_1^3}{x_1}\right)=\lim_{x_1\to 1}\left(2-4x_1+3x_1^2\right)=1$$

根据活度和活度系数的定义式（7-78）和式（7-80）

$$\gamma_i\equiv\frac{a_i}{x_i}$$

$$\gamma_1=\frac{\hat{f}_1}{x_1 f_1^{\ominus}}=\frac{2x_1-4x_1^2+3x_1^3}{x_1\times 1}=2-4x_1+3x_1^2$$

（3）以Henry定律为标准态　根据式（7-64）

$$f_1^{\ominus}=k_1=\lim_{x_1\to 0}\left(\hat{f}_1/x_1\right)=\lim_{x_1\to 0}\left(\frac{2x_1-4x_1^2+3x_1^3}{x_1}\right)=\lim_{x_1\to 0}\left(2-4x_1+3x_1^2\right)=2$$

$$\gamma_1=\frac{\hat{f}_1}{x_1 f_1^{\ominus}}=\frac{2x_1-4x_1^2+3x_1^3}{x_1\times 2}=1-2x_1+1.5x_1^2$$

将$\bar{G}_i-\bar{G}_i^{\text{is}}$定义为组分$i$的过量（excess）偏摩尔吉布斯自由焓$\bar{G}_i^{\text{E}}$，则

$$\bar{G}_i^{\text{E}}=R_{\text{m}}T\ln\gamma_i \tag{7-79a}$$

上式表示真实溶液中组分i的偏摩尔性质与假想其为理想溶液时的偏摩尔性质之差，称为溶液中组分的过量性质。对于其他广度热力性质如V、S、U、H和A，也有过量性质。

过量性质

根据式（7-14），真实溶液的过量摩尔吉布斯自由焓为

$$G_{\text{m}}^{\text{E}}=R_{\text{m}}T\sum_i x_i\ln\gamma_i \tag{7-81}$$

上式表明，$\ln\gamma_i$是$nG_{\text{m}}^{\text{E}}/R_{\text{m}}T$的偏摩尔性质，即

$$\ln\gamma_i=\left[\frac{nG_{\text{m}}^{\text{E}}/R_{\text{m}}T}{n_i}\right]_{T,p,n_j} \tag{7-82}$$

过量吉布斯自由焓与活度系数关系的一般推导

【例7-8】　一个双组分液体溶液活度系数与组成的关系式如下：

$$\ln\gamma_1=\frac{a}{(1+bx_1/x_2)}$$

试确定G_{m}^{E}的表达式。

解　根据式（7-82）

$$\left[\frac{nG_{\text{m}}^{\text{E}}/R_{\text{m}}T}{n_1}\right]_{T,p,n_2}=\ln\gamma_1=\frac{a}{(1+bx_1/x_2)}=\frac{a}{(1+bn_1/n_2)}$$

$$\mathrm{d}\left(nG_{\text{m}}^{\text{E}}/R_{\text{m}}T\right)=\frac{a}{(1+bn_1/n_2)}\mathrm{d}n_1$$

积分

$$nG_{\text{m}}^{\text{E}}/R_{\text{m}}T=\int_0^{n_1}\frac{a}{(1+bn_1/n_2)}\,\mathrm{d}n_1=\left.\frac{-a}{(1+bn_1/n_2)}\frac{n_2}{b}\right|_0^{n_1}$$

$$=\frac{-a}{(1+bn_1/n_2)}\frac{n_2}{b}+\frac{an_2}{b}=\frac{an_1n_2}{n_2+bn_1}$$

得
$$G_{\mathrm{m}}^{\mathrm{E}}=\frac{aR_{\mathrm{m}}Tx_1x_2}{x_2+bx_1}$$

溶液中组分的偏摩尔性质不是相互独立的，而是相互依赖的。对式（7-14）求微分

$$\mathrm{d}M_{\mathrm{m}}=\sum_i \bar{M}_i\mathrm{d}x_i+\sum_i x_i\mathrm{d}\bar{M}_i$$

上式与式（7-12b）比较，可以得到Gibbs-Duhem方程的一般形式。

$$\left(\frac{\partial M_{\mathrm{m}}}{\partial T}\right)_{p,x}\mathrm{d}T+\left(\frac{\partial M_{\mathrm{m}}}{\partial p}\right)_{T,x}\mathrm{d}p-\sum_i x_i\mathrm{d}\bar{M}_i=0 \tag{7-83}$$

在恒温恒压下，上式简化为

$$\sum_i\left(x_i\mathrm{d}\bar{M}_i\right)_{T,p}=0 \tag{7-84}$$

上式是广泛使用的Gibbs-Duhem方程形式。

Gibbs-Duhem方程应用在两个方面：一是检测实验数据的热力学一致性；二是对于二元溶液，由一个组分的偏摩尔性质计算另一个组分的偏摩尔性质。

式（7-84）在使用时有三种形式。对于强度性质

$$\sum_i x_i\left(\mathrm{d}\ln I_i\right)_{T,p}=0 \tag{7-85}$$

式中，I_i为组分i的强度性质，如$p_i, \hat{f}_i, \hat{\phi}_i, a_i$和$\gamma_i$等。

对于广度性质的偏摩尔性质

$$\sum_i x_i\left(\mathrm{d}\bar{M}_i\right)_{T,p}=0 \tag{7-86}$$

对于偏摩尔过量性质

$$\sum_i x_i\left(\mathrm{d}\bar{M}_i^{\mathrm{E}}\right)_{T,p}=0 \tag{7-87}$$

7.6 常用的活度系数方程

真实溶液十分复杂，根据真实溶液非理想性的实际情况，通常将复杂的非理想系统进行简化处理。在溶液理论的发展过程中，正规溶液模型和无热溶液模型得到了普遍认可。根据这两个简化模型，科学家们提出了许多真实溶液的过量吉布斯自由焓模型，并由此建立了各种各样的活度系数方程，至今仍广泛应用于工程实践。

需要特别指出的是，活度系数方程仅用于液态溶液，在低压下的计算精度略高于状态方程。

7.6.1 正规溶液与Wohl型方程

正规溶液模型是假设溶液是由尺寸相近、分子间距离和相互作用力也相近的分子组成。与理想溶液相比，正规溶液的$V_{\mathrm{m}}^{\mathrm{E}}=0$，$S_{\mathrm{m}}^{\mathrm{E}}=0$，其非理想性的主要原因是$H_{\mathrm{m}}^{\mathrm{E}}\neq 0$。因此，正规溶液的过量吉布斯自由焓可以表达为

$$G_{\mathrm{m}}^{\mathrm{E}}=H_{\mathrm{m}}^{\mathrm{E}} \tag{7-88}$$

基于正规溶液模型的活度系数方程统称为Wohl型方程，其中比较典型的包括van Laar方程和Margules

方程等。

对于二元溶液，van Laar方程的表达式为

$$\ln\gamma_1 = A\left(1+\frac{Ax_1}{Bx_2}\right)^{-2} \quad (7\text{-}89)$$

$$\ln\gamma_2 = B\left(1+\frac{Bx_2}{Ax_1}\right)^{-2} \quad (7\text{-}90)$$

式中，A和B是方程参数，需要通过气-液相平衡实验数据来确定。

对于二元溶液，Margules方程的表达式为

$$\ln\gamma_1 = x_2^2\left[A+2x_1(B-A)\right] \quad (7\text{-}91)$$

$$\ln\gamma_2 = x_1^2\left[B+2x_2(A-B)\right] \quad (7\text{-}92)$$

式中，A和B是方程参数，同样需要通过气-液相平衡实验数据来确定。

当$A=B$时，van Laar方程和Margules方程都变成对称性方程，即两条$\ln\gamma-x$曲线是对称的，其表达式为

$$\ln\gamma_1 = Ax_2^2 \quad (7\text{-}93)$$

$$\ln\gamma_2 = Bx_1^2 \quad (7\text{-}94)$$

事实上，上面介绍的三种基于正规溶液模型的活度系数方程是基于Wohl型过量吉布斯自由焓G_m^E得到的特例。Wohl型方程至今仍在应用，其优点是形式简单、使用方便；缺点是不能用二元体系数据推算多元体系，而且对于强极性、强非对称性体系的计算精度不高。

7.6.2 无热溶液与基于局部组成概念的方程

无热溶液模型是假设溶液是由分子尺寸相差较大的组分构成的溶液。这类溶液的H_m^E很小，近似地认为$H_m^E=0$，其非理想性的主要原因是$S_m^E\neq 0$。因此，无热溶液的过量吉布斯自由焓可以表达为

$$G_m^E = -TS_m^E \quad (7\text{-}95)$$

G.M. Wilson提出了局部组成的概念，由此发展出了基于无热溶液模型的活度系数方程。目前应用最为广泛的是Wilson方程，NRTL方程和UNIQUAC方程。

局部组成概念认为，由于构成溶液的异种分子之间的作用力不同，溶液中的分子分布不是均匀的，而是有某种规律的。因此，溶液中分子的局部组成与其宏观组成可能并不相等。例如，当同种分子之间的作用力明显大于异种分子之间的作用力时，分子周围出现同种分子的概率较高；反之，当异种分子之间的作用力明显大于同种分子之间的作用力时，分子周围出现异种分子的概率更高。因此，当异种分子之间的作用力与同种分子之间的作用力不同时，局部组成与宏观组成不相等；只有当所有分子之间的作用力相等时，局部组成与宏观组成才相等。

1964年，Wilson提出了第一个基于局部组成概念的过量吉布斯自由焓的模型和活度系数方程。对于二元溶液，Wilson方程表达式为

$$\ln\gamma_1 = -\ln\left(x_1+\lambda_{12}x_2\right)+x_2\left(\frac{\lambda_{12}}{x_1+\lambda_{12}x_2}-\frac{\lambda_{21}}{x_2+\lambda_{21}x_1}\right) \tag{7-96}$$

$$\ln\gamma_2 = -\ln\left(x_2+\lambda_{21}x_1\right)+x_1\left(\frac{\lambda_{21}}{x_2+\lambda_{21}x_1}-\frac{\lambda_{12}}{x_1+\lambda_{12}x_2}\right) \tag{7-97}$$

式中，λ_{12}和λ_{21}是Wilson参数，也需要通过气-液相平衡实验数据来确定。

Wilson方程可用于二元体系数据推算多元体系，但是不能用于部分互溶体系。在Wilson方程之后，科学家们又相继建立了一些基于局部组成概念的活度系数方程。

1968年，Renon和Prausnitz建立了著名的有规双液(non-random two liquids，NRTL)活度系数方程。对于二元溶液，NRTL方程表达式为

$$\ln\gamma_1 = x_2^2\left[\frac{\tau_{21}G_{21}^2}{\left(x_1+x_2G_{21}\right)^2}+\frac{\tau_{12}G_{12}}{\left(x_2+x_1G_{12}\right)^2}\right] \tag{7-98}$$

$$\ln\gamma_2 = x_1^2\left[\frac{\tau_{12}G_{12}^2}{\left(x_2+x_1G_{12}\right)^2}+\frac{\tau_{21}G_{21}}{\left(x_1+x_2G_{21}\right)^2}\right] \tag{7-99}$$

式中，$G_{12}=\exp\left(-\alpha\tau_{12}\right)$，$G_{21}=\exp\left(-\alpha\tau_{21}\right)$，其中$\tau_{12}$和$\tau_{21}$是方程参数，也需要通过气-液相平衡实验数据来确定；α是与溶液类型有关的特征参数，一般取值在0.2～0.47之间，与温度和溶液的组成无关。

1975年，Abrams和Prausnitz在准化学溶液理论和统计力学方法的基础上，结合局部组成概念提出了著名的通用准化学（universal quasi-chemical，UNIQUAC）活度系数方程。对于二元溶液中的组分1，UNIQUAC方程表达式为

$$\ln\gamma_1 = \ln\frac{\phi_1}{x_1}+\frac{Z}{2}q_1\ln\frac{\theta_1}{\phi_1}+\phi_2\left(l_1-\frac{r_1}{r_2}l_2\right)-q_1\ln\left(\theta_1+\theta_2\tau_{21}\right)+\theta_2q_1\left(\frac{\tau_{21}}{\theta_1+\theta_2\tau_{21}}-\frac{\tau_{12}}{\theta_2+\theta_1\tau_{12}}\right) \tag{7-100}$$

对于组分2，只需将上式中的下标1和2互换即可。

式中，θ_i为组分i的平均表面积分数，$\theta_i=q_ix_i/\sum_j q_jx_j$，其中$q_i$为组分$i$的表面积；$\phi_i$为组分$i$的平均体积分数，$\phi_i=r_ix_i/\sum_j r_jx_j$，其中$\phi_i$为组分$i$的体积；中间变量$l_i=(Z/2)(r_i-q_i)-(r_i-1)$，其中$Z$一般取10；$\tau_{12}$和$\tau_{21}$是方程参数。

NRTL方程和UNIQUAC方程不但可用于二元体系数据推算多元体系的气-液平衡，而且也能用于部分互溶体系，即液-液平衡。这两个方程对于非极性和弱极性体系的计算精度很高，因此在工程中得到了广泛的应用。

流体相平衡基础

7.7 流体相平衡基础

相是系统中物理及化学性质均匀的部分，可以由纯物质组成也可由混合物组成，可以是气、液和固等不同的相态。均相系统是指系统中只含有一个相；非均相系统是指系统中含有两个或两个以上的相，并且相与相之间存在分界面。物质从一个相迁移到另一个相的过程称为相迁移过程。当物质的宏观迁移停止时称为相平衡，是体系状态变化的极限。相平衡指的是在相间（二个或二个以上的相）的平衡，这时各相的性质和组成不随时间而变化。相平衡时系统中相的数目称为相数，而构成系统总的组分数目称为组分数。在相平衡时，各相间的有些性质是完全相同的，如温度、压力等；有些性质是不相同的，如密度、黏度和组成等。体系距离平衡状态越远，改变状态使之趋向于平衡的速率越大；反之，体系状态愈接近于平衡，其状态变化的速率愈小。相平衡是研究达到平衡时，体系的温度、压力、各相体积和组

成等热力性质间的函数关系，是分离技术及其设备开发设计的理论基础。

7.7.1 相平衡判据

相平衡判据

根据孤立系统的熵增原理

$$\mathrm{d}S_{\text{iso}}=\mathrm{d}S_{\text{sys}}+\mathrm{d}S_{\text{sur}}\geqslant 0 \quad \begin{matrix}\text{自发}\\ \text{可逆}\end{matrix} \tag{2-64}$$

上式表示，在孤立系统中，一切自发的过程都将导致系统的熵增加，直至不再增加为止。系统的熵达到最大值的状态即为系统的平衡状态。上式是相平衡的一般判据。

在封闭系统中，系统和环境之间只有能量交换。系统吸收的热量等于环境放出的热量，即

$$\mathrm{d}S_{\text{sur}}=\frac{-\delta Q}{T_{\text{sur}}}$$

在可逆条件下，$T_{\text{sur}}=T_{\text{sys}}$，代入上式

$$\mathrm{d}S_{\text{sur}}=\frac{-\delta Q}{T_{\text{sys}}}$$

将上式代入式（2-64），平衡时

$$\mathrm{d}S_{\text{iso}}=\mathrm{d}S_{\text{sys}}-\frac{\delta Q}{T_{\text{sys}}}=0$$

在只做体积功的条件下，将热力学第一定律$\delta Q=\mathrm{d}U+p\mathrm{d}V$代入上式，省略下标

$$\mathrm{d}S-\frac{\mathrm{d}U+p\mathrm{d}V}{T}=0$$

在定温定压条件下，上式变成

$$\mathrm{d}(U+pV-TS)_{T,p}=0$$

根据吉布斯自由焓的定义，得

$$(\mathrm{d}G)_{T,p}=0 \tag{7-101}$$

式（7-101）表示，在定温定压且在只做体积功的条件下，系统到达平衡状态时吉布斯自由焓不再变化。

因此，$\mathrm{d}G$可以作为判断过程的方向与限度的依据，简称自由焓判据。在恒温恒压过程中，系统必然自动地从自由焓大的状态向自由焓小的状态进行；达到平衡状态时，自由焓不再改变；系统不会自动地从自由焓小的状态向自由焓大的状态进行。以上情况可归纳表示如下：

$$(\mathrm{d}G)_{T,p}\begin{cases}<0 & \text{自发过程}\\ =0 & \text{平衡状态}\\ >0 & \text{非自发过程}\end{cases} \tag{7-102}$$

类似地，从式（2-64）出发，在定温定容条件下，也可以得到

$$(\mathrm{d}A)_{T,V}=0 \tag{7-103}$$

式（7-103）表示，在定温定容且在只做体积功的条件下，系统到达平衡状态时亥姆霍兹自由能不再变化。

因此，dA也可以作为判断过程的方向与限度的依据，简称自由能判据。在恒温恒容过程中，系统必然自动地从自由能大的状态向自由能小的状态进行；达到平衡状态时，自由能不再改变；系统不会自动地从自由能小的状态向自由能大的状态进行。以上情况可归纳表示如下：

$$(\mathrm{d}A)_{T,V}\begin{cases}<0 & \text{自发过程}\\ =0 & \text{平衡状态}\\ >0 & \text{非自发过程}\end{cases} \tag{7-104}$$

当系统中存在α和β两相时，每一相都可看作是向另一相传递物质的敞开体系。根据式（7-10）和式（7-101）

$$(\mathrm{d}G)_{T,p}=\left(\mathrm{d}G^{\alpha}\right)_{T,p}+\left(\mathrm{d}G^{\beta}\right)_{T,p}=\sum\mu_i^{\alpha}\mathrm{d}n_i^{\alpha}+\sum\mu_i^{\beta}\mathrm{d}n_i^{\beta}=0$$

若组分i由β相向α相迁移，则$\mathrm{d}n_i^{\alpha}=-\mathrm{d}n_i^{\beta}$。因此，上式可以写成

$$\sum\left(\mu_i^{\alpha}-\mu_i^{\beta}\right)\mathrm{d}n_i^{\beta}=0$$

或者

$$\mu_i^{\alpha}=\mu_i^{\beta}$$

上式表示，在相平衡时，组分i在α相和β相中的化学位相等。对于有C个组分、π个相的系统，上式可以写成

$$\mu_i^{\alpha}=\mu_i^{\beta}=\cdots=\mu_i^{\pi}\quad(i=1,2,\cdots,C) \tag{7-105}$$

上式表示，处于相平衡时，各相中组分i的化学位相等。

为了便于计算，一般采用更为直观的组分i的逸度替代化学位。根据式（7-36）可得

$$\hat{f}_i^{\alpha}=\hat{f}_i^{\beta}=\cdots=\hat{f}_i^{\pi}\quad(i=1,2,\cdots,C) \tag{7-106}$$

上式表示，处于相平衡时，各相中组分i的逸度相等。式（7-106）是相平衡的通用判据，是解决相平衡问题最基本和最实用的方程。

相律揭示了多组分多相平衡系统自由度f、组分数C和相数π之间关系最普遍的规律。对于有C个组分、π个相的系统，总变量数为$\pi(C-1)+2$，总方程数为$C(\pi-1)$，则自由度为$f=\pi(C-1)+2-C(\pi-1)=C-\pi+2$。自由度是可任意改变而不引起系统相数变化的最少强度变量数。

7.7.2 相平衡的热力学处理方法

在石油和化学工业中，分离过程是最常见的操作，涉及多组分两相以及多相平衡，例如气-液、液-液和气-液-液平衡等。在相平衡计算中，热力学提供了两种处理方法，即逸度系数法和活度系数法。

逸度系数法是以逸度系数计算逸度。根据式（7-39），有

$$\hat{f}_i=\hat{\phi}_i x_i p \tag{7-39a}$$

活度系数法是以活度系数计算逸度。根据式（7-78）和式（7-80），有

$$\hat{f}_i=\gamma_i x_i f_i^{\ominus} \tag{7-78a}$$

在本章以下的内容里仅讨论气-液相平衡问题。气-液相平衡的判据为

$$\hat{f}_i^{\mathrm{V}}=\hat{f}_i^{\mathrm{L}} \tag{7-107}$$

事实上，并不存在绝对的理想气体和理想溶液。在实际生产过程中，低压下操作的气相可视为理想

气体。所谓“低压”具体是指多大的压力要视溶液的性质与温度而定。对于非极性或者弱极性体系，在温度远离临界温度、压力低于几个大气压时，气相可视为理想气体。当溶液由分子结构和大小相近的组分构成时，在一定的条件范围内可以简化为理想溶液计算。因此，不同条件下的气-液平衡系统可以分成以下几种类型：

① 气相是理想气体混合物，液相是理想溶液，称为完全理想体系。这种体系往往出现在低压条件下，但不是常见的类型。气相符合Dalton定律，液相符合Raoult定律。即

$$py_i = x_i p_i^{\mathrm{s}} \quad (i=1,2,\cdots,C) \tag{7-108}$$

② 气相是理想气体混合物，液相是非理想溶液。在低压下的大部分体系属于这种体系，是最常见的类型。Raoult定律仍然适用。

$$py_i = \gamma_i x_i p_i^{\mathrm{s}} \quad (i=1,2,\cdots,C) \tag{7-109}$$

③ 气相是理想溶液但不是理想气体混合物，液相是非理想溶液。这种体系往往出现在中压条件下，也是比较常见的类型。

$$\hat{\phi}_i^{\mathrm{V}} py_i = \gamma_i x_i p_i^{\mathrm{s}} \phi_i^{\mathrm{s}} \quad (i=1,2,\cdots,C) \tag{7-110}$$

④ 气液两相均是非理想溶液。在高压下的大部分气-液平衡体系属于这种体系，也是比较常见的类型。这种体系的两相都须使用逸度系数法。

$$\hat{\phi}_i^{\mathrm{V}} y_i = \hat{\phi}_i^{\mathrm{L}} x_i \quad (i=1,2,\cdots,C) \tag{7-111}$$

对于液-液平衡而言，平衡的判据为$\hat{f}_i^{\mathrm{I}} = \hat{f}_i^{\mathrm{II}}$。在中低压下，这种体系的两相都须使用活度系数法。

$$(\gamma_i x_i)^{\mathrm{I}} = (\gamma_i x_i)^{\mathrm{II}} \tag{7-112}$$

7.7.3 二组分理想体系气－液平衡相图

对于由A和B两个组分形成的完全理想体系，两个组分的气-液平衡关系由式（7-108）表达。组分的蒸气压力和气相总压可分别按下式计算，即

$$p_{\mathrm{A}} = py_{\mathrm{A}} = p_{\mathrm{A}}^{\mathrm{s}} x_{\mathrm{A}} = p_{\mathrm{A}}^{\mathrm{s}}(1-x_{\mathrm{B}}) \tag{7-113}$$

$$p_{\mathrm{B}} = py_{\mathrm{B}} = p_{\mathrm{B}}^{\mathrm{s}} x_{\mathrm{B}} \tag{7-114}$$

$$p = p_{\mathrm{A}} + p_{\mathrm{B}} = p_{\mathrm{A}}^{\mathrm{s}} + \left(p_{\mathrm{B}}^{\mathrm{s}} - p_{\mathrm{A}}^{\mathrm{s}}\right)x_{\mathrm{B}} \tag{7-115}$$

式中，x和y分别为气相和液相的摩尔分数。可见，p_{A}-x_{B}、p_{B}-x_{B}和p-x_{B}均成直线关系。

以甲苯（A）-苯（B）体系为例，该体系可视为完全理想体系，液相为理想溶液。已知100℃时$p_{\mathrm{A}}^{\mathrm{s}}=74.17\mathrm{kPa}$，$p_{\mathrm{B}}^{\mathrm{s}}=180.1\mathrm{kPa}$。由于$p_{\mathrm{A}}^{\mathrm{s}}<p_{\mathrm{B}}^{\mathrm{s}}$，所以苯是易挥发组分，甲苯是难挥发组分。将$p_{\mathrm{A}}^{\mathrm{s}}$和$p_{\mathrm{B}}^{\mathrm{s}}$代入上述三式，作蒸气压-液相组成（$p-x$）图，即可得到图7-5中的三条直线。由图可知，理想溶液的蒸气总压介于两个纯组分蒸气压之间，即$p_{\mathrm{A}}^{\mathrm{s}}<p<p_{\mathrm{B}}^{\mathrm{s}}$。

该体系的气相为理想气体混合物，有

$$y_{\mathrm{A}} = \frac{p_{\mathrm{A}}}{p} = \frac{p_{\mathrm{A}}^{\mathrm{s}} x_{\mathrm{A}}}{p} = \frac{p_{\mathrm{A}}^{\mathrm{s}}(1-x_{\mathrm{B}})}{p} \tag{7-113a}$$

$$y_{B}=\frac{p_{B}}{p}=\frac{p_{B}^{s}x_{B}}{p} \tag{7-114a}$$

由于$p<p_{B}^{s}$，则有$y_{B}>x_{B}$，所以$y_{A}<x_{A}$。这表明，由饱和蒸气压不同的两个组分形成的理想体系，当达到气-液平衡时，两相的组成不相同，易挥发组分在气相中的浓度大于其在液相中的浓度；难挥发组分在气相中的浓度小于其在液相中的浓度。由上述两式可知，蒸气总压-气相组成（$p-y$）的关系不是直线。

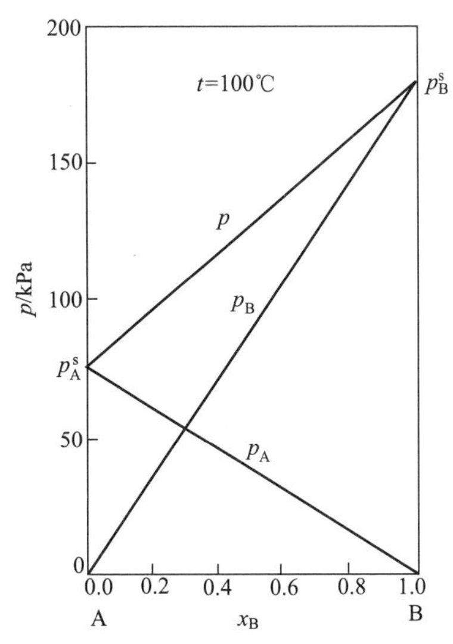

图7-5 甲苯（A）-苯（B）理想溶液的p-x图

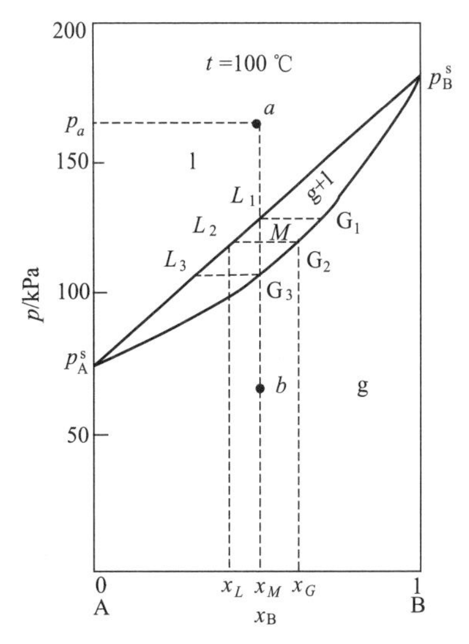

图7-6 甲苯（A）-苯（B）理想溶液的p-x-y图

将$p-x$线和$p-y$线画在同一张图上，就得到$p-x-y$图，如图7-6所示。p-x线称为液相线，p-y线称为气相线。液相线以上的区域是液相区，以l表示；气相线以下的区域是气相区，以g表示；液相线和气相线之间的区域是气-液平衡两相共存区，以g+l表示。

在p-x-y图上，以甲苯（A）-苯（B）体系为例讨论二组分溶液恒温减压的变化过程。初始状态a点位于液相区内，对应压力p_a和总组成x_M（以易挥发组分B表示）。在保持体系温度100℃的条件下，压力逐渐降低，沿a点垂直向下移动（定组成），在到达液相线L_1点之前一直是单一的液相。到达L_1点后，液相饱和并开始汽化，与之平衡的气相为图中的G_1点，第一个气泡出现，因此液相线又称为泡点线。随着压力不断降低，液相不断汽化为蒸气，体系进入气-液平衡的两相共存区；到达M点时，液相点为L_2点，与之平衡的气相点为G_2点。当压力降低至G_3点时，液相全部汽化为蒸气，与之平衡的液相为图中的L_3点，最后一个液滴消失，因此气相线又称为露点线。继续降低压力，系统进入气相区，自G_3至b点饱和蒸气变成过热蒸气。在体系由L_1点到G_3点的整个变化过程中，内部始终是气-液两相共存并处于平衡，但两相的组成和两相的量均随着压力降低而变化。

平衡时两相的量可根据杠杆规则计算。以M点为例，总组成为x_M，平衡时气相G_2的组成为x_G，液相L_2的组成为x_L。若以V和L分别代表气相和液相的量，则$L\cdot\overline{L_2M}=V\cdot\overline{MG_2}$；对组分$B$做物料衡算，则有$Vx_G+Lx_L=(V+L)x_M$。整理得

$$\frac{L}{V}=\frac{x_G-x_M}{x_M-x_L}=\frac{\overline{MG_2}}{\overline{L_2M}}$$

【例7-9】 甲苯和苯形成理想体系，已知在90℃时两纯组分的饱和蒸气压分别为54.22kPa和136.13kPa。求在90℃和101.325kPa下气-液平衡的两相组成。

解 根据相律，二组分两相平衡的自由度为2，故在一定的温度和压力下，气-液平衡时体系的组成

也就确定了。

按式（7-115），液相组成 $x_B = \dfrac{p - p_A^s}{p_B^s - p_A^s} = \dfrac{101.325 - 54.22}{136.12 - 54.22} = 0.5752$

$$x_A = 1 - x_B = 1 - 0.5752 = 0.4248$$

根据式（7-114a） $y_B = p_B^s x_B / p = 136.12 \times 0.5752 \div 101.325 = 0.7727$

$$y_A = 1 - 0.7727 = 0.2273$$

类似地，在恒定压力下，可以绘出表示甲苯（A）-苯（B）体系的温度-组成（t-x-y）图，如图7-7所示。图中t_A和t_B分别为甲苯和苯的沸点。相交于t_A和t_B之间的两条线，上方为气相线（露点线），下方为液相线（泡点线）。气相线以上的区域是气相区，以g表示；液相线以下的区域是液相区，以l表示；气相线和液相线之间的区域是气-液平衡两相共存区，以g+l表示。

在t-x-y图上，仍以该体系为例讨论二组分溶液恒压升温的变化过程。从液相区内初始状态a点开始，升温达到液相线上L_1点（对应温度为t_1）时，液相饱和开始汽化，t_1称为该液相的泡点，与之平衡的气相为G_1点。进一步升温，体系进入气-液平衡的两相共存区。到达气相线上G_2点（对应温度为t_2）时，液相全部汽化成气相饱和蒸气，t_2称为该气相的露点，与之平衡的液相为L_2点。继续升温，饱和蒸气变成过热蒸气。

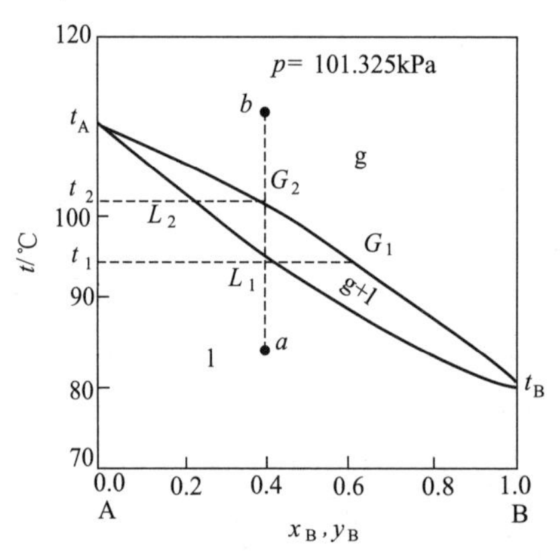

图7-7 甲苯（A）-苯（B）物系的温度-组成图

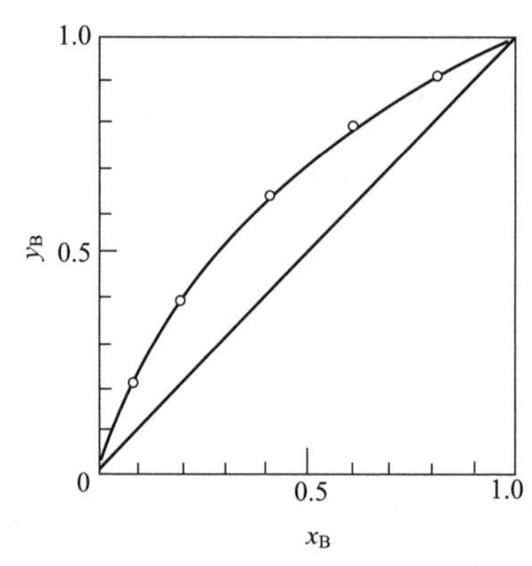

图7-8 甲苯（A）-苯（B）体系的y-x图

在研究蒸馏问题时和工程计算中，还经常用到气-液平衡组成图（y-x图）。它一般是在恒定压力下，以易挥发组分的气相组成y（摩尔分数）为纵坐标、以液相组成x（摩尔分数）为横坐标。图7-8是在101.325kPa下甲苯-苯体系的$y-x$图。图中对角线表示$y=x$，气-液平衡线在它的上方，表明$y_B > x_B$。应该指出，气-液平衡线上不同的点具有不同的温度。

7.7.4 二组分非理想体系气-液平衡相图

对于由两个组分形成的非理想体系，其与理想体系的差别主要在于，气相偏离理想气体混合物，不符合Dalton定律；或者液相偏离理想溶液，导致其对Raoult定律表现出明显的偏差；或者两者兼而有之。若组分的蒸气压大于按

Raoult定律的计算值，称为正偏差；反之则为负偏差。根据蒸气总压对理想情况下的偏差程度，非理想溶液（或者真实溶液）可分成以下几种类型。

（1）具有一般正偏差体系　此类体系的蒸气总压对理想情况为正偏差，但在全部组成范围内，溶液的蒸气总压均介于两个纯组分的饱和蒸气压之间。如甲醇-水、呋喃-四氯化碳等体系属于此类型。该类型的相图如图7-9（a）和图7-10的a曲线所示。

（2）具有一般负偏差体系　蒸气总压对理想情况为负偏差，但在全部组成范围内，溶液的蒸气总压介于两个纯组分的饱和蒸气压之间。如氯仿-苯、四氯化碳-四氢呋喃体系等属于此类型。该类型的相图如图7-9（b）和图7-10的b曲线所示。

（3）具有较大正偏差而形成最大压力恒沸物体系　蒸气总压对理想情况具有较大正偏差，以至于在某一组成范围内，溶液的蒸气总压比易挥发组分的饱和蒸气压还大，因而在$p-x$曲线上出现最高点，相应在$t-x$曲线上为最低点。该点$y=x$，称为恒沸点。在$y-x$图上，恒沸点便是$y-x$曲线与对角线的交点。如乙醇-水、乙醇-苯等体系属于此类型。该类相图如图7-9（c）和图7-10的c曲线所示。

（4）具有较大负偏差而形成最小压力恒沸物体系　蒸气总压对理想情况具有较大负偏差，以至于在某一组成范围内，溶液的蒸气总压比难挥发组分的饱和蒸气压还要小，因而在$p-x$曲线上出现最低点，相应在$t-x$曲线上为最高点。该点亦称为恒沸点，其气相与液相组成相等。如氯仿-丙酮、三氯甲烷-四氢呋喃等体系属于此类型。该类型相图如图7-9（d）和图7-10的d曲线所示。

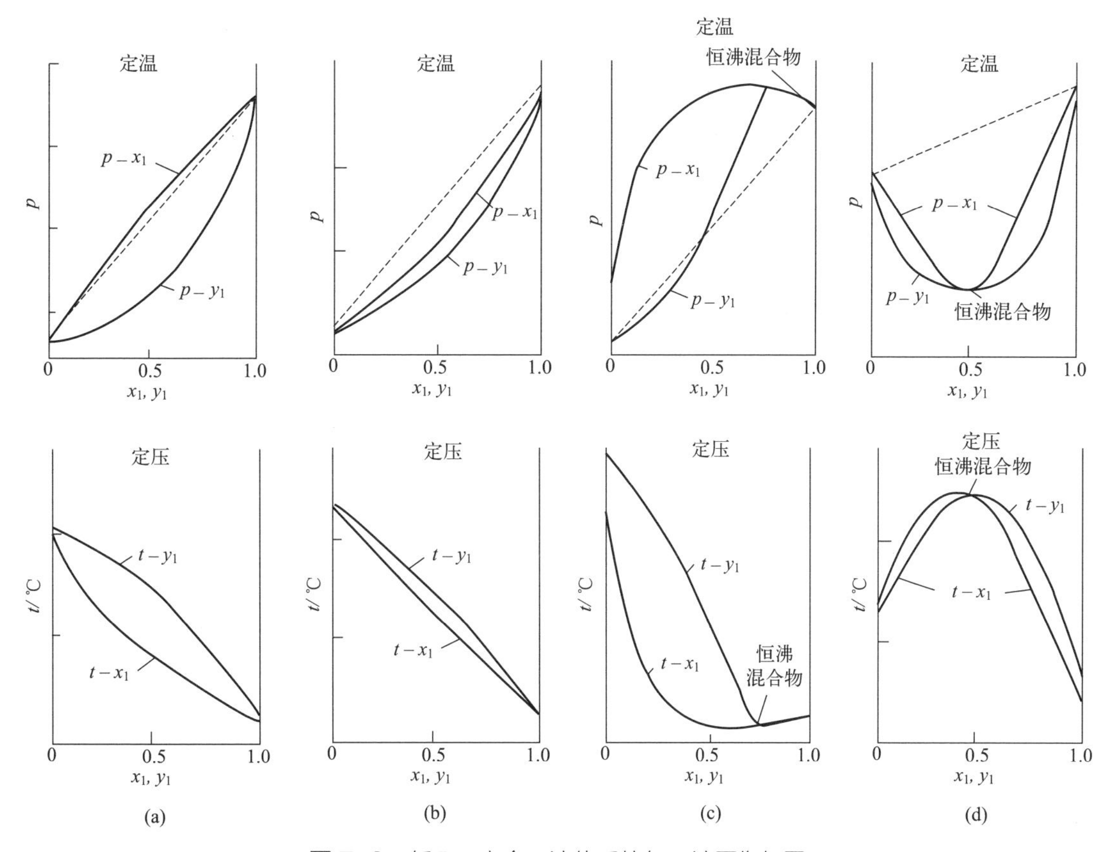

图7-9　低压下完全互溶体系的气-液平衡相图

（5）液相为部分互溶体系　如果溶液的正偏差更大，以至于在某一组成范围内出现液相分层的现象，即液相为部分互溶体系。这是由于体系中同种分子间的吸引力远大于相异种分子间的吸引力而引起的。如正丁醇-水、异丁醛-水等体系属于此类型。该类相图如图7-11所示。

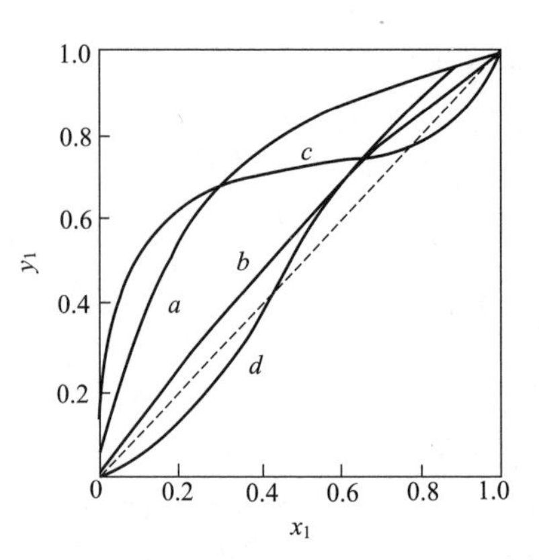

图 7-10　定压（101.325kPa）下气 - 液平衡的 y-x 图

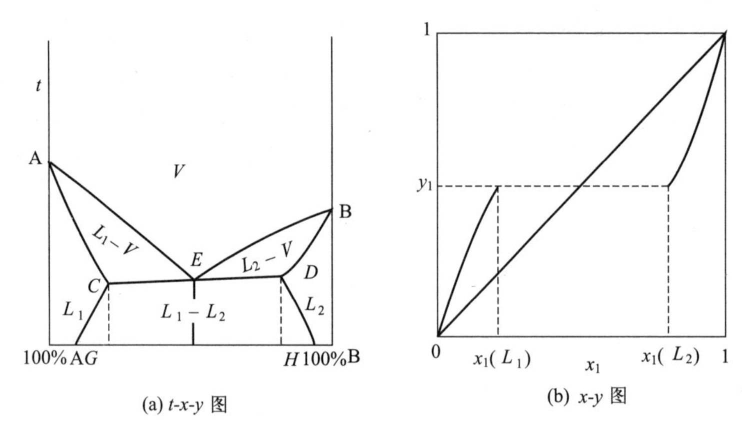

图 7-11　液相部分互溶体系相图

7.7.5　气－液相平衡的求解类型

在气-液平衡计算中，通常要涉及的求解类型包括：泡点法、露点法和闪蒸法。泡点法是已知体系的液相组成，计算气相组成，包括泡点压力法和泡点温度法。露点法是已知体系的气相组成，计算液相组成，包括露点压力法和露点温度法。

① 泡点压力法是已知体系的液相组成x_i和温度t，求气相组成y_i和压力p；

② 泡点温度法是已知体系的液相组成x_i和压力p，求气相组成y_i和温度t；

③ 露点压力法是已知体系的气相组成y_i和温度t，求液相组成x_i和压力p；

④ 露点温度法是已知体系的气相组成y_i和压力p，求液相组成x_i和温度t；

⑤ 闪蒸法是已知体系的温度t、压力p和总组成z_i，求液相组成x_i、气相组成y_i以及汽化率η。

在泡点计算中，除了式（7-107）之外，还需要气相组成的归一化方程，即

$$\sum_{i}^{N} y_i = 1 \tag{7-116}$$

在露点计算中，也需要联立求解式（7-107）和液相组成的归一化方程，即

$$\sum_{i}^{N} x_i = 1 \tag{7-117}$$

比较泡点计算、露点计算和闪蒸计算，在泡点计算时，液相组成等于总组成，汽化率等于0；在露点计算时，气相组成等于总组成，汽化率等于1；在闪蒸计算时，汽化率在0～1之间，即

$$\eta = \frac{V}{F} \tag{7-118}$$

式中，$F = V + L$为气液相总量；V和L分别为气相和液相的量。

在闪蒸计算中，除了式（7-107）、两相的归一化方程式（7-116）和式（7-117），以及式（7-118）之外，还需要组分的守恒方程，即

$$Fz_i = Vy_i + Lx_i \tag{7-119}$$

在气-液平衡系统中，通常采用气-液平衡常数和相对挥发度来表示气-液平衡关系。当系统的气液两相达到平衡时，组分i的气相组成y_i与液相组成x_i的比值称为该组分的气-液平衡常数，用K_i表示

$$K_i = \frac{y_i}{x_i} \tag{7-120}$$

对于二组分系统可以得到两个K值。必须指出，K_i随着组成的变化而变化，即使是完全理想体系，K_i与组成也不是直线关系。

二个组分相气-液平衡常数的比值称为相对挥发度，用α_{ij}表示。

$$\alpha_{ij} = \frac{K_i}{K_j} \tag{7-121}$$

虽然K_i本身随温度的变化很大，但是其比值α_{ij}随温度的变化要小很多。根据式（7-113a）和（7-113b），对于完全理想体系，α_{ij}等于两纯组分在相同温度下的饱和蒸气压之比；对于非理想体系，可以取平均值。因此，采用相对挥发度表示气-液平衡关系可使问题得到简化。应当指出，平衡常数法和相对挥发度法是等价的，只是应用场合有所不同选择不同。对于定温系统，通常采用平衡常数法计算；对于温度变化系统，采用相对挥发度法比较方便。

7.7.6　气－液相平衡的计算方法

气-液相平衡计算的目的是得到体系处于平衡时压力、温度以及气、液相组成之间的关系。气-液平衡计算包括了泡点法、露点法和闪蒸法。

（1）泡点法计算的步骤　假设一个含有N个组分的气-液平衡体系，总的变量数为$2N$个（t，p，$N-1$个液相摩尔分数x_i，$N-1$个气相摩尔分数y_i），根据相律有N个独立变量。相平衡计算一般需要迭代。当N个变量一经指定，其余N个变量可由相平衡关系式和归一化方程联立求解得到。

由$N-1$个液相摩尔分数x_i及t或p计算出K_i，然后将式（7-120）代入式（7-116）、校核$\Sigma K_i x_i = 1$是否成立，最后求得$N-1$个气相摩尔分数y_i、p或t。泡点温度法的计算框图如图7-12所示。由于温度是未知数，需要迭代计算。先假设泡点温度t，根据已知的压力p和所设温度t，求出平衡常数K_i，再校核$\Sigma K_i x_i = 1$是否成立。如果不成立，调整温度t重新计算；如果成立，此时的温度t和气相组成y_i即为所求。

（2）露点法计算的步骤　露点法计算的步骤与泡点法类似。由$N-1$个气相摩尔分数y_i及t或p计算出K_i，然后将式（7-120）代入式（7-117），校核$\Sigma y_i / K_i = 1$是否成立，最后求得$N-1$个液相摩尔分数x_i、p或t。露点温度法的计算框图如图7-13所示。由于温度是未知数，也需要先假设露点温度，通过迭代才能计算出温度t和液相组成x_i。

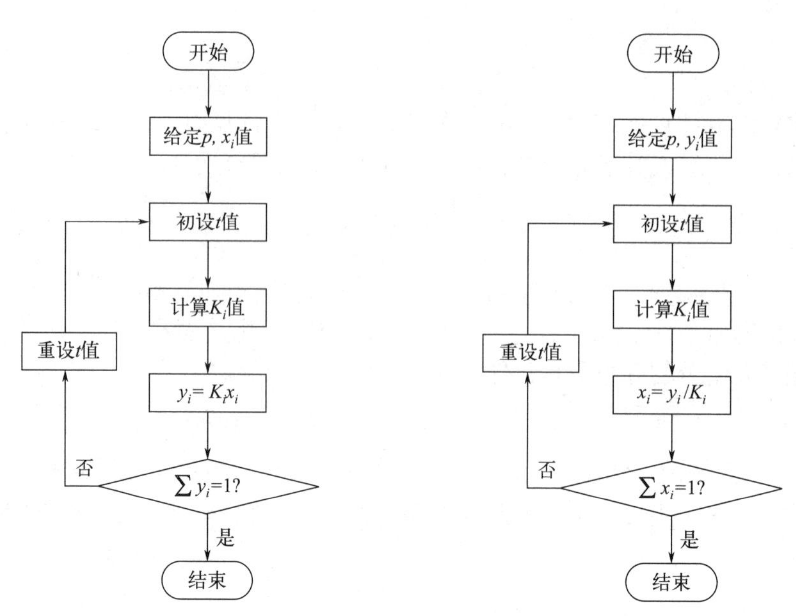

图7-12 泡点温度法计算框图 **图7-13** 露点温度法计算框图

（3）闪蒸法计算的步骤 闪蒸法计算的一个重要应用就是工业闪蒸过程，如图7-14所示。进料流量F、组成z_i的原料液在等于或高于泡点压力下进入闪蒸罐；当压力降至泡点压力以下时，原液将在一定的温度和压力下闪蒸，形成气-液两相平衡系统。闪蒸后的气相以流量V、组成y_i从顶部流出，而液相以流量L、组成x_i从底部流出。

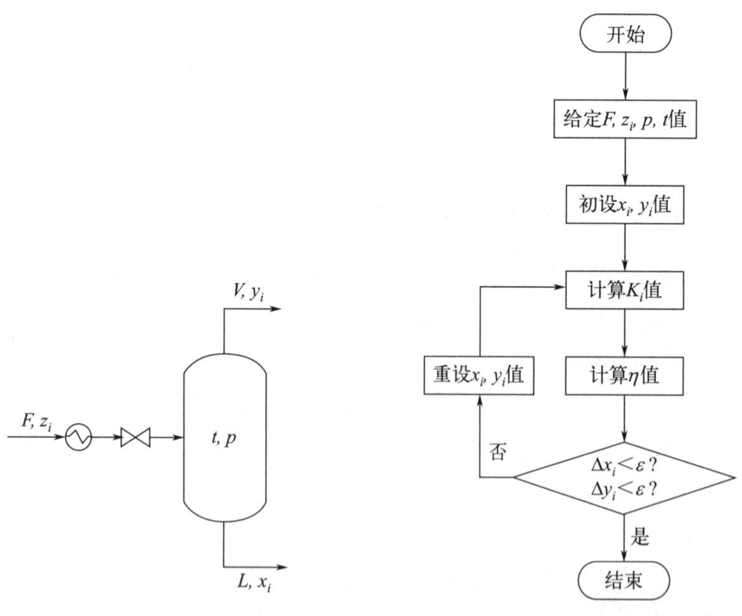

图7-14 闪蒸过程示意图 **图7-15** 闪蒸法计算框图

闪蒸法的计算框图如图7-15所示。假设一个含有N个组分的气-液平衡系统，总的变量数为$2N+2$个（t，p，$N-1$个总组成z_i，$N-1$个液相摩尔分数x_i或者$N-1$个气相摩尔分数y_i，F，V或者L）。根据式（7-120），共有N个方程。闪蒸计算一般需要迭代。当N+2个变量（t, p，z_i, F）一经指定，其余N个变量（x_i或者y_i，V或者η）可以确定。具体步骤如下：

将式（7-120）代入式（7-119），得到x_i

$$x_i = \frac{z_i}{\eta(K_i - 1) + 1} \tag{7-122}$$

联立式（7-116）、式（7-117）、式（7-120）和式（7-122），得

$$\sum_i^N \frac{z_i(1-K_i)}{\eta(K_i - 1) + 1} = 0 \tag{7-123}$$

上式通常称为闪蒸方程，可以求得η值。

将η值代入式（7-122）求得x_i，然后用式（7-120）求得y_i，用式（7-118）求得V，用式（7-119）求得L。

在泡点下，$V \to 0$，即$\eta \to 0$，闪蒸方程式（7-123）简化为

$$\sum_i^N z_i K_i - 1 = 0 \tag{7-124}$$

在露点下，$V \to F$，即$\eta \to 1$，闪蒸方程式（7-123）简化为

$$\sum_i^N z_i / K_i - 1 = 0 \tag{7-125}$$

【例7-10】 已知二元体系丙酮（1）-乙腈（2）是完全理想体系，使用下表中的饱和蒸气压数据绘制50℃下的$p - x_1 - y_1$图和53.3kPa下的$t - x_1 - y_1$图。

t / °C	38.45	42.00	46.00	50.00	54.00	58.00	62.33
p_1^s / kPa	53.3	61.1	70.9	82.0	94.4	108.2	124.9
p_2^s / kPa	21.2	24.6	28.9	33.8	39.3	45.6	53.3

解 （1）求50℃时p、x_1、y_1数据　对于完全理想体系，应用式（7-108）和式（7-120），得

$$K_1 = \frac{y_1}{x_1} = \frac{p_1^s}{p},\quad K_2 = \frac{y_2}{x_2} = \frac{p_2^s}{p}$$

应用式（7-121），在50℃时，相对挥发度为

$$\alpha_{12} = \frac{K_1}{K_2} = \frac{p_1^s}{p_2^s} = \frac{82.0}{33.8} = 2.43$$

当温度固定时，p_1^s、p_2^s和α_{12}均为常数。

应用式（7-108）$y_1 = \dfrac{x_1 p_1^s}{p} = \dfrac{x_1 p_1^s}{x_1 p_1^s + x_2 p_2^s} = \dfrac{a_{12} x_1}{a_{12} x_1 + (1 - x_1)}$

$$p = x_1 p_1^s + x_2 p_2^s = p_2^s\left[a_{12} x_1 + (1 - x_1)\right] = p_2^s\left[1 + x_1(a_{12} - 1)\right]$$

由上表中知，当$t = 50$°C时，取$x_1 = 0.0, 0.2, 0.4, 0.6, 0.8, 1.0$，由上两式计算结果列于下表。

p / kPa	33.8	43.5	53.1	62.8	72.5	82.0
x_1	0.000	0.200	0.400	0.600	0.800	1.000
y_1	0.000	0.378	0.618	0.785	0.907	1.000

根据以上计算结果绘成$p - x_1 - y_1$图，如图7-16所示。

（2）求压力为53.3kPa下的$t-x_1-y_1$数据　当压力恒定时，p_1^s、p_2^s、a_{12}不是常数，而随温度变化。气液两相的组成可由下式计算：

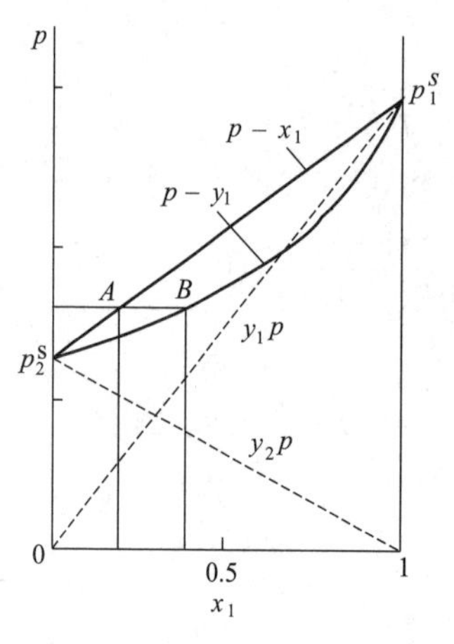

图7-16　丙酮（1）-乙腈（2）p-x_1-y_1图

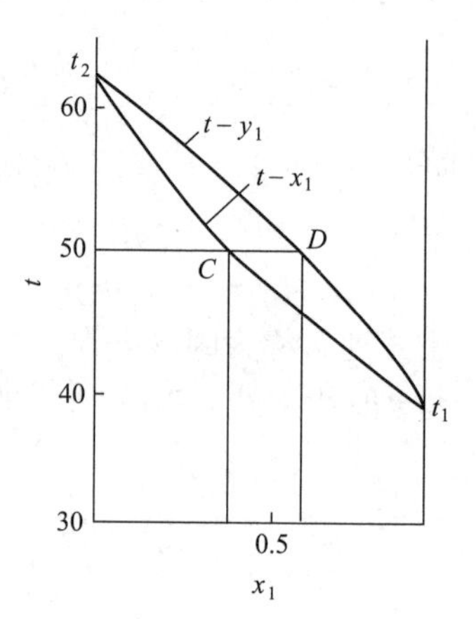

图7-17　丙酮（1）-乙腈（2）t-x_1-y_1图

$$x_1=\frac{p-p_2^s}{p_1^s-p_2^s}\text{，}\quad y_1=\frac{x_1p_1^s}{p}$$

计算结果列于下表

t/°C	38.45	42.00	46.00	50.00	54.00	58.00	62.33
x_1	1.000	0.786	0.581	0.405	0.254	0.123	0.000
y_1	1.000	0.901	0.773	0.623	0.450	0.249	0.000

根据以上计算结果，绘成$t-x_1-y_1$图，如图7-17所示。

【例7-11】　试绘制环己烷（1）-苯（2）体系在40℃时$p-x_1-y_1$图。已知气相符合理想气体，液相活度系数与组成的关联式为$\ln\gamma_1=0.458x_2^2$，$\ln\gamma_2=0.458x_1^2$；40℃时组分的饱和蒸气压为$p_1^s=24.6\text{kPa}$，$p_2^s=24.4\text{kPa}$。

解　气相为理想气体，液相为非理想溶液的气-液平衡关系为式（7-109）

$$py_1=\gamma_1x_1p_1^s\text{，}\quad py_2=\gamma_2x_2p_2^s$$

平衡体系的总压关系式可写成

$$p=\gamma_1x_1p_1^s+\gamma_1x_2p_2^s$$

将40℃时的饱和蒸气压数据和活度系数与组成的关联式代入上式，对不同的x_1即可求得p，然后由$y_1=\gamma_1x_1p_1^s/p$求出y_1值。计算结果列于下表。

x_1	γ_1	γ_2	y_1	p/kPa	x_1	γ_1	γ_2	y_1	p/kPa
0.000	1.581	1.000	0.000	24.4	0.600	1.076	1.179	0.580	27.4
0.200	1.341	1.018	0.249	26.5	0.800	1.018	1.341	0.754	26.6
0.400	1.179	1.076	0.424	27.4	1.000	1.000	1.581	1.000	24.6
0.500	1.121	1.121	0.501	27.5					

用以上数据可作出该体系的$p-x_1-y_1$图，如图7-18所示。可见，该温度下此体系形成最大压力恒沸物。

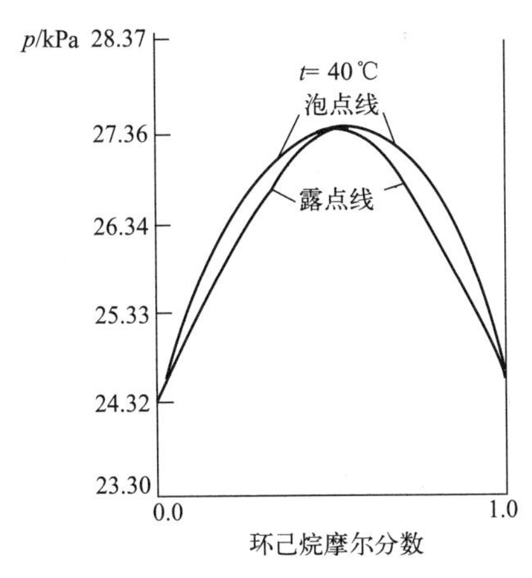

图 7-18 环己烷（1）- 苯（2）p-x_1-y_1 图

【例 7-12】 试用Wilson方程计算甲醇（1）-水（2）二元体系在1.013×10^5Pa下的气-液平衡数据。已知：Wilson参数由下式计算：

$$\Lambda_{12}=\frac{V_{\mathrm{m2}}^{\mathrm{L}}}{V_{\mathrm{m1}}^{L}}\exp\left[-\left(g_{12}-g_{11}\right)/R_{\mathrm{m}}T\right],\quad \Lambda_{21}=\frac{V_{\mathrm{m1}}^{\mathrm{L}}}{V_{\mathrm{m2}}^{\mathrm{L}}}\exp\left[-\left(g_{21}-g_{22}\right)/R_{\mathrm{m}}T\right]$$

式中，Wilson方程的二元交互作用能量参数为：

$$g_{12}-g_{11}=1085.13\mathrm{J/mol},\quad g_{21}-g_{22}=1631.04\mathrm{J/mol}$$

纯组分的摩尔体积：

$$V_{\mathrm{m1}}^{\mathrm{L}}=64.509-19.716\times10^{-12}T+3.8735\times10^{-4}T^2$$

$$V_{\mathrm{m2}}^{\mathrm{L}}=22.888-3.642\times10^{-2}T+0.685\times10^{-4}T^2$$

纯物质的Antoine方程如下：

$$\lg p_1^{\mathrm{s}}=8.00902-1541.86/(t+236.154)$$

$$\lg p_2^{\mathrm{s}}=7.9392-1650.4/(t+226.27)$$

单位：p_i^{s} / mmHg；$V_{\mathrm{m}i}^{\mathrm{L}}$/cm^3/mol；$t$ / ℃；T / K。

解 由于该体系处于低压，气相可视作理想气体，液相为非理想溶液，所以其气-液平衡的关系式为

$$y_1=\frac{\gamma_1 x_1 p_1^{\mathrm{s}}}{p},\quad y_2=\frac{\gamma_2 x_2 p_2^{\mathrm{s}}}{p},\quad y_1+y_2=1$$

二元体系的Wilson方程

$$\ln\gamma_1=-\ln\left(x_1+\Lambda_{12}x_2\right)+x_2\left[\frac{\Lambda_{12}}{x_1+\Lambda_{12}x_2}-\frac{\Lambda_{21}}{x_2+\Lambda_{21}x_1}\right]$$

$$\ln\gamma_2=-\ln\left(x_2+\Lambda_{21}x_1\right)-x_1\left[\frac{\Lambda_{12}}{x_1+\Lambda_{12}x_2}-\frac{\Lambda_{21}}{x_2+\Lambda_{21}x_1}\right]$$

式中$\Lambda_{12}=\frac{V_{\mathrm{m2}}^{\mathrm{L}}}{V_{\mathrm{m1}}^{\mathrm{L}}}\exp\left[-\left(g_{12}-g_{11}\right)/R_{\mathrm{m}}T\right]$，$\Lambda_{21}=\frac{V_{\mathrm{m1}}^{L}}{V_{\mathrm{m2}}^{L}}\exp\left[-\left(g_{21}-g_{22}\right)/R_{\mathrm{m}}T\right]$

由于平衡温度未知，需试差求解，计算步骤如下。

已知$p_1 x_1$ —设t→ 计算$p_1^{\mathrm{s}}V_1^{\mathrm{L}}$ → 计算Λ_{ij} → 计算γ_1 → 计算y_i → 判断 $\Sigma y_i=1$? —是→ t, y_i；否 → 返回设t

例如，计算$x_1=0.40$时t、y_1、y_2。

试差法计算结果，设$t=76.1℃$，由上述公式算得

$$p_1^{\mathrm{s}}=1178\mathrm{mmHg}=1.57\times10^5\mathrm{Pa};\quad V_{\mathrm{m1}}^{\mathrm{L}}=42.898\mathrm{cm}^3/\mathrm{mol}$$

$$p_2^{\mathrm{s}}=303\ \mathrm{mmHg}=0.404\times10^5\ \mathrm{Pa};\quad V_{\mathrm{m2}}^{\mathrm{L}}=18.532\mathrm{cm}^3/\mathrm{mol}$$

$$\Lambda_{12}=0.2972,\quad \Lambda_{21}=1.3192$$

$$\ln\gamma_1=0.1544,\quad \gamma_1=1.167$$

$$\ln\gamma_2=0.1424,\quad \gamma_2=1.153$$

$$y_1=0.7235,\quad y_2=0.2758$$

$$y_1+y_2=0.7235+0.2758=0.9993\approx1$$

所以，假设的t为所求的平衡温度，气相组成为

$$y_1=0.7235\div0.9993=0.724,\quad y_2=1-0.724=0.276$$

同理，可计算其他各气相组成下的平衡温度与液相组成，所得结果与实测值列于下表中。

x_1		0.05	0.20	0.40	0.60	0.80	0.90
t/℃	计算值	92.709	82.59	76.10	71.57	67.82	66.11
	实测值	92.39	81.48	75.36	71.29	67.83	66.14
y_1	计算值	0.269	0.564	0.724	0.832	0.920	0.961
	实测值	0.277	0.582	0.726	0.824	0.914	0.958

小结

（1）敞开系统热力学关系式与化学位

$$\mathrm{d}U=T\mathrm{d}S-p\mathrm{d}V+\sum(\mu_i\mathrm{d}n_i)$$

$$\mathrm{d}H=T\mathrm{d}S+V\mathrm{d}p+\sum(\mu_i\mathrm{d}n_i)$$

$$\mathrm{d}A=-S\mathrm{d}T-p\mathrm{d}V+\sum(\mu_i\mathrm{d}n_i)$$

$$\mathrm{d}G=-S\mathrm{d}T+V\mathrm{d}p+\sum(\mu_i\mathrm{d}n_i)$$

化学位 $$\mu_i\equiv\left(\frac{\partial U}{\partial n_i}\right)_{S,V,n_j}=\left(\frac{\partial H}{\partial n_i}\right)_{S,p,n_j}=\left(\frac{\partial A}{\partial n_i}\right)_{T,V,n_j}=\left(\frac{\partial G}{\partial n_i}\right)_{T,p,n_j}$$

（2）偏摩尔性质及其物理意义

$$\bar{M}_i\equiv\left(\frac{\partial M}{\partial n_i}\right)_{T,p,n_j}$$

偏摩尔性质的物理意义是，在给定温度和压力下，向含有组分i的无限多的溶液中加入1mol的组分i所引起的一系列广度热力性质变化；或者向含有组分i的1mol的溶液中加入无限少的组分i所引起的一系列广度热力性质变化。偏摩尔性质是强度性质，与溶液的组成有关。

真实溶液的性质等于构成溶液各个组分的偏摩尔性质的线性加权平均，

$$M_{\mathrm{m}}=\sum_i x_i\bar{M}_i \quad 或者 \quad M=\sum_i n_i\bar{M}_i$$

当一个纯物质变成溶液中的一个组分时，不再具有其在纯态时的摩尔性质，而是变成偏摩尔性质。也就是说，组分在溶液中不再具有其单独存在时的性质，偏摩尔性质是溶液中各组分的摩尔性质。纯物质的偏摩尔性质就是摩尔性质。

（3）纯流体的逸度和逸度系数

$$\mathrm{d}G_{\mathrm{m}i}=R_{\mathrm{m}}T\mathrm{d}(\ln f_i) \quad （恒\ T）$$

$$G_{\mathrm{m}i}-G_{\mathrm{m}i}^{\mathrm{ig}}=R_{\mathrm{m}}T\ln\frac{f_i}{p}$$

$$\lim_{p\to 0}\frac{f_i}{p}=1$$

$$\phi_i\equiv\frac{f_i}{p}$$

逸度的概念是从摩尔吉布斯自由焓导出的。理想气体的逸度系数等于1，真实溶液的逸度系数不等于1。对于真实溶液，可把逸度看作校正的压力，或者为“有效”压力，是指无论实际的压力有多么大，其真实效应表现为f那么大。

（4）纯气体逸度的计算

$$\ln\phi_i=\frac{1}{R_{\mathrm{m}}T}\int_0^p\left(V_{\mathrm{m}i}-\frac{R_{\mathrm{m}}T}{p}\right)\mathrm{d}p \quad 或者 \quad \ln\phi_i=\int_0^p(Z_i-1)\frac{\mathrm{d}p}{p}$$

可以利用p-V-T数据、立方型状态方程、普遍化第二维里系数方程和普遍化压缩因子求得逸度系数。

（5）纯液体逸度的计算

$$f_i^{\mathrm{L}}=p_i^{\mathrm{s}}\phi_i^{\mathrm{s}}\exp\left(\frac{1}{R_{\mathrm{m}}T}\int_{p_i^{\mathrm{s}}}^{p}V_{\mathrm{m}i}^{L}\mathrm{d}p\right)$$

上式中，指数项称为波印廷（Poynting）因子。在远离临界点时，液体可视为不可压缩，上式变为

$$f_i^{\mathrm{L}}=p_i^{\mathrm{s}}\phi_i^{\mathrm{s}}\exp\left[\frac{V_{\mathrm{m}i}^{\mathrm{L}}(p-p_i^{\mathrm{s}})}{R_{\mathrm{m}}T}\right]$$

当$p-p_i^{\mathrm{s}}<1.0\mathrm{MPa}$时，波印廷因子等于1。

（6）溶液中组分的逸度和逸度系数

$$\mathrm{d}\mu_i=\mathrm{d}\bar{G}_i=\bar{V}_i\mathrm{d}p=R_{\mathrm{m}}T\mathrm{d}(\ln\hat{f}_i) \quad （恒\ T）$$

$$\mu_i-\mu_i^{\mathrm{ig}}=\bar{G}_i-\bar{G}_i^{\mathrm{ig}}=R_{\mathrm{m}}T\ln\frac{\hat{f}_i}{x_ip}$$

$$\lim_{p\to 0}\frac{\hat{f}_i}{x_ip}=1$$

$$\hat{\phi}_i\equiv\frac{\hat{f}_i}{x_ip}$$

一般利用立方型状态方程和普遍化第二维里系数方程求得溶液中组分的逸度系数，

$$\ln\hat{\phi}_i=\frac{1}{R_{\mathrm{m}}T}\int_0^p\left(\bar{V}_i-\frac{RT}{p}\right)\mathrm{d}p \quad 或者 \quad \ln\hat{\phi}_i=\int_0^p\left(\bar{Z}_i-1\right)\frac{\mathrm{d}p}{p}$$

在高压条件下，普遍化第二维里系数方程不适用，只有采用立方型状态方程才能求得逸度系数，

$$\ln\hat{\phi}_i = \frac{1}{R_m T}\int_V^{\infty}\left[\left(\frac{\partial p}{\partial n_i}\right)_{T,V,n_j} - \frac{RT}{V}\right]\mathrm{d}V - \ln Z$$

（7）溶液的逸度和逸度系数

$$\mathrm{d}G_m = R_m T\mathrm{d}(\ln f)，\ G_m - G_m^{ig} = R_m T\ln\frac{f}{p}$$

$$\lim_{p\to 0}\frac{f}{p} = 1，\ \frac{f}{p}\equiv\phi$$

共有三种逸度和逸度系数：纯物质的f_i和ϕ_i，混合物中组分的$\hat{f}_i$和$\hat{\phi}_i$，以及混合物的f和ϕ。

（8）理想溶液与标准态

Lewis-Randall规则　$\hat{f}_i^{is} = x_i f_i^{\ominus}$

式中，比例系数$f_i^{\ominus}$称为组分i的标准态逸度。

凡是符合Lewis-Randall规则的溶液是理想溶液。

（9）拉乌尔（Raoult）定律和亨利（Henry）定律

拉乌尔定律　　$p_A = p_A^s x_A$

亨利定律　　$p_B = k_B x_B$

根据溶液中组分i在与溶液相同的温度和压力下纯态时的相态不同，标准态逸度$f_i^{\ominus}$有两种。当组分i在纯态时的相态与相同温度和压力下溶液的相态相同时，采用Lewis-Randall规则标准态；当组分i在纯态时的相态与相同温度和压力下溶液的相态不同时，例如气体或者固体溶于液体中，采用亨利定律标准态。

（10）稀溶液的依数性

稀溶液与纯溶剂相比某些物理性质会有所变化。对于由难挥发溶质构成的稀溶液，有四个重要的现象：蒸汽压降低、沸点升高、凝固点下降和渗透压产生。这些现象只与溶液中溶质的数量有关，而与溶质的种类无关，故称为稀溶液的依数性。

（11）活度与活度系数

$$\bar{G}_i - G_{mi}^{\ominus} = R_m T\ln\frac{\hat{f}_i}{f_i^{\ominus}} = R_m T\ln a_i$$

$$a_i \equiv \frac{\hat{f}_i}{f_i^{\ominus}}$$

$$\bar{G}_i - \bar{G}_i^{is} = R_m T\ln\frac{a_i}{x_i}$$

$$\gamma_i \equiv \frac{a_i}{x_i}$$

活度的物理意义是对其标准态来说，组分i活泼的程度。活度系数用来表征溶液非理想性的。理想溶液的活度系数等于1；真实溶液的活度系数不等于

1。对于真实溶液，可把活度看作校正的浓度，或者为“有效”浓度。

（12）常用的活度系数方程

Wohl型方程：van Laar方程和Margules方程。

基于局部组成概念的方程：Wilson方程，NRTL方程和UNIQUAC方程。

（13）相平衡判据

对于有C个组分、π个相的系统：

各相中组分i的化学位相等　$\mu_i^\alpha = \mu_i^\beta = \cdots = \mu_i^\pi \quad (i=1,2,\cdots C)$

各相中组分i的逸度相等　$\hat{f}_i^\alpha = \hat{f}_i^\beta = \cdots = \hat{f}_i^\pi \quad (i=1,2,\cdots C)$

（14）相平衡的热力学处理方法

逸度系数法　$\hat{f}_i = \hat{\phi}_i x_i p$

活度系数法　$\hat{f}_i = \gamma_i x_i f_i^\ominus$

（15）气-液相平衡的几种类型

平衡的判据为$\hat{f}_i^V = \hat{f}_i^L$。

气相是理想气体混合物，液相是理想溶液，称为完全理想体系。这种体系往往出现在低压条件下，但不是常见的类型。气相符合Dalton定律，液相符合Raoult定律。即

$$py_i = x_i p_i^{\mathrm{s}} \quad (i=1,2,\cdots C)$$

气相是理想气体混合物，液相是非理想溶液。在低压下的大部分体系属于这种体系，是最常见的类型。Daoult定律仍然适用。

$$py_i = \gamma_i x_i p_i^{\mathrm{s}} \quad (i=1,2,\cdots C)$$

气相是理想溶液但不是理想气体混合物，液相是非理想溶液。这种体系往往出现在中压条件下，也是比较常见的类型。

$$\hat{\phi}_i^{\mathrm{V}} py_i = \gamma_i x_i p_i^{\mathrm{s}} \phi_i^{\mathrm{s}} \quad (i=1,2,\cdots C)$$

气液两相均是非理想溶液。在高压下的大部分气-液平衡体系属于这种体系，也是比较常见的类型。这种体系的两相都须使用逸度系数法。

$$\hat{\phi}_i^{\mathrm{V}} y_i = \hat{\phi}_i^{\mathrm{L}} x_i \quad (i=1,2,\cdots C)$$

（16）液-液平衡的处理方法

平衡的判据为$\hat{f}_i^{\mathrm{I}} = \hat{f}_i^{\mathrm{II}}$。

在中低压下，这种体系的两相都须使用活度系数法。

$$(\gamma_i x_i)^{\mathrm{I}} = (\gamma_i x_i)^{\mathrm{II}}$$

（17）二组分理想体系气-液平衡相图

有$p-x$图、$p-x-y$图、$t-y-x$图。

（18）二组分非理想体系气-液平衡相图

分成以下4种类型：具有一般正偏差体系，具有一般负偏差体系，具有较大正偏差而形成最大压力恒沸物体系，具有较大负偏差而形成最小压力恒沸物体系。

（19）气-液相平衡的求解类型

通常要涉及的求解类型：泡点压力法，泡点温度法，露点压力法，露点温度法和闪蒸法。

在气-液平衡系统中，通常采用气-液平衡常数和相对挥发度来表示气-液平衡关系。

平衡常数 $K_i=\dfrac{y_i}{x_i}$

相对挥发度 $\alpha_{ij}=\dfrac{K_i}{K_j}$

思考题

1. 偏摩尔性质的物理意义是什么？在敞开系统引入偏摩尔性质的意义何在？
2. 逸度的物理意义是什么？
3. 溶液的逸度和逸度系数与溶液中组分的逸度和逸度系数是什么关系？
4. 什么是剩余性质？
5. 理想溶液的物理解释是什么？
6. 标准态逸度的实质是什么？为什么有不同的标准态逸度？
7. 活度的物理意义是什么？
8. 什么是过量性质？
9. Gibbs-Duhem方程的用途有什么？
10. 正规溶液是什么？
11. 什么是无热溶液？
12. 相平衡的一般判据是什么？一般判据和自由焓判据的关系如何？
13. 相平衡的通用判据是什么？
14. 相平衡的热力学处理方法有哪些？
15. 气-液平衡的计算类型有哪些？
16. Raoult定律与理想溶液的关系是什么？
17. 二组分非理想溶液有哪些？
18. 气-液相平衡的求解类型有哪些？
19. 采用相对挥发度表示气-液平衡关系的优点有哪些？

习题

1. $\left(\partial H/\partial n_i\right)_{S,p,n_{j\neq i}}$和$\left(\partial G/\partial n_i\right)_{T,p,n_{j\neq i}}$都是化学位，试证明二者相等。
2. 比定容热容的定义为$C_{\text{pm}}=\left(\partial H_{\text{m}}/\partial T\right)_p$。试证明$\overline{nC_{\text{p}i}}=\left(\partial \overline{H}_i/\partial T\right)_p$。
3. 实验室需要配制1500cm^{3}防冻溶液，它含有30%（摩尔分数）的甲醇(1)和70%的水(2)。试求需要多少体积25℃的甲醇与水进行混合。已知甲醇和水在25℃、30%（摩尔分数）甲醇溶液的偏摩尔体积$\overline{V}_1=38.632\text{cm}^3/\text{mol}$，$\overline{V}_2=17.765\text{cm}^3/\text{mol}$；25℃下纯物质的摩尔体积$V_{\text{m1}}=40.727\text{cm}^3/\text{mol}$，$V_{\text{m2}}=18.068\text{cm}^3/\text{mol}$。
4. 试用普遍化关系求算1-丁烯在473 K及7.0 MPa下的逸度。
5. 试估算正丁烷在393 K、4.0 MPa下的逸度。在393 K时，正丁烷的饱和蒸气压为2.238 MPa，其饱和液体的摩尔体积为137cm^3/mol。
6. 利用水蒸气性质表，试估算液体水在273 K，10 MPa下的f/f^{sat}，其中f^{sat}为

饱和水在273 K时的逸度。

7. 分别使用（1）理想气体状态方程，（2）普遍化第二维里系数方程和（3）R-K方程计算正丁烷在1.520 MPa和460 K条件下的逸度和逸度系数。

8. 在311K和1.5 MPa条件下，$CO_2(1)$和$C_3H_8(2)$等物质的量均匀混合。试计算混合物中组分的逸度系数。各组分的临界参数和压缩因子如下表。

ij	T_{cij}/K	p_{cij}/MPa	V_{cij}/(m^3/mol)	Z_{cij}	w_{ij}
11	304.2	7.382	0.094	0.274	0.228
22	369.8	4.248	0.200	0.277	0.152

9. 某二元溶液的逸度表示为

$$\ln f = A - Bx_1 + Cx_1^2$$

式中，A、B、C仅为温度的函数。试确定：（1）两个组分都以Lewis-Randall规则为标准态时的$G_m^E / R_m T$、$\ln\gamma_1$、$\ln\gamma_2$；（2）组分1以Henry定律为标准态，组分2以Lewis-Randall规则为标准态时的$G_m^E / R_m T$、$\ln\gamma_1$、$\ln\gamma_2$。

10. 式$\hat{f}_i^V = \hat{f}_i^L$为气-液两相平衡的判据式，试问平衡时气相混合物的逸度是否等于液相混合物的逸度，即$f^L = f^V$？

11. 液态水在30℃下的饱和蒸气压$p^s = 4.24 \times 10^3$ Pa，摩尔体积为0.01809m^3/kmol。如果将液态水的摩尔体积视为常数，1×10^5 Pa以下的水蒸气视为理想气体，试计算压力分别为（1）饱和蒸气压，（2）1.5 MPa时的逸度和逸度系数。

12. 25℃下丙醇（A）-水（B）系统气-液两相平衡时两组分蒸气分压与液相组成的关系如下：

x_B	0	0.1	0.2	0.4	0.6	0.8	0.95	0.98	1
p_A / kPa	2.90	2.59	2.37	2.07	1.89	1.81	1.44	0.67	0
p_B / kPa	0	1.08	1.79	2.65	2.89	2.91	3.09	3.13	3.17

（1）画出完整的压力-组成图（包括蒸气分压及总压，液相线及气相线）；（2）在系统组成为$x_B = 0.3$、平衡压力$p = 4.16$ kPa下气-液两相平衡时，求平衡时气相组成y_B及液相组成x_B。

13. 一个由丙酮（1）-乙酸甲酯（2）-甲醇（3）所组成的三元液态溶液，当温度为50℃时，$x_1 = 0.34$，$x_2 = 0.33$，$x_3 = 0.33$，试用Wilson方程计算γ_i。已知在50℃时三个二元体系的Wilson参数如下：

$$\Lambda_{12} = 0.7189，\Lambda_{21} = 1.1816；\Lambda_{13} = 0.5088，\Lambda_{31} = 0.9751；\Lambda_{23} = 0.5229，\Lambda_{32} = 0.5793。$$

14. 某蒸馏塔的操作压力为0.1066 MPa，釜液含苯（1）和甲苯（2）的混合物，其摩尔组成为x_1=0.2。试求此溶液的泡点温度及其平衡的气相组成。假设苯-甲苯混合物可视为理想体系，该两组分的安托因（Antoine）方程如下：

$$\ln[7.502 p_{s1}] = 15.9008 - \frac{2788.51}{T - 52.36}，\ \ln[7.502 p_{s2}] = 16.0137 - \frac{3096.52}{T - 53.67}$$

p_{si}单位kPa，T单位K。

15. 苯和甲苯组成的溶液近似于理想溶液。试计算：（1）总压力为101.3 kPa、温度为92℃时，该体系气-液平衡的气液相组成；（2）体系达到气-液平衡时的液相组成$x_1 = 0.55$，气相组成$y_1 = 0.75$，确定此时的温度与压力（组分的Antoine方程常数见上题）。

16. 在总压0.1013 MPa下，已知丙酮（1）-水（2）二元体系的一组液相组成与活度系数的数据：$x_1 = 0.22$，$\gamma_1 = 2.90$，$\gamma_2 = 1.17$，请计算与液相呈气-液平衡时的气相组成（计算中所需的饱和蒸气压数据自行

查阅）。

17.二元溶液由三氯甲烷（1）-丙酮（2）组成。采用Wilson方程计算$p=0.1013\text{MPa}$、$x_1=0.7$时与液相气-液平衡时的气相组成。

已知：Wilson参数由下式计算

$$\Lambda_{12}=\frac{V_{\text{m2}}^{\text{L}}}{V_{\text{m1}}^{\text{L}}}\exp\left[-\left(g_{12}-g_{11}\right)/R_{\text{m}}T\right],\quad \Lambda_{21}=\frac{V_{\text{m1}}^{\text{L}}}{V_{\text{m2}}^{\text{L}}}\exp\left[-\left(g_{21}-g_{22}\right)/R_{\text{m}}T\right]$$

式中，Wilson方程的二元交互作用能量参数为：

$$g_{12}-g_{11}=1390.98\text{J/mol},\quad g_{21}-g_{22}=302.29\text{J/mol}$$

纯组分的摩尔体积：

$$V_{\text{m1}}^{\text{L}}=71.48\text{cm}^3/\text{mol},\quad V_{\text{m2}}^{\text{L}}=78.22\text{cm}^3/\text{mol}$$

纯物质的Antoine方程如下：

$$\ln\left(7.502p_1^{\text{s}}\right)=15.9732-\frac{2696.79}{T-46.16},\quad \ln\left(7.502p_2^{\text{s}}\right)=16.6315-\frac{2940.46}{T-35.93}$$

p_i^{s}单位kPa，T单位K。

8 热化学与化学平衡

学习意义

本章研究有化学反应的热力过程中热力学基本定律的应用，包括热化学基础和化学平衡两部分内容。热化学基础部分给出有化学变化时内能、焓、功和热的定义，应用热力学第一定律，讨论了化学反应热效应的概念与计算方法，分析了热效应随温度变化的关系，介绍了理论燃烧火焰温度的计算。在化学平衡部分，指出化学反应进行的方向与限度，讨论了化学平衡和化学平衡常数的概念与计算方法，分析了化学平衡的影响因素和化学平衡移动原理，最后讨论了反应过程的离解与离解度。

学习目标

① 掌握化学反应过程热效应的概念与热效应的计算方法；②学会计算绝热燃烧时的理论燃烧火焰温度；③能判断化学反应进行的方向与限度；④掌握化学平衡的概念，熟练应用平衡移动原理，能根据化学平衡常数计算各种化学反应的平衡组成；⑤了解平衡常数的计算方法，了解离解与离解度的概念。

在能源动力、化工环保等诸多领域，许多工程实际问题中伴有化学变化，例如燃料的燃烧反应过程，化肥工业中的合成氨反应过程等。对于有化学反应的过程，运用热力学第一定律和第二定律时不仅需要考虑工质的物理变化引起的状态变化，也需要考虑工质的化学变化。研究带化学反应的热力学过程需要选择热力系统，系统的定义和分类跟之前的章节是一样的。平衡是经典热力学最重要的假设之一，在前面章节的学习中，由于不考虑化学反应，重点考虑通过热平衡和力平衡来判断过程可能进行的方向，本章内容则介绍了化学平衡的概念和研究方法。

在前面各章对热力过程的讨论中，主要是针对简单的可压缩热力系，这时热力系的状态由两个独立参数决定；本章讨论的热力学过程，由于化学反应的存在，参与反应的物质其成分或浓度也可能变化，故热力系的状态参数不能仅由两个独立变量确定，还必须考虑系统的化学组成，如系统中各组元的物质的量。此外，工程上实际的有化学反应的热力过程，经常会在固定的某个或者某两个参数下进行，比如大多数化学反应都是在近似定温定压或定温定容的条件下进行，实际的燃烧反应基本上都是在定压或者定容条件下进行，因此，我们研究带化学反应的热力过程时经常特别关注这些热力过程。

8.1 化学反应过程的热力学第一定律

化学反应中的热力学第一定律

热力学第一定律表达了能量之间转移和转换的数量关系，对于有化学反应的过程也是适应的。系统能量的转移与转换包括内能（或焓）、功和热量，在涉及化学反应时，这些能量需要重新定义。

8.1.1 内能和焓

在化学反应过程中，反应前后系统组成会发生变化，所涉及的物质的内能包含两部分，即物理内能和化学内能。物理内能是分子热运动的内动能和内位能的总和，也就是前面各章中所说的内能，以U_{ph}表示。对于理想气体来说，物理内能只取决于气体的温度。化学内能则随系统中的物质的成分而定，与温度无关。对某个给定的状态，化学内能是一个固定值，常以U_{ch}表示。这样，涉及化学变化时，系统的总内能为

$$U = U_{ph} + U_{ch} \tag{8-1}$$

同理，系统的总焓为

$$H = H_{ph} + H_{ch}$$

显然，U和H都是状态参数。

8.1.2 化学反应过程的功

化学反应过程的功也包含两部分，一部分是由于反应前后系统容积变化而对外做的容积功，仍以W表示；另一部分是与容积变化无关的非体积功，如电池内发生化学反应对外做的电功等，常以W_e表示。总功或称反应功为

$$W_{tot} = W + W_e \tag{8-2}$$

功的正负仍规定为系统对外做功为正，外界对系统做功为负。

8.1.3 化学反应过程的热量

化学反应过程中，系统与外界交换的热量称为反应热，仍以Q表示。系统向外界散热的反应称为放热反应，Q取负值；系统从外界吸热的反应称为吸热反应，Q取正值。

8.1.4 热力学第一定律在化学反应中的应用

根据以上各能量形式的定义，化学反应中的热力学第一定律解析式可表示为

$$Q = \Delta U + W_{tot} = U_P - U_R + W + W_e \tag{8-3}$$

写成微分形式则有

$$\delta Q = dU + \delta W_{tot} = dU_P - dU_R + \delta W + \delta W_e \tag{8-4}$$

式中，下标P和R分别表示生成物和反应物。

化学反应热效应

8.2　化学反应的热效应

在化学反应过程中，若生成物与反应物温度相同，且非体积功$W_e = 0$，则此时的反应热称为反应热效应。根据反应性质的不同，分为燃烧热、生成热、中和热、溶解热等；根据反应过程不同，分为反应热、相变热、溶解热等。若反应在定温定容或定温定压下进行，且非体积功$W_e = 0$，此时的反应热称为定容热效应或定压热效应。

8.2.1　定容热效应与定压热效应

定容热效应以Q_V表示。因$dV = 0$，故$W = 0$，$W_{tot} = W + W_e = 0$。依据式（8-3）有

$$Q_V = U_P - U_R \tag{8-5}$$

式（8-5）表明，定容热效应等于系统内能的变化。

定压热效应以Q_p表示。此时，$W = p(V_P - V_R)$，$W_{tot} = W + W_e = W$。依据式（8-3）有

$$Q_p = H_P - H_R \tag{8-6}$$

式中，H_P为所有生成物的焓的总和；H_R为所有反应物的焓的总和。式（8-6）表明，定压热效应等于系统焓的变化。

若同样的反应物，从同一初态，分别经定温定容和定温定压的反应过程，得到相同的生成物，则两种过程系统的内能变化相等，而结合式（8-5）和式（8-6）可有

$$Q_p = Q_V + p(V_P - V_R) \tag{8-7}$$

由此可见，定压热效应与定容热效应的差等于定压下系统所做的容积功。

对理想气体有

$$Q_p = Q_V + (n_P - n_R)R_m T \tag{8-8}$$

式中，n_P和n_R分别表示生成物和反应物的物质的量；R_m为通用气体常数。由于固态和液态物质与同物质的量的气态物质相比，其体积可忽略不计，故应用式（8-8）时可不计固态和液态物质的物质的量。

必须注意，热效应与反应热有所不同，热效应是专指定温反应过程且无非容积功时的反应热。

8.2.2　盖斯定律

盖斯

1840年，俄国科学家盖斯在多年从事热化学研究和反应热的测量实验的基础上总结出：化学反应的热效应只与系统进行化学反应的初、终状态有关，而与反应的中间途径无关。

盖斯定律是能量守恒定律的必然推论，也是热力学第一定律在化学反应中的具体应用。其含义可由8.2.1节中定容热效应和定压热效应的定义理解：定容热效应等于ΔU，定压热效应等于ΔH，U和H都是状态参数，ΔU和ΔH与所经历的途径无关，只取决于反应前后的状态。因此热效应也只取决于反应前后的状态，而与所经历的途径无关。

盖斯定律的重要性也就在于，它把不同的反应过程通过热效应关联起来，从而可由某些已知或易知

反应的热效应计算某些未知或难知反应的热效应。

例如，由于碳在氧气中的燃烧可以生成CO和CO_2两种主要产物，对$C+\frac{1}{2}O_2 == CO$的实验过程，无法保证产物为纯CO，因此其热效应难于测量。但可以根据盖斯定律，通过另外两个反应的热效应进行计算获得。

$$C+O_2 == CO_2;\quad Q_{p1}=-393520\text{kJ/kmol}$$

$$CO+\frac{1}{2}O_2 == CO_2;\quad Q_{p2}=-282990\text{kJ/kmol}$$

则由盖斯定律可将两个反应相减得$C+\frac{1}{2}O_2 == CO$反应的热效应为

$$Q_{p3}=Q_{p1}-Q_{p2}=-110530\text{kJ/kmol}$$

需要注意，上述化学反应所进行的中间途径虽然不同，但反应都在相同的压力下进行，反应前后的状态相同，即反应物和生成物的状态相同。这是应用赫斯定律求取定压热效应的前提。

热效应计算

8.2.3 标准热效应的计算

（1）利用标准生成焓计算热效应

由处于标准状态的各种元素的最稳定单质，生成标准状态的1mol某纯物质的焓变，叫作该物质的标准摩尔生成焓，简称标准生成焓或生成焓，一般用符号$\Delta_f H_m^{\ominus}$来表示。化学热力学中，规定了气体、液体和固体的标准状态，简称标准态，但是只给出了标准压力，一般指101325Pa或100kPa，没有指明温度。本书中用Δh_f^0来表示298K、101325Pa下的标准摩尔生成焓。附表16给出了部分物质的Δh_f^0值。

利用物质的标准生成焓可以计算反应的热效应。如图8-1所示，定温定压下的元素a、b、c、d、e、f发生化合，生成化合物质E的化学反应，可以由单质直接化合一步完成；也可以分两步完成，即在定温定压下先由单质化合成A和B，再由A和B化合成E。根据盖斯定律，可利用物质的生成焓，计算出A和B的标准反应热效应Q_p^0。

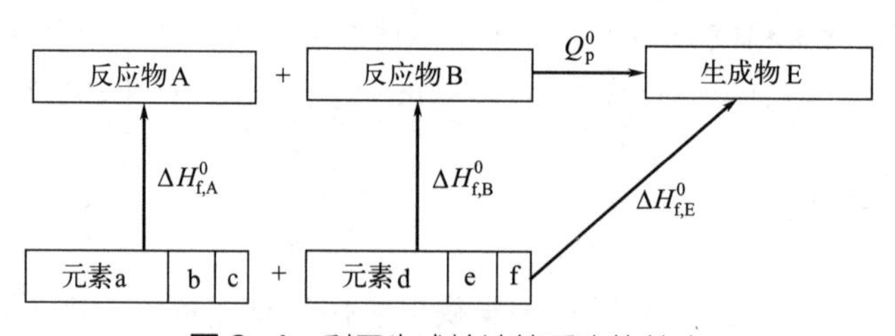

图8-1 利用生成焓计算反应热效应

$$\Delta H_{f,A}^0+\Delta H_{f,B}^0+Q_p^0=\Delta H_{f,E}^0$$

$$Q_p^0=\Delta H_{f,E}^0-\left(\Delta H_{f,A}^0+\Delta H_{f,B}^0\right)$$

写成普通式

$$Q_p^0=\Delta H_{f,P}^0-\Delta H_{f,R}^0 \tag{8-9}$$

$$Q_p^0=\sum_P n_i\Delta h_{fi}^0-\sum_R n_i\Delta h_{fi}^0 \tag{8-10}$$

将上面过程推广到任意温度，则任意温度下化学反应的热效应为

$$Q_p = \sum_{P} n_i \Delta h_{fi} - \sum_{R} n_i \Delta h_{fi} \tag{8-11}$$

式中，n_i为反应物或生成物任一成分的物质的量，kmol。式（8-11）表示，反应热效应等于各生成物的生成焓总和减去各反应物的生成焓总和。上述结论是由盖斯定律导出的，故可作为盖斯定律的一个推论。

（2）利用燃烧焓计算热效应

化学热力学规定，在标准状态下，1mol物质完全燃烧时的热效应叫作该物质的标准摩尔燃烧焓，简称标准燃烧焓或燃烧焓，一般用符号$\Delta_c H_m^{\ominus}$表示，本书用Δh_c^0表示298K、101325Pa下物质的燃烧焓，常见燃料的燃烧焓见附表17。热力学上规定，碳的燃烧产物为$CO_2(g)$，氢的燃烧产物为$H_2O(l)$，氮、硫的燃烧产物分别为$N_2(g)$、$SO_2(g)$，这些燃烧产物的燃烧焓为零，即完全燃烧的产物，其燃烧焓为零。

计算定温定压下由A和B化合成E的反应热，可以借助A和B、E燃烧后的共同产物来计算，设计反应过程如图8-2所示，燃烧产物可以通过直接燃烧A和B一步得到；也可以分步得到，即先由A和B化合成E，再燃烧E得到。根据盖斯定律，可利用物质的燃烧焓，计算出A和B的标准反应热效应Q_p^0。

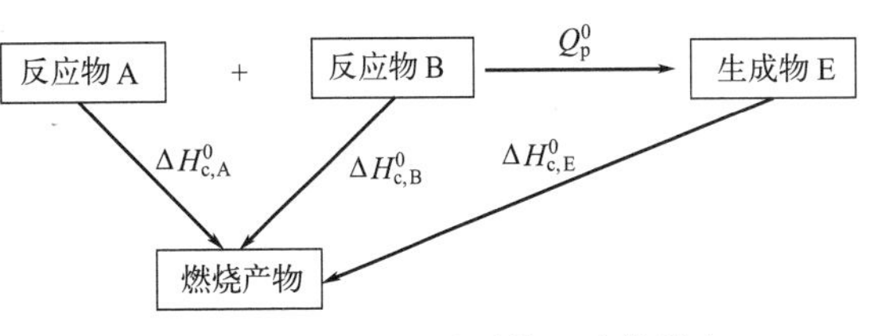

图8-2 利用燃烧焓计算反应热效应

$$Q_p^0 + \Delta H_{c,E}^0 = \Delta H_{c,A}^0 + \Delta H_{c,B}^0$$

$$Q_p^0 = \left(\Delta H_{c,A}^0 + \Delta H_{c,B}^0\right) - \Delta H_{c,E}^0$$

写成普通式

$$Q_p^0 = \Delta H_{c,R}^0 - \Delta H_{c,P}^0 \tag{8-12}$$

与标准生成焓类似，上面过程可以从单质开始，有

$$Q_p^0 = \sum_{R} n_i \Delta h_{ci}^0 - \sum_{p} n_i \Delta h_{ci}^0 \tag{8-13}$$

将上面过程推广到任意温度，则任意温度下化学反应的热效应为

$$Q_p = \Delta H_{c,R} - \Delta H_{c,P} \tag{8-14}$$

$$Q_p = \sum_{R} n_i \Delta h_{ci} - \sum_{p} n_i \Delta h_{ci} \tag{8-15}$$

例如，丙烷裂解反应为 $C_3H_8 = C_2H_4 + CH_4$

欲求丙烷裂解标准反应热效应Q_p^0，可设计如下丙烷、乙烯和甲烷的燃烧反应

$$C_3H_8 + 5O_2 = 3CO_2 + 4H_2O;\ \Delta h_{c1}^0 = -2220\text{kJ/mol}$$

$$C_2H_4 + 3O_3 = 2CO_2 + 2H_2O;\ \Delta h_{c2}^0 = -1411\text{kJ/mol}$$

$$CH_4 + 2O_2 = CO_2 + 2H_2O;\ \Delta h_{c3}^0 = -890\text{kJ/mol}$$

由式（8-13），丙烷裂解的热效应为

$$Q_p^0 = \Delta h_{c1}^0 - \left(\Delta h_{c2}^0 + \Delta h_{c3}^0\right) = -2220 - (-1411 - 890) = 81(\text{kJ/mol})$$

无论利用燃烧焓还是生成焓计算标准热效应，都必须注意各物质的聚集状态。气态物质的焓值与液态物质的焓值相差一个蒸发潜热（汽化热）。几种物质的汽化焓也列于附表17。

8.2.4 基尔霍夫定律

反应热效应的数值与反应时系统所处的温度和压力有关。分别在定温下（此时压力变化）及定压下

（此时温度变化）研究压力、温度对热效应的影响，发现只有当压力很高时，压力的变化对热效应的影响才是显著的，而温度对热效应的影响却要大得多。因而本节研究温度对反应热效应的影响。当化学反应不在标准状态下进行时，任意温度下的热效应可按如下方法求得。

设A、B、D、E为理想气体，分别有a、b、d、e千摩尔参加某一定压化学反应

$$a\mathrm{A}+b\mathrm{B} \rightleftharpoons d\mathrm{D}+e\mathrm{E}$$

该反应在温度T_1时的热效应为$Q_{\mathrm{p1}}=H_{\mathrm{P},T_1}-H_{\mathrm{R},T_1}=\Delta H_{T_1}$，在温度$T_2$时的热效应为$Q_{\mathrm{p2}}=H_{\mathrm{P},T_2}-H_{\mathrm{R},T_2}=\Delta H_{T_2}$。为确定$Q_{\mathrm{p1}}$与$Q_{\mathrm{p2}}$之间的关系，可设计如图8-3所示的过程，即让反应按两种途径进行，一种是反应直接在温度T_2下进行；另一种是先让反应物由T_2变到T_1，在温度T_1下进行反应后使生成物由T_1回到T_2。

aA + bB —Q_{p2}, T_2→ dD + eE
ΔH_{R}↓　　　↑ΔH_{P}
aA + bB —Q_{p1}, T_1→ dD + eE

图8-3　反应热效应与温度的关系

图中ΔH_{R}为反应物从温度T_2变化到T_1时焓的变化量，ΔH_{P}为生成物从温度T_1变化到T_2时的变化量。因为焓是状态参数，故有

$$\Delta H_{T_2}=\Delta H_{\mathrm{R}}+\Delta H_{T_1}+\Delta H_{\mathrm{P}}$$

而

$$\Delta H_{\mathrm{R}}=\int_{T_2}^{T_1}\sum_{\mathrm{R}}n_iC_{\mathrm{pm}i}\mathrm{d}T$$

$$\Delta H_{\mathrm{P}}=\int_{T_1}^{T_2}\sum_{\mathrm{P}}n_iC_{\mathrm{pm}i}\mathrm{d}T$$

式中，$C_{\mathrm{pm}i}$为第i种成分的千摩尔定压热容。故

$$Q_{\mathrm{p2}}=Q_{\mathrm{p1}}+\int_{T_1}^{T_2}\left(\sum_{P}n_iC_{\mathrm{pm}i}-\sum_{R}n_iC_{\mathrm{pm}i}\right)\mathrm{d}T \tag{8-16}$$

式（8-16）即为基尔霍夫定律的一种表达式。基尔霍夫定律表示了反应热效应随温度变化的关系，即化学反应的热效应随温度变化，是由于生成物和反应物的总热容随温度变化引起的。

依式（8-16），如果已知标准热效应，就可计算任一温度下的反应热效应，即

$$Q_{\mathrm{p}}=Q_{\mathrm{p}}^0+\int_{298}^{T}\left(\sum_{\mathrm{P}}n_iC_{\mathrm{pm}i}-\sum_{\mathrm{R}}n_iC_{\mathrm{pm}i}\right)\mathrm{d}T \tag{8-17}$$

工程上常用的是反应热，由以上反应热效应的计算结果即可计算任一反应的反应热。以燃烧反应为例，温度为T_1的反应物经燃烧反应后生成物的温度为T_2，燃烧产生的热量全部用来提高生成物的温度，则系统的反应热为

$$Q=Q_{\mathrm{p}}^0+\int_{298}^{T_2}\sum_{\mathrm{P}}n_iC_{\mathrm{pm}i}\mathrm{d}T-\int_{298}^{T_1}\sum_{\mathrm{R}}n_iC_{\mathrm{pm}i}\mathrm{d}T \tag{8-18}$$

若反应物与生成物在T_1到T_2区间内有相变时，应根据实际情况对图8-4中ΔH_{P}和ΔH_{R}的计算做相应修正。

【例8-1】试计算H_2在500℃完全燃烧时的反应热。

解　H_2完全燃烧时的反应方程式

$$H_2(g)+\frac{1}{2}O_2 \longrightarrow H_2O(g)$$

解法一 根据盖斯定律设计如图8-4所示反应路径。

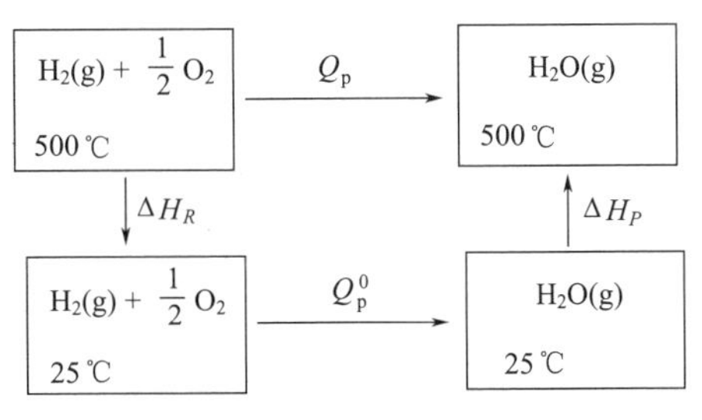

图8-4 例8-1图

查附表2有

$$c_{p,H_2O}=32.24+19.24\times10^{-3}T+10.56\times10^{-6}T^2-3.59\times10^{-9}T^3[kJ/(kmol\cdot K)]$$

$$c_{p,H_2}=29.21-1.916\times10^{-3}T-4.004\times10^{-6}T^2-0.8705\times10^{-9}T^3[kJ/(kmol\cdot K)]$$

$$c_{p,O_2}=25.48+15.20\times10^{-3}T+5.062\times10^{-6}T^2+1.312\times10^{-9}T^3[kJ/(kmol\cdot K)]$$

则

$$\Delta H_R=\int_{773}^{298}\left(n_{H_2}c_{p,H_2}+n_{O_2}c_{p,O_2}\right)dT=-21127kJ/kmol$$

$$\Delta H_p=\int_{298}^{773}n_{H_2O}c_{p,H_2O}\,dT=21488kJ/kmol$$

查附表16有

$$Q_p^0=\Delta H_f^0=-241997kJ/kmol$$

$$Q_p=Q_p^0+\Delta H_R+\Delta H_P=-241997-21127+21488=-241636(kJ/kmol)$$

解法二 可以直接应用式（8-17）计算Q_p

$$Q_p=Q_p^0+\int_{298}^{773}\left[n_{H_2O}c_{p,H_2O}-\left(n_{H_2}c_{p,H_2}+n_{O_2}c_{p,O_2}\right)\right]dT=-241636kJ/kmol$$

8.3 理论燃烧火焰温度

前面讨论的热效应所涉及的化学反应是在等温的条件下进行的，即反应热能够及时逸散或者得到补充，体系和环境之间进行有效的换热，以保证初始和终了状态的温度相同。如果反应在绝热条件下进行，初始和终了状态不可能一致。有一些化学反应，如燃烧反应，其过程迅速，往往瞬间即可完成，可近似视为绝热过程，其放出的热量会使得产物温度升高。如果燃烧反应在接近绝热的条件下进行，且系统的动能和位能可以忽略，对外不做有用功，并且假定燃烧过程是完全的，所产生的热量未传到外界，即全部用来加热燃烧产物，使其温度升高，则这种燃烧称为绝热燃烧。在不考虑离解作用的条件下，绝热燃烧时所能达到的温度最高，这一温度称为理论燃烧火焰温度。若绝热燃烧是在定压条件下进行的，则燃烧火焰温度称为定压理论火焰温度，若绝热燃烧是在定容条件下进行的，则燃烧火焰温度称为定容理论火焰温度。

8.3.1 定压燃烧火焰温度

根据热力学第一定律，若绝热燃烧时不做非体积功

$$Q_p = H_{P,T_2} - H_{R,T_1} = \sum_P n_i h_i - \sum_R n_i h_i = 0$$

即

$$\sum_P n_i \left(\Delta h_{fi}^0 + \int_{298}^{T_2} C_{pmi} dT \right) - \sum_R n_i \left(\Delta h_{fi}^0 + \int_{298}^{T_1} C_{pmi} dT \right) = 0 \tag{8-19}$$

显然，若已知反应物的成分、初始温度和反应方程，则只有T_2是未知数，由式（8-19）即可求解。可采用试算或迭代法。

【例8-2】 25℃的液体丁烷在温度600K的空气中进行定压燃烧，理论空气量为400%，试求理论燃烧火焰温度。

解 理论燃烧方程为

$$C_4H_{10} + 6.5O_2 == 4CO_2 + 5H_2O$$

400%理论空气量时的燃烧方程为

$$C_4H_{10}(l) + 4\times 6.5O_2(g) + 4\times 6.5\times 3.76N_2(g) == 4CO_2(g) + 5H_2O(g) + 3\times 6.5O_2(g) + 4\times 6.5\times 3.76N_2(g)$$

即

$$C_4H_{10}(l) + 26O_2(g) + 97.76N_2(g) == 4CO_2(g) + 5H_2O(g) + 19.5O_2(g) + 97.76N_2(g)$$

式中，l表示液体；g表示气体。

对反应物

$$H_{R,T_1} = \sum_R n_i \left(\Delta h_{fi}^0 + \int_{298}^{T_1} C_{pmi} dT \right) = \sum_R n_i \left(\Delta h_{fi}^0 + h'_{iT_1} - h'_{i298} \right)$$
$$= \left(\Delta h_f^0 + h'_{600} - h'_{298} \right)_{C_4H_{10}} + 26\times\left(\Delta h_f^0 + h'_{600} - h'_{298} \right)_{O_2} + 97.76\times\left(\Delta h_f^0 + h'_{600} - h'_{298} \right)_{N_2}$$

对燃烧产物

$$H_{P,T_2} = \sum_P n_i \left(\Delta h_{fi}^0 + \int_{298}^{T_2} C_{pmi} dT \right) = \sum_P n_i \left(\Delta h_{fi}^0 + h'_{iT_2} - h'_{i298} \right)$$
$$= 4\times\left(\Delta h_f^0 + h'_{T_2} - h'_{298} \right)_{CO_2} + 5\times\left(\Delta h_f^0 + h'_{T_2} - h'_{298} \right)_{H_2O} + 19.5\times\left(\Delta h'_f + h'_{T_2} - h'_{298} \right)_{O_2} + 97.76\times\left(\Delta h'_f + h'_{T_2} - h'_{298} \right)_{N_2}$$

式中的上标“′”代表物理焓。

查表 $\Delta h_{fC_4H_{10}(g)}^0 = -126150\text{kJ/mol}$，$\Delta h_{fO_2(g)}^0 = 0$
$\Delta h_{fN_2(g)}^0 = 0$ $\Delta h_{fCO_2(g)}^0 = -393520\text{kJ/mol}$
$\Delta h_{fH_2O(g)}^0 = -241820\text{kJ/mol}$

标准状态下C_4H_{10}的汽化潜热$\gamma = 21060\text{kJ/mol}$

$$\Delta h_{fC_4H_{10}(l)}^0 = \Delta h_{fC_4H_{10}(g)}^0 - \gamma = -147210\text{kJ/mol}$$

$$h'_{298CO_2} = 9364\text{kJ/mol} \quad h'_{298H_2O} = 9904\text{kJ/mol}$$

$$h'_{298O_2} = 8682\text{kJ/mol} \quad h'_{298N_2} = 8669\text{kJ/mol}$$

$$h'_{600O_2} = 17929\text{kJ/mol} \quad h'_{600N_2} = 17563\text{kJ/mol}$$

根据式（8-19）有

$$H_{R,T_1} = H_{P,T_2}$$

即 $$\sum_{R} n_i\left(\Delta h_{fi}^0 + h'_{T_1 i} - h'_{i298}\right) = \sum_{P} n_i\left(\Delta h_{fi}^0 + h'_{T_2 i} - h'_{298i}\right)$$

将查得的数据代入上式并整理得

$$4h'_{T_2CO_2} + 5h'_{T_2H_2O} + 19.5h'_{T_2O_2} + 97.76h'_{T_2N_2} = 4846800$$

上式可用试算法求解，即先假定一个T_2值，查出各生成物相应的h'_{T_2}值，将数据代入上式，使方程左边之和等于方程右边之值，则求得T_2。

经多次试算解得 $$T_2 = 1220\text{K}$$

8.3.2 定容燃烧火焰温度

定容燃烧火焰温度的计算方法与定压燃烧火焰温度的计算方法相似。在定容条件下绝热燃烧，燃烧产物的压力将提高。依热力学第一定律

$$Q_V = U_{P,T_2} - U_{R,T_1} = \sum_P n_i u_i - \sum_R n_i u_i = 0$$

$$\left(\sum_P n_i h_i - p_2 V\right) - \left(\sum_R n_i h_i - p_1 V\right) = 0$$

$$\left(\sum_P n_i h_i - n_P R_m T_2\right) - \left(\sum_R n_i h_i - n_R R_m T_1\right) = 0 \tag{8-20}$$

可见，上式中也只有T_2为未知数，可以求解。

定容燃烧反应的终压力p_2可按理想气体方程式计算，即

$$p_2 = \frac{n_P R_m T_2}{V} \tag{8-21}$$

上述各式中V为燃烧室容积。

8.4 化学反应的方向和限度

8.4.1 化学反应的自发过程

在第2章中，我们述及一些自发的热力过程，比如热量自动从高温物体传至低温物体，气体在真空中的自由膨胀，液体或者气体的混合过程等。涉及化学反应时，也同样存在自发的化学反应。比如，铁在潮湿的空气中易生锈，而铁锈不会自发地还原为金属铁；再如铁从硫酸铜溶液中置换出铜，在小苏打中滴入醋会产生CO_2等，这些反应也是可以自发产生的。这种在一定条件下不需外界做功，一经引发就能自动进行的反应，称为**自发反应**。同样，要使非自发反应得以进行，外界必须做功。例如，常温下水不能自发地分解为氢气和氧气，但是可以通过电解使水分解。化学反应在指定条件下自发进行的方向和限度问题，是科学研究和生产实践中极为重要的理论问题之一。本节重点讨论能否从理论上判断一个具体的化学反应是否为自发反应，或者说从理论上确立一个化学反应方向的判据(方向和条件)。

8.4.2 化学反应的可逆过程

与物理状态变化过程一样，在完成某含有化学反应的过程以后，当使过程沿相反方向进行时，能够使物系和周围介质完全恢复到反应前的状态，不留下任何变化，这样理想的过程就是可逆过程，否则就

是不可逆过程。可逆过程只是一种理想的极限，实际过程都是不可逆的，但不可逆的程度并不相同。少数特殊条件下的化学反应比较接近可逆，例如蓄电池的放电和充电。绝大多数的实际化学反应都是不可逆程度很强烈的反应，例如燃料的燃烧过程。氢在燃烧中氧化成为水或是碳在燃烧中氧化成为二氧化碳以后，只有借助于外来的电功才能使之再分解成为原来的氢或碳，是不可逆过程。

8.4.3 焓变与化学反应的方向

人们在长期的生产和生活中发现，自发过程的发生一般都是朝着能量降低的方向进行，能量越低，体系的状态越稳定。有人据此提出将反应的焓变作为化学反应自发性的判据，认为在等温、等压条件下，一切化学反应都朝着放出能量的方向进行，也就是说，放热反应能自发进行，而吸热反应不能自发进行。

大量实例表明，许多放热反应确实是自发反应。但是，后来发现有些吸热反应也能自发进行，例如水的蒸发过程，某些物质如KNO_3、NH_4Cl等溶于水的过程。由此可见，把焓变作为化学反应自发性的判据是不准确的、不全面的。除了焓变这一重要因素外，一定还有其他影响因素。

8.4.4 熵变与化学反应的方向

除了反应焓变以外，体系的混乱度也是影响化学反应方向的另一个重要的因素。第2章已经述及，自然界中的自发过程一般都朝着混乱程度（简称混乱度）增大的方向进行，热力学中用“熵”来表征体系内组成物质的粒子的运动混乱程度。如KNO_3晶体中的K^+和NO_3^-在晶体中的排列是整齐有序的，但是把晶体溶于水后，晶体表面的K^+和NO_3^-受到极性水分子的吸引而从晶体表面脱落，形成水合离子并在溶液中扩散，其混乱程度增加很多。虽然熵增有利于反应的自发进行，但是与反应焓变一样，不能仅用熵变作为反应自发性的判据。例如$SO_2(g)$氧化为$SO_3(g)$的反应在298.15K、标准态下是一个自发反应，但其熵变小于零。又如，水转化为冰的过程熵变小于零，但在$T<273.15$K的条件下却是自发过程。这表明过程（或反应）的自发性不仅与焓变和熵变有关，而且还与温度条件有关。第2章中提到利用熵增原理可以判断热力过程的方向，此时系统必须是孤立的。通常的化工过程发生时，物质与环境之间有能量传递，无法看作孤立系统，此时熵增原理无法作为化学反应是否自发进行的判据。

8.4.5 自由能和自由焓与化学反应的方向

在第7章中已经述及，对于恒温恒容和恒温恒压的化学反应过程，建立了自由能和自由焓判据。即在恒温恒容过程的封闭体系中，不做非体积功的前提下，任何自发过程总是朝着自由能(A)减小的方向进行；而在恒温恒压过程的封闭体系中，不做非体积功的前提下，任何自发过程总是朝着自由焓(G)减小的方向进行。

8.4.6 化学反应进行的限度

最初，人们认为一个化学反应一旦发生，就会进行到反应物完全转变为生成物为止。实际上，所有的化学反应都具有可逆性，只是可逆程度有很大差别，极少数反应的逆反应可以忽略。迄今为止，仅有少数化学反应的反应物能全部转化为生成物，例如盐酸和氢氧化钠的反应。大多数反应，在同一种条件下，可以同时向正、逆两个方向进行。如果发生反应的条件不变，反应进行到一定程度后，反应物与生成物的浓度不再发生变化，此时化学反应在正、逆两个方向以相同的速率仍在继续不断地进行，但系统内反应物与生成物的成分不再随时间变化，化学反应没有停止，但化学反应中可见的变化已经停止，反应达到动态平衡，这时系统所处的状态称为化学平衡状态，此即为化学反应进行的限度。

化学平衡具有三个特点：①正、逆方向的反应速率相同；②反应仍在进行，是动态平衡；③平衡需要一定的条件，条件改变时平衡将会被打破，重新建立新的平衡。

化学平衡条件

8.5 化学平衡和平衡常数

8.5.1 化学平衡的条件

考虑理想气体进行的任一可逆化学反应

$$aA + bB \rightleftharpoons dD + eE \tag{8-22}$$

式中，a、b、d、e分别为反应物A、B和生成物D、E在反应方程式中的系数。反应过程可以由A、B结合生成D、E（称为正反应），也可由D、E生成A、B（称为逆反应）。当该化学反应处于平衡时，其平衡条件可利用自由焓判据导出。

设由式（8-22）表示的化学反应处于平衡状态，所处的温度、压力条件一定，此时反应物及生成物的平衡分压分别为p_A、p_B、p_D、p_E。如果在该温度、压力下平衡状态发生微小波动，系统中的$n$kmol理想气体发生了一微小的成分变化，有$a(dn)$kmol的A与$b(dn)$kmol的B相互作用，生成$d(dn)$kmol的D与$e(dn)$kmol的E，则A、B、D、E四种组元的数量变化分别为$dn_A = a(dn)$，$dn_B = b(dn)$，$dn_D = d(dn)$，$dn_E = e(dn)$，因为假定只有微量成分发生变化，可以认为反应系统中各组元的分压力与化学位保持不变。由于系统仍可视为处于平衡状态，则系统自由焓的变化应等于零。在定温定压条件下，根据式（7-10），由于$dp = 0, dT = 0$，有

$$dG = \sum \mu_i dn_i = 0$$

$$dG = \mu_A dn_A + \mu_B dn_B + \mu_D dn_D + \mu_E dn_E$$
$$= (d\mu_D + e\mu_E - a\mu_A - b\mu_B)dn = 0$$

因为

$$dn \neq 0$$

则

$$d\mu_D + e\mu_E - a\mu_A - b\mu_B = 0$$

或

$$\sum \nu_i \mu_i = 0 \tag{8-23}$$

式（8-23）为化学平衡条件。式中，ν_i和μ_i分别为反应方程中第i种物质的系数和化学位。对于反应物ν_i取负号，对于生成物ν_i取正号。

化学平衡常数

8.5.2 化学平衡常数

将理想气体的化学位方程式应用于A、B、D、E等组元，则得

$$\mu_{\mathrm{D}} = \mu_{\mathrm{D}}^{0} + R_{\mathrm{m}} T \ln\left(p_{\mathrm{D}} / p_{0}\right)$$

$$\mu_{\mathrm{E}} = \mu_{\mathrm{E}}^{0} + R_{\mathrm{m}} T \ln\left(p_{\mathrm{E}} / p_{0}\right)$$

$$\mu_{\mathrm{A}} = \mu_{\mathrm{A}}^{0} + R_{\mathrm{m}} T \ln\left(p_{\mathrm{A}} / p_{0}\right)$$

$$\mu_{\mathrm{B}} = \mu_{\mathrm{B}}^{0} + R_{\mathrm{m}} T \ln\left(p_{\mathrm{B}} / p_{0}\right)$$

以上四式代入式（8-23）并整理后可得

$$\begin{aligned} & d\mu_{\mathrm{D}}^{0} + e\mu_{\mathrm{E}}^{0} - a\mu_{\mathrm{A}}^{0} - b\mu_{\mathrm{B}}^{0} + R_{\mathrm{m}} T\left[d\ln\left(p_{\mathrm{D}} / p_{0}\right) + e\ln\left(p_{\mathrm{E}} / p_{0}\right)\right. \\ & \left.- a\ln\left(p_{\mathrm{A}} / p_{0}\right) - b\ln\left(p_{\mathrm{B}} / p_{0}\right)\right] = 0 \end{aligned} \tag{8-24}$$

令

$$\Delta G_{\mathrm{T}}^{0} = d\mu_{\mathrm{D}}^{0} + e\mu_{\mathrm{E}}^{0} - a\mu_{\mathrm{A}}^{0} - b\mu_{\mathrm{B}}^{0} = dg_{\mathrm{D}}^{0} + eg_{\mathrm{E}}^{0} - ag_{\mathrm{A}}^{0} - bg_{\mathrm{B}}^{0}$$

称$\Delta G_{\mathrm{T}}^{0}$为化学反应的标准自由焓差。上式代入式（8-24）可得

$$\ln \frac{p_{\mathrm{D}}^{d} p_{\mathrm{E}}^{e}}{p_{\mathrm{A}}^{a} p_{\mathrm{B}}^{b} p_{0}^{\Delta\nu}} = -\frac{1}{R_{\mathrm{m}} T} \Delta G_{\mathrm{T}}^{0} \tag{8-25}$$

其中，$\Delta\nu = (d+e) - (a+b)$，是反应前后物系物质的量的变化。

对于一个确定的化学反应，作为理想气体的各组元的化学位μ_{i}^{0}只是温度的函数，所以$\Delta G_{\mathrm{T}}^{0}$也只是温度的函数。温度一定时，这个确定反应的$\Delta G_{\mathrm{T}}^{0}$亦是定值。从而

$$K_{\mathrm{p}} = \frac{p_{\mathrm{D}}^{d} p_{\mathrm{E}}^{e}}{p_{\mathrm{A}}^{a} p_{\mathrm{B}}^{b} p_{0}^{\Delta\nu}} = \text{常数} \tag{8-26}$$

式中，K_{p}称为化学平衡常数，由于其由压力表示，也称为压力平衡常数。

K_{p}值表明了平衡时化学反应系统中各物质间的数量关系。K_{p}的大小反映了化学反应完全的程度，K_{p}值越大反应产物的浓度越大，反应越完全。同时，K_{p}也是计算平衡组分的重要依据。由于K_{p}仅是温度的函数，为便于计算，将不同温度的K_{p}值列成数据表，以备查用。附表18给出了部分反应的K_{p}值，以往手册中通常取$p_{0} = 101.325\mathrm{kPa}$

将式（8-26）代入式（8-25）得

$$\Delta G_{\mathrm{T}}^{0} = -R_{\mathrm{m}} T \ln K_{\mathrm{p}} \tag{8-27}$$

上述各式推导的K_{p}值是从单相系统导出的，且组成系统的物质均处于气态，如果在多相系统中发生化学反应，反应中有凝聚相（固体或液体）存在，如

$$\mathrm{C}(s) + \mathrm{CO}_{2} \rightleftharpoons 2\mathrm{CO}$$

则因为在高温下固相、液相的升华或蒸发，会形成各自相应物质的饱和蒸气，这些物质与气态物质发生反应。如果反应在一定温度下进行，则其对应的饱和蒸气压力为一定的数值，而与凝聚相的数量多少无关。如果把反应写作

$$\mathrm{C}(\mathrm{g}) + \mathrm{CO}_{2} \rightleftharpoons 2\mathrm{CO}$$

则平衡常数为

$$\Delta G_{\mathrm{T}}^{0} = -R_{\mathrm{m}} T \ln K_{\mathrm{p}}'$$

$$K_{\mathrm{p}}' = \frac{p_{\mathrm{CO}}^{2}}{p_{\mathrm{C}} p_{\mathrm{CO}_{2}}}$$

但因反应温度一定，上式中p_{C}为常数，平衡常数K_{p}随p_{CO}及$p_{\mathrm{CO}_{2}}$变化，因此

可将p_C包括在K_p中，而有

$$K_p = \frac{p_{CO}^2}{p_{CO_2}}$$

以上推导说明，有凝聚相的多相反应的平衡常数由参加反应的气态物质的分压力确定。

平衡常数也可用气体的浓度来表示。此处浓度是指单位体积内所含物质的物质的量。由理想气体状态方程式$pV = nR_mT$和浓度定义式$C = \frac{n}{V}$可得

$$C = \frac{p}{R_mT}$$

化学反应达平衡时，各物质以浓度表示的平衡常数K_C可写成

$$K_C = \frac{C_D^d C_E^e}{C_A^a C_B^b} \tag{8-28}$$

式中，C_A、C_B、C_D、C_E分别表示A、B、D、E气体达到化学平衡时的浓度。上式也可写为

$$K_C = \frac{p_D^d p_E^e}{p_A^a p_B^b}\left(R_mT\right)^{(a+b-d-e)} \tag{8-29}$$

可见，K_C也仅与温度有关。已定义

$$\Delta\nu = (d+e)-(a+b)$$

则

$$K_C = K_p\left(\frac{p_0}{R_mT}\right)^{\Delta\nu}$$

或

$$K_p = K_C\left(\frac{R_mT}{p_0}\right)^{\Delta\nu} \tag{8-30}$$

式（8-30）表明了K_p与K_C的关系，在一般情况下，K_C与K_p是不相等的，只有在$\Delta\nu = 0$时，K_p与K_C才相等。

除了K_C、K_p外，还有用相对物质的量表示的平衡常数K_y

$$K_y = \frac{y_D^d y_E^e}{y_A^a y_B^b} \tag{8-31}$$

式中，y_A、y_B、y_D、y_E分别表示A、B、D、E气体在达到化学平衡时的相对物质的量。由于

$$y_i = \frac{n_i}{n} = \frac{p_i}{p}$$

则

$$K_y = \frac{y_D^d y_E^e}{y_A^a y_B^b} = \frac{p_D^d p_E^e}{p_A^a p_B^b}\left(\frac{1}{p}\right)^{\Delta\nu}$$

即

$$K_y = K_p\left(\frac{p_0}{p}\right)^{\Delta\nu}$$

或

$$K_p = K_y\left(\frac{p}{p_0}\right)^{\Delta\nu} = \frac{n_D^d n_E^e}{n_A^a n_B^b}\left(\frac{p}{np_0}\right)^{\Delta\nu} \tag{8-32}$$

可见K_y、K_p一般也是不相等的。而

$$K_y = K_p\left(\frac{p_0}{p}\right)^{\Delta\nu} = K_C\left(\frac{V}{n}\right)^{\Delta\nu}$$

因而只有$\Delta\nu=0$时，K_C、K_p、K_y三者才相等。K_y除了与温度有关外，还与总压力有关。三个平衡常数中只要知道了一个，便可求出其他两个。

对于化学平衡与平衡常数的概念，应注意如下几点。

① 对于确定的化学反应，当温度一定时，平衡常数K_p的数值不变。因为化学平衡时各物质的分压（或浓度）是彼此关联的，当系统中某物质的分压（或浓度）变化时其他物质的分压（或浓度）也要相应地发生变化，以保持K_p值不变。

② 反应中K_p的值与系统的总压力无关。考察式（8-27），因为标准自由焓差ΔG_T^0是各气体均处于压力为101325Pa下的值，所以，K_p与系统实际的总压力无关。

③ 平衡常数K_p与化学反应式的写法有关。例如

$$CO+\frac{1}{2}O_2 \rightleftharpoons CO_2 \quad K_{p1}=\frac{p_{CO_2}}{p_{CO}p_{O_2}^{1/2}} \tag{1}$$

$$2CO+O_2 \rightleftharpoons 2CO_2 \quad K_{p2}=\frac{p_{CO_2}^2}{p_{CO}^2 p_{O_2}} \tag{2}$$

$$CO_2 \rightleftharpoons CO+\frac{1}{2}O_2 \quad K_{p3}=\frac{p_{CO}p_{O_2}^{1/2}}{p_{CO_2}} \tag{3}$$

可见，反应（2）的$K_{p2}=\left(K_{p1}\right)^2$，而反应（3）的$K_{p3}=\dfrac{1}{K_{p1}}$，所以由附表18查取$K_p$值时，必须与相应的化学反应方程式相对应，以免产生错误。

④ 应注意$dG_{T,p}$和ΔG_T^0的区别。$dG_{T,p}$是在任一温度、压力下的平衡判据，只要定温定压反应$(W_e=0)$达到了平衡，它必须为零。而ΔG_T^0是参加反应的物质均处于压力为101325Pa，在给定温度下的自由焓差，通常是一有限值（正或负），对于任一个反应只有在一个特定的温度下ΔG_T^0为零，此时K_p值为1。

⑤ 某些复杂化学反应的平衡常数无法查到，可利用简单化学反应的平衡常数进行计算。例如已知

$$CO+\frac{1}{2}O_2 \rightleftharpoons CO_2 \quad K_{p1}=\frac{p_{CO_2}}{p_{CO}p_{O_2}^{1/2}}$$

$$H_2+\frac{1}{2}O_2 \rightleftharpoons H_2O \quad K_{p2}=\frac{p_{H_2O}}{p_{H_2}p_{O_2}^{1/2}}$$

则

$$CO+H_2O \rightleftharpoons CO_2+H_2$$

的平衡常数为

$$K_{p3}=\frac{p_{CO_2}p_{H_2}}{p_{CO}p_{H_2O}}=\frac{K_{p1}}{K_{p2}}$$

8.5.3 平衡组成的计算

只要知道反应方程、反应物组成及平衡常数，就可计算平衡组成。求解的一般步骤为：

① 列出反应方程；

② 列出质量平衡方程；

③ 列出平衡常数表达式；

④ 求解平衡常数表达式，得到平衡组成。

【例8-3】 合成氨反应$\frac{1}{2}N_2+\frac{3}{2}H_2 \rightleftharpoons NH_3$在400℃、30.4MPa下的化学平衡常数为$K_p=0.0138$，原料气中$N_2:H_2=1:3$。试求平衡时的组成。

解 $$\frac{1}{2}N_2+\frac{3}{2}H_2 \rightleftharpoons NH_3$$

初始物质的量	1	3	0
反应物质的量	x	$3x$	$2x$
平衡物质的量	$1-x$	$3(1-x)$	$2x$

平衡时总物质的量 $n=1-x+3(1-x)+2x=4-2x$

$$K_p=\frac{n_{NH_3}}{n_{N_2}^{1/2}n_{H_2}^{3/2}}\left(\frac{p}{np_0}\right)^{\Delta v}=\frac{2x}{(1-x)^{1/2}(1-x)^{3/2}3^{3/2}}\left[\frac{30.4}{0.101325(4-2x)}\right]^{(1-1/2-3/2)}=0.0138$$

解得
$$x=0.604$$
$$n=2.792$$

平衡组成为

$$y_{N_2}=\frac{1-0.604}{2.792}\times100\%=14.18\%$$
$$y_{H_2}=\frac{3(1-0.604)}{2.792}\times100\%=42.55\%$$
$$y_{NH_3}=\frac{2\times0.604}{2.792}\times100\%=43.27\%$$

8.6 化学平衡的影响因素

化学平衡是相对的、暂时的、有条件的。当外界条件改变时，平衡就会被打破，从而移向另一个新的平衡，此时反应物和生成物的浓度与原平衡状态下的值并不相同，像这样因外界条件的改变而使得化学反应从一个平衡状态转变到另一个平衡状态的过程，叫作化学平衡的移动。本节研究影响化学平衡的因素、化学平衡移动原理及平衡常数的计算。

8.6.1 温度对化学平衡的影响

前已指出，平衡常数K_p是取决于温度的一个函数。研究温度对化学平衡的影响，要从分析温度对K_p的影响入手。由式（8-27）

$$\Delta G_T^0=-R_mT\ln K_p$$

可知，只要研究ΔG_T^0随温度变化的关系，即可求知温度对K_p的影响。

在定温反应中，根据自由焓的定义式$G=H-TS$，有

$$\Delta G=\Delta H-T\Delta S \quad (8\text{-}33)$$

根据式（7-10），对于反应物和生成物，可分别写出

$$\left(\frac{\partial G_1}{\partial T}\right)_p = -S_1$$

$$\left(\frac{\partial G_2}{\partial T}\right)_p = -S_2$$

则

$$\left(\frac{\partial \Delta G}{\partial T}\right)_p = -\Delta S$$

将上式代入式（8-33）得

$$\Delta G = \Delta H + T\left(\frac{\partial \Delta G}{\partial T}\right)_p$$

或

$$\left(\frac{\partial \Delta G}{\partial T}\right)_p = \frac{\Delta G - \Delta H}{T} \tag{8-34}$$

该公式称为吉布斯-亥姆霍兹方程式，它导出了ΔG与T的关系。将上式应用于标准压力（即101325Pa）下的定温反应，则式（8-34）可写成

$$\left(\frac{\partial \Delta G_T^0}{\partial T}\right)_p = \frac{\Delta G_T^0 - \Delta H^0}{T}$$

式中，ΔG_T^0和ΔH^0为标准自由焓的变化和标准焓的变化。将上式改写为以下形式

$$\left(\frac{\partial \Delta G_T^0}{\partial T}\right)_p - \frac{\Delta G_T^0}{T} = \frac{-\Delta H^0}{T}$$

或

$$\frac{1}{T}\left(\frac{\partial \Delta G_T^0}{\partial T}\right)_p - \frac{\Delta G_T^0}{T^2} = \frac{-\Delta H^0}{T^2}$$

即

$$\frac{\partial}{\partial T}\left(\frac{\Delta G_T^0}{T}\right)_p = \frac{-\Delta H^0}{T^2} \tag{8-35}$$

将$\Delta G_T^0 = -R_m T \ln K_p$代入上式，可得

$$\left[\frac{\partial\left(\ln K_p\right)}{\partial T}\right]_p = \frac{\Delta H^0}{R_m T^2} \tag{8-36}$$

式（8-36）称为范德霍夫（Van't Hoff）方程式，它给出了平衡常数K_p随温度而变化的关系。理想气体的焓只是温度的函数，因此，式中的ΔH^0可以用ΔH代替，并可以写成

$$\frac{d\left(\ln K_p\right)}{dT} = \frac{\Delta H}{R_m T^2} = \frac{H_P - H_R}{R_m T^2} = \frac{Q_p}{R_m T^2} \tag{8-37}$$

式中，Q_p为定压热效应；H_P和H_R分别为生成物和反应物的焓值。

由式（8-37）可以看出，如果是吸热反应，即$Q_p>0$，则$\frac{d\left(\ln K_p\right)}{dT}>0$，即当温度升高时$K_p$增大，平衡向正反应方向移动；同理，如果是放热反应，即$Q_p<0$，则$\frac{d\ln K_p}{dT}<0$，即当温度升高时K_p减小，平衡向逆向反应方向移动。总

之，系统温度升高，平衡向吸热反应方向移动；系统温度降低，平衡向放热反应方向移动。

8.6.2 压力对化学平衡的影响

由于K_p和K_C只是温度的函数，总压力变化并不影响K_p和K_C的值。但K_y却是温度和总压力的函数，即使温度不变，总压力变化后，K_y也会随之变化。

前已推知
$$K_y = K_p\left(\frac{p_0}{p}\right)^{\Delta\nu}$$

两边取对数
$$\ln K_y = \ln K_p - \Delta\nu\ln\left(\frac{p}{p_0}\right)$$

等温条件下，上式两边对p求偏导，得
$$\frac{\partial}{\partial p}\left(\ln K_y\right)_T = \frac{\partial}{\partial p}\left(\ln K_p\right)_T - \frac{\partial}{\partial p}\left[\Delta\nu\ln\left(\frac{p}{p_0}\right)\right]_T$$

由于K_p只是温度的函数，所以$\frac{\partial}{\partial p}\left(\ln K_p\right)_T = 0$，则
$$\frac{\partial}{\partial p}\left(\ln K_y\right)_T = -\Delta\nu\frac{p_0}{p} \tag{8-38}$$

由式（8-38）可以看出：K_y随压力而变，即平衡点的位置随压力的改变而变化。

对于反应前后物质的量不变的化学反应，$\Delta\nu = 0$，$\frac{\partial}{\partial p}\left(\ln K_y\right)_T = 0$，则平衡常数$K_y$与压力的变化无关，即当增大或减小体系的总压时，化学平衡不移动。对于反应后物质的量减少的反应，$\Delta\nu<0$，则$\frac{\partial}{\partial p}\left(\ln K_y\right)_T>0$，平衡常数$K_y$随压力$p$的增大而增大，体系压力增大则平衡向正反应方向移动。同理，对于反应后物质的量增加的反应，$\Delta\nu>0$，则$\frac{\partial}{\partial p}\left(\ln K_y\right)_T<0$，平衡常数$K_y$随压力$p$的增大而减小，体系压力增大平衡向逆反应方向移动。总之，对于反应前后物质的量变化的反应，等温条件下，增大体系总压，平衡向物质的量减少的方向移动，减小体系总压，平衡向物质的量增加的方向移动。

8.6.3 惰性气体对化学平衡的影响

在实际生产中，原料气中常混有不参加反应的惰性气体，例如在合成氨的原料气中常含有氩、甲烷等气体；在SO_2的转化反应中，参加反应的是氧气，而加入的却是空气，多余的氮气是不参加反应的惰性气体。这些惰性气体虽不参加反应，但却增加了系统中气体的总物质的量，影响了平衡组成。惰性气体的影响可以这样理解：在总压不变的条件下，增加惰性气体的量实际上起到了稀释的作用，因此它和减少反应系统总压的效应是一样的。若$\Delta\nu \neq 0$，则可以参照系统总压对平衡的影响规律进行分析。如，合成氨的反应$\Delta\nu<0$，因此，当氩和甲烷累积过多时，相当于减小了系统的总压，反应向逆方向进行，影响氨的产率，所以每隔一段时间就需要放空处理。

8.6.4 平衡移动原理

根据以上分析，可以归纳出以下结论。

若在处于化学平衡的反应系统中加入或减少某数量的一种或几种反应物或生成物，或者使其压力或温度发生变化，则将使平衡遭到破坏。在这种情况下，化学反应将重新开始，反应将朝着建立新的化学

吕·查德里

平衡的方向进行。新的过程将遵循以下原则：如果把决定化学平衡的因素加以改变，则化学反应重新开始，新的化学平衡向着抵消或削弱这种因素的改变的方向移动。这个定律称为平衡移动定律，或吕·查德里原理。

据此原理，如果提高平衡系统的温度，则所引起的化学反应将导致热的吸收。如果减少平衡系统中某一组元的浓度，平衡就朝着生成此成分的方向移动。

外界因素对化学平衡的影响，可总结如下：

增高（或降低）温度，则反应向吸热（或放热）的方向进行；

增加（或减小）压力，则反应向物质的量减小（或增大）的方向进行；

增加（或减小）反应物的浓度，则反应正向（或逆向）进行；

增加（或减小）生成物的浓度，则反应逆向（或正向）进行；

增加（或减小）惰性气体的量，则反应向体积增大（或减小）的方向进行。

8.6.5 化学平衡常数的计算

化学反应的平衡常数K_p可以由实验测得，也可以通过计算求得。下面介绍用标准生成自由焓来计算标准状态下的平衡常数K_p。

对于理想气体间的任一反应

$$aA+bB \rightleftharpoons dD+eE$$

系统的标准自由焓差为

$$\Delta G_T^0 = d\mu_D^0 + e\mu_E^0 - a\mu_A^0 - b\mu_B^0 = dg_D^0 + eg_E^0 - ag_A^0 - bg_B^0 \tag{8-39}$$

由上式可见，如果已知物质的标准自由焓，计算任一反应的ΔG_T^0时，只需将各生成物的标准自由焓之和减去各反应物的标准自由焓之和即可求得。但现在还无法知道每种物质自由焓的绝对值，为了解决这一困难，可采用与规定标准生成焓相类似的方法，选用一相对的标准，即规定：稳定单质在101325Pa、25℃标准条件时的自由焓为零。据此，某种化合物的标准生成自由焓就是在标准条件下，由化学单质化合生成1kmol该化合物时的自由焓的变化，以符号$\Delta\bar{g}_f^0$表示，因为单质的自由焓值为零，所以1kmol该化合物在298K、101325Pa时的千摩尔自由焓，在数值上等于其标准生成自由焓。因此，式（8-39）可写为

$$\Delta G_{298}^0 = d\left(\Delta\bar{g}_f^0\right)_D + e\left(\Delta\bar{g}_f^0\right)_E - a\left(\Delta\bar{g}_f^0\right)_A - b\left(\Delta\bar{g}_f^0\right)_B \tag{8-40}$$

将式（8-40）求得的ΔG_{298}^0值代入式（8-27）即可计算出标准状态下的K_p值。部分物质的标准生成自由焓列于附表16中。

【例8-4】 已知反应

$$CO_2 \rightleftharpoons CO + \frac{1}{2}O_2$$

试用标准生成自由焓的数据，求出25℃时的平衡常数K_p。

解 由附表16查得各物质的标准生成自由焓为

$$\left(\Delta\bar{g}_f^0\right)_{CO_2} = -394360\text{kJ/kmol}$$

$$\left(\Delta\bar{g}_{\mathrm{f}}^{0}\right)_{\mathrm{CO}}=-137150\mathrm{kJ/kmol}$$

$$\left(\Delta\bar{g}_{\mathrm{f}}^{0}\right)_{\mathrm{O_2}}=0$$

$$\Delta G_{298}^{0}=1\times\left(\Delta\bar{g}_{\mathrm{f}}^{0}\right)_{\mathrm{CO}}+\frac{1}{2}\times\left(\Delta\bar{g}_{\mathrm{f}}^{0}\right)_{\mathrm{O_2}}-1\times\left(\Delta\bar{g}_{\mathrm{f}}^{0}\right)_{\mathrm{CO_2}}=1\times(-137150)+\frac{1}{2}\times0-1\times(-394360)=257210(\mathrm{kJ/kmol})$$

由式（8-27），可得
$$\ln K_{\mathrm{p}}=-\frac{\Delta G_{298}^{0}}{R_{\mathrm{m}}T}=-\frac{257210}{8.314\times298}=-103.815$$

所以
$$K_{\mathrm{p}}=8.195\times10^{-46}$$

可见，K_p的值很小，说明在25℃时CO_2不会分解成CO和O_2，这是符合实际的，事实上CO_2只有在高温下才会分解。

任意温度下平衡常数的计算，需要用到热力学第三定律的结论。

8.7 热力学第三定律

能斯特

热力学第三定律是独立于热力学第一、第二定律之外的一个基本定律。它是研究低温现象而得到的一个普遍定律。它的主要内容是能斯特热定理，或绝对零度不能达到原理。

1906年德国化学家能斯特在研究化学反应在低温的性质时得到一个结论，人们称之为能斯特热定理，表述为："凝聚系的熵在可逆定温过程中的改变随热力学温度趋于零而趋于零。"即

$$\lim_{T\to0}(\Delta S)_T=0 \tag{8-41}$$

到1912年能斯特根据这个定理进一步推论出绝对零度不能达到原理，这个原理是："不可能用有限个手续使一个物体冷却到绝对温度的零度"，这就是热力学第三定律的标准表述。

普朗克进一步指出，当温度趋于绝对零度时，不但体系熵的变化趋于零，而且各物质的熵值也均各趋于零。这就是说，"温度为绝对零度时，任何物质（纯凝聚相）的熵均各为零。"即

$$\lim_{T\to0}S_0=0 \tag{8-42}$$

普朗克的假定仅适用于完整晶体。所谓完整晶体是指晶体中的原子（或分子）仅有一种排列形式。热力学第三定律的另一种说法，可表述为："在0K时，任何完整晶体的熵值等于零。"

有了以上热力学第三定律的结论，就可用反应的热效应和绝对熵来计算$\Delta G_{\mathrm{T}}^{0}$，进而求得任意温度时的平衡常数。

若将某物质在101325Pa下任意温度时的绝对熵称为标准绝对熵，则1kmol物质的标准绝对熵为$\bar{s}_{\mathrm{T}}^{0}$。对于固态物质

$$\bar{s}_{\mathrm{T}}^{0}=\int_0^T C_{\mathrm{pm}}\frac{\mathrm{d}T}{T}=\int_0^T C_{\mathrm{pm}}\mathrm{d}(\ln T) \tag{8-43}$$

如果在温度T下，物质已处于气态，则需要考虑各相变过程，此时对于理想气体有

$$\bar{s}_{\mathrm{T}}^{0}=\int_0^{T_{\mathrm{f}}} C_{\mathrm{pm(s)}}\mathrm{d}(\ln T)+\frac{\Delta H_{\mathrm{f}}}{T_{\mathrm{f}}}+\int_{T_{\mathrm{f}}}^{T_{\mathrm{b}}} C_{\mathrm{pm(l)}}\mathrm{d}(\ln T)+\frac{\Delta H_{\mathrm{v}}}{T_{\mathrm{b}}}+\int_{T_{\mathrm{b}}}^{T} C_{\mathrm{pm(g)}}\mathrm{d}(\ln T) \tag{8-44}$$

式中，下标f表示熔解；v代表蒸发；b代表沸腾；s代表固体；l代表液体；g代表气体。在工程计算

8

中，理想状态下气体的$\bar{s}_{\mathrm{T}}^{0}$一般可在各种气体的热力性质表中查到，附表19给出了部分理想气体的标准绝对熵值。根据自由焓的定义$G=H-TS$，在定温条件下

$$\Delta G_{\mathrm{T}}^{0}=\Delta H_{\mathrm{T}}^{0}-T\Delta S_{\mathrm{T}}^{0} \tag{8-45}$$

式中，$\Delta H_{\mathrm{T}}^{0}$为标准状态下的反应热效应$Q_{\mathrm{p}}^{0}$，可由式（8-13）求得。而

$$\Delta S_{\mathrm{T}}^{0}=\sum_{\mathrm{P}}S_{\mathrm{T}}^{0}-\sum_{\mathrm{R}}S_{\mathrm{T}}^{0}=d\bar{s}_{\mathrm{D}}^{0}+e\bar{s}_{\mathrm{E}}^{0}-a\bar{s}_{\mathrm{A}}^{0}-b\bar{s}_{\mathrm{B}}^{0} \tag{8-46}$$

式中，$\bar{s}_{\mathrm{D}}^{0}$、$\bar{s}_{\mathrm{E}}^{0}$、$\bar{s}_{\mathrm{A}}^{0}$、$\bar{s}_{\mathrm{B}}^{0}$分别为生成物D、E和反应物A、B在给定温度和均处于压力101325Pa下的千摩尔熵的绝对值，可由式（8-43）或式（8-44）求得。

至此，为求得任意温度T时的$\Delta G_{\mathrm{T}}^{0}$，可由式（8-13）求得$\Delta H_{\mathrm{T}}^{0}$，并由各种物质的标准绝对熵$\bar{s}_{\mathrm{T}}^{0}$，求得反应系统总的熵变$\Delta S_{\mathrm{T}}^{0}$，于是根据$\Delta G_{\mathrm{T}}^{0}=\Delta H_{\mathrm{T}}^{0}-T\Delta S_{\mathrm{T}}^{0}$即可算出$\Delta G_{\mathrm{T}}^{0}$的值。再利用

$$\Delta G_{\mathrm{T}}^{0}=-R_{\mathrm{m}}T\ln K_{\mathrm{p}}$$

便可求出反应系统在任意温度时的平衡常数K_{p}，这是热力学第三定律的重要应用之一。上述计算过程用框图描述如图8-5所示。

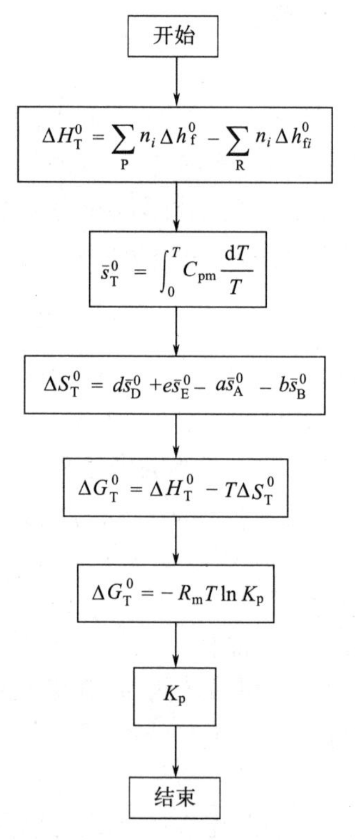

图8-5 求解平衡常数计算流程图

8.8 离解与离解度

离解是指化合物（或反应生成物）分解成为一些较为简单的物质与元素。根据前面论述的化学反应平衡原理，任何反应都不可能单方向全部完成，例如

$$CO + 0.5O_2 \rightleftharpoons CO_2$$

当达到化学平衡时，CO_2与CO、O_2总是多少不一同时存在的。这时，按从左至右方向反应的观点来说，可以认为物系中不可能全部为CO_2，而是必有一部分离解成为CO和O_2。

离解度是指达到化学平衡时，1kmol物质离解了几分之几。离解度以α表示(α<1)。下面以CO_2的离解为例，说明反应的温度和压力对离解度的影响。

$$CO_2 \rightleftharpoons CO + 0.5O_2$$

当达到化学平衡时，设1kmol的CO_2中有αkmol离解，即α为离解度，1kmolCO_2中将离解出αkmol的CO和0.5αkmol的O_2，余下的CO_2为$(1-\alpha)$kmol，混合气的总物质的量（kmol）n为

$$n = n_{CO_2} + n_{CO} + n_{O_2} = (1-\alpha) + \alpha + \frac{\alpha}{2} = 1 + \frac{\alpha}{2}$$

将n、n_{CO_2}、n_{CO}、n_{O_2}代入K_p表达式，可得

$$K_p = \frac{n_{CO} n_{O_2}^{1/2}}{n_{CO_2}} \left(\frac{p}{np_0}\right)^{1/2} = \frac{\alpha\left(\frac{\alpha}{2}\right)^{1/2}}{1-\alpha}\left[\frac{p}{p_0\left(1+\frac{\alpha}{2}\right)}\right]^{1/2} = \frac{\alpha}{1-\alpha}\left(\frac{\alpha}{2+\alpha}\right)^{1/2}\left(\frac{p}{p_0}\right)^{1/2} \tag{8-47}$$

温度对离解度的影响可由上式说明：设反应总压力不变，如$p = 2$MPa，则式（8-47）为

$$K_p = \frac{\alpha}{1-\alpha}\left(\frac{\alpha}{2+\alpha}\right)^{1/2}\sqrt{\frac{2}{0.101325}}$$

因为K_p只是温度的函数，由附表18可查出各假设温度下的K_p值，进而由上式可算出各假设温度下的α值，如表8-1。

表8-1　CO_2的离解度与温度的关系

α	0.02	0.05	0.10	0.15	0.20	0.25	0.28
T / K	2257	2502	2708	2866	3006	3106	3176

不难看出，离解度随着温度的升高而增加。这是因为离解是吸热反应，根据平衡移动原理，温度愈高，离解度愈大，燃烧产物离解愈多。这样，燃烧温度愈高，燃烧进行得就愈不完全。从化学热力学的角度看，离解是燃烧不能完全的原因。

压力对离解度的影响也可由式（8-47）得到：设温度$T = 2800$K，由附表18查得$K_p = 0.1496$，代入式（8-47）得

$$K_p = \frac{\alpha}{1-\alpha}\left(\frac{\alpha}{2+\alpha}\right)^{1/2}\left(\frac{p}{p_0}\right)^{1/2} = 0.1496$$

根据上式解出的各给定压力下的离解度列于表8-2。

表8-2　CO_2的离解度与压力的关系

α	0.06	0.07	0.08	0.09	0.10	0.12	0.15	0.20
p/×101325Pa	188.6	116.8	77	53.1	38.1	21.3	10.3	3.9

离解度随压力的升高而降低。这是因为，CO_2离解为CO和O_2是物质的量增加的反应，依据平衡移动原理，压力增加，将使物质的量增加的反应进行得更不完全，故压力增加，离解度降低。

对于燃烧反应，前面已介绍了理论火焰温度，那是在不考虑离解时求得的。由于高温下必然存在离

解过程，所以燃烧温度将比理论火焰温度低。这种考虑离解作用时绝热燃烧所能达到的最高温度叫作实际火焰温度。

应该指出，这里的实际火焰温度并不是实际燃烧中真正测得的温度，而是相对理论火焰温度而言的。实际燃烧中，由于燃烧不完全、散热等各种原因，实际测得的温度还要低。

小结

① 在重新定义了有化学反应时内能、焓、功和热量后，给出了有化学反应时的热力学第一定律表达式

$$Q = U_{\mathrm{P}} - U_{\mathrm{R}} + W + W_{\mathrm{e}}$$

② 盖斯定律指出，化学反应热效应与反应途径无关，因此可由简单的已知反应过程的热效应求取未知或不易测反应过程的热效应。标准状态下化学反应的热效应可应用物质的燃烧焓或标准生成焓计算，即

$$Q_{\mathrm{p}}^0 = \Delta H^0 = \sum_{\mathrm{R}} n_i \Delta h_{\mathrm{c}i}^0 - \sum_{\mathrm{P}} n_i \Delta h_{\mathrm{c}i}^0$$

$$Q_{\mathrm{p}}^0 = \Delta H^0 = H_{\mathrm{P}}^0 - H_{\mathrm{R}}^0 = \sum_{\mathrm{P}} n_i \Delta h_{\mathrm{f}i}^0 - \sum_{\mathrm{R}} n_i \Delta h_{\mathrm{f}i}^0$$

③ 热效应随温度变化是由生成物与反应物的热容不同引起的，任意温度下的热效应可由基尔霍夫方程计算

$$Q_{\mathrm{p}2} = Q_{\mathrm{p}1} + \int_{T_1}^{T_2} \left(\sum_{\mathrm{P}} n_i C_{\mathrm{pm}i} - \sum_{\mathrm{R}} n_i C_{\mathrm{pm}i} \right) \mathrm{d}T$$

④ 热效应的计算。

利用生成焓计算热效应：

标准生成热

$$Q_{\mathrm{p}}^0 = \Delta H_{\mathrm{p}}^0 - \Delta H_{\mathrm{R}}^0$$

或

$$Q_{\mathrm{p}}^0 = \sum_{\mathrm{P}} n_i \Delta h_{\mathrm{f}}^0 - \sum_{\mathrm{R}} n_i \Delta h_{\mathrm{f}}^0$$

任意温度下的热效应

$$Q_{\mathrm{p}} = \sum_{\mathrm{P}} n_i \Delta h_{\mathrm{f}} - \sum_{\mathrm{R}} n_i \Delta h_{\mathrm{f}}$$

利用燃烧焓计算热效应：

标准生成热

$$Q_{\mathrm{p}}^0 = \Delta H_{\mathrm{c,R}}^0 - \Delta H_{\mathrm{c,P}}^0$$

或

$$Q_{\mathrm{p}}^0 = \sum_{\mathrm{R}} n_i \Delta h_{\mathrm{c}i}^0 - \sum_{\mathrm{P}} n_i \Delta h_{\mathrm{c}i}^0$$

任意温度下的热效应为

$$Q_{\mathrm{p}} = \sum_{\mathrm{R}} n_i \Delta h_{\mathrm{c}i} - \sum_{\mathrm{P}} n_i \Delta h_{\mathrm{c}i}$$

⑤ 绝热燃烧过程所能达到的温度最高，称为理论燃烧温度。已知反应的

组分、初始温度及反应方程，就可计算定容或定压过程的理论燃烧温度。考虑离解作用时的实际燃烧火焰温度要低于理论燃烧火焰温度，反应过程化合物的离解度随反应的温度和压力变化。

⑥ 热力学第二定律被用来研究化学反应进行的条件、方向和限度。由于熵判据、自由焓判据和自由能判据都是等效的，研究化学反应的平衡时，采用了比较简单的自由焓判据。从而，系统达到化学平衡时

$$\sum \nu_i \mu_i = 0$$

⑦ 平衡时必有平衡常数

$$K_{\mathrm{p}} = \frac{p_{\mathrm{D}}^d p_{\mathrm{E}}^e}{p_{\mathrm{A}}^a p_{\mathrm{B}}^b p_0^{\Delta\nu}}$$

平衡常数也可用平衡时各物质的浓度或相对物质的量表示，即

$$K_{\mathrm{C}} = \frac{C_{\mathrm{D}}^d C_{\mathrm{E}}^e}{C_{\mathrm{A}}^a C_{\mathrm{B}}^b} = K_{\mathrm{p}} \left(\frac{p_0}{R_{\mathrm{m}} T} \right)^{\Delta\nu}$$

及

$$K_{\mathrm{y}} = \frac{y_{\mathrm{D}}^d y_{\mathrm{E}}^e}{y_{\mathrm{A}}^a y_{\mathrm{B}}^b} = K_{\mathrm{p}} \left(\frac{p_0}{p} \right)^{\Delta\nu}$$

需要注意的是，对于确定的化学反应，温度一定，则K_{p}不变，且与系统的总压力无关，但却与化学方程式的写法有关。利用平衡常数可求解确定化学反应的平衡组成。

⑧ 当化学反应不是处于平衡状态时，可以用下式判断化学反应进行的方向

$$\Delta G = -R_{\mathrm{m}} T \ln K_{\mathrm{p}} + R_{\mathrm{m}} T \ln J_{\mathrm{p}}$$

即当$\Delta G<0$时，反应能自发地进行。

⑨ 化学平衡受温度、压力等因素的影响，平衡被破坏时，重新开始的化学反应向抵消或削弱这种因素的影响的方向移动。这就是平衡移动定律，或称吕・查德里原理。

⑩ 化学平衡常数可由下式计算

$$\Delta G_{\mathrm{T}}^0 = -R_{\mathrm{m}} T \ln K_{\mathrm{p}}$$

其中，ΔG_{T}^0可用标准自由焓g^0、标准生成自由焓$\Delta \bar{g}_{\mathrm{f}}^0$计算，也可用物质的标准绝对熵$\bar{s}_{\mathrm{T}}^0$计算，计算任意温度下的平衡常数时尤其需要。

⑪ 在可逆反应过程中，系统对外做出的非体积功最大。在定温定压过程中，这一非体积功就是热力学势差$\Delta G = G_{\mathrm{R}} - G_{\mathrm{p}}$，该势差还可被用来作为化学亲和力的量度。

思考题

1. 化学反应过程中系统的内能、焓、功和热量与无化学反应的物理过程中的相应量的含义有何不同?化学反应过程中的焓变化能否直接利用各物质的热性质表计算?
2. 什么是反应热?什么是反应的热效应?它们有何区别?
3. 氢气、甲烷、乙烯燃烧时，对于每个反应，定压热效应与定容热效应哪个大?放热量哪个多?
4. 研究盖斯定律和基尔霍夫方程有什么意义?使用条件和注意点是什么?
5. 除电池反应外，通常化学反应的目的大多不在于得到非体积功，这时最大非体积功的计算还有什么重要意义?
6. 在298K、101325Pa有下列反应，指明Q_1、Q_2、Q_3、Q_4哪几个热效应可称为标准生成焓?

$$CO+\frac{1}{2}O_2 \longrightarrow CO_2+Q_1$$

$$C(石墨)+O_2 \longrightarrow CO_2+Q_2$$

$$2H+O \longrightarrow H_2O(g)+Q_3$$

$$H_2+\frac{1}{2}O_2 \longrightarrow H_2O(g)+Q_4$$

7. 过量空气系数的大小会不会影响理论燃烧温度?会不会影响热效应?如何提高理论燃烧温度?
8. 化学反应实际上都有正向反应与逆向反应在同时进行，这样的反应是否就是可逆反应?怎样的反应才算可逆反应?它与可逆过程的“可逆”有何不同?
9. 熵、自由能和自由焓的变化，都可用来作为化学反应进行方向的判据，试说明它们各适用于什么情况?
10. 某反应的标准自由焓差$\Delta G_T^0>0$，能否由此判断该反应不能自发进行?
11. 说明平衡常数与化学平衡组成的关系。若对某一反应，其平衡常数K_p变了，其化学平衡组成是否变化?相反，在一定温度下，若平衡组成发生了变化，其K_p值是否改变?
12. 简要说明自由焓、标准自由焓差和标准自由生成焓的定义及其在研究化学平衡中的作用。
13. 由吕·查德里原理说明离解度随温度变化的情况。

习题

例题

1. 若反应$C+\frac{1}{2}O_2 \longrightarrow CO$在298K下的定压热效应为−110603kJ / kmol，求同温度下的定容热效应。
2. 已知在定温(298K)、定压(101325Pa)下：

$$CO+\frac{1}{2}O_2 \longrightarrow CO_2,\quad Q_1=-283190\text{kJ / kmol}$$

$$H_2+\frac{1}{2}O_2 \longrightarrow H_2O(g),\quad Q_2=-241997\text{kJ / kmol}$$

试确定下列反应的热效应Q_3：

$$H_2O(g)+CO \longrightarrow H_2+CO_2$$

并计算该反应在2000K时的热效应。

3. 丙烷的燃烧反应方程式为

$$C_3H_8(g)+5O_2(g) \longrightarrow 3CO_2(g)+4H_2O(g)$$

试计算在标准状态下（压力101325Pa、温度298K）反应的热效应（按1kmolC_3H_8计算）。

4. 气态丙烷C_3H_8在298K时与20%的过量空气(400K)在定压（101325Pa）下燃

烧，生成物在1500K离开燃烧室，试求反应热（按1kmolC_3H_8计算）。

5. 甲烷气(CH_4)在空气中燃烧，当不计生成的水分时，生成物的“干”容积成分为CO_2-9.7%，CO-0.5%，O_2-3.0%，试确定每kmol燃料应用空气的物质的量（kmol）。

6. 液态辛烷与过量系数等于4的空气完全燃烧。若反应物在298K、0.1MPa下进入燃烧室，试计算理论火焰温度。

7. C_2H_4（g）初始温度为298K，与300%过量空气（温度为400K），在定压下完全燃烧，试求燃气可达到的最高温度。

8. 由CO_2和O_2在2100℃、101325Pa下组成的平衡混合物，其容积成分为86.53%CO_2，8.98%CO，4.49%O_2。利用这些数据求$CO_2 \rightleftharpoons CO+\frac{1}{2}O_2$在此温度下的平衡常数。

9. 试求化学反应$CO_2+H_2 \rightleftharpoons CO+H_2O$在900℃下的平衡常数$K_p$、$K_C$，已测得平衡时混合物中各物质的物质的量为

$$n_{CO}=1.2,\ n_{CO_2}=1.4,\ n_{H_2}=0.8,\ n_{H_2O}=1.2$$

10. 已知反应$CO+H_2O \rightleftharpoons CO_2+H_2$在700K时的平衡常数$K_p=9$，反应开始时系统中含有$H_2O$、$CO_2$、$H_2$各1kmol，试求平衡组成。

11. 由1kmolH_2O、0.6kmolO_2、1kmolN_2组成的混合气，在3000K、50kPa下发生化学反应，反应方程为$H_2+\frac{1}{2}O_2 \rightleftharpoons H_2O$，试求平衡组成。

12. 常压下乙苯脱氢制苯乙烯的反应$C_6H_5+C_2H_5 \rightleftharpoons C_6H_5CH+CH_2+H_2$在873K时的化学平衡常数$K_p=0.178$，试求平衡组成；若原料气中乙苯和水蒸气的比例为1 ∶ 9，求平衡组成。

13. 求化学反应$2H_2O \rightleftharpoons 2H_2+O_2$在101325Pa及温度分别为298K和2000K时的平衡常数。

14. 在101325Pa、25℃时下列反应能否自发进行

$$Fe_3O_4(s)+CO(g) \rightleftharpoons 3FeO(s)+CO_2(g)$$

已知：$\left(\Delta G_f^0\right)_{Fe_3O_4}=-1117876kJ/kmol$，$\left(\Delta G_f^0\right)_{FeO}=-266699kJ/kmol$。

15. 已知化学反应$CO+H_2O \rightleftharpoons CO_2+H_2$在1000K时的平衡常数为$K_p=1.36$，试问当各成分的原始浓度分别为$[CO]=5kmol/m^3$，$[H_2O]=3kmol/m^3$，$[CO_2]=3kmol/m^3$及$[H_2]=3kmol/m^3$时反应向何方向进行？

16. 一氧化碳与220%过量氧气在$p=0.1MPa$下定压燃烧，初始温度为25℃，求实际火焰温度。

17. 以氢气为燃料的燃料电池中所进行的反应可视为定温定压反应。若压力为101325Pa，温度为25℃，试计算反应过程能完成的最大非体积功。液态水的$S=69.98kJ/(kmol \cdot K)$。

18. 反应$2CO+O_2 \rightleftharpoons 2CO_2$在2800K、101325Pa下达到平衡，平衡常数$K_p=\frac{p_{CO_2}^2}{p_{CO}^2 p_{O_2}}=44.67$。求：①这时的离解度及各气体的分压力；②在相同温度下，下列两反应各自的平衡常数。

$$CO+\frac{1}{2}O_2 \rightleftharpoons CO_2$$

$$CO_2 \rightleftharpoons CO+\frac{1}{2}O_2。$$

附 录

附表1 单位换算表

1.能、功、热量

焦耳 J或N·m	千克力·米 kgf·m	千瓦时 kW·h	千卡 kcal	大气压·升 atm·L	马力·时 hp·h	英尺·磅 ft·lbf	英热单位 Btu
1	0.10197	2.7778×10^{-7}	2.3885×10^{-4}	9.8692×10^{-3}	3.7767×10^{-7}	0.73757	9.4782×10^{-4}
9.80665	1	2.7241×10^{-3}	2.3423×10^{-3}	9.6784×10^{-2}	3.7037×10^{-6}	7.2331	9.2949×10^{-3}
3.6000×10^{6}	3.6710×10^{5}	1	8.5985×10^{2}	3.5529×10^{4}	1.3596	2.6552×10^{6}	3.4142×10^{3}
4.1868×10^{3}	4.2694×10^{2}	1.1630×10^{-3}	1	41.321	1.5812×10^{-3}	3.0881×10^{3}	3.9683
101.325	10.332	2.8146×10^{-5}	2.4201×10^{-2}	1	3.8268×10^{-5}	7.4734×10^{1}	9.6038×10^{-2}
2.6478×10^{6}	2.7000×10^{5}	0.73550	6.3242×10^{2}	2.6132×10^{4}	1	1.9529×10^{6}	2.5096×10^{3}
1.3558	1.3826×10^{-1}	3.7662×10^{-7}	3.2383×10^{-4}	1.3381×10^{-2}	5.1206×10^{-7}	1	1.2851×10^{-3}
1.0551×10^{3}	1.0759×10^{2}	2.9307×10^{-4}	2.5200×10^{-1}	1.0413×10^{1}	3.9847×10^{-4}	7.7817×10^{2}	1

2.压力

帕 Pa	工程大气压 at或 kgf/cm^2	标准大气压 atm	毫米汞柱 mmHg	毫米水柱 mmH_2O	磅/平方英尺 lbf/ft^2	磅/平方英寸 psi或 lbf/in^2	英寸汞柱 inHg	英寸水柱 inH_2O
1	1.0197×10^{-5}	9.8692×10^{-6}	7.5006×10^{-3}	1.0197×10^{-1}	2.0885×10^{-2}	1.4504×10^{-4}	2.9530×10^{-4}	4.0146×10^{-3}
9.8067×10^{4}	1	9.6784×10^{1}	7.3556×10^{2}	1.0000×10^{4}	2.0481×10^{3}	1.4224×10^{1}	2.8959×10^{1}	3.9370×10^{2}
1.01325×10^{5}	1.0332	1	7.600×10^{2}	1.0332×10^{4}	2.1162×10^{3}	1.4696×10^{1}	2.9921×10^{1}	4.0677×10^{2}
1.3332×10^{2}	1.3595×10^{-3}	1.3158×10^{-3}	1	1.3595×10^{1}	2.7844	1.9337×10^{-2}	3.9370×10^{-2}	5.3522×10^{-1}
9.8067	1.0000×10^{-4}	9.6786×10^{-5}	7.3556×10^{-2}	1	2.0481×10^{1}	1.4224×10^{-3}	2.8959×10^{-3}	3.9370×10^{-2}
4.7880×10^{1}	4.8826×10^{-4}	4.7255×10^{-4}	3.5914×10^{-1}	4.8826	1	6.9444×10^{-3}	1.4139×10^{-2}	1.9223×10^{-1}
6.8948×10^{3}	7.0307×10^{-2}	6.8045×10^{-2}	5.1715×10^{1}	7.0309×10^{2}	1.4399×10^{2}	1	2.0360	2.7681×10^{1}
3.3864×10^{3}	3.4532×10^{-2}	3.3421×10^{-2}	2.5400×10^{1}	3.4533×10^{2}	7.0723×10^{1}	4.912×10^{-1}	1	1.3595×10^{1}
2.4908×10^{2}	2.5399×10^{-3}	2.4582×10^{-3}	1.8683	2.5400×10^{1}	5.2022	3.6126×10^{-2}	7.3554×10^{-2}	1

注：1Pa=10^{-5}bar=10dyn/cm^2(达因/平方厘米)。

附表 2 理想气体状态下的千摩尔比定压热容与温度的关系式

$$c_{p0}=a_0+a_1T+a_2T^2+a_3T^3\ [\mathrm{kJ/(kmol\cdot K)}]$$

气 体	a_0	$a_1\times10^3$	$a_2\times10^6$	$a_3\times10^9$	温度范围/K	最大误差/%
H_2	29.21	−1.916	−4.004	−0.8705	273～1800	1.01
O_2	25.48	15.20	5.062	1.312	273～1800	1.19
N_2	28.90	−1.570	8.081	−28.73	273～1800	0.59
CO	28.16	1.675	5.372	−2.222	273～1800	0.89
CO_2	22.26	59.81	−35.01	7.470	273～1800	0.647
空气	28.15	1.967	4.801	−1.966	273～1800	0.72
H_2O	32.24	19.24	10.56	−3.595	273～1500	0.52
CH_4	19.89	50.24	12.69	−11.01	273～1500	1.33
C_2H_4	4.026	155.0	−81.56	16.98	298～1500	0.30
C_2H_6	5.414	178.1	−69.38	8.712	298～1500	0.70
C_3H_6	3.746	234.0	−115.1	29.31	298～1500	0.44
C_3H_8	−4.220	306.3	−158.6	32.15	298～1500	0.28

附表 3 常用气体的主要物理参数表

序号	气体名称	分子式	分子量	标准状态下密度/(kg/m³)	气体常数 R/[J/(kg·K)]	常压下沸点 T_b/K	偏心因子 ω	临界状态参数				比热容		$k=\frac{c_p}{c_v}$
								p_c/kPa	T_c/K	V_c/[cm³/mol]	Z_c	c_p/[kJ/(kg·K)]	c_v/[kJ/(kg·K)]	
1	空气		28.95	1.293	287.04			3775.58	132.42			1.004	0.716	1.4
2	氮	N_2	28.02	1.251	296.75	77.40	0.04	3398.40	126.20	89.5	0.29	1.038	0.741	1.4
3	氧	O_2	32.00	1.429	259.78	90.18	0.021	5045.99	154.60	73.4	0.288	0.913	0.657	1.4
4	氦	He	4.00	0.1785	2079.01	4.25	0	226.97	5.15	57.3	0.301	5.234 (15℃)	3.140 (15℃)	1.66
5	氩	Ar	39.95	1.784	208.20	87.30	−0.002	4873.73	150.80	74.9	0.291	0.524	1.316	1.667
6	氢	H_2	2.01	0.090	4121.74	20.37	0	1297.28	33.20	65	0.305	14.24	10.132	1.41
7	氯	Cl_2	70.91	3.22	117.29	283.15	0.074	7700.70	417.15	124	0.275	0.481	0.356	1.36
8	氖	Ne	20.18	0.90	411.68	27.05	0	2756.04	44.40	41.7	0.311	1.030	0.620	1.675
9	氪	Kr	83.8	3.74	100.32	119.8	−0.002	5501.95	209.40	91.2	0.288	0.251	0.149	1.68
10	氟	F_2	38.00	1.695	218.69	85.0	0.048	5218.24	144.3	66.2	0.288			
11	一氧化氮	NO	30.01	1.340	277.14	121.40	0.607	6484.8	180.15	58	0.25	0.996	0.720	1.40
12	一氧化碳	CO	28.01	1.250	296.95	81.70	0.049	3495.71	132.90	93.1	0.295	1.047	0.754	1.40
13	二氧化碳	CO_2	44.01	1.977	188.78	194.70	0.225	7376.46	304.20	94.0	0.274	0.837	0.653	1.31
14	二氧化硫	SO_2	64.06	2.927	129.84	263	0.251	7883.1	430.8	122	0.268	0.632	0.502	1.25
15	二氧化氮	NO_2	46.01	1.490	179.85	294.3	0.86	10132.5	431.4	170	0.48	0.804	0.615	1.31
16	水蒸气	H_2O	18.016	0.804	461.50	373.15	0.344	22048.3	647.3	56.0	0.229	1.859	1.394	1.3(过热) 1.135(饱和)
17	氨	NH_3	17.03	0.7714	488.18	239.75	0.250	11277.47	405.55	92.5	0.242	2.219	1.675	1.29
18	硫化氢	H_2S	34.08	1.539	244.19	212.75	0.10	8936.87	373.20	78.5	0.284	1.059	0.804	1.3
19	氯化氢	HCl	36.47	1.639	228.01	188.15	0.12	8308.65	324.55	81	0.249	0.812	0.578	1.41
20	氙	Xe	131.30	5.89	63.84	165	0.002	5836.32	289.7	118	0.286	0.158	0.095	1.667
21	氯甲烷	CH_3Cl	150.49	2.307	164.75	249.15	0.156	6677.32	416.3	139	0.268	0.741	0.582	1.28
22	F-12	CF_2Cl_2	120.92	5.083	68.77	243.15	0.176	4123.93	385	217	0.280	0.618	0.544	1.14
23	F-22	CHF_2Cl	86.47	3.860	96.15	232.4	0.215	4975.06	369.2	165	0.267	0.6029	0.5049	1.194
24	F-113	$C_2Cl_3F_3$	187.36	8.364	43.46	320.7	0.252	3414.65	487.2	304	0.256	0.6741	0.6242	1.080
25	F-115	C_2F_6Cl	154.48	6.896	53.82	234	0.253	3161.34	353.15	252	0.271	0.6867	0.6290	1.092
26	氯乙烯	C_2H_3Cl	62.50	2.79	133.03	259.8	0.122	5603.27	429.70	169	0.265	0.8638	0.6911	1.25

续表

序号	气体名称	分子式	分子量	标准状态下密度/(kg/m³)	气体常数 R/[J/(kg·K)]	常压下沸点 T_b/K	偏心因子 ω	临界状态参数				比热容		$k=\frac{c_p}{c_v}$
								p_c/kPa	T_c/K	V_c/[cm³/mol]	Z_c	c_p/[kJ/(kg·K)]	c_v/[kJ/(kg·K)]	
27	甲 烷	CH_4	16.02	0.717	518.77	111.7	0.008	4600.16	190.6	99.0	0.288	2.206	1.683	1.3
28	乙 烷	C_2H_6	30.03	1.356	276.74	184.56	0.098	4883.87	305.4	148	0.285	1.717	1.436	1.192
29	乙 烯	C_2H_4	28.04	1.261	296.661	169.4	0.085	5035.85	282.4	129	0.276	1.516	1.218	1.243
30	丙 烷	C_3H_8	44.087	2.019	188.79	231.1	0.152	4245.52	369.8	203	0.281	1.629	1.432	1.133
31	丙 烯	C_3H_6	42.08	1.915	198.0	225.4	0.148	4620.42	365.0	181	0.275	1.482	1.285	1.154
32	正丁烷	$n\text{-}C_4H_{10}$	58.124	2.703	143.18	272.7	0.193	3799.69	425.2	255	0.274	1.662	1.520	1.094
33	异丁烷	$i\text{-}C_4H_{10}$	58.124	2.668	143.18	261.3	0.176	3647.7	408.1	263	0.283	1.620	1.474	1.097
34	异丁烯	$i\text{-}C_4H_8$	56.108	2.505	148.18	266.9	0.187	4022.60	419.6	240	0.277	1.549	1.403	1.106
35	正戊烷	$n\text{-}C_5H_{12}$	72.15	3.457	115.29	309.2	0.251	3375.14	469.6	304	0.262	1.662	1.549	1.074
36	异戊烷	$i\text{-}C_5H_{12}$	72.15	3.221	115.29	245.15	0.227	3384.26	460.4	306	0.271	1.624	1.511	1.076

附表4 气体的平均比定压质量热容

单位：kJ/(kg·℃)

温度/℃ \ 气体	O_2	N_2	CO	CO_2	H_2O	SO_2	空气
0	0.915	1.039	1.040	0.815	1.859	0.607	1.004
100	0.923	1.040	1.042	0.866	1.873	0.636	1.006
200	0.935	1.043	1.046	0.910	1.894	0.662	1.012
300	0.950	1.049	1.054	0.949	1.919	0.687	1.019
400	0.965	1.057	1.063	0.983	1.948	0.708	1.028
500	0.979	1.066	1.075	1.013	1.978	0.724	1.039
600	0.993	1.076	1.086	1.040	2.009	0.737	1.050
700	1.005	1.087	1.098	1.064	2.042	0.754	1.061
800	1.016	1.097	1.109	1.085	2.075	0.762	1.071
900	1.026	1.108	1.120	1.104	2.110	0.775	1.081
1000	1.035	1.118	1.130	1.122	2.144	0.783	1.091
1100	1.043	1.127	1.140	1.138	2.177	0.791	1.100
1200	1.051	1.136	1.149	1.153	2.211	0.795	1.108
1300	1.058	1.145	1.158	1.166	2.243	—	1.117
1400	1.065	1.153	1.166	1.178	2.274	—	1.124
1500	1.071	1.160	1.173	1.189	2.305	—	1.131
1600	1.077	1.167	1.180	1.200	2.335	—	1.138
1700	1.083	1.174	1.187	1.209	2.363	—	1.144
1800	1.089	1.180	1.192	1.218	2.391	—	1.150
1900	1.094	1.186	1.198	1.226	2.417	—	1.156
2000	1.099	1.191	1.203	1.233	2.442	—	1.161
2100	1.104	1.197	1.208	1.241	2.466	—	1.166
2200	1.109	1.201	1.213	1.247	2.489	—	1.171
2300	1.114	1.206	1.218	1.253	2.512	—	1.176
2400	1.118	1.210	1.222	1.259	2.533	—	1.180
2500	1.123	1.214	1.226	1.264	2.554	—	1.184
2600	1.127	—	—	—	2.574	—	—
2700	1.131	—	—	—	2.594	—	—
2800	—	—	—	—	2.612	—	—
2900	—	—	—	—	2.630	—	—
3000	—	—	—	—	—	—	—

附表 5 气体的平均比定容质量热容

单位：kJ/(kg·℃)

温度/℃ \ 气体	O_2	N_2	CO	CO_2	H_2O	SO_2	空气
0	0.665	0.742	0.743	0.626	1.398	0.477	0.716
100	0.663	0.774	0.745	0.667	1.411	0.507	0.719
200	0.675	0.747	0.749	0.721	1.432	0.532	0.724
300	0.690	0.752	0.757	0.760	1.457	0.557	0.732
400	0.705	0.760	0.767	0.794	1.486	0.578	0.741
500	0.719	0.769	0.777	0.824	1.516	0.595	0.752
600	0.733	0.779	0.789	0.851	1.547	0.607	0.762
700	0.745	0.790	0.801	0.875	1.581	0.624	0.773
800	0.756	0.801	0.812	0.896	1.614	0.632	0.784
900	0.766	0.811	0.823	0.916	1.648	0.645	0.794
1000	0.775	0.821	0.834	0.933	1.682	0.653	0.804
1100	0.783	0.830	0.843	0.950	1.716	0.662	0.813
1200	0.791	0.839	0.857	0.964	1.749	0.666	0.821
1300	0.798	0.848	0.861	0.977	1.781	—	0.829
1400	0.805	0.856	0.869	0.989	1.813	—	0.837
1500	0.811	0.863	0.876	1.001	1.843	—	0.844
1600	0.817	0.870	0.883	1.011	1.873	—	0.851
1700	0.823	0.877	0.889	1.020	1.902	—	0.857
1800	0.829	0.883	0.896	1.029	1.929	—	0.863
1900	0.834	0.889	0.901	1.037	1.955	—	0.869
2000	0.839	0.894	0.906	1.045	1.980	—	0.874
2100	0.844	0.900	0.911	1.052	2.005	—	0.879
2200	0.849	0.905	0.916	1.058	2.028	—	0.884
2300	0.854	0.909	0.921	1.064	2.050	—	0.889
2400	0.858	0.914	0.925	1.070	2.072	—	0.893
2500	0.863	0.918	0.929	1.075	2.093	—	0.897
2600	0.868	—	—	—	2.113	—	—
2700	0.872	—	—	—	2.132	—	—
2800	—	—	—	—	2.151	—	—
2900	—	—	—	—	2.168	—	—
3000	—	—	—	—	—	—	—

附表 6 空气的热力性质表

T/K	h/(kJ/kg)	p_R	u/(kJ/kg)	v_R	s_T^0/[kJ/(kg·K)]
200	199.97	0.3363	142.56	1707	1.29559
210	209.97	0.3987	149.69	1512	1.34444
220	219.97	0.4690	156.82	1346	1.39105
230	230.02	0.5477	164.00	1205	1.43557
240	240.02	0.6355	171.13	1084	1.47824
250	250.05	0.7329	178.28	979	1.51917
260	260.09	0.8405	185.45	887.8	1.55848
270	270.11	0.9590	192.60	808.0	1.59634
280	280.13	1.0889	199.75	738.0	1.63279
285	285.14	1.1584	203.33	706.1	1.65055

续表

T/K	h/(kJ/kg)	p_R	u/(kJ/kg)	v_R	s_T^0/[kJ/(kg·K)]
290	290.16	1.2311	206.91	676.1	1.66802
295	295.17	1.3068	210.49	647.9	1.68515
300	300.19	1.3860	214.07	621.2	1.70203
305	305.22	1.4686	217.67	596.0	1.71865
310	310.24	1.5546	221.25	572.3	1.73498
315	315.27	1.6442	224.85	549.8	1.75106
320	320.29	1.7375	228.43	528.6	1.76690
325	325.31	1.8345	232.02	508.4	1.78249
330	330.34	1.9352	235.61	489.4	1.79783
340	340.42	2.149	242.82	454.1	1.82790
350	350.49	2.379	250.02	422.2	1.85708
360	360.67	2.626	257.24	393.4	1.88543
370	370.67	2.892	264.46	367.2	1.91313
380	380.77	3.176	271.69	343.4	1.94001
390	390.88	3.481	278.93	321.5	1.96633
400	400.98	3.806	286.16	301.6	1.99194
410	411.12	4.153	293.43	283.3	2.01699
420	421.26	4.522	300.69	266.6	2.04142
430	431.43	4.915	307.99	251.1	2.06533
440	441.61	5.332	315.30	236.8	2.08870
450	451.80	5.775	322.52	223.6	2.11161
460	462.02	6.245	329.97	211.4	2.13407
470	472.24	6.742	337.32	200.1	2.15604
480	482.49	7.268	344.70	189.5	2.17760
490	492.74	7.824	352.08	179.7	2.19876
500	503.02	8.411	359.49	170.6	2.21952
510	513.32	9.031	366.92	162.1	2.23993
520	523.63	9.684	374.36	154.1	2.25997
530	533.98	10.37	381.84	146.7	2.27967
540	544.35	11.10	389.34	139.7	2.29906
550	554.74	11.86	396.86	133.1	2.31809
560	565.17	12.66	404.42	127.0	2.33685
570	575.59	13.50	411.97	121.2	2.35531
580	586.04	14.38	419.55	115.7	2.37348
590	596.52	15.31	427.15	110.6	2.39140
600	607.02	16.28	434.78	105.8	2.40902
610	617.53	17.30	442.42	101.2	2.42644
620	628.07	18.36	450.09	96.92	2.44356
630	638.63	19.48	457.78	92.84	2.46048
640	649.22	20.64	465.50	88.99	2.47716
650	659.84	21.86	473.25	85.34	2.49364
660	670.47	23.13	481.01	81.89	2.50985
670	681.14	24.46	488.81	78.61	2.52589
680	691.82	25.85	496.62	75.50	2.54175
690	702.52	27.29	504.45	72.56	2.55731
700	713.27	28.80	512.33	67.76	2.57277
710	724.04	30.38	520.23	67.07	2.58810
720	734.82	32.02	528.14	64.53	2.60319
730	745.62	33.72	536.07	62.13	2.61803
740	756.44	35.50	544.02	59.82	2.63280
750	767.29	37.35	551.99	57.63	2.64737
760	778.18	39.27	560.01	55.54	2.66176
780	800.03	43.35	576.12	51.64	2.69013
800	821.95	47.75	592.30	48.08	2.71787
820	843.98	52.49	608.59	44.84	2.74504

续表

T/K	h/(kJ/kg)	p_R	u/(kJ/kg)	v_R	s_T^0/[kJ/(kg·K)]
840	866.08	57.60	624.95	41.85	2.77170
860	888.27	63.09	641.40	39.12	2.79783
880	910.56	68.98	657.95	36.61	2.82344
900	932.93	75.29	674.58	34.31	2.84856
920	955.38	82.05	691.28	32.18	2.87324
940	977.92	89.28	708.08	30.22	2.89748
960	1000.55	97.00	725.02	28.40	2.92128
980	1023.25	105.2	741.98	26.73	2.94468
1000	1046.04	114.0	758.94	25.17	2.96770
1020	1068.89	123.4	771.60	23.72	2.99034
1040	1091.85	133.3	793.36	22.39	3.01260
1060	1114.86	143.9	810.62	21.14	3.03449
1080	1137.89	155.2	827.88	19.98	3.05608
1100	1161.07	167.1	845.33	18.896	3.07732
1120	1184.28	179.7	862.79	17.886	3.09825
1140	1207.57	193.1	880.35	16.946	3.11883
1160	1230.92	207.2	897.91	16.064	3.13916
1180	1254.34	222.2	915.57	15.241	3.15916
1200	1277.79	238.0	933.33	14.470	3.17888
1220	1301.31	254.7	951.09	13.747	3.19834
1240	1324.93	272.3	968.95	13.069	3.21751
1260	1348.55	290.8	986.90	12.435	3.23638
1280	1372.24	310.4	1004.76	11.835	3.25510
1300	1395.97	330.9	1022.82	11.275	3.27345
1320	1419.76	352.5	1040.88	10.747	3.29160
1340	1443.60	375.3	1058.94	10.247	3.30959
1360	1467.49	399.1	1077.10	9.780	3.32724
1380	1491.44	424.2	1095.26	9.337	3.34474
1400	1515.42	450.5	1113.52	8.919	3.36200
1420	1539.44	478.0	1131.77	8.526	3.77901
1440	1563.51	506.9	1150.13	8.153	3.39586
1460	1587.63	537.1	1168.49	7.801	3.41247
1480	1611.79	568.8	1186.95	7.468	3.42892
1500	1635.97	601.9	1205.41	7.152	3.44516
1520	1660.23	636.5	1223.87	6.854	3.46120
1540	1684.51	672.8	1242.43	6.569	3.47712
1560	1708.82	710.5	1260.99	6.301	3.49276
1580	1733.17	750.0	1279.65	6.046	3.50829
1600	1757.57	791.2	1298.30	5.804	3.52364
1620	1782.00	834.1	1316.96	5.574	3.53879
1640	1806.46	878.9	1335.72	5.355	3.55381
1660	1830.96	925.6	1354.48	5.147	3.56867
1680	1855.50	974.2	1373.24	4.949	3.58335
1700	1880.1	1025	1392.7	4.761	3.5979
1750	1941.6	1161	1439.8	4.328	3.6336
1780	2003.3	1310	1487.2	3.944	3.6684
1850	2065.3	1475	1534.9	3.601	3.7023
1900	2127.4	1655	1582.6	3.295	3.7354
1950	2189.7	1852	1630.6	3.022	3.7677
2000	2252.1	2068	1678.7	2.776	3.7994
2050	2314.6	2303	1726.8	2.555	3.8303
2100	2377.4	2559	1775.3	2.356	3.8605
2150	2440.3	2837	1823.8	2.175	3.8901
2200	2503.2	3138	1872.4	2.012	3.9191
2250	2566.4	3464	1912.3	1.864	3.9474

附表7 氧的热力性质表

T/K	h/(kJ/kmol)	u/(kJ/kmol)	s_T^0/[kJ/(kmol·K)]	T/K	h/(kJ/kmol)	u/(kJ/kmol)	s_T^0/[kJ/(kmol·K)]
0	0	0	0	1440	47102	35192	256.475
260	7566	5405	201.027	1480	48561	36256	257.474
270	7858	5613	202.128	1520	50024	37387	258.450
280	8150	5822	203.191	1560	51490	38520	259.402
290	8443	6032	204.218	1600	52961	39658	260.333
298	8682	6203	205.033	1640	54434	40799	261.242
300	8736	6242	205.213	1680	55912	41944	262.132
320	9325	6664	207.112	1720	57394	49093	263.005
360	10511	7518	210.604	1760	58880	44247	263.861
400	11711	8384	213.765	1800	60371	45405	264.701
440	12923	9264	216.656	1840	61866	46568	265.521
480	14151	10160	219.326	1880	63365	47734	266.326
520	15395	11071	221.812	1920	64868	48904	267.115
560	16654	11998	224.146	1960	66374	50078	267.891
600	17929	12940	226.346	2000	67881	51253	268.655
640	19219	13898	228.429	2050	69772	52727	269.588
680	20524	14871	230.405	2100	71668	54208	270.504
720	21845	15859	223.291	2150	73573	55697	271.399
760	23178	16859	234.091	2200	75484	57192	272.278
800	24523	17872	235.810	2250	77397	58690	273.136
840	25877	18893	237.462	2300	79316	60139	273.981
880	27242	19925	239.051	2350	81243	61704	274.809
920	28616	20967	240.580	2400	83174	63219	275.625
960	29999	22017	242.052	2450	85112	64742	276.424
1000	31389	23075	243.471	2500	87057	66271	277.207
1040	32789	24142	244.844	2550	89004	67802	277.979
1080	34194	25214	246.171	2600	90956	69339	278.738
1120	35606	26294	247.454	2650	92916	70883	279.485
1160	37023	27379	248.698	2700	94881	72433	280.219
1200	38447	28469	249.906	2750	96852	73987	280.942
1240	39877	29568	251.079	2800	98826	75546	281.654
1280	41312	30670	252.219	2850	100808	77112	282.357
1320	42753	31778	253.325	2900	102793	78682	283.048
1360	44198	32891	254.404	2950	104785	80258	283.728
1400	45648	34008	255.454	3000	106780	81837	284.399

附表8 氮的热力性质表

T/K	h/(kJ/kmol)	u/(kJ/kmol)	s_T^0/[kJ/(kmol·K)]	T/K	h/(kJ/kmol)	u/(kJ/kmol)	s_T^0/[kJ/(kmol·K)]
0	0	0	0	440	12811	9153	202.863
260	7558	5395	187.514	480	13988	9997	205.424
270	7849	5604	188.614	520	15172	10848	207.792
280	8141	5813	189.673	560	16363	11707	209.999
290	8432	6021	190.695	600	17563	12574	212.066
298	8669	6190	191.502	640	18772	13450	214.018
300	8723	6229	191.682	680	19991	14337	215.866
320	9306	6645	193.562	720	21220	15234	217.624
360	10471	7478	196.995	760	22460	16141	219.301
400	11640	8314	200.071	800	23714	17061	220.907

续表

T/K	h/(kJ/kmol)	u/(kJ/kmol)	s_T^0/[kJ/(kmol·K)]	T/K	h/(kJ/kmol)	u/(kJ/kmol)	s_T^0/[kJ/(kmol·K)]
840	24974	17990	222.447	1840	59075	43777	248.979
880	26248	18931	223.927	1880	60504	44873	249.748
920	27532	19883	225.353	1920	61936	45973	250.502
960	28826	20844	226.728	1960	63381	47075	251.242
1000	30129	21815	228.057	2000	64810	48181	251.969
1040	31442	22798	229.344	2050	66612	49567	252.858
1080	32762	23782	230.591	2100	68417	50957	253.726
1120	34092	24780	231.799	2150	70226	52351	254.578
1160	35430	25786	232.973	2200	72040	53749	255.412
1200	36777	26799	234.115	2250	73856	55149	256.227
1240	38129	27819	235.223	2300	75676	56553	257.027
1280	39488	28845	236.302	2350	77496	57958	257.810
1320	40853	29878	237.353	2400	79320	59366	258.580
1360	42227	30919	238.376	2450	81149	60779	259.332
1400	43605	31964	239.375	2500	82981	62195	260.073
1440	44988	33014	240.350	2550	84814	63163	260.799
1480	46377	34071	241.301	2600	86650	65033	261.512
1520	47771	35133	242.228	2650	88488	66455	262.213
1560	49168	36197	243.137	2700	90328	67880	262.902
1600	50571	37268	244.028	2750	92171	69306	263.577
1640	51980	38344	244.896	2800	91014	70734	264.241
1680	53393	39424	245.747	2850	95859	72163	264.895
1720	54807	40507	246.580	2900	97705	73593	265.538
1760	56227	41591	247.396	2950	99556	75028	266.170
1800	57651	42685	248.195	3000	101407	76464	266.793

附表 9 氢的热力性质表

T/K	h/(kJ/kmol)	u/(kJ/kmol)	s_T^0/[kJ/(kmol·K)]	T/K	h/(kJ/kmol)	u/(kJ/kmol)	s_T^0/[kJ/(kmol·K)]
0	0	0	0	840	24359	17375	160.891
260	7370	5209	127.719	880	25551	18235	162.277
270	7657	5412	126.636	920	26747	19098	163.607
280	7945	5617	128.765	960	27948	19966	164.884
290	8233	5822	129.775	1000	29154	20839	166.114
298	8468	5989	130.574	1040	30364	21717	167.300
300	8522	6027	130.754	1080	31580	22601	168.449
320	9100	6440	132.621	1120	32802	23490	169.560
360	10262	7268	136.039	1160	34028	24384	170.636
400	11426	8100	139.106	1200	35262	25284	171.682
440	12594	8936	141.888	1240	36502	26192	172.698
480	13764	9773	144.432	1280	37749	27106	173.687
520	14935	10611	146.775	1320	39002	28027	174.652
560	16107	11451	148.945	1360	40263	28955	175.593
600	17280	12291	150.968	1400	41530	29889	176.510
640	18453	13133	152.863	1440	42808	30835	177.410
680	19630	13976	154.645	1480	44091	31786	178.291
720	20807	14821	156.328	1520	45384	32746	179.153
760	21988	15669	157.923	1560	46683	33713	179.995
800	23171	16520	159.440	1600	47990	34687	180.820

续表

T/K	h/(kJ/kmol)	u/(kJ/kmol)	s_T^0/[kJ/(kmol · K)]	T/K	h/(kJ/kmol)	u/(kJ/kmol)	s_T^0/[kJ/(kmol · K)]
1640	49303	35668	181.632	2300	71839	52716	193.159
1680	50622	36654	182.428	2350	73608	54069	193.921
1720	51947	37648	183.208	2400	75383	55429	194.669
1760	53279	38645	183.973	2450	77168	56798	195.403
1800	54618	39652	184.724	2500	78960	58175	196.125
1840	55962	40663	185.463	2550	80755	59554	196.837
1880	57311	41680	186.190	2600	82558	60941	197.539
1920	58668	42705	186.904	2650	84368	62335	198.229
1960	60031	43735	187.607	2700	86186	63737	198.907
2000	61400	44771	188.297	2750	88008	65144	199.575
2050	63119	46074	189.148	2800	89838	66558	200.234
2100	64847	47386	189.979	2850	91671	67976	200.885
2150	66584	48708	190.796	2900	93512	69401	201.527
2200	68328	50037	191.598	2950	95358	70831	202.157
2250	70080	51373	192.385	3000	97211	72268	202.778

附表 10 二氧化碳的热力性质表

T/K	h/(kJ/kmol)	u/(kJ/kmol)	s_T^0/[kJ/(kmol · K)]	T/K	h/(kJ/kmol)	u/(kJ/kmol)	s_T^0/[kJ/(kmol · K)]
0	0	0	0	1240	56108	45799	281.158
260	7979	5817	208.717	1280	58381	47739	282.962
270	8335	6091	210.062	1320	60666	49691	284.722
280	8697	6369	211.376	1360	62963	51656	286.439
290	9063	6651	212.660	1400	65271	53631	288.106
298	9364	6885	213.685	1440	67586	55614	289.743
300	9431	6939	213.915	1480	69911	57606	291.333
320	10186	7526	216.351	1520	72246	59609	292.888
360	11748	8752	220.948	1560	74590	61620	294.411
400	13372	10046	225.225	1600	76944	63741	295.901
440	15054	11393	229.230	1640	79303	65668	297.356
480	16791	12800	233.004	1680	81670	67702	298.781
520	18576	14253	236.575	1720	84043	69742	300.177
560	20407	15751	239.962	1760	86420	71787	301.543
600	22280	17291	243.199	1800	88806	73840	302.884
640	24190	18869	246.282	1840	91196	75897	304.198
680	26138	20484	249.233	1880	93593	77962	305.487
720	28121	22134	252.065	1920	95995	80031	306.751
760	30135	23817	254.787	1960	98401	82015	307.992
800	32179	25527	257.408	2000	100804	84185	309.210
840	34251	27267	259.934	2050	103835	86791	310.701
880	36347	29031	362.371	2100	106864	89404	312.160
920	38467	30818	264.728	2150	109898	92023	313.589
960	40607	32625	267.007	2200	112939	94648	314.988
1000	42769	34455	269.215	2250	115984	97277	316.356
1040	44953	36306	271.354	2300	119035	99912	317.695
1080	47153	38174	273.430	2350	122091	102552	319.011
1120	49369	40057	275.444	2400	125152	105197	320.302
1160	51602	41957	277.403	2450	128219	107849	321.566
1200	53848	43871	279.307	2500	131290	110504	322.808

续表

T/K	h/(kJ/kmol)	u/(kJ/kmol)	s_T^0/[kJ/(kmol·K)]	T/K	h/(kJ/kmol)	u/(kJ/kmol)	s_T^0/[kJ/(kmol·K)]
2550	134368	113166	324.026	2800	149808	126528	329.800
2600	137449	115832	325.222	2850	152908	129212	330.896
2650	140533	118500	326.396	2900	156009	131898	331.975
2700	143620	121172	327.549	2950	159117	134589	333.037
2750	146713	123849	328.684	3000	162226	137283	334.084

附表 11 一氧化碳的热力性质表

T/K	h/(kJ/kmol)	u/(kJ/kmol)	s_T^0/[kJ/(kmol·K)]	T/K	h/(kJ/kmol)	u/(kJ/kmol)	s_T^0/[kJ/(kmol·K)]
0	0	0	0	1440	45408	33434	246.876
260	7558	5396	193.554	1480	46813	34508	247.839
270	7849	5604	194.654	1520	48222	35584	248.778
280	8140	5812	195.713	1560	49635	36665	249.659
290	8432	6020	196.735	1600	51053	37750	250.592
298	8669	6190	197.543	1640	52472	38837	251.470
300	8723	6229	197.723	1680	53895	39927	252.329
320	9306	6645	199.603	1720	55323	41023	253.169
360	10473	7480	203.040	1760	56756	42123	253.991
400	11644	8319	206.125	1800	58191	43225	254.797
440	12821	9163	208.929	1840	59629	44331	255.587
480	14005	10014	211.504	1880	61072	45441	256.361
520	15197	10874	213.890	1920	62516	46552	257.122
560	16399	11743	216.115	1960	63961	47665	257.868
600	17611	12622	218.204	2000	65408	48780	258.600
640	18833	13512	220.178	2050	67224	50179	259.494
680	20068	14414	222.052	2100	69044	51584	260.370
720	21315	15328	223.833	2150	70864	52988	261.226
760	22573	16255	225.533	2200	72688	54396	262.065
800	23844	17193	227.162	2250	74516	55809	262.887
840	25124	18140	228.724	2300	76345	57222	263.692
880	26415	19099	230.227	2350	78178	58640	264.480
920	27719	20070	231.674	2400	80015	60060	265.253
960	29033	21051	233.072	2450	81852	61482	266.012
1000	30355	22041	234.421	2500	83692	62906	266.755
1040	31688	23041	235.728	2550	85537	64335	267.485
1080	33029	24049	236.992	2600	87383	65766	268.202
1120	34377	25065	238.217	2650	89230	67197	268.905
1160	35733	26088	239.407	2700	91077	68628	269.596
1200	37095	27118	240.663	2750	92930	70066	270.285
1240	38466	28426	241.686	2800	94784	71504	270.943
1280	39844	29201	242.780	2850	96639	72945	271.602
1320	41226	30251	243.844	2900	98495	74383	272.219
1360	42613	31306	244.880	2950	100352	75825	272.884
1400	44007	32367	245.889	3000	102210	77267	273.508

附表12 水蒸气的热力性质表（理想气体状态）

T/K	h/(kJ/kmol)	u/(kJ/kmol)	s_T^0/[kJ/(kmol·K)]	T/K	h/(kJ/kmol)	u/(kJ/kmol)	s_T^0/[kJ/(kmol·K)]
0	0	0	0	1440	55198	43226	248.543
260	8627	6466	184.139	1480	57062	44756	249.820
270	8961	6716	185.399	1520	58942	46304	251.074
280	9296	6968	186.616	1560	60838	47868	252.305
290	9631	7219	187.791	1600	62748	49445	253.513
298	9904	7425	188.720	1640	64675	51039	254.703
300	9966	7472	188.928	1680	66614	52646	255.873
320	10639	7978	191.098	1720	68567	54267	257.022
360	11992	8998	195.081	1760	70535	55902	258.151
400	13356	10030	198.673	1800	72513	57547	259.262
440	14734	11075	201.955	1840	74506	59207	260.357
480	16126	12135	204.982	1880	76511	60881	261.436
520	17534	13211	207.799	1920	78527	62564	262.497
560	18959	14303	210.440	1960	80555	64259	263.542
600	20402	15413	212.920	2000	82593	65965	264.571
640	21862	16541	215.285	2050	85156	68111	265.833
680	23342	17688	217.527	2100	87735	70275	267.081
720	24840	18854	219.668	2150	90330	72454	268.301
760	26358	20039	221.720	2200	92940	74649	269.500
800	27896	21245	223.693	2250	95562	76855	270.679
840	29454	22470	225.592	2300	98199	79075	271.839
880	31032	23715	227.426	2350	100846	81308	272.978
920	32629	24980	229.202	2400	103508	83553	274.098
960	34247	26265	230.924	2450	106183	85811	275.201
1000	35882	27568	232.597	2500	108868	88082	276.286
1040	37542	28895	234.223	2550	111565	90364	277.354
1080	39223	30243	235.806	2600	114273	92656	278.407
1120	40923	31611	237.352	2650	116991	94958	279.441
1160	42642	32997	238.859	2700	119717	97269	280.462
1200	44380	34403	240.333	2750	122453	99588	281.464
1240	46137	35827	241.173	2800	125198	101917	282.453
1280	47912	37270	243.183	2850	127952	104256	283.429
1320	49707	38732	244.564	2900	130717	106205	284.390
1360	51521	40213	245.915	2950	133486	108959	285.338
1400	53351	41711	247.241	3000	136264	111321	286.273

附表13 饱和水与饱和蒸汽表（按温度排列）

温度 t/℃	压力 p/kPa	比体积		密度	比焓		汽化潜热	比熵	
		v' /(m³/kg)	v'' /(m³/kg)	ρ'' /(kg/m³)	h' /(kJ/kg)	h'' /(kJ/kg)	γ/(kJ/kg)	s'/[kJ /(kg·K)]	s''/[kJ /(kg·K)]
0	0.6108	0.0010002	206.3	0.004847	−0.04	2501.6	2501.6	−0.0002	9.1577
5	0.8718	0.0010000	147.2	0.006795	21.01	2510.7	2489.7	0.0762	9.0269
10	1.2270	0.0010003	106.4	0.009396	41.99	2519.9	2477.9	0.1510	8.9020
15	1.7039	0.0010008	77.96	0.01282	62.94	2525.1	2466.1	0.2243	8.7826
20	2.337	0.0010017	57.84	0.01729	83.86	2538.2	2454.3	0.2963	8.6684
25	3.166	0.0010029	43.40	0.02304	104.77	2547.3	2442.5	0.3670	8.5592
30	4.241	0.0010043	32.93	0.03037	125.66	2556.4	2430.7	0.4365	8.4546
35	5.622	0.0010060	25.24	0.03961	146.56	2565.4	2418.8	0.5049	8.3543

续表

温度 t/℃	压力 p/kPa	比体积		密度	比焓		汽化潜热	比熵	
		v' /(m^3/kg)	v'' /(m^3/kg)	ρ'' /(kg/m^3)	h' /(kJ/kg)	h'' /(kJ/kg)	γ/(kJ/kg)	s'/[kJ /(kg·K)]	s''/[kJ /(kg·K)]
40	7.375	0.0010078	19.55	0.05116	167.45	2574.4	2406.9	0.5721	8.2583
45	9.582	0.0010099	15.28	0.06546	188.35	2583.3	2394.9	0.6383	8.1661
50	12.335	0.0010121	12.05	0.08302	209.26	2592.2	2382.9	0.7035	8.0776
55	15.741	0.0010145	9.579	0.1044	230.17	2601.0	2370.8	0.7677	7.9926
60	19.920	0.0010171	7.679	0.1302	251.09	2609.7	2358.6	0.8310	7.9108
65	25.01	0.0010199	6.202	0.1612	272.02	2618.4	2346.3	0.8933	7.8322
70	31.16	0.0010228	5.046	0.1982	292.97	2626.9	2334.0	0.9548	7.7565
75	38.55	0.0010259	4.134	0.2419	313.94	2635.4	2321.5	1.0154	7.6835
80	47.36	0.0010292	3.409	0.2933	334.92	2643.8	2308.8	1.0753	7.6132
85	57.80	0.0010326	2.829	0.3535	355.92	2652.0	2296.5	0.1343	7.5454
90	70.11	0.0010361	2.361	0.4235	376.94	2660.1	2283.2	1.1925	7.4799
95	84.53	0.0010399	1.982	0.5045	397.99	2668.1	2270.2	1.2501	7.4166
100	101.33	0.0010437	1.673	0.5977	419.06	2676.0	2256.9	1.3069	7.3554
105	120.80	0.0010477	1.419	0.7046	440.17	2683.7	2243.6	1.3630	7.2962
110	143.27	0.0010519	1.210	0.8265	461.32	2691.3	2230.0	1.4185	7.2388
115	169.06	0.0010562	1.036	0.9650	482.50	2698.7	2216.2	1.4733	7.1832
120	198.54	0.0010606	0.8915	1.122	503.72	2706.0	2202.2	1.5276	7.1293
125	232.10	0.0010652	0.7702	1.298	524.99	2713.0	2188.0	1.5813	7.0769
130	270.13	0.0010700	0.6681	1.497	564.31	2719.9	2173.6	1.6344	7.0261
135	313.1	0.0010750	0.5818	1.719	567.68	2726.6	2158.9	1.6869	6.9766
140	361.4	0.0010801	0.5085	1.967	589.10	2733.1	2144.0	1.7390	6.9284
145	415.5	0.0010853	0.4460	2.242	610.60	2739.3	2128.7	1.7906	6.8815
150	476.0	0.0010908	0.3924	2.548	632.15	2745.4	2113.2	1.8416	6.8358
155	543.3	0.0010964	0.3464	2.886	653.78	2751.2	2097.4	1.8923	6.9711
160	618.1	0.0011022	0.3068	3.260	675.47	2756.7	2081.3	1.9425	6.7475
165	700.8	0.0011032	0.2724	3.671	697.25	2762.0	2064.8	1.9233	6.7048
170	792.0	0.0011145	0.2426	4.123	719.12	2767.1	2047.9	2.0416	6.6630
175	892.4	0.0011209	0.2165	4.618	741.07	2771.8	2030.7	2.0906	6.6221
180	1002.7	0.0011275	0.1938	5.160	763.12	2776.3	2013.1	2.1393	6.5819
185	1123.3	0.0011344	0.1739	5.752	785.26	2780.4	1995.2	2.1876	6.5424
190	1255.1	0.0011415	0.1563	6.397	807.52	2784.3	1976.7	2.2356	6.5036
195	1398.7	0.0011489	0.1408	7.100	829.88	2787.8	1957.9	2.2833	6.4654
200	1554.9	0.0011565	0.1272	7.864	852.37	2790.9	1938.6	2.3307	6.4278
210	1907.7	0.0011726	0.1042	9.593	897.74	2796.2	1898.5	2.4247	6.3539
220	2319.8	0.0011900	0.08604	11.62	943.67	2799.9	1856.2	2.5178	6.2817
230	2797.6	0.0012087	0.07145	14.00	990.26	2802.0	1811.7	2.6102	6.2107
240	3347.8	0.0012291	0.05965	16.76	1037.2	2801.2	1764.6	2.7020	6.1406
250	3977.6	0.0012513	0.05004	19.99	1085.8	2800.4	1714.6	2.7935	6.0708
260	4694.3	0.0012756	0.04213	23.73	1134.9	2796.4	1661.5	2.8848	6.0010
270	5505.8	0.0013025	0.03559	28.10	1185.3	2789.9	1604.6	2.9763	5.9304
280	6420.2	0.0013324	0.03013	33.19	1236.8	2780.4	1543.6	3.0683	5.8586
290	7446.1	0.0013659	0.02554	39.16	1290.0	2767.6	1477.6	3.1611	5.7848
300	8592.7	0.0014041	0.02165	46.19	1345.0	2751.0	1406.0	3.2552	5.7081
310	9870.0	0.0014480	0.01833	54.54	1402.4	2730.0	1327.6	3.3512	5.6278

续表

温度 t/℃	压力 p/kPa	比体积 v'/(m^3/kg)	v''/(m^3/kg)	密度 ρ''/(kg/m^3)	比焓 h'/(kJ/kg)	h''/(kJ/kg)	汽化潜热 γ/(kJ/kg)	比熵 s'/[kJ/(kg·K)]	s''/[kJ/(kg·K)]
320	11289	0.0014995	0.01548	64.60	1462.6	2703.7	1241.1	3.4500	5.5423
330	12863	0.0015615	0.01299	76.99	1526.5	2670.2	1143.6	3.5528	5.4490
340	14605	0.0016387	0.01078	92.76	1595.5	2626.2	1030.7	3.6616	5.3427
350	16535	0.0017411	0.008799	113.6	1671.9	2567.7	895.7	3.7800	5.2177
360	18675	0.0018959	0.006940	144.1	1764.2	2485.4	721.3	3.9210	5.0600
370	21054	0.0022136	0.004973	201.1	1890.2	2342.8	452.6	4.1108	4.8144
374.15	22120	0.00317	0.00317	315.5	2107.4	2107.4	0.0	4.4429	4.4429

附表14 饱和水与饱和蒸汽表（按压力排列）

压力 p/kPa	温度 t/℃	比体积 v'/(m^3/kg)	v''/(m^3/kg)	密度 ρ''/(kg/m^3)	比焓 h'/(kJ/kg)	h''/(kJ/kg)	汽化潜热 γ/(kJ/kg)	比熵 s'/[kJ/(kg·K)]	s''/[kJ/(kg·K)]
1.0	6.9828	0.0010001	129.20	0.07739	29.34	2514.4	2485.0	0.1060	8.9760
2.0	17.513	0.0010012	67.01	0.01492	73.46	2533.6	2460.2	0.2607	8.7247
3.0	24.100	0.0010027	45.67	0.02190	101.00	2545.6	2444.6	0.3544	8.5786
4.0	28.983	0.0010040	34.80	0.02873	121.41	2554.5	2433.1	0.4225	8.4755
5.0	32.898	0.0010052	28.19	0.03547	137.77	2561.6	2423.8	0.4763	8.3965
6.0	36.183	0.0010064	23.74	0.04212	151.50	2567.5	2416.0	0.5209	8.3312
8.0	41.534	0.0010084	18.10	0.05523	173.86	2577.1	2403.2	0.5925	8.2296
10	45.833	0.0010102	14.67	0.06814	191.83	2584.8	2392.9	0.6493	8.1511
15	53.997	0.0010140	10.02	0.09977	225.97	2599.2	2373.2	0.7549	8.0093
20	60.086	0.0010172	7.560	0.1307	251.45	2609.9	2358.4	0.8321	7.9094
25	64.992	0.0010199	6.204	0.1612	271.99	2618.3	2346.4	0.8932	7.8323
30	69.124	0.0010223	5.229	0.1912	289.30	2625.4	2336.1	0.9441	7.7695
40	75.886	0.0010265	3.993	0.2504	317.65	2636.9	2319.2	1.0261	7.6709
50	81.345	0.0010301	3.240	0.3086	340.56	2646.0	2305.4	1.0912	7.5947
60	85.954	0.0010333	2.732	0.3661	359.93	2653.6	2293.6	1.1454	7.5327
70	89.959	0.0010361	2.365	0.4229	376.77	2660.1	2283.3	1.1921	7.4804
80	93.512	0.0010387	2.087	0.4792	391.72	2665.8	2274.0	1.2330	7.4352
90	96.713	0.0010412	1.869	0.5350	405.21	2670.9	2265.6	1.2696	7.3954
100	99.632	0.0010434	1.694	0.5904	417.51	2675.4	2257.9	1.3027	7.3598
120	104.81	0.0010476	1.428	0.7002	439.36	2683.4	2244.1	1.3609	7.2984
140	109.32	0.0010513	1.236	0.8088	458.42	2690.3	2231.9	1.4109	7.2465
160	113.32	0.0010547	1.091	0.9165	475.38	2696.2	2220.9	1.4550	7.2017
180	116.93	0.0010579	0.9772	1.023	490.70	2701.5	2210.8	1.4944	7.1622
200	120.23	0.0010608	0.8854	1.129	504.70	2706.3	2201.6	1.5301	7.1268
220	123.27	0.0010636	0.8098	1.235	517.62	2710.6	2193.0	1.5627	7.0949
240	126.09	0.0010663	0.7465	1.340	529.64	2714.5	2184.9	1.5929	7.0657
260	128.73	0.0010688	0.6925	1.444	540.87	2718.2	2177.3	1.6209	7.0389
280	131.20	0.0010712	0.6460	1.548	551.44	2721.1	2170.1	1.6471	7.0140
300	113.54	0.0010735	0.6056	1.651	561.43	2724.7	2163.2	1.6716	6.9906
320	135.75	0.0010757	0.5700	1.754	570.90	2727.6	2156.7	1.6948	6.9693
340	137.86	0.0010779	0.5385	1.857	579.92	2730.3	2150.4	1.7168	6.9489

续表

压力 p/kPa	温度 t/℃	比体积		密度	比 焓		汽化潜热	比 熵	
		v' /(m³/kg)	v" /(m³/kg)	ρ" /(kg/m³)	h' /(kJ/kg)	h" /(kJ/kg)	γ/(kJ/kg)	s'/[kJ /(kg·K)]	s"/[kJ /(kg·K)]
360	139.86	0.0010799	0.5103	1.960	588.53	2732.9	2144.4	1.7376	6.9297
380	141.78	0.0010819	0.4851	2.062	596.77	2735.3	2138.6	1.7574	6.9116
400	143.62	0.0010839	0.4622	2.163	604.67	2737.6	2133.0	1.7764	6.8943
450	147.92	0.0010885	0.4138	2.417	623.16	2742.9	2119.7	1.8204	6.8547
500	151.84	0.0010928	0.3747	2.669	640.12	2747.5	2107.4	1.8604	6.8192
600	158.84	0.0011009	0.3155	3.170	670.42	2755.5	2085.0	1.9308	6.7575
700	164.96	0.0011082	0.2727	3.667	697.06	2762.0	2064.9	1.9918	6.7052
800	170.41	0.0011150	0.2403	4.162	720.94	2767.5	2046.5	2.0457	6.6596
900	175.36	0.0011213	0.2148	4.655	742.64	2772.1	2029.5	2.0941	6.6192
1000	179.88	0.0011274	0.1943	5.147	762.61	2776.2	2013.6	2.1382	6.5828
1200	187.96	0.0011386	0.1632	6.127	798.43	2782.7	1984.3	2.2161	6.5194
1400	195.04	0.0011489	0.1407	7.106	830.08	2787.8	1957.7	2.2837	6.4651
1600	201.37	0.0011586	0.1237	8.085	858.56	2791.7	1933.2	2.3436	6.4175
1800	207.11	0.0011678	0.1103	9.065	884.58	2794.8	1910.3	2.3976	6.3751
2000	212.37	0.0011766	0.09954	10.05	908.59	2797.2	1888.6	2.4469	6.3367
2200	217.24	0.0011850	0.09065	11.03	930.95	2799.1	1868.1	2.4922	6.3015
2400	221.78	0.0011932	0.08320	12.02	951.93	2800.4	1848.5	2.5343	6.2690
2600	226.04	0.0012011	0.07686	13.01	971.72	2801.4	1829.6	2.5736	6.2387
2800	230.05	0.0012088	0.07139	14.01	990.48	2802.0	1811.5	2.6106	6.2104
3000	233.84	0.0012163	0.06663	15.01	1008.4	2802.3	1793.9	2.6455	6.1837
3200	237.45	0.0012237	0.06244	16.20	1025.4	2802.3	1776.9	2.6786	6.1585
3400	240.88	0.0012310	0.05873	17.03	1041.8	2802.1	1760.3	2.7101	6.1344
3600	244.16	0.0012381	0.05541	18.05	1057.6	2801.7	1744.2	2.7401	6.1115
3800	247.31	0.0012451	0.05244	19.07	1072.7	2801.1	1728.4	2.7689	6.0896
4000	250.33	0.0012521	0.04975	20.10	1087.4	2800.3	1712.9	2.7965	6.0685
4500	257.41	0.0012691	0.04404	22.71	1122.1	2797.7	1675.6	2.8612	6.0191
5000	263.91	0.0012858	0.03943	25.36	1154.5	2794.2	1639.7	2.9206	5.9735
5500	269.93	0.0013023	0.03563	28.07	1184.9	2789.9	1605.0	2.9757	5.9309
6000	275.55	0.0013187	0.03244	30.83	1213.7	2785.0	1571.3	3.0273	5.8908
7000	285.79	0.0013513	0.02737	36.53	1267.4	2773.5	1506.0	3.1219	5.8162
8000	294.97	0.0013842	0.02353	42.51	1317.1	2759.9	1442.0	3.2076	5.7471
9000	303.31	0.0014179	0.02050	48.79	1363.7	2744.6	1380.9	3.2867	5.6820
10000	310.96	0.0014526	0.01804	55.43	1408.0	2727.7	1319.7	3.3605	5.6198
11000	318.05	0.0014887	0.01601	62.48	1450.6	2709.3	1258.7	3.4304	5.5595
12000	324.65	0.0015268	0.01428	70.01	1491.8	2689.2	1197.4	3.4972	5.5002
13000	330.83	0.0015672	0.1280	78.14	1532.0	2667.0	1135.0	3.616	5.4408
14000	336.64	0.0016106	0.01150	86.99	1571.6	2642.4	1070.7	3.6242	5.3803
15000	342.13	0.0016579	0.01034	96.71	1611.0	2615.0	1004.0	3.6859	5.3178
16000	347.33	0.0017103	0.009308	107.4	1650.5	2584.9	934.3	3.7471	5.2531
18000	356.96	0.0018399	0.007498	133.4	1734.8	2513.9	779.1	3.8765	5.1128
20000	365.70	0.0020370	0.005877	170.2	1826.5	2418.4	591.9	4.0149	4.9412
21000	369.78	0.0022015	0.005023	199.1	1886.3	2347.6	461.3	4.1048	4.8223
22000	373.69	0.0026714	0.003728	268.3	2011.1	2195.6	184.5	4.2947	4.5799
22120	374.15	0.00317	0.00317	315.5	2107.4	2107.4	0.0	4.4429	4.4429

附表 15 未饱和水与过热蒸汽表

(水平粗线之上为未饱和水、粗线之下为过热蒸汽)

t/℃	0.1MPa			0.5MPa			1.0MPa		
	v /(m³/kg)	h /(kJ/kg)	s/[kJ /(kg·K)]	v /(m³/kg)	h /(kJ/kg)	s/[kJ /(kg·K)]	v /(m³/kg)	h /(kJ/kg)	s/[kJ /(kg·K)]
0	0.0010002	0.1	−0.0001	0.0010000	0.5	−0.0001	0.0009997	1.0	−0.0001
20	0.0010017	84.0	0.2963	0.0010015	84.3	0.2962	0.0010013	84.8	0.2961
40	0.0010078	167.5	0.5721	0.0010076	167.9	0.5719	0.0010074	168.3	0.5717
50	0.0010121	209.3	0.7035	0.0010119	209.7	0.7033	0.0010117	210.1	0.7030
60	0.0010171	251.2	0.8309	0.0010169	251.5	0.8307	0.0010167	251.9	0.8305
80	0.0010292	335.0	1.0752	0.0010290	335.3	1.0750	0.0010287	335.7	1.0746
100	1.696	2676.1	7.3618	0.0010435	419.6	1.3066	0.0010432	419.7	1.3062
110	1.744	2696.4	7.4152	0.0010517	461.6	1.4182	0.0010514	416.9	1.4178
120	1.793	2716.5	7.4670	0.0010605	503.9	1.5273	0.0010602	504.3	1.5269
130	1.841	2736.5	7.5173	0.0010699	546.5	1.6341	0.0010696	546.8	1.6337
140	1.889	2756.4	7.5662	0.0010800	589.2	1.7388	0.0010796	589.5	1.7383
150	1.936	2776.3	7.6137	0.0010908	632.2	1.8416	0.0010904	632.5	1.8410
160	1.984	2796.2	7.6601	0.3835	2766.4	6.8631	0.0011019	675.7	1.9420
170	2.031	2816.0	7.7053	0.3941	2789.1	6.9149	0.0011143	719.2	2.0414
180	2.078	2835.8	7.7495	0.4045	2811.4	6.9647	0.1944	2776.5	6.5835
190	2.125	2855.6	7.7927	0.4148	2833.4	7.0127	0.2002	2802.0	6.6392
200	2.172	2875.4	7.8349	0.4250	2855.1	7.0592	0.2059	2826.8	6.6922
210	2.219	2895.2	7.8763	0.4350	2876.6	7.1042	0.2115	2851.0	6.7427
220	2.266	2915.0	7.9169	0.4450	2898.0	7.1478	0.2169	2874.6	6.7911
230	2.313	2934.8	7.9567	0.4549	2919.1	7.1903	0.2223	2897.8	6.8377
240	2.359	2954.6	7.9958	0.4647	2940.1	7.2317	0.2276	2920.6	6.8825
250	2.406	2974.5	8.0342	0.4744	2961.1	7.2721	0.2327	2943.0	6.9259
260	2.453	2994.4	8.0719	0.4841	2981.9	7.3115	0.2379	2965.2	6.9680
270	2.499	3014.4	8.1089	0.4938	3002.7	7.3501	0.2430	2987.2	7.0088
280	2.546	3034.4	8.1454	0.5034	3023.4	7.3879	0.2480	3009.0	7.0485
290	2.592	3054.4	8.1813	0.5130	3044.1	7.4250	0.2530	3030.6	7.0873
300	2.639	3074.5	8.2166	0.5226	3064.8	7.4614	0.2580	3052.1	7.1251
320	2.732	3114.8	8.2857	0.5416	3106.1	7.5322	0.2678	3094.9	7.1984
340	2.824	3155.3	8.3529	0.5606	3174.4	7.6008	0.2776	3137.4	7.2689
350	2.871	3175.6	8.3858	0.5701	3168.1	7.6343	0.2824	3158.5	7.3031
360	2.917	3196.0	8.4183	0.5795	3188.8	7.6673	0.2873	3179.7	7.3368
380	3.010	3237.0	8.4820	0.5984	3230.4	7.7319	0.2969	3222.0	7.4027
400	3.102	3278.2	8.5442	0.6172	3272.1	7.7948	0.3065	3264.4	7.4665
450	3.334	3382.4	8.6934	0.6640	3377.2	7.9454	0.3303	3370.8	7.6190
500	3.565	3488.1	8.8348	0.7108	3483.8	8.0879	0.3540	3478.3	7.7627
550	3.797	3595.6	8.9695	0.7574	3591.8	8.2233	0.3775	3587.1	7.8991
600	4.028	3704.8	9.0982	0.8039	3701.5	8.3526	0.4010	3697.4	8.0292
650	4.259	3815.7	9.2217	0.8504	3812.8	8.4766	0.4244	3809.3	8.1537
700	4.490	3928.2	9.3405	0.8968	3925.8	8.5957	0.4477	3922.7	8.2734
750	4.721	4042.5	9.4549	0.9432	4040.3	8.7105	0.4710	4037.6	8.3885
800	4.952	4158.3	9.5654	0.9896	4156.4	8.8213	0.4943	4154.1	8.4997

续表

t/℃	2.5MPa			5.0MPa			7.6MPa		
	v /(m^3/kg)	h /(kJ/kg)	s/[kJ /(kg · K)]	v /(m^3/kg)	h /(kJ/kg)	s/[kJ /(kg · K)]	v /(m^3/kg)	h /(kJ/kg)	s/[kJ /(kg · K)]
0	0.0009990	2.5	0.0000	0.0009977	5.1	0.0002	0.0009964	7.7	0.0004
20	0.0010006	86.2	0.2958	0.0009995	88.6	0.2952	0.0009983	91.0	0.2947
40	0.0010067	169.7	0.5711	0.0010056	171.9	0.5702	0.0010045	174.2	0.5691
50	0.0010110	211.4	0.7023	0.0010099	213.5	0.7012	0.0010087	215.8	0.7000
60	0.0010160	253.2	0.8297	0.0010149	255.3	0.8283	0.0010137	257.4	0.8269
80	0.0010280	336.9	1.0736	0.0010268	338.8	1.0720	0.0010256	340.9	1.0703
100	0.0010425	420.9	1.3050	0.0010412	422.7	1.3030	0.0010398	424.7	1.3010
120	0.0010593	505.3	1.5255	0.0010579	507.1	1.5232	0.0010564	508.9	1.5200
140	0.0010787	590.5	1.7368	0.0010771	592.1	1.7342	0.0010754	593.8	1.7315
150	0.0010894	633.4	1.8394	0.0010877	635.0	1.8366	0.0010859	636.6	1.8338
160	0.0011008	676.6	1.9402	0.0010990	678.1	1.9373	0.0010971	679.6	1.9343
180	0.0011262	763.9	2.1372	0.0011241	765.2	2.1339	0.0011219	766.5	2.1304
200	0.0011555	852.8	2.3292	0.0011530	853.8	2.3253	0.0011504	854.9	2.3213
220	0.0011897	943.7	2.5175	0.0011866	944.4	2.5129	0.0011834	945.2	2.5082
230	0.08163	2820.1	6.2920	0.0012056	990.7	2.6057	0.0012020	991.3	2.6006
240	0.08436	2850.5	6.3517	0.0012264	1037.8	2.6984	0.0012224	1038.1	2.6928
250	0.08699	2879.5	6.4077	0.0012494	1085.8	2.7910	0.0012448	1085.8	2.7848
260	0.08951	2907.4	6.4605	0.0012750	1134.9	2.8840	0.0012696	1134.5	2.8771
270	0.09196	2934.2	6.5104	0.04053	2818.9	6.0192	0.0012973	1184.5	2.9701
280	0.09433	2960.3	6.5584	0.04222	2856.9	6.0886	0.0013289	1236.2	3.0643
290	0.09665	2985.7	6.6034	0.04380	2892.2	6.1519	0.0013654	1289.9	3.1605
300	0.09893	3010.3	6.6407	0.04530	2925.5	6.2105	0.02620	2808.8	5.8053
310	0.10115	3034.7	6.6890	0.04673	2957.0	6.2651	0.02752	2854.0	5.9285
320	0.10335	3058.6	6.7296	0.04810	2987.2	6.3163	0.02873	2895.0	5.9982
330	0.10551	3082.1	6.7689	0.04942	3016.1	6.3647	0.02985	2932.9	6.0615
340	0.10764	3105.4	6.8071	0.05070	3044.1	6.4106	0.03090	2968.2	6.1196
350	0.10975	3128.2	6.8442	0.05194	3071.2	6.4545	0.03190	3001.6	6.1737
360	0.11184	3151.0	6.8802	0.05316	3097.6	6.4966	0.03286	3033.4	6.2243
370	0.11391	3173.6	6.9158	0.05435	3123.4	6.5371	0.03378	3063.9	2.2721
380	0.11597	3196.1	6.9505	0.05551	3148.8	6.5762	0.03467	3093.3	6.3174
390	0.11801	3218.4	6.9845	0.05666	3173.7	6.6140	0.03554	3121.8	6.3607
400	0.12004	3240.7	7.0178	0.05779	3198.3	6.6508	0.03638	3149.6	6.4022
410	0.12206	3262.9	7.0505	0.05891	3222.5	6.6866	0.03720	3176.6	6.4422
430	0.12607	3307.1	7.1143	0.06110	3270.4	6.7556	0.03880	3229.2	6.5181
450	0.13004	3351.3	7.1763	0.06325	3317.5	6.8217	0.04035	3280.3	6.5896
500	0.13987	3461.7	7.3240	0.06849	3433.7	6.9770	0.04406	3403.5	6.7545
550	0.14958	3572.9	7.4633	0.07360	3549.0	7.1215	0.04760	3523.7	6.9051
600	0.15921	3685.1	7.5956	0.07862	3664.5	7.2578	0.05105	3642.9	7.0457
650	0.16876	3798.6	7.7220	0.08356	3780.7	7.3872	0.05441	3762.1	7.1784
700	0.17826	3913.4	7.8431	0.08845	3897.9	7.5108	0.05772	3881.7	7.3046
750	0.18772	4029.5	7.9395	0.09329	4016.1	7.6292	0.06099	4002.1	7.4252
800	0.19714	4147.0	8.0716	0.09809	4135.3	7.7431	0.06421	4123.2	7.5408

续表

t/℃	10.0MPa			12.5MPa			15.0MPa		
	v /(m^3/kg)	h /(kJ/kg)	s/[kJ /(kg·K)]	v /(m^3/kg)	h /(kJ/kg)	s/[kJ /(kg·K)]	v /(m^3/kg)	h /(kJ/kg)	s/[kJ /(kg·K)]
0	0.0009953	10.1	0.0005	0.0009946	12.6	0.0006	0.0009928	15.1	0.0007
20	0.0009972	93.2	0.2942	0.0009961	95.6	0.2936	0.0009950	97.9	0.2931
40	0.0010034	176.3	0.5682	0.0010023	178.5	0.5672	0.0010013	180.7	0.5663
50	0.0010077	217.8	0.6989	0.0010066	220.0	0.6977	0.0010055	222.1	0.6966
60	0.0010127	259.4	0.8257	0.0010116	261.5	0.8243	0.0010105	263.6	0.8230
80	0.0010245	342.8	1.0687	0.0010233	344.8	1.0671	0.0010221	346.8	1.0655
100	0.0010386	426.5	0.2992	0.0010374	428.4	1.2973	0.0010361	430.3	1.2954
120	0.0010551	510.6	0.5188	0.0010537	512.4	1.5166	0.0010523	514.2	1.5144
140	0.0010739	595.4	7.7291	0.0010724	597.1	1.7266	0.0010709	598.7	1.7241
150	0.0010843	638.1	1.8312	0.0010827	639.7	1.8285	0.0010811	641.3	1.8259
160	0.0010954	681.0	1.9315	0.0010937	682.5	1.9287	0.0010919	684.0	1.9258
180	0.0011199	767.8	2.1272	0.0011179	769.1	2.1240	0.0011159	770.4	2.1208
200	0.0011480	855.9	2.3176	0.0011456	857.0	2.3139	0.0011433	858.1	2.3102
220	0.0011805	945.9	2.5039	0.0011776	946.7	2.4996	0.0011748	947.6	2.4953
240	0.0012188	1038.4	2.6877	0.0012151	1038.8	2.6825	0.0012115	1039.2	2.6775
250	0.0012406	1085.8	2.7792	0.0012364	1086.0	2.7736	0.0012324	1086.2	2.7681
260	0.0012648	1134.2	2.8709	0.0012600	1134.1	2.8646	0.0012553	1133.9	2.8585
280	0.0013221	1235.0	3.0563	0.0013154	1233.9	3.0481	0.0013090	1232.9	3.0407
300	0.0013979	1343.4	3.2488	0.0013875	1340.6	3.2380	0.0013779	1338.2	3.2277
310	0.0014472	1402.2	3.3505	0.0014336	1398.1	3.3373	0.0014212	1394.5	3.3250
320	0.01926	2783.5	5.7145	0.0014905	1459.7	3.4420	0.0014736	1454.3	3.4267
330	0.02042	2836.5	5.8032	0.01383	2697.2	5.5018	0.0015402	1519.4	3.5355
340	0.02147	2883.4	5.8803	0.01508	2768.7	5.6195	0.0016324	1593.3	3.6571
350	0.02242	2925.8	5.5989	0.01612	2828.0	5.7155	0.01146	2694.8	5.4467
360	0.02331	2964.8	6.0110	0.01704	2879.6	5.7976	0.01256	2770.8	5.5677
370	0.02414	3001.3	6.0682	0.01787	2925.7	5.8698	0.01348	2833.6	5.6662
380	0.02493	3035.7	6.1213	0.01863	2967.6	5.9345	0.01428	2887.7	5.7497
390	0.02568	3068.5	6.1711	0.01934	3006.4	5.9935	0.01500	2935.7	5.8225
400	0.02641	3099.9	6.2182	0.02001	3042.9	6.0481	0.01566	2979.1	5.8876
410	0.02711	3130.3	6.2629	0.02065	3077.5	6.0991	0.01628	3019.3	5.9469
420	0.02779	3159.7	6.3057	0.02126	3110.5	6.1471	0.01686	3057.0	6.0016
430	0.02846	3188.3	6.3467	0.02186	3142.3	6.1927	0.01741	3092.7	6.0528
440	0.02911	3216.2	6.3861	0.02243	3173.1	6.2362	0.01794	3126.9	6.1010
450	0.02974	3243.6	6.4243	0.02299	3203.0	6.2778	0.01845	3159.7	6.1468
470	0.03098	3297.0	6.4971	0.02406	3260.7	6.3565	0.01943	3222.3	6.2322
500	0.03276	3374.6	6.5994	0.02559	3343.3	6.4654	0.02080	3310.6	6.3487
550	0.03560	3499.8	6.7564	0.02799	3474.4	6.6298	0.02291	3448.3	6.5213
600	0.03832	3622.7	6.9013	0.03026	3601.4	6.7796	0.02488	3579.3	6.6764
650	0.04096	3744.7	7.0373	0.03245	3726.6	6.9190	0.02677	3708.3	6.8195
700	0.04355	3866.8	7.1660	0.03457	3851.1	7.0504	0.02859	3835.4	6.9536
750	0.04608	3989.1	7.2886	0.03665	3975.6	7.1752	0.03036	3962.1	7.0806
800	0.04858	4112.0	7.4058	0.03868	4100.3	7.2942	0.03209	4088.6	7.2013

续表

t/℃	20.0MPa			25.5MPa			30.0MPa		
	v /(m³/kg)	h /(kJ/kg)	s/[kJ /(kg・K)]	v /(m³/kg)	h /(kJ/kg)	s/[kJ /(kg・K)]	v /(m³/kg)	h /(kJ/kg)	s/[kJ /(kg・K)]
0	0.0009904	20.1	0.0008	0.0009881	25.1	0.0009	0.0009857	30.0	0.0008
50	0.0010034	226.4	0.6943	0.0010013	230.7	0.6920	0.0009993	235.0	0.6897
100	0.0010337	434.0	1.2916	0.0010313	437.8	1.2879	0.0010289	441.6	1.2843
150	0.0010779	644.5	1.8207	0.0010748	647.7	1.8155	0.0010718	650.9	1.8105
200	0.0011387	860.4	2.3030	0.0011343	862.8	2.2960	0.0011301	865.2	2.2891
220	0.0011693	949.3	2.4870	0.0011640	951.2	2.4789	0.0011590	953.1	2.4710
240	0.0012047	1040.3	2.6677	0.0011983	1041.5	2.6583	0.0011922	1042.8	2.6492
250	0.0012247	1086.7	2.7574	0.0012175	1087.5	2.7472	0.0012107	1088.4	2.7374
260	0.0012466	1134.0	2.8468	0.0012384	1134.2	2.8357	0.0012307	1134.7	2.8250
280	0.0012971	1231.4	3.0262	0.0012863	1230.3	3.0126	0.0012763	1229.7	2.9998
300	0.0013606	1334.3	3.2088	0.0013453	1331.1	3.1916	0.0013316	1328.7	3.1756
320	0.0014451	1445.6	3.3998	0.0014214	1438.9	3.3764	0.0014012	1433.6	3.3556
340	0.0015704	1572.5	3.6100	0.0015273	1558.3	3.5743	0.0014939	1547.7	3.5447
350	0.0016662	1647.2	3.7308	0.0016000	1625.1	3.6824	0.0015540	1610.0	3.6455
360	0.001827	1742.9	3.8835	0.001698	1701.1	3.8036	0.001628	1678.0	3.7541
370	0.006908	2527.6	5.1117	0.001852	1788.8	3.9411	0.001728	1749.0	3.8653
380	0.008246	2660.2	5.3165	0.002240	1941.0	4.1757	0.001874	1837.7	4.0021
390	0.009181	2749.3	5.4520	0.004609	2391.3	4.8599	0.002144	1959.1	4.1865
400	0.009947	2820.5	5.5585	0.006014	2582.0	5.1455	0.002831	2161.8	4.4896
410	0.01061	2880.4	5.6470	0.006887	2691.3	5.3069	0.003956	2394.5	4.8329
420	0.01120	2932.9	5.7232	0.007580	2774.1	5.4271	0.004921	2558.0	5.0706
430	0.01174	2980.2	5.7910	0.008172	2842.5	5.5252	0.005643	2668.8	5.2295
440	0.01224	3023.7	5.8523	0.008696	2901.7	5.6087	0.006227	2754.0	5.3499
450	0.01271	3064.3	5.9089	0.009171	2954.3	5.6821	0.006735	2825.6	5.4495
460	0.01315	3102.7	5.9616	0.009609	3002.3	5.7479	0.007189	2887.7	5.5349
470	0.01358	3139.2	6.0112	0.01002	3046.7	5.8082	0.007602	2943.3	5.6102
480	0.01399	3174.4	6.0581	0.01041	3088.5	5.8640	0.007985	2993.9	5.6779
490	0.01439	3208.3	6.1028	0.01078	3128.1	5.9162	0.008343	3040.9	5.7398
500	0.01477	3241.1	6.1456	0.01113	3165.9	5.9655	0.008681	3085.0	5.7972
520	0.01551	3304.2	6.2262	0.01180	3237.5	6.0568	0.009310	3166.6	5.9014
540	0.01621	3364.7	6.3015	0.01242	3304.7	6.1405	0.009890	3241.7	5.9949
550	0.01655	3394.1	6.3374	0.01272	3337.0	6.1801	0.01017	3277.4	6.0386
560	0.01688	3423.0	6.3724	0.01301	3368.7	6.2183	0.01043	3312.1	6.0805
580	0.01753	3479.5	6.4398	0.01358	3430.2	6.2913	0.01095	3378.9	6.1597
600	0.01816	3535.5	6.5043	0.01413	3489.9	6.3604	0.01144	3443.0	6.2340
620	0.01878	3590.3	6.5663	0.01465	3548.1	6.4263	0.01191	3505.0	6.3042
650	0.01967	3671.1	6.6554	0.01542	3633.4	6.5203	0.01258	3595.0	6.4033
680	0.02054	3751.0	6.7405	0.01615	3716.9	6.6093	0.01323	3682.4	6.4966
700	0.02111	3803.8	6.7953	0.01663	3771.9	6.6664	0.01365	3739.7	6.5560
720	0.02167	3856.4	6.8488	0.01710	3826.5	6.7219	0.01406	3796.3	6.6136
750	0.02250	3935.0	6.9267	0.01779	3907.7	6.8025	0.01465	3880.3	6.6970
800	0.02385	4065.3	7.0511	0.01891	4041.9	6.9306	0.04562	4018.5	6.8288

续表

t/℃	35.0MPa			40.0MPa			45.0MPa		
	v /(m^3/kg)	h /(kJ/kg)	s/[kJ /(kg·K)]	v /(m^3/kg)	h /(kJ/kg)	s/[kJ /(kg·K)]	v /(m^3/kg)	h /(kJ/kg)	s/[kJ /(kg·K)]
0	0.0009834	34.9	0.0007	0.0009811	39.7	0.0004	0.0009879	44.6	0.0001
50	0.0009973	239.2	0.6874	0.0009953	243.5	0.6852	0.0009933	247.7	0.6829
100	0.0010266	445.4	1.2807	0.0010244	449.2	1.2771	0.0010222	453.0	1.2736
150	0.0010689	654.2	1.8056	0.0010660	657.4	1.8007	0.0010632	660.7	1.7959
200	0.0011260	867.7	2.2824	0.0011220	870.2	2.2759	0.0011182	872.8	2.2695
220	0.0011542	955.1	2.4634	0.0011495	957.2	2.4560	0.0011450	959.4	2.4488
240	0.0011863	1044.2	2.6405	0.0011808	1045.8	2.6320	0.0011754	1047.5	2.6238
250	0.0012042	1089.5	2.7279	0.0011981	1090.8	2.7188	0.0011922	1092.1	2.7100
260	0.0012235	1135.4	2.8148	0.0012166	1136.3	2.8050	0.0012102	1137.3	2.7955
280	0.0012670	1277.5	3.0741	0.0012819	1276.8	3.0614	0.0012727	1276.5	3.0494
300	0.0013191	1326.8	3.1608	0.0013077	1325.4	3.1469	0.0012972	1324.4	3.1337
320	0.0013835	1429.4	3.3367	0.0013677	1425.9	3.3193	0.0013535	1423.2	3.3032
340	0.0014666	1539.5	3.5192	0.0014434	1532.9	3.4965	0.0014233	1527.5	3.4760
350	0.0015186	1598.7	3.6149	0.0014896	1589.7	3.5885	0.0014651	1582.4	3.5649
360	0.001580	1662.3	3.7166	0.001542	1650.5	3.6856	0.001512	1641.3	3.6590
370	0.001656	1725.5	3.8156	0.001605	1709.0	3.7774	0.001566	1696.6	3.7457
380	0.001754	1799.9	3.9304	0.001682	1776.4	3.8814	0.001630	1759.7	3.8430
390	0.001892	1886.3	4.0617	0.001779	1805.7	3.9942	0.001706	1827.4	3.9459
400	0.002111	1993.1	4.2214	0.001909	1934.1	4.1190	0.001801	1900.6	4.0554
410	0.002494	2133.1	4.4278	0.002095	2031.2	4.2621	0.001924	1981.0	4.1739
420	0.003082	2296.7	4.6656	0.002371	2145.7	4.4285	0.002088	2070.6	4.3042
430	0.003761	2450.6	4.8861	0.002749	2272.8	4.6105	0.002307	2170.4	4.4471
440	0.004404	2577.2	5.0649	0.003200	2399.4	4.7893	0.002587	2277.0	4.5977
450	0.004956	2676.4	5.2031	0.003675	2515.6	4.9511	0.002913	2384.2	4.7469
460	0.005430	2758.0	5.3151	0.004137	2617.1	5.0906	0.003266	2486.4	4.8874
470	0.005854	2828.2	5.4103	0.004560	2704.4	5.2089	0.003626	2580.8	5.0152
480	0.006239	2890.4	5.4934	0.004941	2779.8	5.3097	0.003982	2667.5	5.1312
490	0.006594	2946.6	5.5676	0.005291	2946.5	5.3977	0.004315	2744.7	5.2330
500	0.006925	2998.3	5.6349	0.005616	2906.8	5.4762	0.004625	2813.5	5.3226
520	0.007532	3091.8	5.7543	0.006205	3013.7	5.6128	0.005190	2933.8	5.4763
540	0.008083	3176.0	5.8592	0.006735	3108.0	5.7302	0.005698	3038.5	5.6066
550	0.008342	3215.4	5.9074	0.006982	3151.6	5.7835	0.005934	3086.5	5.6654
560	0.008592	3253.5	5.9534	0.007219	3193.4	5.8340	0.006161	3132.2	5.7206
580	0.009069	3326.2	6.0396	0.007667	3272.4	5.9276	0.006587	3217.9	5.8222
600	0.009519	3395.1	6.1194	0.008088	3346.4	6.0135	0.006984	3297.4	5.9143
620	0.009949	3461.1	6.1942	0.008487	3416.7	6.0931	0.007359	3372.2	5.9990
650	0.01056	3556.1	6.2988	0.009053	3517.0	6.2035	0.007886	3477.8	6.1154
680	0.01115	3647.7	6.3965	0.009588	3612.8	6.3056	0.008382	3577.9	6.2221
700	0.01152	3707.3	6.4584	0.009930	3674.8	6.3701	0.008699	3642.4	6.2800
720	0.01189	3766.1	6.5181	0.01026	3735.7	6.4320	0.009006	3705.5	6.3532
750	0.01242	3852.9	6.6043	0.01075	3825.5	6.5210	0.009452	3798.1	6.4451
800	0.01327	3995.1	6.7400	0.01152	3971.7	6.6606	0.01016	3948.4	6.5885

附表 16 几种物质的标准生成焓、标准生成自由焓（101325Pa, 25℃）

物 质	化学式	$\bar{h}_f^0$/(kJ/kmol)	$\Delta\bar{g}_f^0$/(kJ/kmol)	物 质	化学式	$\bar{h}_f^0$/(kJ/kmol)	$\Delta\bar{g}_f^0$/(kJ/kmol)
碳	$C(s)$	0	0	丙烯	$C_3H_6(g)$	+20410	+62720
氢	$H_2(g)$	0	0	丙烷	$C_3H_8(g)$	−103850	−23490
氮	$N_2(g)$	0	0	正丁烷	$C_4H_{10}(g)$	−126150	−15710
氧	$O_2(g)$	0	0	正辛烷	$C_8H_{18}(g)$	−208450	+16530
一氧化碳	$CO(g)$	−110530	−137150	正辛烷	$C_8H_{18}(l)$	−249950	+6610
二氧化碳	$CO_2(g)$	−393520	−394360	苯	$C_6H_6(g)$	+82930	+129660
水	$H_2O(g)$	−241820	−228590	甲醇	$CH_3OH(g)$	−200670	−162000
水	$H_2O(l)$	−285830	−237180	甲醇	$CH_3OH(l)$	−238660	−166360
过氧化氢	$H_2O_2(g)$	−136310	−105600	乙醇	$C_2H_5OH(g)$	−235310	−168570
氨	$NH_3(g)$	−46190	−16590	乙醇	$C_2H_5OH(l)$	−277690	−174890
甲烷	$CH_4(g)$	−74850	−50790	氧	$O(g)$	+249190	+231770
乙炔	$C_2H_2(g)$	+226730	+209170	氢	$H(g)$	+218000	+203290
乙烯	$C_2H_4(g)$	+52280	+68120	氮	$N(g)$	+472650	+455510
乙烷	$C_2H_6(g)$	−84680	−32890	羟	$OH(g)$	+39460	+34280

附表 17 几种物质的燃烧焓和汽化焓（101325Pa, 25℃）

（生成物中的H_2O为液体）

物 质	化学式	$\bar{h}_c^0$/(kJ/kmol)	$\Delta\bar{h}_{fg}$/(kJ/kmol)	物 质	化学式	$\bar{h}_c^0$/(kJ/kmol)	$\Delta\bar{h}_{fg}$/(kJ/kmol)
氢	$H_2(g)$	−285840		正丁烷	$C_4H_{10}(g)$	−2877100	21060
碳	$C(s)$	−393520		正戊烷	$C_5H_{12}(g)$	−3536100	26410
一氧化碳	$CO(g)$	−282990		正己烷	$C_6H_{14}(g)$	−4194800	31530
甲烷	$CH_4(g)$	−890360		正庚烷	$C_7H_{16}(g)$	−4853500	36520
乙炔	$C_2H_2(g)$	−1299600		正辛烷	$C_8H_{18}(g)$	−5512200	41460
乙烯	$C_2H_4(g)$	−1410970		苯	$C_6H_6(g)$	−3301500	33830
乙烷	$C_2H_6(g)$	−1559900		甲苯	$C_7H_8(g)$	−3947900	39920
丙烯	$C_3H_6(g)$	−2058500		甲醇	$CH_3OH(g)$	−764540	37900
丙烷	$C_3H_8(g)$	−2220000	15060	乙醇	$C_2H_5OH(g)$	−1409300	42340

附表 18 化学平衡常数的对数值 $\lg K_p$

(1) $H_2 \rightleftharpoons 2H$　　(5) $H_2O \rightleftharpoons H_2+\frac{1}{2}O_2$

(2) $O_2 \rightleftharpoons 2O$　　(6) $H_2O \rightleftharpoons OH+\frac{1}{2}H_2$

(3) $N_2 \rightleftharpoons 2N$　　(7) $CO_2 \rightleftharpoons CO+\frac{1}{2}O_2$

(4) $\frac{1}{2}O_2+\frac{1}{2}N_2 \rightleftharpoons NO$　　(8) $CO_2+H_2 \rightleftharpoons CO+H_2O$

	$\lg K_p$							
T/K	(1)	(2)	(3)	(4)	(5)	(6)	(7)	(8)
298	−71.224	−81.208	−159.600	−15.171	−40.048	−46.054	−45.066	−5.018
500	−40.316	−45.880	−92.672	−8.783	−22.886	−26.130	−25.025	−2.139
1000	−17.292	−19.614	−43.056	−4.062	−10.062	−11.280	−10.221	−0.159
1200	−13.414	−15.208	−34.754	−3.275	−7.899	−8.811	−7.764	+0.135
1400	−10.630	−12.054	−28.812	−2.712	−6.347	−7.021	−6.014	+0.333
1600	−8.532	−9.684	−24.350	−2.290	−5.180	−5.677	−4.706	+0.474
1700	−7.666	−8.706	−22.512	−2.116	−4.699	−5.124	−4.169	+0.530
1800	−6.896	−7.836	−20.874	−1.962	−4.270	−4.613	−3.693	+0.577

续表

	lgK_p							
T/K	(1)	(2)	(3)	(4)	(5)	(6)	(7)	(8)
1900	−6.204	−7.058	−19.410	−1.823	−3.886	−4.190	−3.267	+0.619
2000	−5.580	−6.356	−18.092	−1.699	−3.540	−3.776	−2.884	+0.656
2100	−5.016	−5.720	−16.898	−1.586	−3.227	−3.434	−2.539	+0.688
2200	−4.502	−5.142	−15.810	−1.484	−2.942	−3.091	−2.226	+0.716
2300	−4.032	−4.614	−14.818	−1.391	−2.682	−2.809	−1.940	+0.742
2400	−3.600	−4.130	−13.908	−1.305	−2.443	−2.520	−1.679	+0.764
2500	−3.202	−3.684	−13.070	−1.227	−2.224	−2.270	−1.440	+0.784
2600	−2.836	−3.272	−12.298	−1.154	−2.021	−2.038	−1.219	+0.802
2800	−2.178	−2.536	−10.914	−1.025	−1.658	−1.624	−0.825	+0.833
3000	−1.606	−1.898	−9.716	−0.913	−1.343	−1.265	−0.485	+0.858
3200	−1.106	−1.340	−8.664	−0.815	−1.067	−0.951	−0.189	+0.878
3400	−0.664	−0.846	−7.736	−0.729	−0.824	−0.687	−0.071	+0.895

附表19 某些理想气体在101.325kPa下的绝对熵

	N_2	O_2	CO_2	CO
T/K	s/[kJ/(kmol·K)]	s/[kJ/(kmol·K)]	s/[kJ/(kmol·K)]	s/[kJ/(kmol·K)]
0	0	0	0	0
100	159.813	173.306	179.109	165.850
200	179.988	193.486	199.975	186.025
298	191.611	205.142	213.795	197.653
300	191.791	205.322	214.025	197.833
400	200.180	213.874	225.334	206.234
500	206.740	220.698	234.924	212.828
600	212.175	226.455	243.309	218.313
700	216.866	231.272	250.773	223.062
800	221.016	235.924	257.517	227.271
900	224.757	239.936	263.668	231.066
1000	228.167	243.585	269.325	234.531
1100	231.309	246.928	274.555	237.719
1200	234.225	250.016	279.417	240.673
1300	236.941	252.886	283.956	243.426
1400	239.484	255.564	288.216	245.999
1500	241.878	258.078	292.224	248.421
1600	244.137	260.446	296.010	250.702
1700	246.275	262.685	299.592	252.861
1800	248.304	264.810	302.993	254.907
1900	250.237	266.835	306.232	256.852
2000	252.078	268.764	309.320	258.710
2100	253.836	270.613	312.269	260.480
2200	255.522	272.387	315.098	262.174
2300	257.137	274.090	317.805	263.802
2400	258.689	275.735	320.411	265.362
2500	260.183	277.316	322.918	266.865
2600	261.622	278.848	325.332	268.312
2700	263.011	280.329	327.658	269.705
2800	264.350	281.764	329.909	271.053

续表

	N_2	O_2	CO_2	CO
T/K	s/[kJ/(kmol · K)]	s/[kJ/(kmol · K)]	s/[kJ/(kmol · K)]	s/[kJ/(kmol · K)]
2900	265.647	283.157	332.085	272.358
3000	266.902	284.508	334.193	273.618
3200	269.295	287.098	338.218	276.023
3400	271.555	289.554	342.013	278.291
3600	273.689	291.889	345.599	280.433
3800	275.741	294.115	349.005	282.467
4000	277.638	296.236	325.243	284.369

	NO	NO_2	H_2O	H_2
T/K	s/[kJ/(kmol · K)]	s/[kJ/(kmol · K)]	s/[kJ/(kmol · K)]	s/[kJ/(kmol · K)]
0	0	0	0	0
100	177.034	202.431	152.390	102.145
200	198.753	225.732	175.486	119.437
298	210.761	239.953	188.833	130.684
300	210.950	240.183	189.038	138.864
400	219.535	251.321	198.783	139.215
500	226.267	260.685	206.523	145.738
600	231.890	268.865	213.037	151.077
700	236.765	276.149	218.719	155.608
800	241.091	282.714	223.803	159.549
900	244.991	288.684	228.430	163.060
1000	248.543	294.153	232.706	166.223
1100	251.806	299.190	236.694	169.118
1200	254.823	303.855	240.443	171.792
1300	257.626	308.194	243.986	174.281
1400	260.250	312.253	247.350	176.620
1500	262.710	316.056	250.560	178.833
1600	265.028	319.637	253.622	180.929
1700	267.216	323.022	256.559	182.929
1800	269.287	326.223	259.371	184.833
1900	271.258	329.265	262.078	186.657
2000	273.136	332.160	264.681	188.406
2100	274.927	334.921	267.191	190.088
2200	276.638	337.562	269.609	191.707
2300	278.279	340.089	271.948	193.268
2400	279.856	342.515	274.207	194.778
2500	281.370	344.846	276.396	196.234
2600	282.827	347.089	278.517	197.649
2700	284.232	349.248	280.571	199.017
2800	285.592	351.331	282.563	200.343
2900	286.902	353.344	284.500	201.636
3000	288.174	355.289	286.383	202.887
3200	290.592	359.000	289.994	205.343
3400	292.876	362.490	293.416	207.577
3600	295.031	365.783	296.676	209.757
3800	297.073	368.904	299.776	211.841
4000	299.014	371.866	302.742	213.837

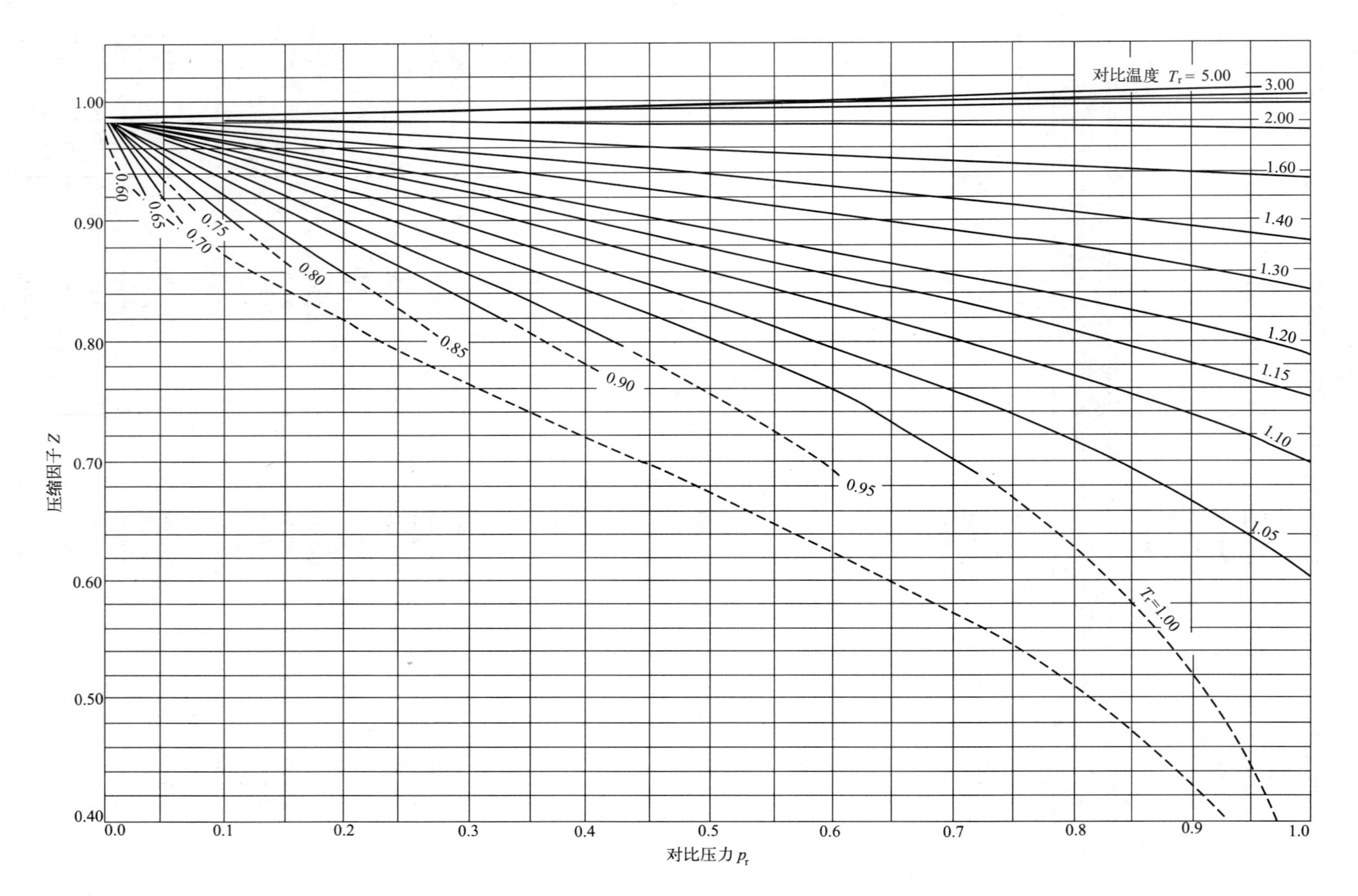

对比温度 T_r = 5.00
3.00
2.00
1.60
1.40
1.30
1.20
1.15
1.10
1.05
T_r=1.00
0.95
0.90
0.85
0.80
0.75
0.70
0.65
0.60
压缩因子 Z
1.00
0.90
0.80
0.70
0.60
0.50
0.40
0.0
0.1
0.2
0.3
0.4
0.5
0.6
0.7
0.8
0.9
1.0
对比压力 p_r

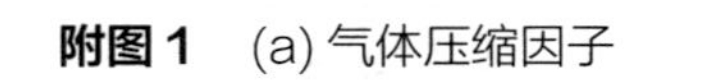

附图 1　(a) 气体压缩因子

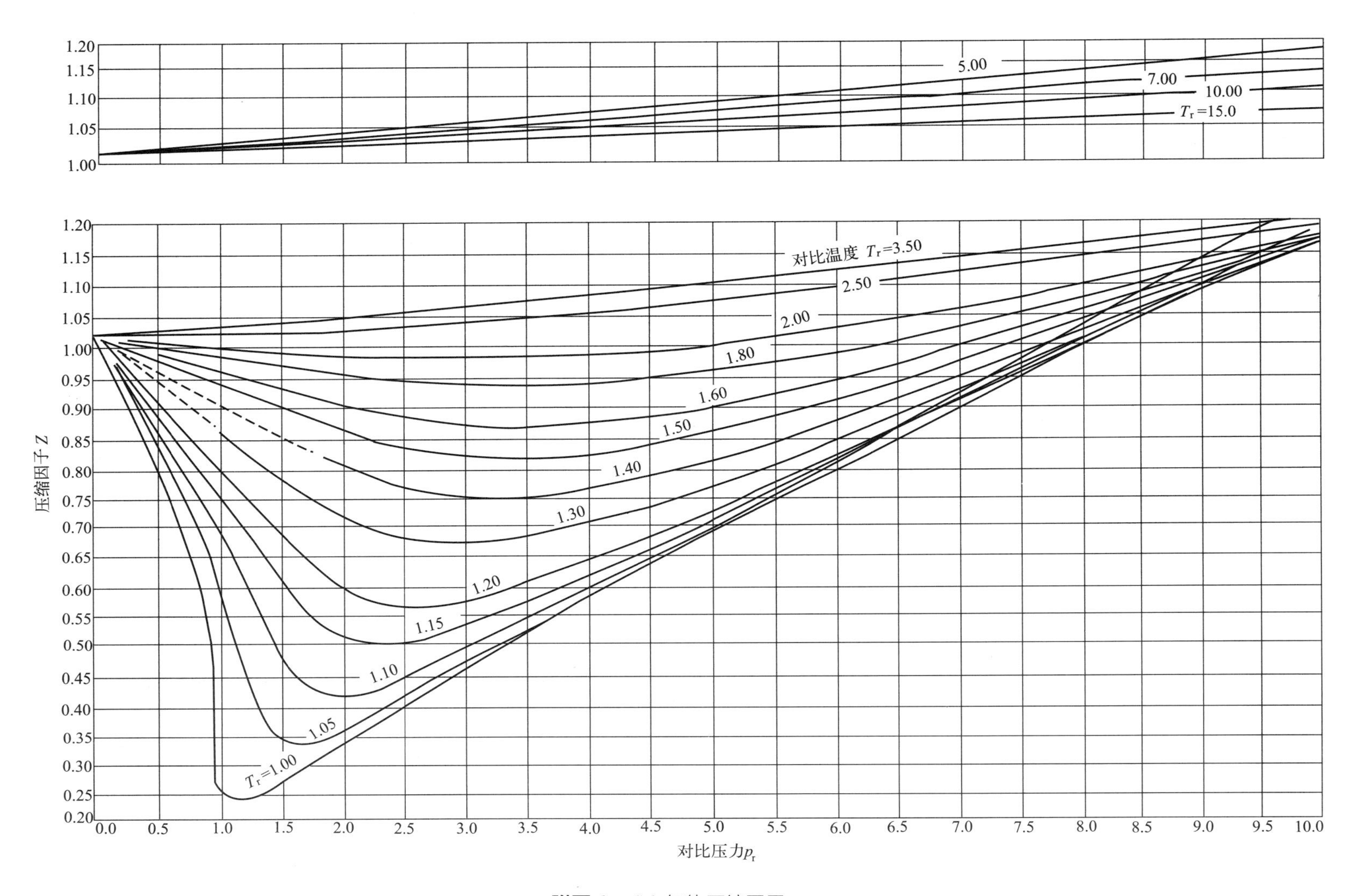
5.00
7.00
10.00
T_r=15.0
对比温度 T_r=3.50
2.50
2.00
1.80
1.60
1.50
1.40
1.30
1.20
1.15
1.10
1.05
T_r=1.00
压缩因子Z
对比压力p_r

附图1 (b) 气体压缩因子

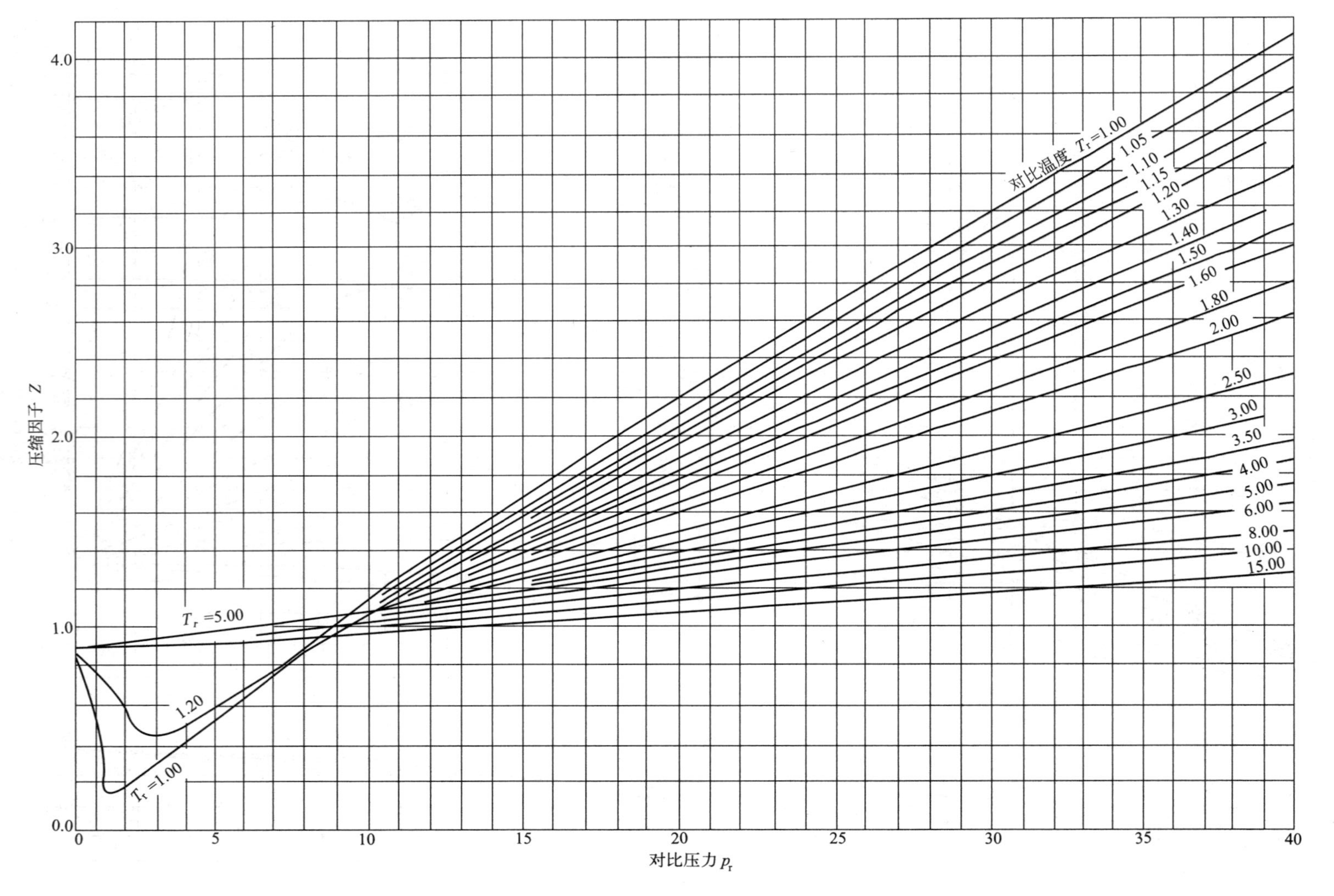

压缩因子 Z
对比压力 p_r
对比温度 T_r=1.00
1.05
1.10
1.15
1.20
1.30
1.40
1.50
1.60
1.80
2.00
2.50
3.00
3.50
4.00
5.00
6.00
8.00
10.00
15.00
T_r=5.00
1.20
T_r=1.00
0.0
1.0
2.0
3.0
4.0
0
5
10
15
20
25
30
35
40

附图1 (c)气体压缩因子

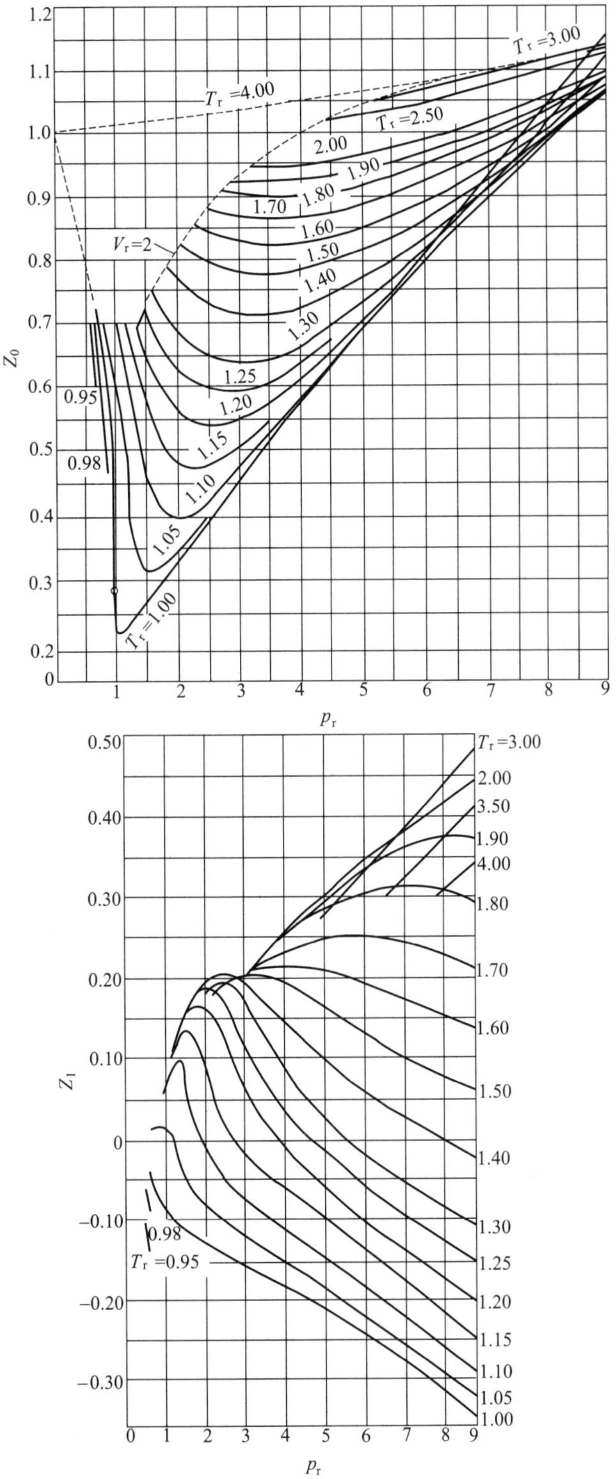

附图 2 实际气体 Z_0 及 Z_1 图

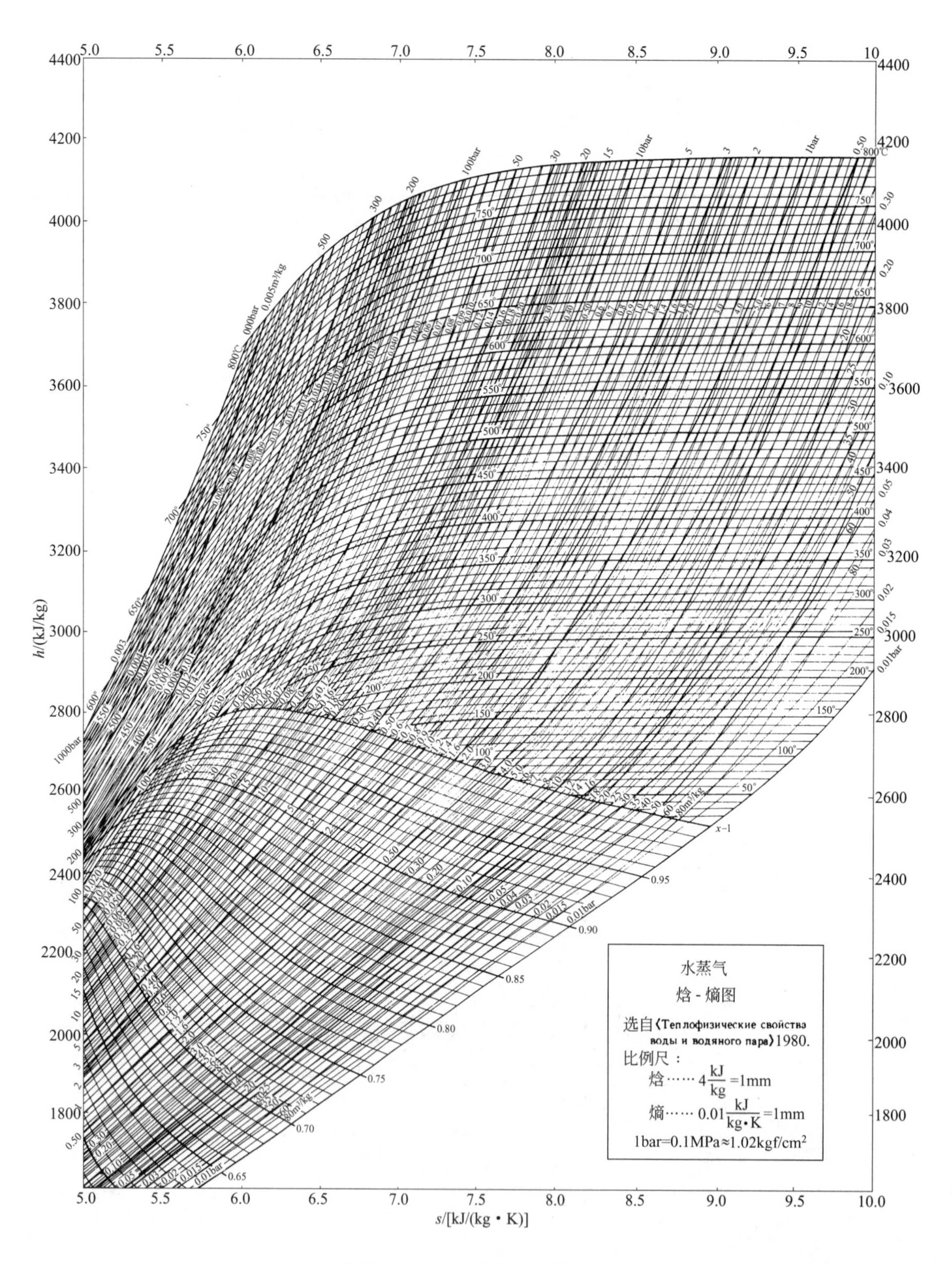

附图 3 水蒸气焓-熵 (h-s) 图

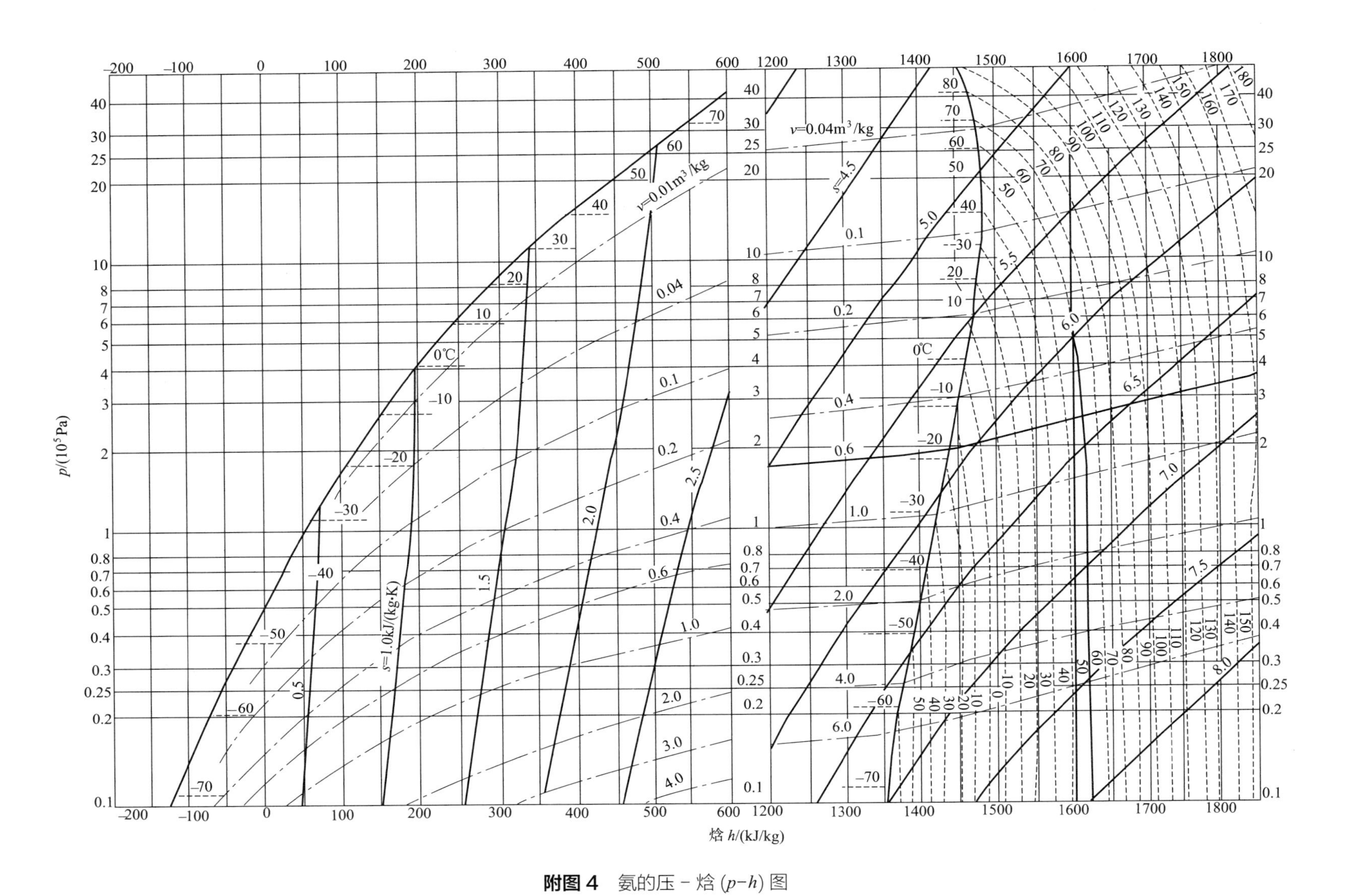

附图 4 氨的压-焓(p-h)图

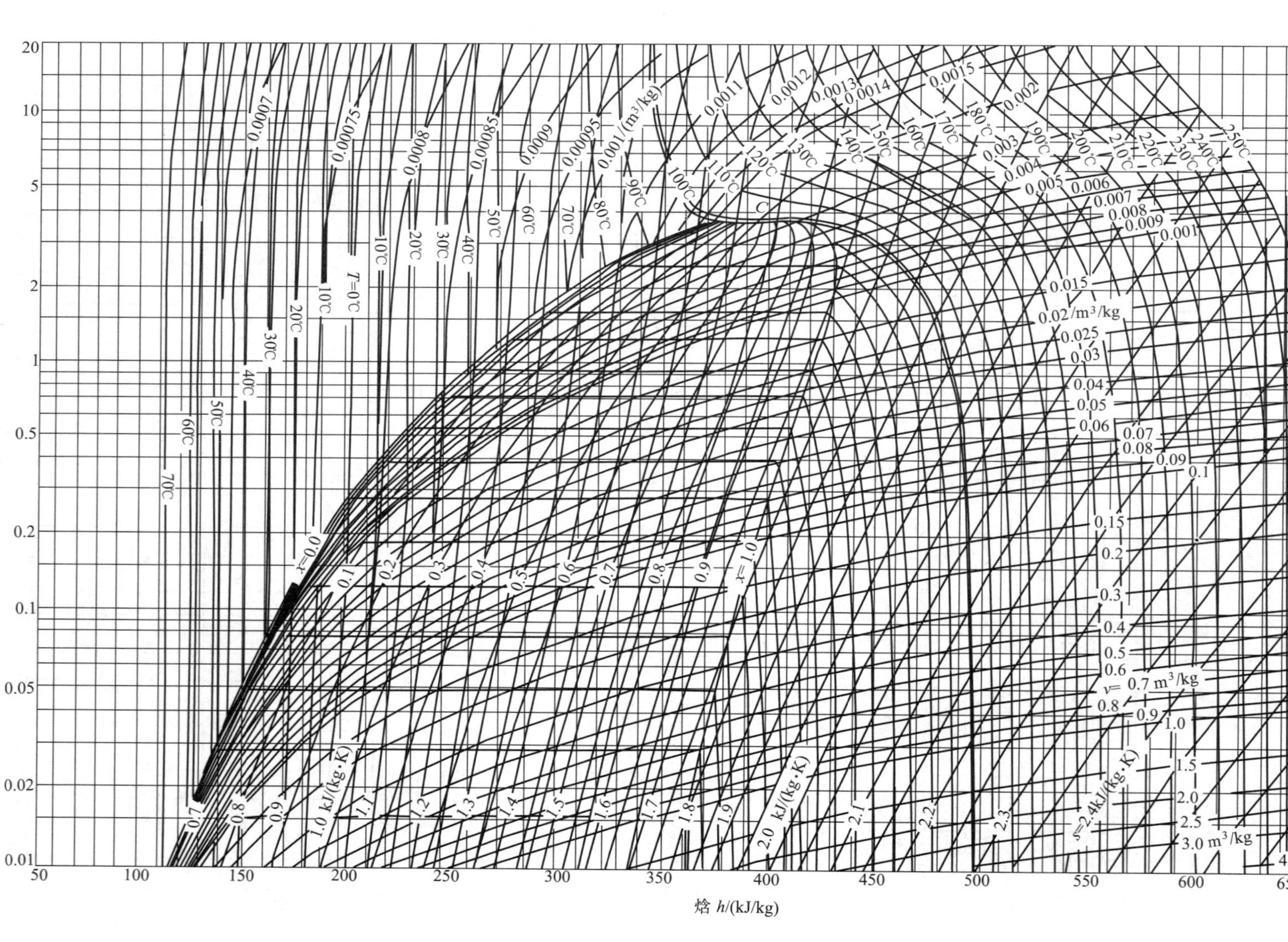

附图5　HFCl134a的压－焓(p–h)图

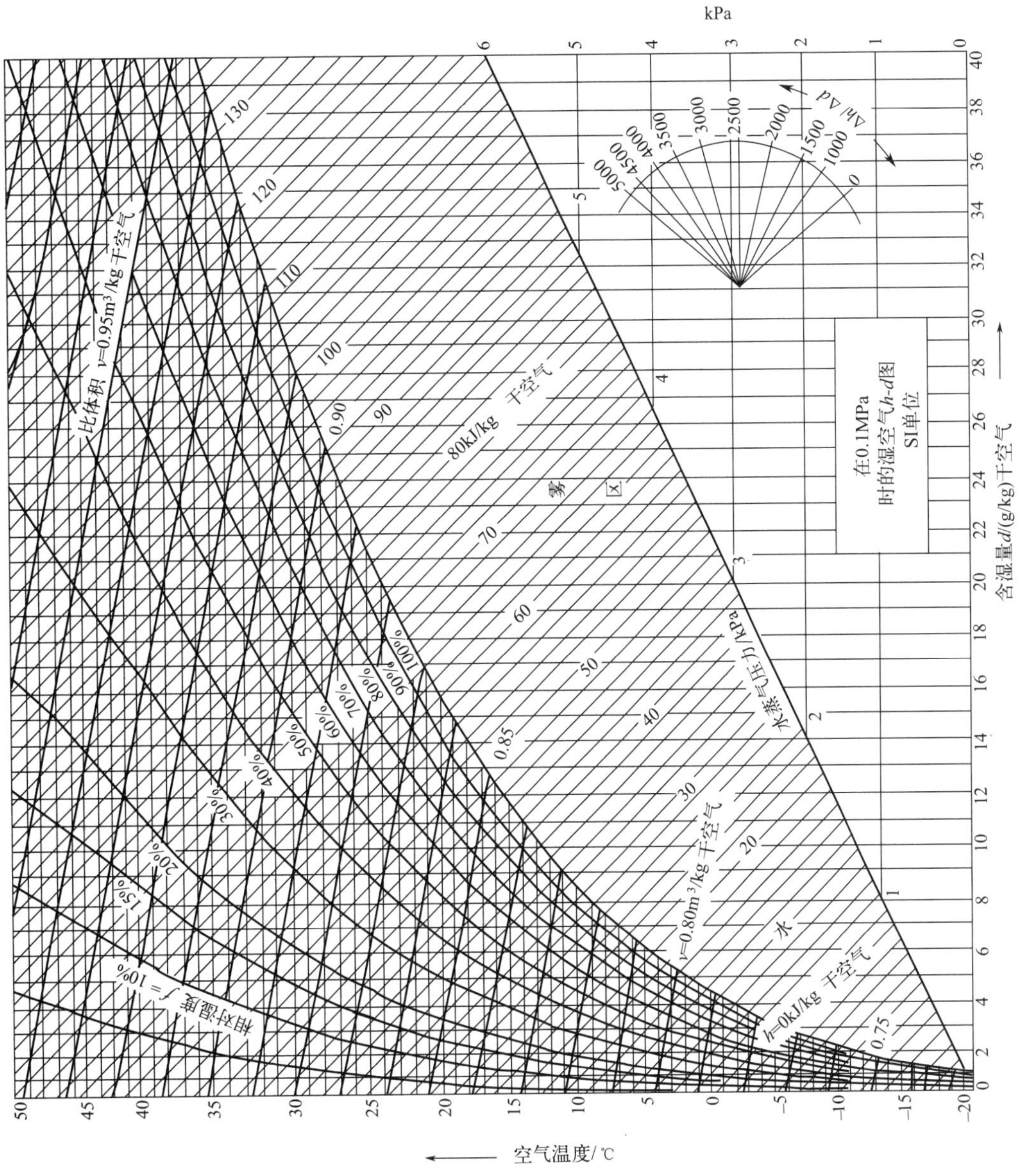

附图 6 湿空气的焓（温）- 湿图

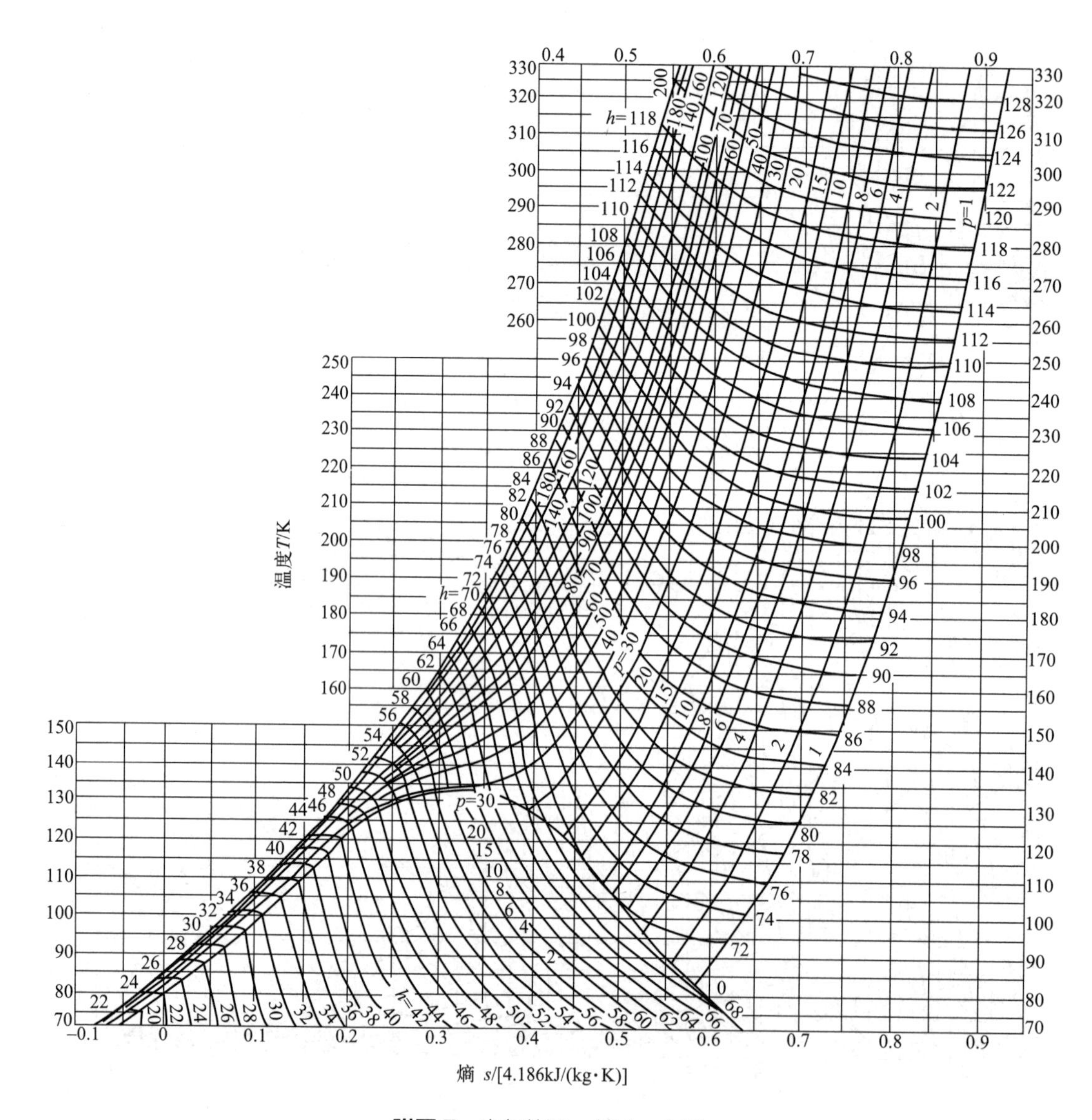

附图7 空气的温－熵（T-s）图

参考文献

[1] Bejan Y. Advanced Engineering Thermodynamics. 3rd Edition. New York: McGraw-Hill, 2006.
[2] ASHRAE Handbook of Fundamentals. SI Version. Atlanta: American Society of Heating, Refrigerating, and Air-Conditioning Engineers, Inc., 1993.
[3] ASHRAE Handbook of Refrigeration. SI version. Atlanta: American Society of Heating, Refrigerating, and Air Conditioning Engineers, Inc., 1994.
[4] Jones J B, Dugan R E. Engineering thermodynamics, New Jersey: Prentice Hall Inc, 1996.
[5] Wark K Jr. Advanced Thermodynamics for Engineers. New York: McGraw-Hill, 1995.
[6] 朱明善，陈宏芳．热力学分析．北京：高等教育出版社，1992.
[7] 凌岳．第二类永动机和第三类永动机．中外能源，2009, 14(02): 53.
[8] 贾泽昊．关于热的本性的争论与能量转换和守恒定律的发现．物理通报，2018(12): 123-124.
[9] 王季陶．卡诺定理和热力学第二定律须正确扩展．复旦学报（自然科学版），2012, 51(01): 111-117.
[10] 邵云．论卡诺定理的热力学价值及其与热力学第二定律的关系．首都师范大学学报（自然科学版），2017, 38(05): 23-26.
[11] 张效祖．卡诺定理与热力学第二定律的关系．纺织基础科学学报，1993(03): 267-269.
[12] 王敬修．论熵的物理意义．北京化工学院学报（自然科学版），1994(03): 86-92.
[13] 徐在新，钱振华．熵的物理意义．物理教学，2008, 30(09): 18-20.
[14] 刘志国．熵增加原理的微观本质与适应范围．株洲师范高等专科学校学报，1999(04): 76-78.
[15] Gengel Y A, Boles M A. Thermodynamics: An Engineering Approach, 5th Edition. New York: McGraw-Hill, 2005.
[16] Smith J M, Van Ness H C, Abbott M M. Introduction to Chemical Engineering Thermodynamics, 7th Edition. New York: McGraw-Hill, 2004.
[17] 沈维道，童钧耕．工程热力学，4 版．北京：高等教育出版社，2007.
[18] Sandler S I. Chemical and Engineering Thermodynamics, 5th Edition. New Jersey: John Wiley & Sons, 2017.
[19] 何伯述等．工程热力学．2 版．北京：清华大学出版社，2022.
[20] 王修彦．工程热力学．2 版．北京：机械工业出版社，2022.
[21] 黄敏超等．工程热力学．北京：科学出版社，2019.
[22] 战洪仁，寇丽萍等．工程热力学基础．2 版．北京：中国石化出版社，2021.
[23] 陈新志等．化工热力学．5 版．北京：化学工业出版社，2020.
[24] 朱自强，吴有庭．化工热力学．3 版．北京：化学工业出版社，2011.
[25] 陈钟秀等．化工热力学．3 版．北京：化学工业出版社，2022.
[26] 高光华，陈健，卢滇楠．化工热力学．3 版．北京：清华大学出版社，2017.
[27] 马沛生，李永红．化工热力学．2 版．北京：化学工业出版社，2009.
[28] Dahm K D, Visco D P Jr. Fundamentals of Chemical Engineering Thermodynamics, SI Edition. Stamford: Cengage Learning, Inc., 2014.
[29] Luscombe J H. Thermodynamics, New York: CRC Press, 2018.
[30] Haddad W M, et al. Thermodynamics: A Dynamical Systems Approach. Princeton: Princeton University Press, 2005.
[31] Atkins P. The Laws of Thermodynamics: A Very Short Introduction. Oxford: Oxford University Press, 2010.
[32] Jou D, et al. Extended Irreversible Thermodynamics, 4th Edition. Berlin: Springer, 2010.
[33] Reynolds W C, Colonna P. Thermodynamics: Fundamentals and Engineering Applications. Cambridge: Cambridge University Press, 2018.
[34] Steane A M. Thermodynamics. Oxford: Oxford University Press, 2016.

[35] Antonio S, et al. Thermodynamics: Fundamental Principles and Applications. Berlin: Springer, 2020.
[36] 侯虞钧，陈新志，周浩．马丁－侯状态方程向固相发展．高校化学工程学报，1996, 10(3): 217-224.
[37] Michael J M, Howard N S. Fundamentals of Engineering Thermodynamics. New York: John Wiley & Sons, 2000.
[38] ASHRAE Handbook of Fundamentals. SI version. Atlanta: American Society of Heating, Refrigerating, and Air-Conditioning Engineers, Inc., 1993.
[39] Saxena A K, Tiwari C M. Heat and Thermodynamics. Oxford: Alpha Science International Ltd., 2014.
[40] Rogers G, Mayhew Y. Engineering Thermodynamics Work & Heat Transfer. 4th Edition. New York: John Wiley & Sons, 1992.
[41] Borgnakke C, Sonntag R E. Thermodynamic and Transport Properties. New York: John Wiley & Sons Inc, 1997.
[42] 项新耀．工程㶲分析方法．北京：石油工业出版社，1990.
[43] Pitzer K S. Thermodynamics, 3rd Edition. New York: McGraw-Hill, 1995.
[44] Woodruff E B, Lammers H B, Lammers T S. Steam Plant Operation, 6th Edition. New York: McGraw-Hill, 1992.
[45] 高执棣．化学热力学基础．北京：北京大学出版社，2006.
[46] 傅爱华．化学热力学．杭州：浙江大学出版社，1991.
[47] 李瑞祥．无机化学．北京：化学工业出版社，2019.
[48] 天津大学无机化学教研室．无机化学．北京：高等教育出版社，2018.